- 高等学校水利类专业教学指导委员会
- 中国水利教育协会
- 中国水利水电出版社

共同组织编审

普通高等教育“十二五”规划教材
全国水利行业规划教材

水资源规划及利用

主　编　何俊仕　林洪孝
副主编　董天松　刘玉春　王秋梅　张　静

内容简介

本书是水利学科专业“十二五”规划教材之一。全书详细介绍了水资源规划及利用相关的基本理论和分析计算方法，对水库兴利调节计算、水库调洪计算、水电站水能计算及参数确定、水资源评价及规划等内容作了详细介绍并配有思考题。在编写过程中体现了内容完整、深入浅出，充分引用工程实例，直观明了的特点。将前期所修课程内容与本教材内容相衔接，有助于学生构建完整的知识结构体系。

本书可作为高等院校水利类、环境工程、水土保持、应用生态等专业的师生用书，也可供水利工程技术人员参考。

图书在版编目（CIP）数据

水资源规划及利用 / 何俊仕，林洪孝主编. -- 北京：中国水利水电出版社，2014.5(2022.5重印)
普通高等教育教育“十二五”规划教材 全国水利行业规划教材
ISBN 978-7-5170-2017-2

Ⅰ. ①水… Ⅱ. ①何… ②林… Ⅲ. ①水资源管理－高等学校－教材②水资源－资源利用－高等学校－教材 Ⅳ. ①TV213

中国版本图书馆CIP数据核字(2014)第098855号

书　名	普通高等教育“十二五”规划教材 全国水利行业规划教材 **水资源规划及利用**
作　者	主编 何俊仕 林洪孝
出版发行	中国水利水电出版社 （北京市海淀区玉渊潭南路1号D座 100038） 网址：www.waterpub.com.cn E-mail：sales@mwr.gov.cn 电话：（010）68545888（营销中心）
经　售	北京科水图书销售有限公司 电话：（010）68545874、63202643 全国各地新华书店和相关出版物销售网点
排　版	北京时代澄宇科技有限公司
印　刷	天津嘉恒印务有限公司
规　格	184mm×260mm 16开本 17.25印张 410千字
版　次	2014年5月第1版 2022年5月第4次印刷
印　数	9001—11500册
定　价	**49.00**元

编写人员名单

主　编　沈阳农业大学　何俊仕
　　　　山东农业大学　林洪孝

副主编　长春工程学院　董天松
　　　　河北农业大学　刘玉春
　　　　东北农业大学　王秋梅
　　　　沈阳农业大学　张　静

参　编　山东农业大学　程银才
　　　　山东农业大学　左　欣
　　　　山东农业大学　王　刚
　　　　山东农业大学　谭秀翠
　　　　河北农业大学　刘宏权
　　　　沈阳农业大学　付玉娟
　　　　沈阳农业大学　董克宝
　　　　沈阳农业大学　刘　丹

前言

水资源规划及利用是水利类专业的一门重要专业课程，是为适应国民经济发展对开发利用水资源提出的实际要求及新时期水利水电建设对水利专业人才培养的需要而设置，旨在拓宽学生的专业知识面，帮助学生构建完整的知识结构体系，加强理论联系实践能力的培养，增强适应性。

本书是水利学科专业“十二五”规划教材，可作为高等学校水利类专业教学用书及水利工程及相关专业技术人员参考用书。全书主要内容有绪论、水资源的综合利用、水库兴利调节及计算、水库调洪计算、水能计算及水电站在电力系统中的运行方式、水电站及水库的主要参数选择、水库群的水利水能计算、水库调度、水资源评价及规划。各章配有思考题，有助于学生对重点内容的理解和掌握。

本书由何俊仕（沈阳农业大学）、林洪孝（山东农业大学）任主编，董天松（长春工程学院）、刘玉春（河北农业大学）、王秋梅（东北农业大学）、张静（沈阳农业大学）任副主编。各章编写分工如下：绪论由何俊仕编写；第一章由何俊仕、付玉娟（沈阳农业大学）编写；第二章由林洪孝、左欣（山东农业大学）、王刚（山东农业大学）编写；第三章由董天松编写；第四章由刘玉春、刘宏权（河北农业大学）编写；第五章由张静编写；第六章由林洪孝、程银才（山东农业大学）、谭秀翠（山东农业大学）编写；第七章由王秋梅（东北农业大学）编写；第八章由何俊仕、张静、董克宝、刘丹（沈阳农业大学）编写。全书由何俊仕、张静统稿。

本书在内容编写及工程案例列举过程中参阅并引用了书后所列参考文献的相关内容，在此表示衷心的感谢！

对于教材中的不足之处，诚恳读者批评指正。

编者

2013年11月

目录

绪　论

第一节　水资源概述

水是生命之源，是人类赖以生存和发展的不可缺少的宝贵资源，是自然环境的重要组成部分，是可持续发展的基础条件。

随着人口与经济的增长，水资源的需求量不断增加，水环境又不断恶化，水资源短缺已经成为全球性问题。联合国在1997年《对世界淡水资源的全面评价》报告中指出："缺水问题将严重地制约21世纪经济和社会发展，并可能导致国家间的冲突。"

21世纪，世界面临的三大水问题，即洪涝灾害、干旱缺水、水环境恶化，这严重影响到人类生活水平的提高、社会的稳定和经济的发展。

一、水资源定义

迄今为止，关于水资源的定义，国内外有多种提法。有一种非常广义的水资源定义，即指地球包括其所有圈层中一切形态的水都是水资源。由于这个定义来自《不列颠百科全书》，具有一定的权威性，因而这种解释较普遍地被引用。在1998年由联合国教科文组织（United Nations Educational，Scientific and Cultural Organization，UNESCO）和世界气象组织（The World Meteorological Organization，WMO）给出的水资源定义比较有影响，其定义是："作为资源的水应当是可供利用或有可能被利用，具有足够数量和可用质量，并可适合对某地为水的需求而能长期供应的水源。"《中国大百科全书》大气科学·海洋科学·水文科学卷中指出：水资源是地球表层可供人类利用的水，包括水量（质量）、水域和水能资源，一般指每年可更新的水量资源。在《中华人民共和国水法》中水资源即是指地表水和地下水。因此，水资源可以理解为人类长期生存、生活和生产过程中所需要的各种水，既包括了它的数量和质量，又包括了它的使用价值和经济价值。许多国家在谈到水资源时，常常把通过全球水文循环而可不断获得补充的淡水作为水资源。

综上所述，水资源作为维持人类社会存在及发展的重要资源之一，应当具有以下的功能：

（1）可以按照社会的需要提供或有可能提供的水量。

（2）这个水量有可靠的来源，且这个来源可以通过自然界水文循环不断得到更新或补充。

（3）这个水量可以由人工加以控制。

（4）这个水量及其水质能够适应人类用水的要求。

二、水资源的基本特性

水资源不同于土地资源和矿产资源，有其独特的性质。只有充分认识它的特性，才能合理、有效地利用。

1. 循环性和有限性

水圈中的水由于相互之间不断循环，使得地表水和地下水不断得到大气降水的补给，开发利用后可以恢复和更新，这是地球上水资源具有的特征。但各种水体的补给量是不同的和有限的，为了可持续供水，多年平均的利用量不应超过补给量。循环过程的无限性和补给量的有限性，决定了水资源在一定数量限度内才是取之不尽、用之不竭的。

2. 时空分布不均匀性

水资源在地区分布上很不均匀，年际年内变化大，给开发利用带来许多困难。地球表面淡水资源分布的不均匀性，表现为降水多的地区，淡水资源比较充足；反之，淡水资源则很贫乏。为了满足各地区、各部门的用水要求，必须修建蓄水、引水、提水、水井和跨流域调水工程，对天然水资源进行时空再分配。因兴修各种水利工程要受自然、技术、经济、社会等条件的限制，只能控制利用水资源的一部分或大部分。

3. 用途广泛性

水资源的用途十分广泛，各行各业都离不开水，水不仅用于农业灌溉、工业生产、城乡生活和生态环境，而且还用于水力发电、航运、水产养殖、旅游娱乐等。这些用途又具有较强的竞争性。随着人们生活水平的提高、国民经济和社会的发展，用水量不断增加是必然趋势，不少地区出现了水资源不足的紧张局面，水资源短缺问题已成为当今世界面临的重大难题之一。

4. 经济上的两重性

由于降水和径流时空分布不均，形成因水过多或过少而引起洪、涝、旱、碱等自然灾害；由于水资源开发利用不当，也会造成人为灾害，如垮坝事故、土壤次生盐渍化、水体污染、海水入侵和地面沉降等。水的可供利用及可能引起的灾害，决定了水资源在经济上的两重性，既有正效益也有负效益。水资源的综合开发和合理利用，应达到兴利、除害的双重目的。

三、我国水资源

（一）我国的地形及地貌特征

我国位于欧亚大陆东南侧，东南部濒临西太平洋，西北部深入亚洲腹地，南北纬度跨越50°，东西纬度跨越62°，幅员辽阔。国土面积960万km^2，约占世界陆地面积的1/15。

我国地形十分复杂，地势的总趋势是西高东低，一般划分为三大阶梯。

第一阶梯是西部海拔4000m以上的青藏高原等地区，阻挡了来自印度洋上空暖湿气流北上的去路，不仅对我国降水的地区分布带来很大影响，使高原上及我国西北地区的降水显著减少，而且对大气环流也产生一定影响；第二阶梯海拔为1000～2000m，范围包括北至天山山脉、阿尔泰山，东到大兴安岭、太行山、巫山及云贵高原东部的广大地区；第三阶梯为大兴安岭、太行山、巫山及云贵高原东缘以东至海滨，境内有东北平原、华北平原、长江中下游平原和珠江三角洲平原等，同时还有许多低山和丘陵分布，在广大平原区，由于气流运动可以畅通无阻，成雨条件不如山丘区，因此平原区的降水量大都低于它周围的山丘区。

（二）气候

我国的气候具有季风气候明显、雨热同期、复杂多样等特点。冬季，我国大部分地区受蒙古高压冷气团的控制，盛行偏北风，来自西伯利亚的寒流直驱长江以南。北方地区雨雪稀少，气候寒冷、干燥，南方降水也显著偏少。夏季，全国大部分地区盛行东南和西南季风。来自太平洋上空的东南季风和来自印度洋及我国南海上空的西南季风为大陆上空带来了丰富的水汽，受其影响，全国大部分地区都进入了雨季。西北内陆地区由于远离海洋，加上地形影响，季风难以深入，降水显著偏少。

我国月平均气温大都是1月最低，8月达到最高值。各地的雨季基本上伴随着气温的变化而变化。一般夏季风的雨带于4月在华南形成，6月中旬到7月上旬左右雨带北移到长江中下游地区，7月中旬继续北移到淮河以北，广大北方地区开始进入雨季，8月下旬雨带撤回到南方，一年的雨季基本结束。

（三）水资源的循环

我国的水资源主要来源于降水，由于大气水、地表水和地下水三水之间具有相互转化的特征，因此，水资源的特点和地区分布与降水的形式和特点密切相关。

1. 降水

降水是地表水资源的收入项，一个地区降水量的多少与引起降水的水汽输入量、天气系统的活动情况、离水汽来源的远近以及地形条件等有着密切的关系。

(1) 降水量的地区分布。受地理位置因素的影响，年降水量地区分布不均。总的特点是东南部湿润多雨，向西北内陆逐步递减，广大西北内陆地区（除新疆西北部个别地区）气候干燥、降水很少。

(2) 降水量的年际变化。降水量各年不等是降水这一自然现象本身固有的特性之一。我国的降水由于受季风气候的影响，降水的年际变化更大、更突出。近年降水量比多年平均值要小。

(3) 降水的年内分配。除个别地区外，我国大部分地区降水的年内分配很不均匀。冬季，大陆受西伯利亚干冷气团的控制，雨雪较少。春暖以后，南方地区开始进入雨季，随后雨带不断北移。进入夏季后，全国大部分地区都处在雨季，雨量集中。秋季，随着夏季风的迅速南撤，天气很快变凉，雨季也宣告结束。

从年内降水时间上看，长江以南广大地区雨季较长，汛期连续最大4个月的雨量约占全年雨量的50%～60%。华北和东北地区是全国降水量年内分配最不均匀和集中程度最高的地区之一。汛期连续最大4个月的降水量可占全年降水量的70%～80%，有时甚至一年的降水量，主要集中在一两场暴雨中。北方不少地区汛期1个月的降水量可占年降水量的一半以上。

我国降水量年内分配不均，尤其广大北方地区比南方地区更为严重，是造成我国旱涝灾害频繁的主要原因之一，给农业生产也带来很大威胁。

2. 蒸发

(1) 水面蒸发。水面蒸发量是反映当地蒸发能力的指标，它主要受气压、气温、湿度、风、辐射等气象因素的综合影响。

(2) 陆面蒸发。陆面蒸发量是陆地表面和植物的蒸散发量以及水体蒸发量之和。陆面蒸发量受蒸发能力和供水条件两大因素的制约。全国陆面蒸发量的分布趋势与年降水量一样，由东南向西北递减。

(3) 干旱指数。干旱指数是用来反映干湿程度的指标，以年蒸发能力和年降水量的比γ来表示。干旱指数γ大于1.0，说明年蒸发能力超过年降水量，表明该地区的气候偏于干旱，γ值越大，干旱程度就越严重；干旱指数γ小于1.0，说明年蒸发能力小于年降水量，表明该地区气候偏于湿润，γ越小，气候越湿润。

3. 径流

影响径流形成及其分布的主要因素有气候因素（如降水、蒸发、气温等）和下垫面条件（如地形、地质、土壤、植被、湖泊、沼泽、冰川等）。人类活动对径流也有重要的影响。

(1) 年径流的地区分布。我国年径流分布总的趋势是从东南沿海向西北内陆逐步递减。在同一地区内，山丘区是相对年径流高值区，平原区是相对低值区。

(2) 年径流的多年变化。天然年径流和降水一样，存在着年际变化大和季节分配不均的问题。河川径流多年变化情况与补给来源的性质、下垫面条件、集水面积诸因素有关。

一般以降水补给为主的河流年径流值变化大，冰川补给比重大的河流和以降水融雪混合补给的河流值变化较小，而以地下水补给为主的河流值变化最小。

(3) 径流量的年内分配。径流的季节分配，主要取决于补给来源的性质及其变化规律。我国除西北地区一些河流属冰川融水补给为主外，全国大部分河流是以雨水补给为主。因此，我国绝大部分河流的季节分配主要取决于降水的季节分配。

我国连续最大4个月径流量占年径流量的比重，全国范围在45%～90%之间，一般为55%～75%。全国大部分地区连续最大4个月起讫月份与降水量相一致，但出现滞后性。

4. 湖泊与冰川

(1) 湖泊。湖泊水是水资源的重要组成部分，它能自然调节河川径流，提供供水、灌溉、航运及养殖等用水。我国是一个多湖泊的国家，在一些排水不畅的地区，往往有成群的湖泊分布。在湿润的丘陵、平原地区一般为淡水湖，在干旱的高原、沙漠地区则多属咸水湖或盐湖。按照湖泊的地理分布和形成特征，全国可划分为五个主要湖区，即青藏高原湖区、东部平原湖区、蒙新高原湖区、东北平原及山地湖区、云贵高原湖区。

(2) 冰川。我国冰川总面积约为58523km^2，约占我国领土的6‰。冰川的分布规模受地形、气候等因素的影响，尤以海拔高度影响较大，我国冰川多分布在西部海拔3500m以上的高寒山区。我国冰川按其形成的气候条件及冰川特性，分为大陆型冰川和海洋型冰川两大类，以大陆冰川为主。

5. 地下水

地下水是自然界水资源的重要组成部分，它具有双重的资源属性，既是一种矿产资源，又是水资源的组成部分。地下水按埋藏条件可分为潜水、承压水和上层滞水。潜水含水层埋藏浅，上面不存在连续的隔水层，潜水直接通过包气带与大气圈及地表水圈发生联系，因此，气象、水文因素的变动对潜水影响明显，潜水的水质变化也比较大；承压水由于存在上下隔水层，具有承压性，与大气圈、地表水圈的联系较弱，从补给区到排泄区的径流路径较长，承压水水质相对比较稳定，一般不易受到污染，但一旦污染后也很难净化。

（四）我国水资源特点

在我国特有的地形地貌及气候条件影响下，我国水资源特点如下：

（1）水资源总量多、人均少、亩均少。我国水资源量居世界第四位，相当于亚洲的20.6%，欧洲的90.9%，但我国人口众多，耕地面积大，按1997年人口统计，我国人均水资源量为2220m^3，人均、亩均水量都低于世界平均水平。人均水量为世界人均水量的1/4，美国的1/5，加拿大的1/50；亩均水量约为世界亩均水量的2/3。当2030年我国人口总数达到16亿时，人均水资源量为1750m^3，接近世界公认的贫水警戒线1700m^3。

（2）地区分布不均，南涝北旱。我国水资源的地区分布十分不均，由东南向西北递减，降水多的地区，水资源比较充足；水资源贫乏地区，降水也比较少。从人口和水资源分布统计数据可以看出，我国水资源南北分配的差异非常明显。长江流域及其以南地区人口占了全国的54%，但水资源却占81%。北方人口占46%，水资源只有19%。专家指出，由于自然环境以及高强度的人类活动的影响，北方的水资源将进一步减少，南方水资源将进一步增加，这个趋势在最近20年尤其明显。这就更加重了我国北方水资源短缺和南北水资源的不平衡。

（3）年际和季节变化大，水旱灾害频繁。我国大部分地区季风影响明显，降水量、径流量的年际和季节变化很大，降雨主要集中在汛期，尤以北方更为集中，可占全年的60%～70%；降雨年际变化大，常有连续丰水年和枯水年。降水量和径流量年际间的悬殊差别以及年内高度集中的特点，不仅给开发利用水资源带来了困难，也是水旱灾害频繁的根本原因。

（4）地下水分布广泛，是北方地区重要的供水水源。由于地下水分布相对比地表水均匀且相对稳定，年际和季节变化较小，水质较好，不易污染，在北方地表水资源相对贫乏的地区，地下水对工业、农业和城镇供水有着重要的意义。东北诸河、海河、淮河和山东半岛、内陆诸河等地区的地下水开采量，约占总供水量的1/4。北方各省级行政区地下水源供水占有较大比例，其中河北、北京、山西、河南4个省（直辖市）占总供水量的50%以上。

（5）水质变化大，污染严重。我国河流的天然水质相当好。水量较多的地区，河水矿化度和总硬度都比较低，全国各主要江河干流的河水矿化度和总硬度也都比较低。超过1.0g/L的高矿化度河水分布面积仅占全国面积的12%，主要分布在人烟稀少的内蒙古高原、塔里木盆地、准噶尔盆地、柴达木盆地以及黄河流域上中游的黄土高原部分地区。

由于人口的不断增长和工业迅速发展，废污水的排放量增加很快，水体污染日趋严重。北方地区水体污染比南方严重，西部比东部严重。在我国大城市的工业区和人口密集区附近的水体污染较严重。全国的江河水质，中小河流水污染状况重于各大水系干流。由于排入河道的废污水总量没有得到有效控制，河流水污染继续呈上升趋势和扩散状态。

（6）水土流失严重，河流泥沙含量大。由于自然条件和长期以来人类活动的结果，我国森林覆盖率很低，水土流失严重。我国平均每年从山地、丘陵被河流带走的泥沙约35亿t，其中，直接入海的泥沙约18.5亿t，占全国河流输沙量的53%；约有14亿t泥沙淤积在流域中，包括下游平原河道、湖泊、水库或引入灌区、分蓄洪区等。黄河是中国泥沙最多的河流，也是世界罕见的多沙河流，多年平均年含沙量和年输沙总量均居世界大河的首位，多年平均年输沙量达16.1亿t。

（五）我国水资源现状

1. 水资源总量

我国水资源总量由地表水、地下水、湖泊、冰川等几部分组成，其中地表水资源占

96%左右。全国各流域片水资源总量见表 0-1。

(1) 地表水的资源量。根据各省（自治区、直辖市）和十大流域（片）汇总成果，全国 1956～1979 年共 24 年同步期平均年径流总量为 27 115 亿 m^3，折合年径流深 284mm。

表 0-1　全国各流域片的水资源总量

流域片名称	平均年降水总量（亿 m^3）	地表水平均年资源量（亿 m^3）	地下水平均年资源量（亿 m^3）	重复计算量（亿 m^3）	平均年水资源总量（亿 m^3）	平均年产水模数（万 m^3/hm^2）
黑龙江流域片	4476	1165.9	430.7	244.8	1351.8	14.96
辽河流域片	1901	487.0	194.2	104.5	576.7	16.71
海滦河流域片	1781	287.8	265.1	131.8	421.1	13.24
黄河流域片	3691	661.4	405.8	323.6	743.6	9.36
淮河流域片	2830	741.3	393.1	173.4	961.0	29.91
长江流域片	19360	9513.0	2464.2	2363.8	9613.4	53.16
珠江流域片	8967	4685.0	1115.5	1092.4	4708.1	81.08
浙闽台诸河片	4216	2557.0	613.1	578.4	2591.7	108.08
西南诸河片	5113	5853.1	1543.8	1543.8	5853.1	68.75
内陆河流域片	9346	1063.7	819.7	682.7	1200.7	3.61
额尔齐斯河	208	100	42.5	39.3	103.2	19.57
北方六片小计	20000	4507.1	2551.1	1700.1	5358.1	8.83
南方四片小计	41889	22608.1	5736.6	5578.4	22766.3	65.41
全国总计	61889	27115.2	8287.7	7278.5	28124.4	29.46

我国多年平均年入海水量为 17243 亿 m^3，约占全国河川径流总量的 63.6%。其中，长江平均年入海水量最大，占全国入海水量的一半以上；海滦河流域片最小，仅占全国入海水量的 0.9%。随着我国工农业生产的不断发展和人民生活水平的提高，用水量连年增加，入海水量明显地表现为逐年减少的趋势。

(2) 地下水资源量。全国地下水资源计算区的划分，考虑了地下水补、径、排条件，同时便于水资源总量的计算。山丘区平均年地下水资源量为 6762 亿 m^3，其中河川基流量为 6599 亿 m^3，占山丘区地下水资源量的 97.6%，其他排泄量为 163 亿 m^3，只占山丘区地下水资源量的 2.4%。浅层淡水区的年平均地下水资源量为 8288 亿 m^3，其中，山丘区为 6762 亿 m^3，平原区 1873 亿 m^3，山丘区与平原区的重复计算水量为 347 亿 m^3；又根据地矿部门评价成果统计，全国年平均地下水资源量为 8717 亿 m^3，其中，山丘区为 6744 亿 m^3，平原区 2504 亿 m^3，山丘区与平原区的重复计算水量为 531 亿 m^3。

(3) 冰川与湖泊水资源量。全国冰川水资源总储量约为 51300 亿 m^3，多年平均年融水量约 563 亿 m^3。分布在内陆河流域的冰川水资源量为 236 亿 m^3，占内陆河流域多年平均年水资源量的 24%。

全国湖泊水资源总储量约7088亿m^3，其中淡水储量为2261亿m^3，占湖泊储水总量的31.9%。内陆湖泊储水量达4943亿m^3，其中淡水储量为455.5亿m^3。

2. 水资源可利用量

受自然、技术、经济条件的限制和生态环境需水的制约，水资源开发利用要有一定的限度，即不可能也不应该全部加以利用。因此，研究水资源的可利用量，比评价出天然水资源量更具有实际的意义。

水资源可利用总量是指在可预见的时期内，在统筹考虑生活、生产和生态系统用水的基础上，通过经济合理、技术可行的措施可资一次性利用的最大水量。水资源可利用总量的计算，可采取地表水资源可利用量与浅层地下水资源可开采量相加，再扣除地表水资源可利用量与地下水资源可开采量两者之间重复计算量的方法估算。一个地区或流域估算出的水资源可利用量，可作为研究当地水资源的供水能力，规划跨流域调水工程，以及制定国民经济和社会发展规划的依据。

3. 水资源质量

水资源是水量与水质的高度统一，在特定的区域内，可用水资源的多少并不完全取决于水资源数量，还取决于水资源质量。质量的好坏直接关系到水资源功能，决定着水资源用途。因此，在研究水资源时，水质是非常重要的，是决不能忽略的，只考虑水量或者水质的做法都是不科学的，必须予以纠正。

随着环境污染的加剧，水质渐渐分成了以下五大类。

Ⅰ类水质：水质良好。地下水只需消毒处理，地表水经简易净化处理（如过滤）、消毒后即可供生活饮用者。

Ⅱ类水质：水质受轻度污染。经常规净化处理（如絮凝、沉淀、过滤、消毒等），其水质即可供生活饮用者。

Ⅲ类水质：适用于集中式生活饮用水源地二级保护区、一般鱼类保护区及游泳区。

Ⅳ四类水质：适用于一般工业保护区及人体非直接接触的娱乐用水区。

Ⅴ类水质：适用于农业用水区及一般景观要求水域。超过五类水质标准的水体基本上已无使用功能。

（1）地表水资源质量状况。2008年水资源公报显示：全国全年Ⅰ～Ⅲ类水河长比例为61.2%，各水资源一级区中，西南诸河区、西北诸河区、长江区、珠江区和东南诸河区水质较好，符合和优于Ⅲ类水的河长占95%～64%；海河区、黄河区、淮河区、辽河区和松花江区水质较差，符合和优于Ⅲ类水的河长占35%～47%（图0-1）。

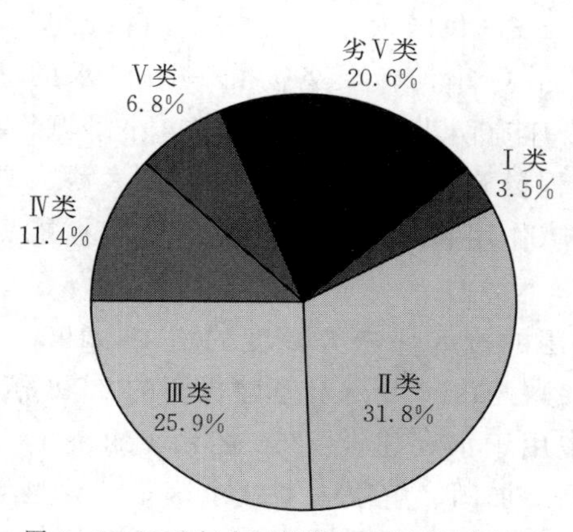

图0-1　2008年全国河流水质监测评价结果

为了加强水资源管理，提高人们的环境意识，引起政府和更多民众关注环境，我国每年6月5日世界环境日前夕均发表《中国环境公报》，其中水环境作为重要的组成部分予以公布。

（2）地下水资源质量状况。我国地表水资源污

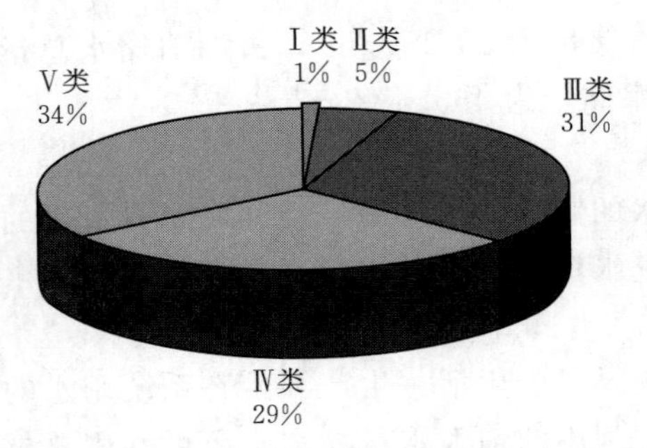

图 0-2　2006 年地下水质量状况

染严重，地下水资源污染也不容乐观。无论是农村(包括牧区）还是城市，浅层水或深层水均遭到不同程度的污染，局部地区（主要是城市周围、排污河两侧及污水灌区）和部分城市的地下水污染比较严重，污染呈上升趋势（图 0-2)。

总之，我国水环境总的态势是局部有所好转，整体持续恶化，形势十分严峻，前景令人担忧。

4. 水能资源

水能资源指水体的动能、势能和压力能等能量资源，是自由流动的天然河流的出力和能量。广义的水能资源包括河流水能、潮汐水能、波浪能、海流能等能量资源；狭义的水能资源指河流的水能资源。水能是一种可再生能源。

我国山地面积广，河流比降一般较大，水能资源丰富。经初步勘测和估算，全国水能蕴藏量达 6.76 亿 kW，已探明可开发的有 3.78 亿 kW，高于苏联（2.69 亿 kW)、巴西(2.09 亿 kW)、美国（2.05 亿 kW)、加拿大（1.53 亿 kW）等国，居世界首位。

我国水能资源的地区分布极端不平衡。从流域来看，以长江流域最为丰富。长江理论水能蕴藏量占全国 39.6%，可开发量占全国 53.4%。其次是雅鲁藏布江、澜沧江、黄河和珠江。全国水能最丰富的河段都在河流中、上游。从地区来看，主要集中在西部地区，京广铁路以西占全国的 90%以上，其中西南地区为最多，占全国的 70%；其次为中南及西北地区，分别占 10%及 13%左右。

第二节　水资源开发利用现状及存在问题

据统计，新中国成立 60 年来，国家先后投入上万亿元资金用于水利建设，水利工程规模和数量跃居世界前列，水利工程体系初步形成，江河治理成效卓著。水利部相关资料显示，目前，长江、黄河干流重点堤防建设基本达标，治淮 19 项骨干工程基本完工，太湖防洪工程体系基本形成，其他主要江河干流堤防建设明显加快。截至目前，全国已建成各类水库 8.6 万多座，堤防长度 28.69 万 km，我国大江大河主要河段已基本具备了防御新中国成立以来发生的最大洪水的能力。中小河流具备防御一般洪水的能力，重点海堤设防标准提高到 50 年一遇。全国 639 座有防洪任务的大、中、小型城市，有 299 座通过防洪工程建设达到设防标准。水利工程设施体系不断加强，大江大河大湖防洪状况极大改善，水利对人民生命财产安全的保障作用和对经济社会发展的支撑能力进一步增强。

进入经济建设的新时期，中央对水资源开发利用的投入保持大幅度的增加。1998～2002 年，中央水利基建投资总额达 1786 亿元，是 1949～1997 年水利基建投资的 2.36 倍。1998～2002 年，国家共发行国债 6600 多亿元，其中用于水利建设 1258 亿元，约占 1/5。以大江大河堤防为重点的防洪工程建设、病险水库除险加固、解决人畜饮水困难、大型灌区节水改造等取得历史性突破，并通过南水北调、三峡工程、治黄工程等工程的建设，实现了水资源的更合理的配置。

一、供水工程及供水能力

供水工程是指为社会和国民经济各部门提供用水量的所有水利工程，按类型可分为蓄水工程、引水工程、提水工程、地下水工程和其他水源工程等。

我国水资源约有2/3属于洪水径流，蓄水工程的总库容与多年平均年径流量的比值可反映水利工程对水资源的调蓄控制能力。截至2007年底，全国已建成各类水库85412座，水库总库容6345亿m^3。其中，大型水库493座，总库容4836亿m^3，占全部总库容的76.2%；中型水库3110座，总库容883亿m^3，占全部总库容的13.9%。

其他水源工程指的是污水处理工程、微咸水利用工程和海水淡化工程等。

跨流域调水工程指调整流域间水资源丰缺的工程，已建成的跨流域调水工程主要有海河流域引黄工程、淮河流域引江工程及引黄工程、广东东深引水、甘肃引大入秦、辽宁引碧入连、吉林引松入长、新疆引额济克工程等。

供水能力是指水利工程在特定条件下，具有一定供水保证率的供水量，与来水量、工程条件、需水特性和运行调度方式有关。由于供水工程中，有相当数量的工程修建于20世纪五六十年代，其来水条件、工程配套状况、供水对象和需水要求以及调度运行规则都有所变动，水利部对已建工程的供水能力进行了复查。复查结果表明，在当时的条件下全国供水工程的供水能力已下降为5640亿m^3，供水能力衰减了920亿m^3，为原设计供水能力的14%。

二、我国供用水情况

供水量指各种水源为用水户提供的包括输水损失在内的毛水量之和，按受水区分地表水源、地下水源和其他水源统计。地表水源供水量指地表水工程的取水量，按蓄水工程、引水工程、提水工程、调水工程四种形式统计；地下水源供水量指水井工程的开采量，按浅层淡水、深层承压水和微咸水分别统计；其他水源供水量包括污水处理回用、集雨工程、海水淡化等水源工程的供水量。海水直接利用量另行统计，不计入总供水量中。2011年全国总供水量6107.2亿m^3，占当年水资源总量的26.3%。其中，地表水源供水量4953.3亿m^3，占总供水量的81.1%；地下水源供水量1109.1亿m^3，占总供水量的18.2%；其他水源供水量44.8亿m^3，占总供水量的0.7%。在地表水源供水量中，蓄水工程供水量占32.3%，引水工程供水量占33.7%，提水工程供水量占30.4%，水资源一级区间调水量占3.6%。在地下水供水量中，浅层地下水占83.8%，深层承压水占15.8%，微咸水占0.4%。在其他水源供水量中，污水处理回用量32.9亿m^3，集雨工程水量10.9亿m^3，海水淡化水量1.0亿m^3。2011年全国海水直接利用量604.6亿m^3，主要作为火（核）电的冷却用水。海水直接利用量较多的为广东、浙江和山东，分别为252.1亿、182.3亿和57.4亿m^3，其余沿海省份大都有数量不多的海水直接利用量。

用水量是指各类用水户取用的包括输水损失在内的毛水量之和，按生活、工业、农业和生态环境四大类用户统计，不包括海水直接利用量。生活用水包括城镇生活用水和农村生活用水，其中城镇生活用水由居民用水和公共用水（含第三产业及建筑业等用水）组成；农村生活用水除居民生活用水外，还包括牲畜用水在内。工业用水指工矿企业在生产过程中用于制造、加工、冷却、空调、净化、洗涤等方面的用水，按新水取用量计，不包括企业内部的重复利用水量。农业用水包括农田灌溉和林、果、草地灌溉及鱼塘补水。生态环境补水仅包括人为措施供给的城镇环境用水和部分河湖、湿地补水，而不包括降水、径流自然满足的水量。2011 年全国总用水量 6107.2 亿 m^3。生活用水 789.9 亿 m^3，占总用水量的 12.9%；工业用水 1461.8 亿 m^3［其中直流火（核）电用水量为 437.5 亿 m^3］，占总用水量的 23.9%；农业用水 3743.5 亿 m^3，占总用水量的 61.3%；生态环境补水 111.9 亿 m^3（不包括太湖的引江济太调水 16.0 亿 m^3、浙江的环境配水 23.7 亿 m^3 和新疆塔里木河大西海子下泄水量、塔里木河干流沿岸胡杨林生态用水、阿勒泰地区河湖补水等生态环境用水量 25.0 亿 m^3），占总用水量的 1.9%（见表 0-2～表 0-3）。

表 0-2　　2011 年各水资源一级区供水量和用水量　　单位：亿 m^3

水资源一级区	供水量				用水量					
	地表水	地下水	其他	总供水量	生活	生产			生态环境	总用水量
						工业	其中：直流火(核)电	农业		
全国	4953.3	1109.1	44.8	6107.2	789.9	1461.8	437.5	3743.6	111.9	6107.2
北方 6 区	1755.8	981.0	29.6	2766.4	288.3	359.7	26.7	2044.0	74.4	2766.4
南方 4 区	3197.5	128.1	15.2	3340.8	501.6	1102.1	410.8	1699.6	37.5	3340.8
松花江区	293.1	201.0	1.3	495.5	36.3	79.4	17.2	364.4	15.4	495.5
辽河区	94.7	109.0	3.7	207.4	34.2	34.8		132.9	5.5	207.4
海河区	122.9	234.3	11.9	369.1	62.7	55.0	1.1	238.6	12.6	369.1
黄河区	268.5	129.0	6.9	404.4	48.0	65.5	1.0	281.4	9.6	404.4
淮河区	475.3	178.3	4.7	658.3	88.1	103.8	7.1	451.6	14.8	658.3
长江区	1922.4	79.7	7.8	2010.0	273.4	746.8	334.3	973.1	16.7	2010.0
其中：太湖流域	354.4	0.4	0.1	354.8	50.9	213.8	167.5	87.5	2.7	354.8
东南诸河区	336.4	8.8	0.9	346.1	55.4	128.2	19.7	157.4	5.1	346.1
珠江区	834.5	36.0	6.3	876.8	159.6	216.6	56.8	485.3	15.3	876.8
西南诸河区	104.1	3.6	0.1	107.9	13.1	10.5		83.8	0.4	107.8
西北诸河区	501.2	129.3	1.0	631.6	19.0	21.1	0.4	575.0	16.4	631.6

注　生态环境用水不包括太湖的引江济太调水 16.0 亿 m^3、浙江的环境配水 23.7 亿 m^3 和新疆的塔里木河大西海子下泄水量、塔里木河干流沿岸胡杨林生态用水、阿勒泰地区河湖补水等 25.0 亿 m^3。此表来源于《2011 年中国水资源公报》。

表 0-3　　2011 年各省级行政区供水量和用水量　　单位：亿 m^3

省级行政区	供水量				用水量					
	地表水	地下水	其他	总供水量	生活	生产			生态环境	总用水量
						工业	其中:直流火(核)电	农业		
全国	4953.3	1109.1	44.8	6107.2	789.9	1461.8	437.5	3743.6	111.9	6107.2
北京	8.1	20.9	7.0	36.0	16.3	5.0	0.4	10.2	4.5	36.0
天津	16.8	5.8	0.5	23.1	5.4	5.0		11.6	1.1	23.1
河北	38.5	154.9	2.6	196.0	26.1	25.7	0.7	140.5	3.6	196.0
山西	32.7	38.6	2.9	74.2	13.1	14.3		43.4	3.4	74.2
内蒙古	91.1	92.5	1.1	184.7	15.1	23.6		135.9	10.0	184.7
辽宁	76.7	64.3	3.6	144.5	25.9	24.0		89.7	4.9	144.5
吉林	87.4	43.7	0.2	131.2	15.1	26.6	6.9	81.6	7.9	131.2
黑龙江	201.4	149.9	1.1	352.4	21.2	53.2	10.3	272.3	5.6	352.4
上海	124.4	0.1	0.0	124.5	24.9	82.6	71.4	16.5	0.5	124.5
江苏	546.1	10.1	0.0	556.2	52.4	192.9	134.2	307.6	3.3	556.2
浙江	193.7	4.2	0.7	198.5	40.0	61.8	1.3	92.1	4.6	198.5
安徽	259.9	33.4	1.3	294.6	31.7	90.6	35.4	168.4	4.0	294.6
福建	203.5	5.0	0.3	208.8	25.2	83.5	19.2	98.6	1.5	208.8
江西	252.7	10.2	0.0	262.9	28.4	60.6	20.4	171.7	2.1	262.9
山东	127.4	89.3	7.4	224.1	38.2	29.8	0.2	148.9	7.2	224.1
河南	96.9	131.3	0.9	229.1	37.4	56.8	2.0	124.6	10.3	229.1
湖北	286.2	9.7	0.8	296.7	33.8	120.4	34.9	142.3	0.3	296.7
湖南	308.9	17.4	0.1	326.5	45.2	95.6	27.4	183.1	2.6	326.5
广东	443.4	19.4	1.5	464.2	97.3	133.6	38.9	224.2	9.1	464.2
广西	286.9	10.8	4.1	301.8	45.7	57.3	17.1	193.2	5.6	301.8
海南	41.1	3.3	0.1	44.5	6.7	3.9		33.8	0.1	44.5
重庆	84.9	1.8	0.1	86.8	19.1	43.3	14.7	23.6	0.7	86.8
四川	212.1	18.1	3.2	233.5	38.3	64.6		128.4	2.2	233.5
贵州	93.2	1.1	1.7	95.9	14.9	30.7		49.7	0.6	95.9
云南	141.1	4.8	0.9	146.8	24.4	25.2	0.8	96.1	1.0	146.8
西藏	28.1	2.8	0.0	31.0	1.9	1.7		27.4	0.0	31.0
陕西	54.5	32.7	0.5	87.8	16.2	13.2		56.2	2.1	87.8
甘肃	97.0	24.4	1.4	122.9	10.6	15.4	1.1	93.8	3.0	122.9
青海	25.8	5.3	0.1	31.1	3.7	3.5		23.5	0.5	31.1
宁夏	68.0	5.6	0.0	73.6	1.9	4.6		66.1	1.0	73.6
新疆	425.0	97.8	0.8	523.5	13.8	12.6	0.3	488.4	8.7	523.5

注　生态环境用水不包括太湖的引江济太调水 16.0 亿 m^3、浙江的环境配水 23.7 亿 m^3 和新疆的塔里木河大西海子下泄水量、塔里木河干流沿岸胡杨林生态用水、阿勒泰地区河湖补水等 25.0 亿 m^3。此表来源于《2011 年中国水资源公报》。

三、我国近10年供水变化趋势

以2000～2010年供水情况为例进行说明，如表0-4所示。

表0-4　2000～2010年我国供用水比较

年份	地表水（亿 m^3）	所占比例（%）	地下水（亿 m^3）	所占比例（%）	总供水量（亿 m^3）
2000	4440.4	80.3	1069.2	19.3	5530.7
2003	4377.2	80.8	1009.9	18.7	5412.3
2005	4572.2	81.2	1038.8	18.4	5633
2007	4724	81.2	1069	18.4	5819
2008	4796	81.2	1085	18.3	5910
2010	4883.8	81.1	1108	18.4	6022

从近10年的供水量变化可以看出，总供水量有所上升，地表水、地下水占总供水比例相对稳定。

四、我国水资源开发利用所面临的问题

（1）开发利用滞后于经济发展。我国现状供水能力6100多亿 m^3，开发利用程度为26%，总体水平不高。2000年我国蓄水工程总库容为5183亿 m^3，占天然径流量的19.1%，同一比值，美国为33.7%、苏联为27%、加拿大为24.7%。河川年径流量调节能力有明显差距。我国农业平均年受旱面积在3亿亩以上，据分析，若全国发生中等干旱情况，将缺水300亿～400亿 m^3。

（2）北方地区缺水形势加剧。我国北方，尤其是黄淮海流域缺水形势十分严峻。从20世纪80年代以来，海滦河、黄河、淮河流域先后进入持续干旱枯水期，河川径流量衰减十分明显。地表水源不足，导致平原地区大量开采地下水，海河平原地下水累计超采600亿 m^3。不少地区地下水位大幅度下降，河湖干涸，生态环境恶化。黄河下游90年代以来断流加剧，1997年断流226d。1999年、2000年加强了水资源管理，黄河没有断流，但仍然岌岌可危。淮河中游1999年也出现历史上罕见的断流现象。

（3）城市缺水现象日益突出，挤占生态环境用水和农业用水。随着工业和城市化迅速发展，城镇生活和工业用水也快速增长，大中城市的水资源供需矛盾日显突出。据统计，截至2005年下半年，全国城市缺水总量达60亿 m^3，全国660多个城市中有400多个存在不同程度的缺水问题，其中有136个缺水情况严重。同时，有50%的城市地下水受到不同程度的污染，一些城市已经出现水资源危机。由于地下水超采和农业用水被挤占，生态环境恶化和农业缺水现象日益突出。

（4）用水浪费和缺水现象并存，节水和挖潜还有较大潜力。工农业用水紧张，同时浪费也很严重。全国农业灌溉水的利用系数平均在0.45左右，与先进国家的0.7～0.8相比，我国灌区用水效率相对落后。2000年全国万元工业增加值用水量218m^3，是发达国家的5～10倍；工业用水的重复利用率平均为55%，而发达国家为75%～85%，差距十分明显。全国多数城市自来水管网仅跑、冒、滴、漏的损失率至少20%。节水、污水处理回

用及雨水利用还没有广泛推广。此外，由于长期以来工程维修费用不足，供水工程老化失修，严重影响了工程供水效益的发挥。

（5）江河湖库水污染严重。据2011年《中国水资源公报》，2011年全国废污水排放总量807亿t，对全国18.9万km的河流水质状况进行了评价，全国全年Ⅰ类水河长占评价河长的4.6%，Ⅱ类水河长占35.6%，Ⅲ类水河长占24.0%，Ⅳ类水河长占12.9%，Ⅴ类水河长占5.7%，劣Ⅴ类水河长占17.2%。全国全年Ⅰ～Ⅲ类水河长比例为64.2%，比2010年提高了2.8个百分点。对全国471座主要水库进行了水质评价。其中全年水质为Ⅰ类的水库21座，占评价水库总数的4.5%；Ⅱ类水库203座，占43.1%；Ⅲ类水库158座，占33.5%；Ⅳ类水库52座，占11.0%；Ⅴ类水库16座，占3.4%；劣Ⅴ类水库21座，占4.5%。全国118个城市的饮用水调查显示：64%的城市地下水受到严重污染；33%的城市地下水受到轻度污染，仅3%的城市水质清洁。

（6）干旱缺水地区水资源开发利用程度过高，生态环境恶化。在西北内陆河流域，灌溉农业的不断扩大、绿洲农业耗水量的增大、水资源利用程度的提高，引起了下游生态环境恶化，突出表现为天然绿洲萎缩、终端湖泊消亡、荒漠化现象加剧。尤以塔里木河下游绿色走廊的萎缩、石羊河下游民勤盆地地下水超采、荒漠化发展最为明显。黄、淮、海流域因过量取水，造成河道季节性断流，河口淤积，泄洪能力下降。

（7）地下水开采过量。由于地下水具有水质好、温差小、提取易、费用低等特点，以及用水增加等原因，人们常会超量抽取地下水，以致抽取的水量远远大于其自然补给量，造成地下含水层衰竭、地面沉降以及海水入侵、地下水污染等恶果。如我国苏州市区近30年内最大沉降量达到1.02m，上海、天津等城市也都发生了地面下沉问题。西安著名的景点大雁塔，由于地下沉陷，大雁塔从16世纪初开始就向西北方向发生了倾斜，到1996年，大雁塔的倾斜达到了历史的最高值1010mm，经过各级部门近10年的抢救，大雁塔倾斜的势头得到了遏止，但现在的倾斜幅度依然超过了1m。据了解，大雁塔倾斜的主要原因是地下水超采所引发的地面沉降。地下水过量开采往往形成恶性循环，过度开采破坏地下水层，使地下水层供水能力下降，人们为了满足需要还要进一步加大开采量，从而使开采量与可供水量之间的差距进一步加大，破坏进一步加剧，最终引起严重的生态退化。

五、水资源可持续开发利用的基本思路

（1）坚持人“水”相亲、和谐共处。要正确处理人类与自然，发展与环境之间的关系。坚持治水与规范人类自身活动相结合，既要防洪又要给洪水以出路，坚持综合治理，在加强堤防和控制性工程建设的同时，积极退田还湖（河）、平垸行洪、疏浚河湖，城市防洪与城市景观建设紧密结合。在用水问题上，要把生态用水提到重要议程，防止水资源枯竭对生态环境造成的破坏。对已形成严重生态问题的河流，采取节水、调整产业结构、调水等综合措施予以修复。要重视并充分发挥大自然的自我修复能力，实施退耕还林（草）、封山育林、休牧、轮牧、禁牧等措施，加快治理水土流失，保护生态系统，促进人与自然和谐相处。

（2）注重水资源的节约、保护和优化配置。要处理好近期与远期的关系，对水资源的节约、保护和合理配置是提高和改善这种承载能力的有效的、不可替代的措施。要改变对

水资源“取之不尽、用之不竭”的观念。要从传统的“以需定供”转为“以供定需”；重视和加强对水资源的配置、节约和保护，努力提高用水效率和效益，提高水资源和水环境的承载能力，建设节水防污型社会。

(3) 逐步建立水权制度和水市场。在市场经济条件下，水资源的配置、节约、保护，不仅带来水资源供需关系的调整，更会带来经济利益关系的调整，必须有一套健全的制度来规范由此而产生的经济利益关系。因此，要运用水权理论，加强水资源管理，提高用水效率。认真抓好初始水权分配、用水指标、耗水定额、水价形成机制等基础工作，为建立水权市场奠定基础。实现水资源的可持续利用，必须坚持全面规划、统筹兼顾、标本兼治、综合治理、兴利除害结合、开源节流并重、防洪抗旱并举，充分发挥水的综合功能。

(4) 建立与市场经济体制相适应的投融资体制。建立科学、良性的管理、运行、维护、发展机制，使水资源能够长期发挥应有的效益。通过对行业分类，科学界定水管单位的性质，对不同工程实行不同的融资方式和管理体制。公益性工程的投资和管理维护经费纳入公共财政支出，经营性工程则按照市场规则来运作。

(5) 建立水资源统一管理体制。以流域为单元的，协调上下游、左右岸、干支流之间的关系，统筹考虑水的多种功能，实行水资源统一管理、统一规划、统一调度。水的开发利用，包括防洪、治涝、蓄水、供水、用水、节水、排水、污水处理及中水回用等各环节是紧密联系的，要科学合理配置水资源，必须对各个环节进行统筹考虑，实行区域范围内地表水与地下水、水量与水质、城市与农村水资源的统一管理，有条件的地方要实现涉水事务的统一管理。坚持加强宣传，增强全社会对水的忧患意识。广泛调动各方面积极性，鼓励跨行业、跨地区的利益相关者参与水的管理。

第三节　水资源与可持续发展

一、可持续发展概述

(一) 可持续发展的定义及其评述

“可持续发展”这一术语，在世界范围内逐步得到认同并成为大众媒介使用频率最高的词汇之一。它很快拓广到一些学科，近年来有关可持续发展方面的定义很多，不同学者和不同国家对可持续发展概念的理解不同，所下的定义也各不相同。

1. 侧重于生态方面的定义

1991年，世界自然与自然保护联盟对可持续发展给出了这样的定义，即“改进人类的生活质量，同时不要超过支持发展的生态系统的负荷能力”。同年11月，在国际生态学联合会和国际生物科学联合会共同举行的可持续发展研讨会上，将可持续发展定义为：“保持和加强环境系统的生产和更新能力。”Forman (1990) 则认为可持续发展是“寻求一种最佳的生态系统，以支持生态系统的完整性和人类愿望的实现，使人类的生存环境得以可持续”。Robert Goodand (1994) 等人则将其定义为“不超过环境承载能力的发展”。

2. 侧重于经济方面的定义

Edward B. Barbler (1985) 把可持续发展定义为“在保持自然资源的质量和所提供服

务的前提下，使经济的净利益增加到最大限度”；David Pearce将可持续发展定义为“自然资本不变前提下的经济发展”；世界资源研究所（1992～1993）的定义则是“不降低环境质量和不破坏世界自然资源基础的经济发展”。

3. 侧重于技术方面的定义

James Gustave Spath（1989）认为“可持续发展就是转向更清洁、更有效的技术——尽可能接近零排放或密闭式工艺方法——尽可能减少能源和其他自然资源的消耗”；世界资源研究所（1992～1993）则认为可持续发展就是建立极少产生废料和污染物的工艺或技术系统。

4. 侧重于社会方面的定义

莱斯特布朗认为可持续发展是指人口趋于平稳、经济稳定、政治安定、社会秩序井然的一种社会发展；而Takashi Onish（1994）则认为可持续发展就是在环境允许的范围内，现在和将来给社会上所有的人提供充足的生活保障。

5. 侧重于世代伦理方面的定义

这是世界环境与发展委员会在其重要报告《我们共同的未来》中给出的定义，即可持续发展就是在满足当代人需要的同时，不损害后代人满足其自身需要能力的发展。

6. 侧重于空间方面的定义

杨开忠认为可持续发展不仅要重视时间维，也要重视其空间维，而且空间维是其质的规定。可持续发展的定义应该体现这一规定性。他认为可持续发展的定义可更好地定义为：“既满足当代人需要又不危害后代人满足需要能力，既符合局部人口利益又符合全球人口利益的发展。”

7. 侧重人与自然相协调的定义

1995年召开的“全国资源环境与经济发展研讨会”上，将可持续发展的定义为：可持续发展的根本点就是经济社会的发展与资源环境相协调，其核心就是生态与经济相协调；另一种定义则认为可持续发展即是谋求在经济发展、环境保护和生活质量的提高之间实现有机平衡的一种发展。

有关可持续发展的定义有七个方面十几种之多，尽管上述定义的侧重点不同，表述方式各异，但它们的内涵是相近的，即“可持续发展就是在满足当代人需求的同时，不损害人类后代的需要，在满足人类需要的同时，不损害其他物种满足其需要能力的一种发展”。

（二）可持续发展的内涵

概念的内涵是指反映在概念中的对象的特有属性或本质属性。可持续发展的涵义内容非常丰富，但最基本的有以下三点：一是公平问题，即人类在发展的同时保证代内公平、代际公平、人类与其他生物物种之间的公平；二是需求问题，即指发展的最终目的是更好地满足人类生存的需求；三是制约问题，即强调人类的发展要控制在自然界允许的范围内。

1. 公平问题

（1）代内公平。一是把人作为发展主体来理解。可持续发展涉及到人与自然的关系，也涉及到人与人之间的关系。追求代内公平的一个方面就是要求一部分人的发展，不应损害另一部分人的利益。这表明了在可持续发展的框架中，人与人的关系的基本行为准则是平等原则。二是把国家和地区作为发展主体来理解。代内公平还强调任何地区任何国家的发展不能以损害别的地区和国家的发展为代价，特别是要注意维护发展中国家和地区的需求，即追求各国在“发展权”上的平等。

(2) 代际公平。代际公平强调在发展问题上不仅要从需求方面考虑当代人的利益，同时还要考虑后代人的利益，当代人的发展不能以损害后代人的发展能力为代价。这里包括两个基本含义：其一，当代人对后代人生存发展的可能性负有不可推卸的责任；其二，可持续发展要求当代人为后代人提供至少和自己从前辈人那里继承的一样多甚至更多的自然财富，即满足后代人能进一步发展的环境资源等自然条件。

(3) 人类与其他生物物种之间的公平。这里主要指的是人类与其他生物物种之间的公平性。可持续发展思想的一个重要组成部分就是共同进化的思想，即由人类中心主义向各种生物物种共同进化的方向转变。从这个角度出发，人类不仅要与同代人和子孙后代共享资源与环境，而且还要与其他生物物种共享地球上的资源与环境。

2. 需求问题

(1) 人口问题。人口的快速增长导致需求的不断增加，而地球上的有限资源又不能满足人口增长带来的高需求。所以在全球范围内严格控制人口增长、提高人口素质，制定当前和长远的人口政策，对人类的生存与发展来说是十分必要的。只有这样，更好地满足人类日益增长的需求才不至于成为一句空话。

(2) 资源问题。全球性的资源紧缺是以往无节制地开发利用自然的结果。解决资源短缺问题，除了加强资源的合理利用、保护和管理之外，还应积极研究开发、寻找新资源，以满足人类对资源的需求。

(3) 环境问题。满足人类需求必须是在保证不对环境产生损害的前提下来满足，否则以破坏环境为代价来满足人类需求，将会对人类的长远利益造成严重的负面影响，甚至可能危及人类生存。

3. 制约问题

这里强调的是人类的发展要控制在自然界允许的范围内。第一，人与自然作为同时并存的两个主体，两者之间是相互作用和相互渗透的；第二，人与自然之间的相互关系和相互作用，比它们之间的相互区别和相互对立更重要；第三，自然界不是人和社会发展的外部条件，而是“人—自然”系统的内在机制。从以上对人与自然关系的再认识角度出发，我们不难理解为什么人类的发展要控制在自然界允许的范围内。在生产力高度发达的当今社会，那种只顾眼前而不考虑长远的发展模式，已不可能再维持下去，所以必须改变以往的生产和消费模式，建立一种可持续的生产和消费模式，从而达到人类社会自身的永续发展。

二、水资源与可持续发展的关系

1. 可持续发展理论对水资源发展有重要作用

(1) 协调发展水资源。首先，水资源的发展要与生产力和经济发展的要求相协调。过多开发水资源，高于经济发展需要，科技力量跟不上，会造成水资源的极大浪费。我国水资源利用水平低下，天然降水利用率仅10%，而地处沙漠的以色列高达90%。可见，我国水资源利用水平大有潜力可挖，其途径就是协调生产力发展和科技进步。其次，与人口发展相协调。现在我国城市居民用水量为90L/（人·d），而人口的增长又加大了水资源需求量，加剧了水资源危机。只有将解决人口问题与实现水源可持续发展相结合，重视人口的“质”和“量”，才能解决水资源发展问题。

（2）可持续开发。一切社会活动和经济活动都极大地依赖淡水供应的量和质，若用水无法保证，生产生活就无从开展。历史证明：西亚美索不达米亚退化，楼兰古城没落，西部地区贫穷落后，从一定程度讲都是缺水造成的。据预测，2030年前后我国用水量将达到每年7000亿～8000亿m^3，而我国实际可利用的水资源量约8000亿～9000亿m^3，需水量已接近可利用水量极限。由此，对水资源的开发利用，必须保证它的可持续性，保证子孙后代有足够的能源，这是水资源可持续发展的必由之路。

2. 水资源可持续发展评价指标体系

（1）水资源利用可持续度。水资源利用可持续度是水资源对于发展的支持程度的表示，是水资源对于发展用水量的满足程度，它的数值等于可供给的水资源总量与发展用水总量的比值。当水资源利用持续度值不小于1时，表明水资源对于发展不起限制作用，水资源不是发展的限制因子，发展可以持续。当水资源持续度值小于1时，表明水资源对于发展起限制作用。水资源持续度值越低，水资源对于发展起的限制作用就越大，发展的持续程度越低。可见水资源利用可持续度是水资源与发展协同变化的前提和基础。

（2）水资源利用可持续指数。在利用一定量水资源的发展模式中，产出越高，进一步发展对于水资源的依赖相对就小，在受到水资源限制时继续发展的可能性大，发展越有可能持续。相反，产出低，发展对于水资源的依赖程度相对较大，受到水资源限制时持续发展的可能性小，发展越难持续，越有可能走向衰退。对区域发展持续可能性大小的表示是水资源利用可持续指数，在数值上是水资源利用的产出与用水量的比值，它既表明发展的程度，又表明水资源利用的节约程度。

（3）发展对于水资源的响应。发展对于水资源的响应就是一个区域的社会经济系统在其发展的基本的、不可代替要素——水短缺时对于自身的组分和要素进行全方位多层次的改变以抵消这种短缺带来的负面效应，从而减少缺水带来的消极影响，最大限度实现经济社会发展的过程。对于水资源的响应包括由于物质刺激而导致的适应和由于信息反馈而引起的主动的事前调整。信息反馈导致的事前调整具有充分的时间，因此调整的幅度大、程度深，可以最大程度地抵消不良影响。水资源的响应包括量变性响应和质变性响应。量变性响应主要是挖掘节水潜力，提高用水效率，推广节水技术。质变性响应包括寻找新的水源，进行产业重组等。水资源响应时间越长，对于外界刺激的调整越充分，与外界联系越紧密，就越容易使水资源短缺造成的影响淡化。

总之，水资源对于发展的限制是在水资源范畴内对于发展能否持续的一种制约，对于这种限制的量化是水资源利用可持续度，当水资源利用可持续度小于1时，发展产生对于水资源限制的响应。这种响应是一个适应过程，也是一个创造过程。实际的响应模式是这两个过程的不均衡的统一体。可持续指数是水资源利用与发展可持续程度大小的综合反映，是发展对于水资源限制响应的一种较好的量化反映。它们一起构成了水资源与发展在时间维上不均衡运动的主要内容。

三、可持续水资源管理概述

可持续水资源管理是当今世界水问题研究的热点。它是举世瞩目的《21世纪议程》中水资源研究的重要内容之一，业已得到各国政府的重视。它也是我国社会经济可持续发展议程中的重要内容。可持续水资源系统管理是指在国家和地方水的政策制定、水资源规划开发和管理中，寻求经济发展、环境保护和人类社会福利之间的最佳联系与协调。对传统的水资源系统概念有新的发展。它要求水资源利用从长远的观点看有最佳经济效率，即把水资源管理纳入到人类生存的环境要求和未来的变化中考虑，纳入到整个社会经济为良性发展的战略地位。1996年，联合国教科文组织（UNESCO）国际水文计划（IHP）工作组将可持续水资源管理定义为："支撑从现在到未来社会及其福利而不破坏它们赖以生存的水文循环或生态系统完整性的水的管理与使用。"简言之，它是使未来遗憾可能性达最小化的管理决策。

1. 可持续水资源管理的目标

从可持续发展的三大基本特征即公平性、可持续性、和谐性出发，结合水资源的可持续属性，可持续水资源管理的基本目标如图0-3所示。

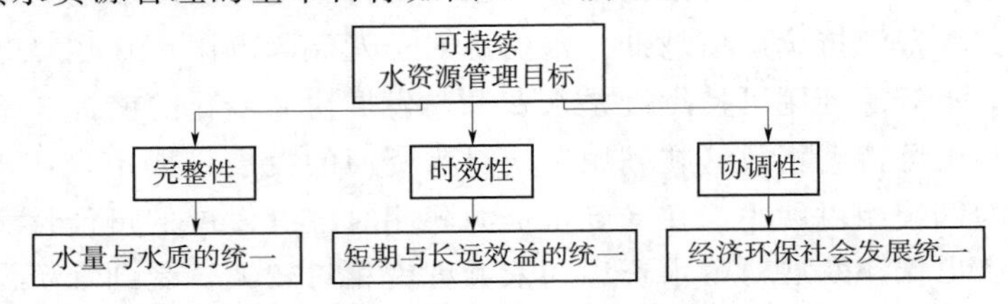

图0-3 可持续水资源管理目标构成

水资源可持续管理要求维护环境的完整性，着眼于维护水资源可持续性赖以存在的水文循环和生态系统的平衡亦即水量、水质并重。水资源可持续管理要求的时效性是指对水资源的利用从长远的观点看最佳效益，达到长期效益与短期效益的统一，实现水资源资产的代际均衡转移。协调性是处理好水资源开发利用过程中经济效益与环境保护以及社会发展之间矛盾的一个重要目标，要求规划和决策将水资源管理纳入到整个社会经济良性发展的轨道，实现经济增长、环境保护和社会发展的统筹协调。

2. 可持续水资源管理的主要内容

20世纪80年代明确提出的可持续发展战略是建立在人口、资源、环境和社会、经济相互协调、良性发展的基础上，寻求一种新的经济增长方式。水资源作为社会可持续发展的物质基础，其管理必须结合可持续发展的思想，即可持续水资源管理是以实现水资源的持续开发和永续利用为最终归宿。

（1）水资源产权（水权）的管理。水资源产权即水权，是指水的所有权、开发权、使用权以及与水开发利用有关的各种用水权力的总称。水权是水资源分配、使用和获取水资源收益的基础。现代产权制度的发展导致资源的所有权、占有权、开发权、经营使用权和处置权都可以分离和转让。作为全民所有的水资源产权的明晰界定是非常必要的，因为它关系到水资源开发利用是否合理高效，是否能促进环境与经济的协调、持续发展。

（2）水资源合理配置管理。水资源合理配置可以定义为：在一个特定流域或区域内，以有效、公平和可持续的原则，对有限的、不同形式的水资源通过工程与非工程措施在各用水户之间进行的科学分配。水资源配置如何，关系到水资源开发利用的效益、公平原则和资源、环境可持续利用能力的强弱。

（3）水资源政策管理。水资源政策管理是为实现可持续发展战略下的水资源持续利用任务而制定和实施的方针政策方面的管理。通过制定和实施相应的管理政策、法律、法规，对水资源开发、利用、经营和水环境保护管理、技术管理等进行监督和指导，以实现可持续发展。

（4）水资源开发利用与水环境保护管理。这项管理工作是在上述几项宏观管理的基础上和取得水资源开发使用权的条件下进行的较为具体的开发与保护的管理工作。水资源开发利用管理是指地表水的开发、治理与利用和地下水开采、补给与利用的全过程管理。水环境保护管理是指用水质量、水生态系统及河湖沿岸生态系统的保护管理。以资源可持续利用为指导思想，用生态系统的观点，使水资源保护和开发利用规划与社会、经济发展规划相衔接。

（5）水资源信息与技术管理。水资源规划与管理离不开自然和社会的基本资料和系统的信息供给，因此，加强水文观测、水质检测、水情预报、工程前期的调查、勘查和运行管理中的跟踪检测等，是管好水资源开发、利用、保护、防护的基础。建立水资源综合管理信息系统，及时掌握水资源变动情况，为科学管理和调配提供依据。

（6）水资源组织与协调管理。按照可持续发展战略，要加强和扩大国家级的水资源全国综合管理，完善和健全以河流流域为单元的流域机构的水资源统一管理体制，并且建立专门的协调机构，或调整某些部门职能以加强与本系统外的一些部门的统一管理。

此外，中国的部分河流和水域（如湖泊、水库）是跨越国界的，对这种国际性水资源的开发、利用、保护和管理，应建立双边或多边的国际协定或公约。

3. 可持续水资源管理面临的问题与挑战

（1）我国可持续水资源管理面临的问题。我国是一个水旱灾害频繁，水资源分配很不均匀且面临水资源短缺、水质恶化等问题挑战的发展中国家。在流域尺度水资源可持续利用和规划管理方面，存在一定的差距：

1）与发达国家相比，我国亟需加强在可持续水资源管理的水文学基础方面的研究，尤其是以国家整体经济发展和环境保护为目标，自然流域为基础，亟需建立具有较高时空分辨率的水档案水资源信息系统；亟需开展社会发展、全球变化和人类活动对水资源可持续利用的影响分析；亟需建立可直接为当地社会经济建设服务并具有权威性，具有时空分布特性的水资源量与质评价信息系统等。

2）尽管我国在执行水法和实行用水取水许可证制度方面取得了较大的成绩，但是在水资源统一规划和管理，如城市与农村的水资源统一管理、地表水和地下水统一管理、征收水资源费及保障供水水质水量等方面，还需要加强水资源管理体制和经济手段问题的研究。一些地方或部门，为了各自的用水和经济发展，当和防洪发生利益冲突时，往往难以从水资源合理分配和统一调度的高度来处理解决问题。在一些地区，一方面水资源短缺，另一方面又出现水资源浪费严重的现象。

3）我国水资源系统的科学管理水平和效率还有待提高，尤其利用现代新技术、新理论，如遥感信息、地理信息、社会经济信息和水文信息，建立以流域水资源可持续利用开发和管理为目标包括风险分析的水资源管理决策支持系统，还需要大力发展。

（2）可持续水资源管理研究面临的挑战。可持续水资源管理的概念是在人类面临水资源危机日益严重的情况下提出的。人们期待着通过“可持续水资源管理”的研究和管理决策的实施，来改善水的现状，走可持续发展的道路。这就给“可持续水资源管理”提出了欲达到的目标。当然，实现这一目标并非是一件易事，它涉及到社会、经济发展、资源、环境保护以及他们之间的相互协调，同时，也涉及到国际间、地区间的广泛合作、全社会公众的参与等众多复杂问题。这也给可持续水资源管理的研究提出了挑战，主要表现在以下几个方面：

1）可持续水资源管理的水文学、生态学基础方面的研究。可持续水资源管理特别强调对水文循环、生态系统未来变化的研究，它要求了解未来水文情势及环境的变化影响，包括全球气候变化和人类活动的影响。然而，目前的研究还不能满足这些要求。因此，迫切需要加强水文学、生态学基础研究，也只有做好这些扎实的基础工作，可持续水资源管理研究才能有保障。

2）加强水资源统一规划和管理的研究。其包括水质和水量统一管理、地表水和地下水统一管理、工业用水和农业用水统一管理、流域上游与下游统一管理等。只有把它们纳入一个整体来研究才能避免出现这样或那样的不良影响和问题。

3）把水资源管理与社会进步、经济发展、环境保护相结合进行研究，是可持续水资源管理的必然要求。

4）现代新技术、新理论（如遥感信息、地理信息、社会经济信息和水文信息、决策支持系统等）在水资源管理中的应用研究，使水资源系统的科学管理水平和效率有所提高，以适应现代管理的需要。

由于可持续水资源管理的研究刚刚起步、涉及的领域较广、客观存在的不确定性及研究问题的复杂性，使得可持续水资源管理的理论研究和应用研究还远满足不了发展的需要。目前，国际上关于什么是可持续发展和可持续水资源管理的定义已基本被接收和理解。但是，缺乏量化和针对新的可持续水资源管理科学准则的规范技术和工具。因为只有通过定量化的手段阐明协调发展的具体方法和途径，才能使可持续发展具有可衡量性与可操作性。近些年，国际上许多专家学者大力呼吁开展这方面的研究。总之，可持续水资源管理研究刚刚起步，亟待解决的问题很多，既是机遇又是挑战。

第四节　水资源规划及利用课程的任务和重要内容

一、课程的性质及任务

“水资源规划及利用”是水利水电工程专业的一门专业课。它的任务是让学生在掌握工程水文内容的基础上，学习水利水电规划的基本理论、基本知识，初步掌握这方面的分析计算方法，以使学生毕业后，经过一段生产实际的锻炼能参加这方面的工作。对从事水利水电工程设计、施工和管理的工程技术人员来说，掌握必要的规划知识也是很必要的。

正因为本门课程比较重要，所以许多学校把它列为水利水电工程专业硕士研究生的入学考试课程之一。

二、课程的主要内容

本课程的主要内容是根据国民经济发展对开发利用水资源提出的实际要求以及水资源本身的特点和客观情况，并根据《中华人民共和国水法》的规定，研究如何经济合理地综合治理河流、综合开发水资源，确定水利水电工程的合理开发方式、开发规模和可以获得的效益，以及拟订水利水电工程的合适运用方式等。

随着生产的发展和国家建设事业的发展，水利水电规划工作愈来愈复杂。这是因为水利水电工程已不是单独地存在着，为单一用途而运行着，而往往是许多工程组合在一起为若干目的而联合运行，而且水电站又是电力系统的组成部分，与其他类型电站组合在一起联合运行。有些地区还要研究地面水资源与地下水资源的统一开发问题。此外，抽水蓄能电站建设、潮汐电站建设也日益提上日程。电子计算机的普及对一些传统的计算方法也有很大的冲击。这些新的情况对高等学校教材编写提出了值得研究的普遍问题。

思　考　题

1. 我国水资源的特点是什么？开发利用水资源时应注意什么？
2. 如何可持续开发利用水资源？
3. 什么是供水工程，按类型可分为哪几种供水类型？

第一章　水资源的综合利用

水是一切生命体不可缺少的基础物质。由于水资源具有多种用途，同时水资源又是有限的，使得各用水部门间存在用水冲突。

本章对水资源的利用及各用水部门用水途径进行介绍，分析用水部门间的矛盾及协调方法。

第一节　概　述

水资源是一种特殊的资源，它对于人类的生存和发展是一种不可替代的物质。所以，对水资源的开发利用，一定要注意其综合性和永续性，也就是人们常说的水资源综合利用和水资源的可持续利用。

对于综合利用任何资源都有要求，但对水资源的综合利用，内涵更丰富，情况更复杂。水资源有多种用途和功能，如灌溉、供水、发电、航运、水产、旅游、保护环境等，所以，第一，要从功能和用途方面考虑综合利用；第二，单项工程的综合利用，例如，典型水利工程，几乎都是综合利用水利工程，水利工程往往称其为水利枢纽，原因就是水利工程要实现综合利用，必须有不同功能的建筑物，这些建筑物群体就像一个枢纽，故称水利工程为水利枢纽；第三，从地域上讲，一个流域或按行政区划的一个地区，其水资源的开发利用，也应讲求综合利用；第四，从重复利用的角度讲，例如，水电站发电以后的水放到河道可供航运，引到农田可供灌溉，在输水和灌溉过程中不可避免地会有渗漏损失，其补给地下水的那部分水可通过打井抽水再利用，同时还起到降低地下水位，改善农田水环境的作用，体现了一水多用，一项水利措施发挥多种功能的综合利用效果。

关于水资源可持续利用的思想，是20世纪80年代世界上提出了人类社会经济“可持续发展”的概念以后，才逐渐引起人们的关注。至今，水资源可持续利用的确切涵义和相应的对策，还在研究讨论之中。从可持续发展的涵义（既要满足当代人的需求又不危及后代人满足需求的发展）出发，则可认为：能够支持人类社会经济可持续发展的水资源开发利用，就叫水资源可持续利用。水资源本身是随着水文循环可再生的，但它也不是取之不尽用之不竭的。为了水资源的可持续利用，做好水资源的供需平衡、水资源的合理配置、节约与保护以及在此基础上的动态平衡是很重要的。

各河流的自然条件千变万化，各地区需水的要求也差异很大，而且各水利部门间还不可避免地存在一定的矛盾。因此，要做好水资源的综合利用，就必须从当地的客观自然条件和用水部门的实际需要出发，抓住主要矛盾，从国民经济总利益最大的角度来考虑，因时因地制宜地来制定水利水能规划。切忌凭主观愿望盲目决定，尤其不应只顾局部利益而使整个国民经济遭受不应有的损失。

第二节　水　力　发　电

一、水力发电的基本原理

水力发电是利用天然水能（水能资源）生产电能的水利部门。河川径流相对于海平面而言（或相对于某基准面）具有一定的势能。因径流有一定流速，就具有一定的动能。这种势能和动能组合成一定的水能——水体所含的机械能。

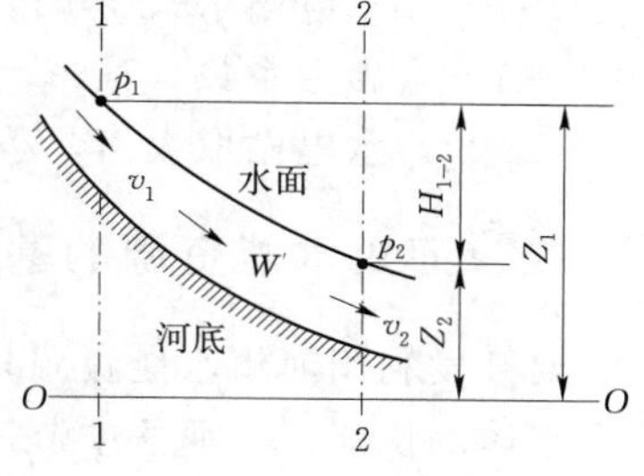

图 1-1　水能与落差

在地球引力（重力）作用下，河水不断向下游流动。在流动过程中，河水因克服流动阻力、冲蚀河床、挟带泥沙等，使所含水能分散地消耗掉了。水力发电的任务，就是要利用这些被无益消耗掉的水能来生产电能。图 1-1 所示的一任意河段，其首尾断面分别为断面 1—1 和断面 2—2。若取 O—O 为基准面，则按伯努利方程，流经首尾两断面的单位重量水体所消耗掉的水能应为

$$H=(Z_1-Z_2)+\frac{p_1-p_2}{\gamma}+\frac{\alpha_1 v_1^2-\alpha_2 v_2^2}{2g} \tag{1-1}$$

由于大气压强 p_1 与 p_2 近似地相等，流速水头$\frac{\alpha_1 v_1^2}{2g}$与$\frac{\alpha_2 v_2^2}{2g}$的差值也相对地微小而可忽略不计。于是，这一单位重量水体的水能就可近似地用落差 H_{1-2} 来表示，$H_{1-2}=Z_1-Z_2$，即首尾两断面间的水位差。

若以 Q 表示 t 秒内流经此河段的平均流量（m^3/s），γ 表示水的单位重量（通常取 $\gamma=9807N/m^3$），则在 t 秒内流经此河段的水体重量应是 $\gamma W=\gamma Qt$。于是，在 t 秒内此河段上消耗掉的水能为

$$E_{1-2}=\gamma Qt H_{1-2}=9807 Qt H_{1-2}\ (J) \tag{1-2}$$

但是，在电力工业中，习惯于用“kW · h”（或称“度”）为能量的单位，$1kW\cdot h=3.6\times10^6J$；因此，在 T 小时内此河段上消耗掉的水能为

$$E_{1-2}=\frac{1}{367.1}H_{1-2}Qt\ (kW\cdot h)=9.81H_{1-2}QT\ (kW\cdot h) \tag{1-3}$$

此即代表该河段所蕴藏的水能资源，它分散在河段的各微小长度上。要开发利用这许多微小长度上的水能资源，首先需将它们集中起来，并尽量减少其无益消耗。然后，引取集中了水能的水流去转动水轮发电机组，在机组转动的过程中，将水能转变为电能。这里，发生变化的只是水能，而水流本身并没有消耗，仍能为下游用水部门利用。上述这种河川水能，因降水而陆续得到补给，使水能资源成为不会枯竭的再生性能源。

在电力工业中，电站发出的电力功率称为出力，因而可用河川水流出力来表示水能资源。水流出力是单位时间内的水能。在图 1-1 中所示的河段上，水流出力为

$$N_{1-2}=\frac{E_{1-2}}{T}=9.81QH_{1-2}\ (kW) \tag{1-4}$$

式（1-4）常被用来计算河流的水能资源蕴藏量。

水电站在发电时由于集中水能的过程中有落差损失、水量损失及机电设备中的能量损失等，所以水电站的出力要小于式（1-4）中的水流出力。通常，在初步估算时，可用式（1-5）来求水电站出力 $N_{水}$，即

$$N_{水}=AQH\ (\mathrm{kW}) \tag{1-5}$$

式中　Q——水电站引用流量，m^3/s；

H——水电站水头，m；

A——出力系数，且 $A=9.81\eta$，其中 η 为水电站效率，一般 A 取 6.5～8.5，大型水电站取大值，小型的取小值。

二、河川水能资源的基本开发方式

要开发利用河川水能资源，首先要将分散的天然河川水能集中起来。由于落差是单位重量水体的位能，而河段中流过的水体重量又与河段平均流量成正比，所以集中水能的方法就表现为集中落差和引取流量的方式，见式（1-3）和式（1-4）。根据开发河段的自然条件的不同，集中水能的方式主要有以下几类（图1-2）。

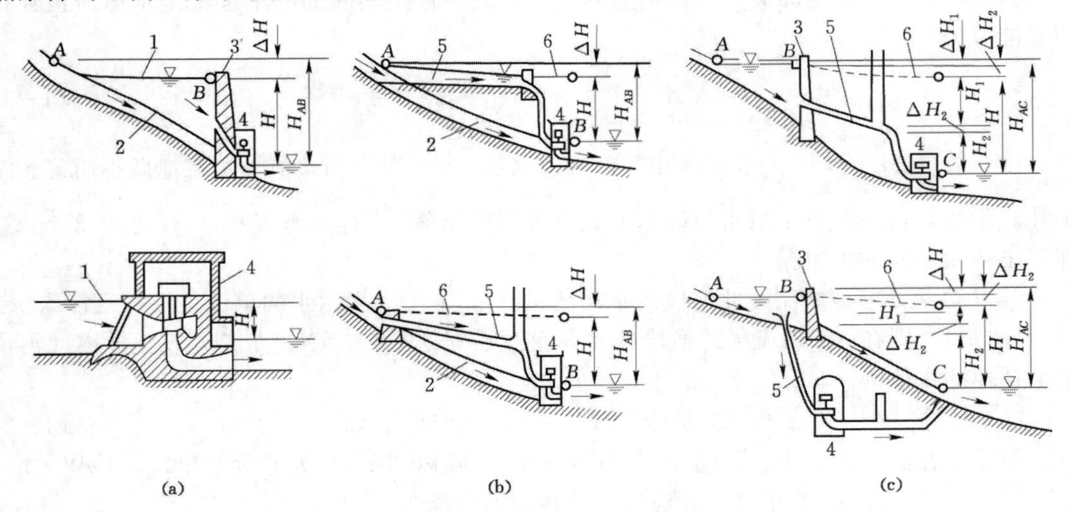

图1-2　集中水能的方式

（a）坝式；（b）引水式；（c）混合式

1—抬高后的水位；2—原河；3—坝；4—电站厂房；5—引水道；6—能坡线

1. 坝式（或称抬水式）

拦河筑坝或闸来抬高开发河段水位，使原河段的落差 H_{AB} 集中到坝址处，从而获得水电站的水头 H。所引取的平均流量为坝址处的平均流量 Q_B，即河段末的平均流量。显然，Q_B 要比河段首 A 处的平均流量 Q_A 要大些。由于筑坝抬高水位而在 A 处形成回水段，因而有落差损失 $\triangle H=H_{AB}-H$。坝址上游 A、B 之间常因形成水库而发生淹没。若淹没损失相对不大，有可能筑中、高坝抬水，来获得较大的水头。这种水电站称为坝后式水电站[图1-2（a）上图]，其厂房建在坝下游侧，不承受坝上游面的水压力。我国黄河上的三门峡水电站、长江上的三峡水电站等均是坝后式水电站。

采用坝式开发时，若地形、地质等条件不允许筑高坝，也可筑低坝或水闸来获得较低水头，此时常利用水电站厂房作为挡水建筑物的一部分，使厂房承受坝上游侧的水压力，如图1-2（a）下图所示，这种水电站称为河床式水电站。我国已建的福建省峡阳水电站和湖北葛洲坝水电站等均属于河床式水电站。

坝式开发方式有时可以形成比较大的水库，因而使水电站能进行径流调节，成为蓄水式水电站。若不能形成供径流调节用的水库，则水电站只能引取天然流量发电，成为径流式水电站。

2. 引水式

沿河修建引水道，以使原河段的落差 H_{AB} 集中到引水道末厂房处，从而获得水电站的水头 H。引水道水头损失 $\Delta H=H_{AB}-H$，即为引水道集中水能时的落差损失。所引取的平均流量为河段首 A 处（引水道进口前）的平均流量 Q_A，AB 段区间流量（Q_B-Q_A）则无法引取。图1-2（b）上图是沿河岸修筑坡度平缓的明渠（或无压隧洞等）来集中落差 H_{AB}，称为无压引水式水电站。图1-2（b）下图则是用有压隧洞或管道来集中落差 H_{AB}，称为有压引水式水电站。利用引水道集中水能，不会形成水库，因而也不会在河段 AB 处造成淹没。因此，引水式水电站通常都是径流式开发。当地形、地质等条件不允许筑高坝，而河段坡度较陡或河段有较大的弯曲段处，建造较短的引水道即能获得较大水头时，常可采用引水式集中水能。

3. 混合式

在开发河段上，有落差 H_{AC}［图1-2（c）］。BC 段上不宜筑坝，但有落差 H_{BC} 可利用。同时，可以允许在 B 处筑坝抬水，以集中 AB 段的落差 H_{AB}。此时，就可在 B 处用坝式集中水能，以获得水头 H_1（有回水段落差损失 ΔH_1），并引取 B 处的平均流量 Q_B；再从 B 处开始，筑引水道（常为有压的）至 C 处，用引水道集中 BC 段水能；获得水头 H_2（有引水道落差损失 ΔH_2），但 BC 段的区间流量无法引取。所开发的河段总落差为 $H_{AC}=H_{AB}+H_{BC}$，所获得的水电站水头为 $H=H_1+H_2$，两者之差即为落差损失。这种水电站称为混合式水电站，它多半是蓄水式的。

除了以上三种基本开发方式外，尚有跨流域开发方式、集水网道式开发方式等。此外，还有利用潮汐发电方式、抽水蓄能发电方式等。

第三节　防洪与治涝

一、防洪

（一）洪水与洪水灾害

洪水是一种峰高量大、水位急剧上涨的自然现象。洪水一般包括江河洪水、城市暴雨洪水、海滨河口的风暴潮洪水、山洪、凌汛等。就发生的范围、强度、频次、对人类的威胁性而言，中国大部分地区以暴雨洪水为主。天气系统的变化是造成暴雨进而引发洪水的直接原因，而流域下垫面特征和兴修水利工程可间接或直接地影响洪水特征及其特性。洪水的变化具有周期性和随机性。

洪水对环境系统产生了有利或不利影响，即洪水与其存在的环境系统相互作用着。河道适时行洪可以延缓某些地区植被过快地侵占河槽，抑制某些水生植物过度“有害”生长，并为鱼类提供很好的产卵基地；洪水周期性地淹没河流两岸的岸边地带和洪泛区，为陆生植物群落生长提供水源和养料；为动物群落提供很好的觅食、隐蔽和繁衍栖息场所和生活环境；洪水携带泥沙淤积在下游河滩地，造就富饶的冲积平原。

洪水所产生的不利后果对自然环境系统和社会经济系统产生严重冲击，破坏自然生态系统的完整性和稳定性。洪水淹没河滩，突破堤防，淹没农田、房屋，毁坏社会基础设施，造成财产损失和人畜伤亡，对人群健康、文化环境造成破坏性影响，甚至干扰社会的正常运行。由于社会经济的发展，洪水的不利作用或危害已远远超过其有益的一面，洪水灾害成为社会关注的焦点之一。

洪水给人类正常生活、生产活动和发展带来的损失和祸患称为洪灾。

（二）洪水防治

洪水是否成灾，取决于河床及堤防的状况而定。如果河床泄洪能力强，堤防坚固，即使洪水较大，也不会泛滥成灾；反之，若河床浅窄、曲折、泥沙淤塞、堤防残破等，使安全泄量（即在河水不发生漫溢或堤防不发生溃决的前提下，河床所能安全通过的最大流量）变得较小，则遇到一般洪水也有可能漫溢或决堤。所以，洪水成灾是由于洪峰流量超过河床的安全泄量，因而泛滥（或决堤）成灾。由此可见，防洪的主要任务是按照规定的防洪标准，因地制宜地采用恰当的工程措施，以削减洪峰流量，或者加大河床的过水能力，保证安全度汛。防洪措施主要可分为工程措施和非工程措施两大类。

1. 工程措施

防洪工程措施或工程防洪系统，一般包括以下几个方面：

（1）增大河道泄洪能力。包括沿河筑堤、整治河道、加宽河床断面、人工截弯取直和消除河滩障碍等工程措施。当防御的洪水标准不高时，这些措施是历史上迄今仍常用的防洪措施，也是流域防洪措施中常常不可缺少的组成部分。这些措施的功能旨在增大河道排泄能力（如加大泄洪流量），但无法控制洪量并加以利用。

（2）拦蓄洪水控制泄量。主要是依靠在防护区上游筑坝建库而形成的多水库防洪工程系统，也是当前流域防洪系统的重要组成部分。水库拦洪蓄水，一可削减下游洪峰洪量，免受洪水威胁，二可蓄洪补枯，提高水资源综合利用水平，是将防洪和兴利相结合的有效工程措施。

（3）分洪、滞洪与蓄洪。分洪、滞洪与蓄洪三种措施的目的都是为了减少某一河段的洪峰流量，使其控制在河床安全泄量以下。分洪是在过水能力不足的河段上游适当修建分洪闸，开挖分洪水道（又称减河），将超过本河段安全泄量的那部分洪水引走。分洪水道有时可兼做航运或灌溉的渠道。滞洪是利用水库、湖泊、洼地等，暂时滞留一部分洪水，以削减洪峰流量［图 1－3（a）］。待洪峰一过，再腾空滞洪容积迎接下次洪峰。蓄洪则是蓄留一部分或全部洪水水量，待枯水期供给兴利部门使用［图 1－3（b）］。

2. 非工程措施

（1）蓄滞洪（行洪）区的土地合理利用。根据自然地理条件，对蓄滞洪（行洪）区土

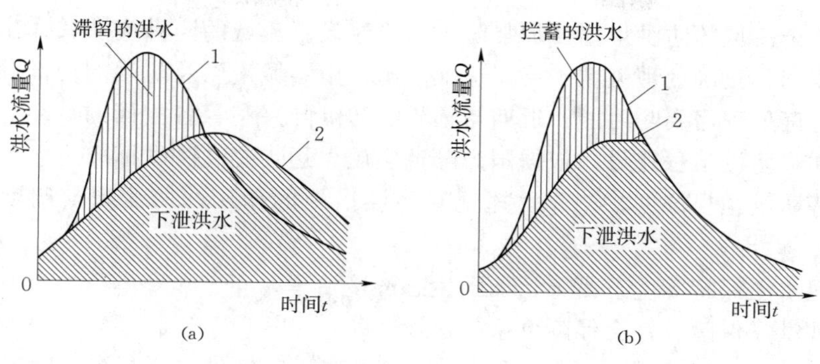

图 1-3　滞洪与蓄洪

1—入库洪水过程线；2—泄流过程线

（a）滞洪；（b）蓄洪

地、生产、产业结构、人民生活居住条件进行全面规划，合理布局，不仅可以直接减轻当地的洪灾损失，而且可取得行洪通畅，减缓下游洪水灾害之利。

（2）建立洪水预报和报警系统。洪水预报是根据前期和现时的水文、气象等信息，揭示和预测洪水的发生及其变化过程的应用科学技术。它是防洪非工程措施的重要内容之一，直接为防汛抢险、水资源合理利用与保护、水利工程建设和调度运用管理及工农业的安全生产服务。

设立预报和报警系统，是防御洪水、减少洪灾损失的前哨工作。根据预报可在洪水来临前疏散人口、财物，作好抗洪抢险准备，以避免或减少重大的洪灾损失。

（3）洪水保险。洪水保险不能减少洪水泛滥而造成的洪灾损失，但可将可能的一次性大洪水损失转化为平时缴纳保险金，从而减缓因洪灾引起的经济波动和社会不安等现象。

（4）抗洪抢险。抗洪抢险也是为了减轻洪泛区灾害损失的一种防洪措施。其中包括洪水来临前采取的紧急措施，洪水期中险工抢修和堤防监护，洪水后的清理和救灾（如发生时）善后工作。这项措施要与预报、报警和抢险材料的准备工作等联系在一起。

（5）修建村台、躲水楼、安全台等设施。在低洼的居民区修建村台、躲水楼、安全台等设施，作为居民临时躲水的安全场所，从而保证人身安全和减少财物损失。

（6）水土保持。在河流流域内，开展水土保持工作，增加浅层土壤的蓄水能力，可以延缓地面径流，减轻水土流失，削减河道洪峰洪量和含沙量。这种措施减缓中等雨洪型洪水的作用非常显著，对于高强度的暴雨洪水，虽作用减弱，但仍有减缓洪峰过分集中之效。

3. 现代防洪保障体系

工程措施和非工程措施是人们减少洪水灾害的两类不同途径，有时这两类也很难区分。过去，人们将消除洪水灾害寄托于防洪工程，但实践证明，仅仅依靠工程手段不能完全解决洪水灾害问题。非工程措施是工程措施不可缺少的辅助措施。防洪工程措施、非工程措施、生态措施、社会保障措施相协调的防洪体系即现代防洪保障体系，具有明显的综合效果。因此，需要建立现代防洪减灾保障体系，来达到减少洪灾损失、降低洪水风险。具体地说，必须做好以下几方面的工作：

（1）做好全流域的防洪规划，加强防洪工程建设。流域的防洪应从整体出发，做好全流域的防洪规划，正确处理流域干支流、上下游、中心城市以及防洪的局部利益与整体利益的关系；正确处理需要与可能、近期与远景、防洪与兴利等各方面的关系。在整体规划的基础上，加强防洪工程建设，根据国力分期实施，逐步提高防洪标准。

（2）做好防洪预报调度，充分发挥现有防洪措施的作用，加强防洪调度指挥系统的建设。

（3）重视水土保持等生态措施，加强生态环境治理。

（4）重视洪灾保险及社会保障体系的建设。

（5）加强防洪法规建设。

（6）加强宣传教育，提高全民的环境意识及防洪减灾意识。

二、治涝

形成涝灾的因素有以下两点：

（1）因降水集中，地面径流集聚在盆地、平原或沿江沿湖洼地，积水过多或地下水位过高。

（2）积水区排水系统不健全，或因外河外湖洪水顶托倒灌，使积水不能及时排出，或者地下水位不能及时降低。

上述两方面合并起来，就会妨碍农作物的正常生长，以致减产或失收，或者使工矿区、城市淹水而妨碍正常生产和人民正常生活，这就成为涝灾。因此必须治涝。治涝的任务是尽量阻止易涝地区以外的山洪、坡水等向本区汇集，并防御外河、外湖洪水倒灌；健全排水系统，使能及时排除设计暴雨范围内的雨水，并及时降低地下水位；治涝的工程措施主要有修筑围堤和堵支联圩、开渠撇洪和整修排水系统。

1. 修筑围堤和堵支联圩

修围堤用以防护洼地，以免外水入侵，所圈围的低洼田地称为圩或垸。有些地区，圩、垸划分过小，港汊交错，不利于防汛，排涝能力也分散、薄弱。最好并小圩为大圩，堵塞小沟支汊，整修和加固外围大堤，并整理排水渠系，以加强防汛排涝能力，称为“堵支联圩”。必须指出，有些河湖滩地，在枯水季节或干旱年份，可以耕种一季农作物，但不宜筑围堤防护。若筑围堤，必然妨碍防洪，有可能导致大范围的洪灾损失，因小失大。若已筑有围堤，应按统一规划，从大局出发，“拆堤还滩”，“废田还湖”。

2. 开渠撇洪

开渠即沿山麓开渠，拦截地面径流，引入外河、外湖或水库，不使向圩区汇集。若与修筑围堤配合，常可收良效。并且，撇洪入水库可以扩大水库水源，有利于提高兴利效益。当条件合适时，还可以和灌溉措施中的长藤结瓜水利系统以及水力发电的集水网道式开发方式结合进行。

3. 整修排水系统

整修排水系统包括整修排水沟渠栅和水闸，必要时还包括排涝泵站。排水干渠可兼作航运水道，排涝泵站有时也可兼作灌溉泵站使用。

治涝标准由国家统一规定，通常表示为不大于某一频率的暴雨时不成涝灾。

第四节　灌　　溉

由于降水在时间上和地区上的不均匀性，单靠雨水供给农作物水分，不免会因为某段时间无雨而发生旱灾，导致农业减产。因此，用合理的人工灌溉来补充雨水之不足，是保证农业稳产的首要措施。灌溉措施，即按照作物的需要，通过灌溉系统有计划地将水量输送和分配到田间，以补充农田水分的不足。

一、灌溉水源

灌溉水源是指天然资源中可以用于灌溉的水体，有地表水和地下水两种形式，其中地表水是主要形式。

地表水包括河川、湖泊径流及在汇流过程中拦蓄起来的地面径流。地下水一般是指潜水和层间水，前者又称浅层地下水，其补给来源主要是大气降水，由于补给容易、埋藏较浅、便于开采，是灌溉水源之一。灌溉回归水和城市污水用于灌溉，是水源的重复利用。海水和高矿化度地下水经淡化处理后也可用于灌溉，但由于费用昂贵，尚少采用。

开发灌区首先要选择好水源。选择水源时，除考虑水源的位置尽可能靠近灌区和附近具备便于引水的地形条件外，还应对水源的水量、水质以及水位条件进行分析研究，以便制定利用水源的可行方案。

目前，我国农田灌溉总用水量约占全国各经济部门总用水量的80%左右，而我国水资源总量折算成每亩耕地占有水量却又很低，因此，尽力利用各种可利用的水源，减少废弃，提高利用程度，对于灌溉水源的利用来说是十分重要的。首先，要兴建和用好蓄水设施，提高灌溉水源的利用程度。其次，实行区域之间的水量调剂，协调好水资源与土资源的分布不相协调的问题。最后，实行地面水和地下水的联合运用，特别是在北方水量不足的地区，井灌与渠灌相结合两水并用，可大大提高水资源的利用程度。

二、取水方式

灌溉取水方式，随水源类型、水位和水量的状况而定。主要可分为地表取水与地下取水两种。

（一）地表取水

1. 无坝引水

灌区附近河流水位、流量均能满足灌溉要求时，即可选择适宜的位置作为取水口修建进水闸引水自流灌溉，形成无坝引水，如图1-4中A点所示。无坝引水渠首一般由进水闸、冲沙闸和导流堤三部分组成。进水闸控制入渠流量，冲沙闸冲走淤积在进水闸前的泥沙，而导流堤一般修建在中小河流中，平时发挥导流引水和防沙作用，枯水期可以截断河流，保证引水。渠首工程各部分的位置应相互协调，以有利于防沙取水为原则。

2. 有坝（低坝）引水

当河流水源虽然较丰富，但水位较低时，可在河道上修建壅水建筑物（坝或闸），抬高水位，自流引水灌溉，形成有坝引水的方式，如图1-4中B点所示。有坝引水枢纽主要由拦河坝（闸）、进水闸、冲沙闸及防洪堤等建筑物组成。拦河坝拦截河道，抬高水位，以满足灌溉引水的要求，汛期则在溢流坝顶溢流，宣泄河道洪水。进水闸用以引水灌溉，冲沙闸是多沙河流低坝引水枢纽中不可缺少的组成部分，而为减少拦河坝上游的淹没损失，在洪水期保护上游城镇、交通的安全，可在拦河坝上游沿河修筑防洪堤。

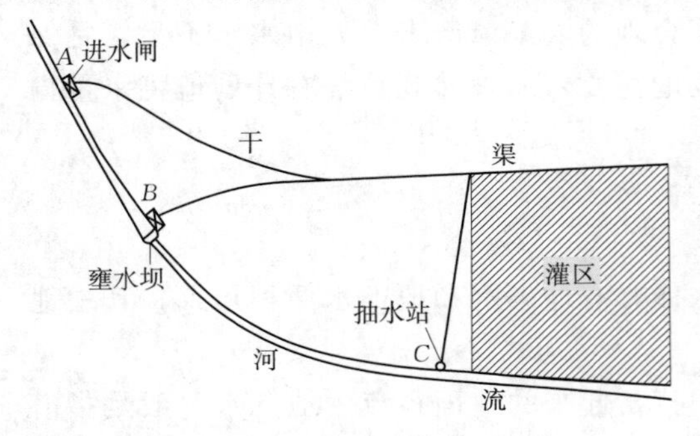

图 1-4 灌溉取水方式示意图

A—无坝取水；B—有坝取水；C—抽水取水

3. 抽水取水

当河流水量比较丰富，但灌区位置较高，修建其他引水工程困难或不经济时，可就近采取抽水取水方式。这样，干渠工程量小，但增加了机电设备和年管理费用，如图 1-4 中 C 点所示。

4. 水库取水

河流的流量、水位均不能满足灌溉要求时，必须在河流的适当地点修建水库进行径流调节，以解决来水和用水之间的矛盾，并综合利用河流水源。这是河流水源较常见的一种取水方式。采用水库取水，必须修建大坝、溢洪道和进水闸等建筑物，工程较大，且有相应的库区淹没损失，因此，必须认真选择好建库地址。但水库能综合利用河流水资源，这是优于其他取水方式之处。

在实际应用中，往往综合使用多种取水方式，引取多种水源，形成蓄、引、提结合的灌溉系统，如图 1-5 所示。即使只是水库取水方式，也可对水库泄入河道的发电尾水，在下游适当地点修建壅水坝，将它抬高，引入渠道，以充分利用水库水量及水库与壅水坝间的区间径流。

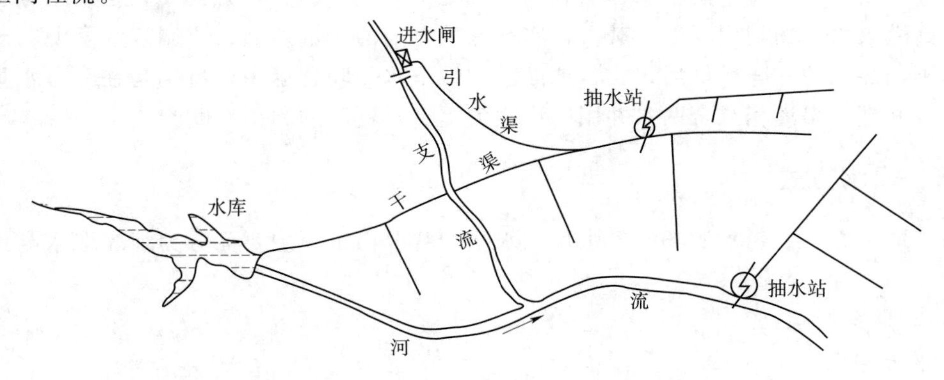

图 1-5 蓄、引、提相结合的灌溉系统

（二）地下取水

由于不同地区地质、地貌和水文地质条件不同，地下水开采利用的方式和取水建筑物的形式也不相同。根据不同的开采条件，大致可分为垂直取水建筑物、水平取水建筑物和双向取水建筑物三大类。

1. 垂直取水建筑物

垂直取水建筑物主要有管井和筒井。管井是在开采利用地下水中应用最广泛的取水建筑物，由于水井结构主要是由一系列井管组成，故称为管井。管井的主要组成部分有井壁管、滤水管、沉淀管。它不仅适用于开采深层承压水，也是开采浅层水的有效形式。筒井是一种大口径的取水建筑物，由于其直径较大（一般为1～2m），形似圆筒而得名，由井台、井筒和进水部分（水筒）三部分组成。井筒具有结构简单、检修容易、能就地取材等优点，但由于井口过大，井不宜过深，因而，筒井多用于开采浅层地下水。

2. 水平取水建筑物

水平取水建筑物主要有坎儿井、卧管井、截潜流工程。坎儿井主要分布在我国新疆地区山前洪积冲积扇下部和冲积平原的耕地上。高山融雪水通过洪积冲积扇上部的漂砾卵石地带时，大量渗漏变为潜流。当地人民采取开挖廊道的形式，引取地下水。当地称这种引水廊道为坎儿井，如图1-6所示。卧管井即埋设在地下水较低水位以下的水平集水管道。集水管道与提水竖井相通，地下水渗入水平集水管，流到竖井，可用水泵提取灌溉。截潜流工程也称地下拦河坝。在山麓地区，有许多中小河流，由于沙砾、卵石的长期沉积，河床渗漏严重，大部分水量经地下沙石层潜伏流走，在这些河床中筑地下坝（截水墙），拦截地下潜流，即为截潜流工程，如图1-7所示。

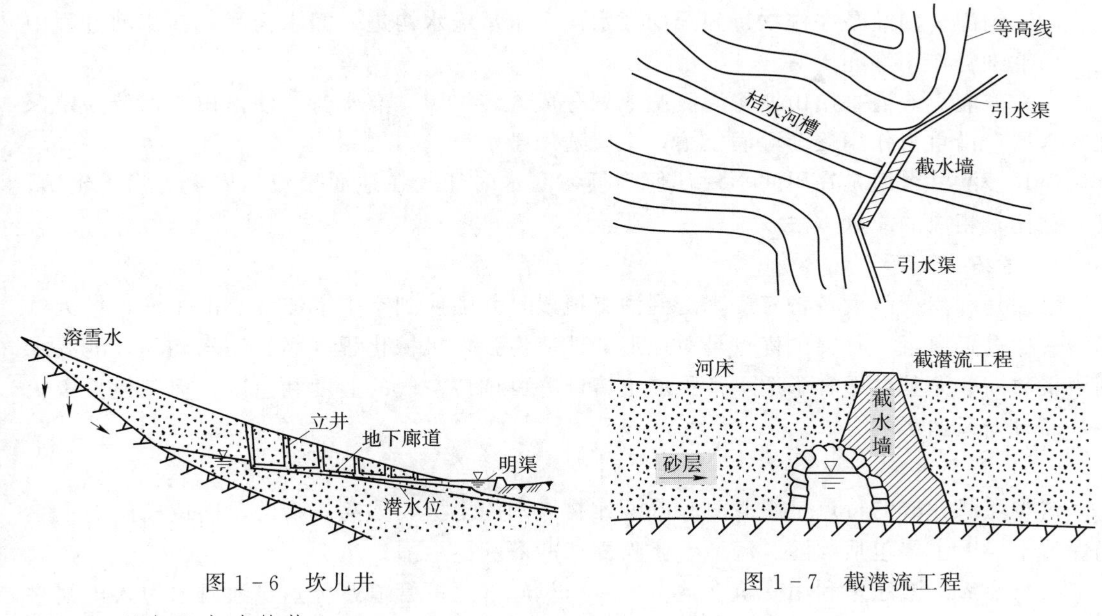

图1-6　坎儿井

图1-7　截潜流工程

3. 双向取水建筑物

为了增加地下水的出水量，有时采用水平和垂直两个方向相结合的取水形式，称为双向取水建筑物。

三、灌水方法

灌水方法是灌溉水进入田间并湿润根区土壤的方法与方式。其目的在于将集中的灌溉水流转化为分散的土壤水分，以满足作物对水、肥、气的需要。对灌水方法的要求是多方面的，先进而合理的灌水方法应满足以下几方面的要求：①灌水均匀；②灌溉水的利用率高；③少破坏或者不破坏土壤团粒结构，灌水后能使土壤保持疏松状态；④便于和其他农业措施相结合，要有利于中耕、收获等农业操作，对田间交通的影响少；⑤应有较高的农业生产率；⑥对地形的适应性强；⑦基本建设与管理费用低；⑧田间占地少，有利于提高土地利用率使得有更多的土地用于作物的栽培。

灌水方法一般按照是否全面湿润整个农田和按照水输送到田间的方式以及湿润土壤的方式来分类，常见的灌水方法可分为全面灌溉与局部灌溉两大类。

（一）全面灌溉

灌溉时湿润整个农田根系活动层内的土壤，传统的常规灌水方法都属于这一类，比较适合于密集作物，主要有地面灌溉和喷灌两类。

1. 地面灌溉

水是从地表面进入田间并借重力和毛细管作用浸润土壤，所以也称重力灌水法。按其湿润土壤方式的不同又可分为畦灌、沟灌、淹灌和漫灌。

（1）畦灌。畦灌是用田埂将灌溉土地分隔成一系列小畦，灌水时，将水引入畦田后，在畦田上形成很薄的水层，沿畦长方向流动，在流动过程中主要借重力作用逐渐湿润土壤。

（2）沟灌。沟灌是在作物行间开挖灌水沟，水从输水沟进入灌水沟后，在流动过程中主要借毛细管作用湿润土壤。

（3）淹灌。淹灌是用田埂将灌溉土地划分成许多格田，灌水时，使格田内保持一定深度的水层，借重力作用逐渐湿润土壤，主要适用于水稻。

（4）漫灌。漫灌是在田间不做任何沟埂，灌水时任其在地面漫流，借重力渗入土壤，是一种比较粗放的灌水方法。

2. 喷灌

喷灌是利用专门设备将有压水送到灌溉地段，并喷射到空中散成细小的水滴，像天然降雨一样进行灌溉。其突出优点是对地形的适应性强，机械化程度高，灌水均匀，灌溉水利用系数高，尤其是适合于透水性强的土壤，并可调节空气的湿度和温度。但基建投资较高，而且受风的影响大。

（二）局部灌溉

这类灌溉方法的特点是灌溉时只湿润作物周围的土壤，远离作物的行间或棵间的土壤仍保持干燥。主要包括渗灌、滴灌、微喷灌、漏灌和膜上灌。

（1）渗灌。渗灌是利用修筑在地下的专门设施（地下管道系统）将灌溉水引入田间耕作层借毛细管作用自下而上湿润土壤，所以又称地下灌溉。

（2）滴灌。滴灌是由地下灌溉发展而来的，是利用一套塑料管道系统将水直接输送到作物的根部，水由每个滴头直接滴在根部上的地表，然后渗入土壤并浸润作物根系最发达的区域。

（3）微喷灌。微喷灌是用很小的喷头（微喷头）将水喷洒在土壤表面。

（4）涌灌。涌灌又称涌泉灌溉，是通过置于作物根部附近的开口的小管向上涌出的小水流或小涌泉将水灌到土壤表面。

（5）膜上灌。膜上灌是近几年我国新疆试验研究的灌水方法，是让灌溉水在地膜表面的凹形沟内借助重力流动，并从膜上的出苗孔流入土壤进行灌溉。

上述灌水方法各有其优缺点，都有其一定的适用范围，在选择时主要应考虑到作物、地形、土壤和水源等条件。

四、灌溉制度及灌溉水用量

农作物的灌溉制度是指作物播种前（或水稻插秧前）及全生育期内的灌水次数、每次灌水的日期和灌水定额以及灌溉定额。灌水定额是指一次灌水单位灌溉面积上的灌水量，各次灌水定额之和，叫灌溉定额。

灌溉用水量是指灌溉土地需从水源取用的水量而言，是根据灌溉面积、作物种植情况、土壤、水文地质和气象条件等因素而定。灌溉用水量的大小直接影响灌溉工程的规模。当已知灌区全年各种农作物的灌溉制度、品种搭配、种植面积后，就可分别算出各种作物的灌溉用水量。即某作物某次净灌溉用水量为

$$W_{净}=mA \quad (m^3) \tag{1-6}$$

毛灌溉用水量为

$$W_{毛}=W_{净}+\Delta W=W_{净}/\eta \quad (m^3) \tag{1-7}$$

毛灌水流量为

$$Q_{毛}=\frac{W_{毛}}{Tt}=\frac{mA}{Tt\eta} \quad (m^3/s) \tag{1-8}$$

式中　m——该作物某次灌水的灌水定额，m^3/亩；

A——该作物的灌溉面积，亩；

ΔW——渠系及田间灌水损失，m^3；

η——灌溉水量利用系数，恒小于1.0；

T，t——该次灌水天数和每天灌水秒数。

每天灌水时间 t 在自流灌溉情况下可采用86400s（即24h），在提水灌溉情况下则小于该数，因为抽水机要间歇运行。决定灌水天数 T 时，应考虑使干渠流量比较均衡，全灌区统一调度分片轮灌，以减少工程投资。

五、灌溉用水管理

灌溉用水管理的主要任务是实行计划用水。计划用水是有计划地进行蓄水、取水（包括水库供水、引水和提水等）和配水。实行计划用水需要在用水之前，根据作物高产对水分的要求，并考虑水源情况、工程条件以及农业生产的安排等，编制好用水计划。在用水时，视当时的具体情况，特别是当时的气象条件，修改和执行用水计划，进行具体的蓄水、取水和配水工作。

用水计划是灌区（干渠）从水源取水并向各用水单位或各渠道配水的计划，包括水源取水计划和配水计划两部分。

编制水源取水计划首先要进行河流水源情况的分析和预测。渠首可能引取的水量取决于河流水源情况及工程条件。因此，应首先分析灌溉水源。在无坝引水和抽水灌区，需分析和预测水源水位和流量；在低坝引水灌区，一般只分析和预测水源流量；对含沙量较大的水源，还要进行含沙量分析和预测。通过分析和预测，确定渠首可能引取的水量和灌区灌溉需要的水量后，将两者进行平衡分析，最后可确定计划取引水量的过程。编制配水计

划，是在全灌区的灌溉面积、取水时间、取水水量和流量已经确定的条件下，拟订每次灌水向配水点分配的水量、配水方式、配水流量（续灌时）或是配水顺序及时间（轮灌时）。

编制用水计划，只是实行计划用水的第一步，更重要的是贯彻、执行用水计划。其中最主要的是要建立和健全各级专业和群众性的管理组织以及渠系工程配套。此外，还要在放水前做好一系列准备工作，如加强节约用水的思想教育，建立各种用水制度，做好渠道和建筑物的检查、整修工作等。

第五节　其他水利部门

除了上述介绍的防洪、治涝、灌溉和水力发电等部门之外，还有内河航运、水利环境保护、城市和工业供水等水利部门。本节做以简要介绍。

一、内河航运

内河航运是指利用天然河湖、水库或运河等陆地内的水域进行船、筏浮运而言，它既是交通运输事业的一个重要组成部分，又是水利事业的一个重要部门。与其他运输方式相比，内河航运具有运能大、能耗小、成本低、占地少、对环境污染轻等特点。世界上发达国家在建设交通基础设施，推进国民经济和社会发展过程中，都注意综合利用宝贵的水资源，加强内河航运的开发，充分发挥内河航运的作用。

一般说，内河航运只利用内河水道中水体的浮载能力，并不消耗水量。利用河、湖航运，需要一条连续而通畅的航道，它一般只是河流整个过水断面中较深的一部分，应具有必需的基本尺寸，即在枯水期的最小深度和最小宽度、洪水期的桥孔水上最小净高和最小净宽等。并且还要具有必需的转弯半径以及允许的最大流速。这些数据取决于计划通航的最大船筏的类型、尺寸及设计通航水位，可查阅内河水道工程方面的资料。天然航道除了必须具备上述尺寸和流速外，还要求河床相对稳定和尽可能全年通航。有些河流只能季节性通航，例如，有些多沙河流以及平原河流，常存在不断的冲淤交替变化，因而河床不稳定，造成枯水期航行困难；有些山区河流在枯水期河水可能过浅，甚至干涸，而在洪水期又可能因山洪暴发而流速过大；还有些北方河流，冬季封冻，春季漂凌流冰。这些都可能造成季节性的断航。

二、水利环境保护

水利环境保护是自然环境保护的重要组成部分，大体上包括防治水域污染、生态保护及水利有关的自然资源合理利用和保护等。

从全球范围来看，20 世纪以来，社会经济发展使水资源的消耗量剧增，与此同时，人为造成的水污染又使许多水源失去使用价值。温室效应引起全球升温，使干旱、半干旱地区降水减少、蒸发增大，干旱缺水状况更甚。山地、丘陵地区广泛毁林开荒，土壤流失，又破坏了水源涵养状况，影响径流的稳定性。地下水多因开采过度而天然补给不足，地下水源持续亏损，可开采水量减少或者枯竭。水资源已成为影响经济发展和社会安定的重要因素。

三、城市和工业供水

城市和工业供水的水源大体上有水库、河湖、井泉等。例如，密云等水库的主要任务之一即是保证北京市的供水。在综合利用水资源时，对供水要求必须优先考虑，即使水资源不足，也一定要保证优先满足供水。这是因为居民生活用水决不允许长时间中断，而工业用水若匮缺超过一定限度，也将使国民经济遭到严重损失。一般说来，供水所需流量不大，只要不是极度干旱年份，往往不难满足。通常，在编制河流综合利用规划时，可将供水流量取为常数，或通过调查做出需水流量过程线备用。

供水对水质要求较高，尤其是生活用水及某些工业用水（如食品、医药、纺织印染及产品纯度较高的化学工业等）。在选择水源时，应对水质进行仔细检验。供水虽属耗水部门，但很大一部分用过的水成为生活污水和工业废水。废水与污水净化处理后，才允许排入天然水域，以免污染环境引起公害。

第六节　各水利部门间的矛盾及其协调

一、各部门用水的矛盾

在许多水利工程中，常有可能实现水资源的综合利用。然而，各水利部门之间，也还存在一些矛盾。

由于各用水部门对于水资源条件的要求不同，在使用功能上相互排斥，导致用水部门之间存在一定的矛盾。由于水资源量是有限的，而需水量是不断增加的，导致需水与供水之间存在一定的矛盾，不同部门之间、不同地区之间、上下游之间、人类生产生活用水与生态用水之间为争有限水资源而产生矛盾。例如，当上中游灌溉和工业供水等大量耗水，则下游灌溉和发电用水就可能不够。许多水库常是良好航道，但多沙河流上的水库，上游末端（亦称尾端）常可能淤积大量泥沙，形成新的浅滩，不利于上游航运。疏浚河道有利于防洪、航运等，但降低河道水位，可能不利于自流灌溉引水；若筑堰抬高水位引水灌溉，又可能不利于泄洪、排涝。利用水电站的水库滞洪，有时汛期要求腾空水库，以备拦洪，削减下泄流量，但却降低了水电站的水头，使所发电能减少。为了发电、灌溉等的需要而拦河筑坝，常会阻碍船、筏、鱼通行等。可见，不但兴利、除害之间存在矛盾，在各兴利部门之间也常存在矛盾，若不能妥善解决，常会造成不应有的损失。

例如，埃及阿斯旺水库虽有许多水利效益，但却使上游造成大片次生盐碱化土地，下游两岸农田因缺少富含泥沙的河水淤灌而渐趋瘠薄。在我国，也不乏这类例子，其结果是：有的工程建成后不能正常运用，不得不改建，或另建其他工程来补救，事倍功半；有的工程虽然正常运用，但未能满足综合利用要求而存在缺陷，带来长期的损失。所以，在研究水资源综合利用的方案和效益时，要重视各水利部门之间可能存在的矛盾，并妥善解决。

二、各部门用水矛盾的协调

上述矛盾，有些是可以协调的，应统筹兼顾、“先用后耗”，力争“一水多用、一库多利”。例如，水库上游末端新生的浅滩妨碍航运，有时可以通过疏浚航道，或者洪水期降低水库水位，借水力冲沙等方法解决。又如，发电与灌溉争水，有时（灌区位置较低时）可以先取水发电，发过电的尾水再用来灌溉。再如，拦河闸坝妨碍船、筏、鱼通行的矛盾，可以建船闸、筏道、鱼梯来解决，等等。

但也有不少矛盾无法完全协调，这时就不得不分清主次、合理安排，保证主要部门，适当兼顾次要部门。例如，若水电站水库不足以负担防洪任务，就只好让其他防洪措施去满足防洪要求；反之，若当地防洪比发电更重要，而又没有更好代替办法，则也可以在汛期降低库水位，以备蓄洪或滞洪，宁愿汛期少发电。再如，蓄水式水电站虽然能提高水能利用率，并使出力更好地符合用电户要求，但若淹没损失太大，只好采用径流式，等等。

总之，要根据当时当地的具体情况，拟定几种可能方案，然后从国民经济总利益最大的角度来考虑，选择合理的解决办法。

思　考　题

1. 洪水成灾的原因是什么，防洪的主要任务是什么？
2. 水能开发的方式有哪些？
3. 灌溉取水方式中地表水取水有几种方式，各有什么适用条件？
4. 主要的防洪措施有哪些？
5. 如何协调各部门用水之间的矛盾？

第二章　水库兴利调节及计算

在河道山谷、低洼地及地下含水层修建拦水坝（闸）、溢堰或隔水墙所形成拦蓄水量调节径流的蓄水区，称谓水库。本章主要针对地表蓄水水库进行分析。一般地说，坝筑得越高，水库的容积（简称库容）就越大。但在不同的河流上，即使坝高相同，其库容也很不相同，这主要与库区内的地形有关。如库区内地形开阔，则库容较大，如为一峡谷，则库容较小。此外，河流的纵坡对库容大小也有影响，坡降小的库容较大，坡降大的库容较小。根据库区河谷形状，水库有河道型和湖泊型两种。

降落在流域地面上的降水（部分渗至地下），由地面及地下按不同途径泄入河槽后的水流，称为河川径流。由于河川径流具有多变性和不重复性，在年与年、季与季以及地区之间来水都不同，且变化很大。大多数用水部门（例如灌溉、发电、供水、航运等）都要求比较固定的用水数量和时间，它们的要求经常不能与天然来水情况完全相适应。为了解决径流在时间上和空间上的重新分配问题，充分开发利用水资源，使之适应用水部门的要求，往往在江河上修建一些水库工程。水库的兴利作用就是进行径流调节，蓄洪补枯，使天然来水能在时间和空间上较好地满足用水部门的要求。

第一节　水库特性曲线及特征水位

一、水库的特性曲线

水库的形体特征，其定量表示主要就是水库水位—面积关系和水库水位—容积关系。

水库的水面面积和容积是随水位变化的，对于每一个水库来讲，水位愈高则水库面积愈大，库容愈大。不同水体有相应的不同水库面积和库容，与径流调节直接有关。因此，在设计水库水利工程时，必须先作出水库水位—面积和水库水位—库容关系曲线，这两者是最主要的水库特征资料。

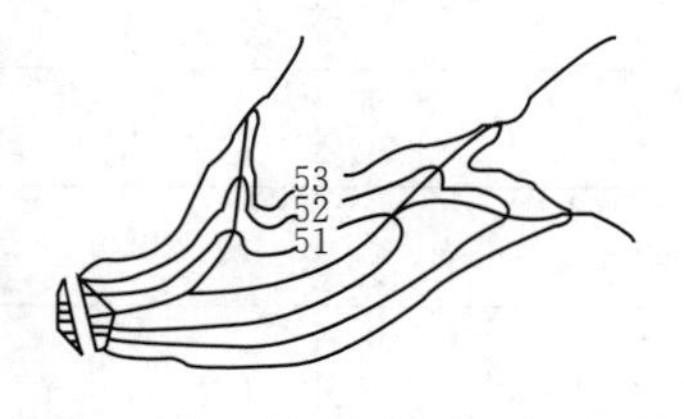

图 2-1　水库库区地形示意图

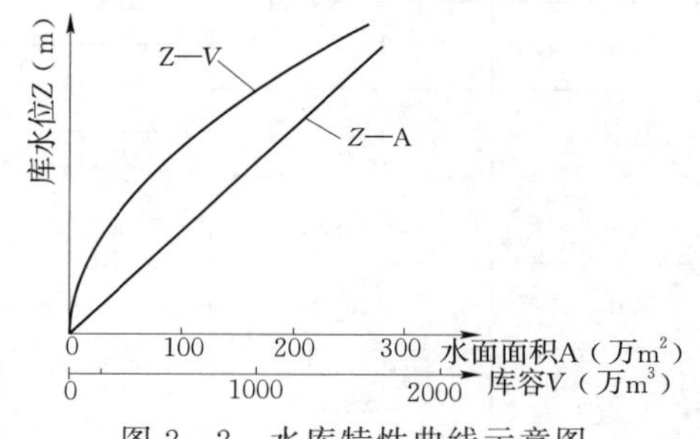

图 2-2　水库特性曲线示意图

（一）水库水位—面积关系曲线

绘制水库水位—面积关系曲线可根据库区地形测量图，一般可采用 1/10000～1/5000 比例尺的地形图，用求积仪（或按比例尺数方格法）在等高线与坝轴线所围成的闭合地形图上量计不同高程的水库面积，如图 2-1 所示，以水位为纵坐标，水库面积为横坐标，点绘成水库水位—面积关系曲线，如图 2-2 中的 Z—A 线。

在山区河流及平原河流上建水库，因库盆形状及坡度不同，其 $Z—F$ 线的变化性质不同，平原河流水库面积随水位增加而很快增加，面积关系曲线的坡度较小；山区河流水库面积随水位增加较缓，面积关系曲线的坡度较大。

（二）水库水位—容积关系曲线

水库水位—容积关系曲线是水库水位—面积关系曲线的积分曲线，即水位 Z 与累积容积（即库容）V 的关系线。绘制水库水位—库容关系曲线，亦可根据 1/10000～1/5000 比例尺的地形图，分别计算各相邻高程之间的部分容积，自河底向上累加得相应水位的库容，即可绘出水位—库容的关系曲线，如图 2－2 中的 $Z—V$ 曲线。相邻高程间的部分容积的计算公式为

$$V=\int_{Z_0}^{Z}F\mathrm{d}Z$$

或

$$V=\sum_{Z_0}^{Z}\overline{F}\Delta Z=\sum_{Z_0}^{Z}\Delta V \tag{2-1}$$

或取

$$\Delta V=\frac{F_1+F_2}{2}\Delta Z$$

式中　ΔV——相邻高程间（即相邻两水位间）的容积，万 m^3；

F_1、F_2——相邻上、下水位相应的水库面积，万 m^2；

ΔZ——高程间隔（相邻水位差），m。

或用较精确的公式：

$$\Delta V=\frac{1}{3}\left(F_1+\sqrt{F_1F_2}+F_2\right)\Delta Z \tag{2-2}$$

用地形图资料绘制水库特性曲线的计算见表 2－1。

表 2－1　某水库库容计算表

水位 Z（m）	水面面积 F（万 m²）	平均面积 $\overline{F}$（万 m²）	高程 ΔZ（m）	部分库容 ΔV（m³）	累积库容 V（m³）
50.5	0				0
		2.7	0.5	1.4	
51	8.1				1.4
		18.7	1.0	18.7	
52	32.0				20.1
		45.3	1.0	45.3	
53	60.0				65.4
		74.9	1.0	74.9	
54	90.8				140.3
		106.5	1.0	106.5	
55	123.0				246.8
		139.7	1.0	139.7	
56	157.0				386.5
		174.3	1.0	174.3	
57	192.0				260.8
		209.7	1.0	209.7	
58	228.0				770.5
		246.3	1.0	246.3	
59	265.0				1016.8
		283.3	1.0	283.3	
60	302.0				1300.1

1. 水库工程规模的划分

水库蓄满时，总库容 V 是水库最主要的一个指标。通常按此值大小，把水库区分为下列五级（《水利技术标准汇编——防洪抗旱卷》），见表 2－2。

表 2－2　　水利水电工程分等指标

工程等别	水库		防洪		治涝	灌溉	供水	发电
	工程规模	总库容（亿 m^3）	保护城镇及工矿企业的重要性	保护农田（万亩）	治涝面积（万亩）	灌溉面积（万亩）	供水对象的重要性	装机容量（万 kW）
Ⅰ	大（1）型	≥10	特别重要	≥500	≥200	≥150	特别重要	≥120
Ⅱ	大（2）型	10～1.0	重要	500～100	200～60	150～50	重要	120～30
Ⅲ	中型	1.0～0.1	中等	100～30	60～15	50～5	中等	30～5
Ⅳ	小（1）型	0.1～0.01	一般	30～5	15～3	5～0.5	一般	5～1
Ⅴ	小（2）型	0.01～0.001		≤5	≤3	≤0.5		≤1

在生产中为了能与来水的流量单位直接对应，以便于径流调节计算，水库容积的计量单位也有用“（m^3/s）·月”表示的。它是 $1m^3/s$ 的流量在一个平均月中的累积总水量，即 1（m^3/s）·月＝$30.4\times24\times3600=2.63\times10^6m^3$。

前面所讨论的水位—面积特性曲线和水位—容积特性曲线，均建立在假定入库流量为零时，水面是水平的基础上。这是蓄在水库内的水体为静止（即流速为零）时，所观察到的水静力平衡条件下的自由水面，因此，这种库容称为静水库容。如有一定入库流量（水流有一定流速）时，则水库水面从坝址起沿程上溯的回水曲线并非水平，越接近上游，水面越上翘，直到入库端与天然水面相交为止；静库容以上与洪水的水面线之间包含的水库容积称为楔形蓄量（图 2－3 的阴影部分）。静库容与楔形蓄量的总和为动库容。以入库流量为参数的坝前水位与相应动库容的关系曲线，为动库容水位—库容关系曲线，如图 2－4 所示。

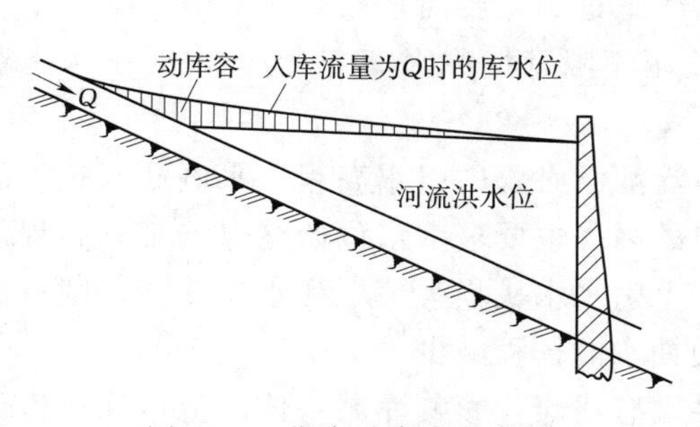

图 2－3　水库动库容示意图

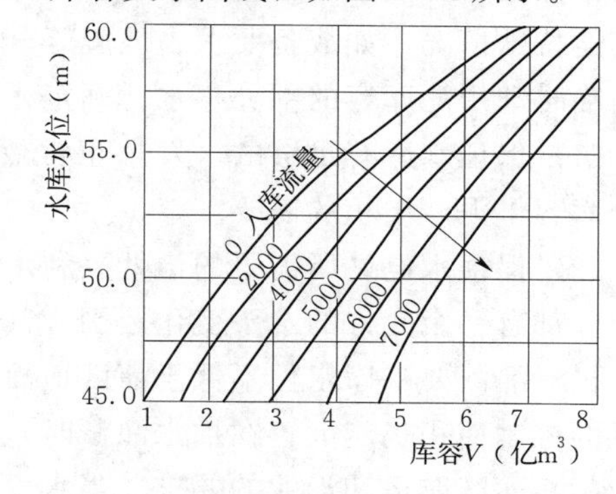

图 2－4　水库动库容水位—库容关系曲线

当研究水库回水淹没和浸没的确实范围，或作库区洪水演进计算时，或当动库容数值占调洪库容比重较大时，必须考虑和研究动库容的影响。

2. 楔形库容及动库容曲线的绘制方法

动库容可按不稳定流计算方法逐段进行洪水演算后求得，但这种方法工作量较大，实际应用常采用回水曲线法和近似法。回水曲线法中，回水曲线的形状是由坝上水位与沿库区的流量分配而定的。因此为了绘制水库的动库容曲线，首先须假定某一入库流量 Q_1 和若干坝前不同水位，然后根据水力学公式，求出一组以某一入库流量为参数的水面曲线。其次，将水库全长分成若干段，在每段水库中求出相应于每一回水曲线的平均水位位置。根据每段平均水位的位置定出该段相应的水面面积，这样可以求出不同回水曲线每段的容积。最后，将各段水库容积相加，即得以某一入库流量为参数的总的动库容曲线（图 2-4，Q_1 曲线）。假定不同的入库流量 Q_2，Q_3，…，按同上步骤计算，分别求得不同的入库流量为参数的水库动库容曲线（图 2-4 中 $Q_入=2000$ 亿～7000 亿 m^3 诸曲线）。图中 $Q_入=0$ 的曲线也就是前面所说的静库容曲线。从图 2-4 可以看出，坝前水位不变时，入库流量愈大，则动库容总值也愈大。应该指出，动库容曲线的计算，需要的资料多，比较麻烦，为了简便起见，一般的调节计算仍多采用静库容曲线。

二、水库的特征水位和特征库容

水库的规划设计，首先需要合理确定各种库容和相应的库水位值。具体说来，就是要根据河流的水文条件、坝址的地形地质条件和各用水部门的需水要求，通过调节计算，并从政治、技术、经济等因素进行全面综合分析论证，来确定水库的各特征水位及相应的库容值。这些特征水位和库容各有其特定的任务和作用，体现着水库利用和正常工作的各种特定要求。它们也是规划设计阶段确定主要水工建筑物的尺寸（如坝高和溢洪道大小），估算工程投资、效益的基本依据。这些特征水位和相应的库容，通常有下列几种。

1. 死水位和死库容

水库建成后，并不是全部容积都可用来进行径流调节的。首先，泥沙的沉积迟早会淤积部分库容；自流灌溉、发电、航运、渔业以及旅游等各用水部门，也要求水库水位不能低于某一高程。死水位是指在正常运用情况下，允许水库消落的最低水位。死水位以下的库容称为死库容或垫底库容。水库正常运行时，一般不能低于死水位。除非特殊干旱年份或其他特殊情况，如战备要求、地震等，为保证紧要用水、安全等要求，经慎重研究，才允许临时动用死库容的部分存水。确定死水位所应考虑的主要因素如下：

(1) 保证水库有足够的、发挥正常效用的使用年限（俗称水库寿命）；主要是考虑留部分库容供泥沙淤积的需要。

(2) 保证水电站所需要的最低兴利水位和自流灌溉必要的引水高程。水电站水轮机的选择，都有一个允许的水头变化范围，其取水口的高程也要求库水位始终保持某一高程以上。自流灌溉要求库水位不低于灌区地面高程加上引水水头损失值。死水位愈高，则自流灌溉的控制面积也越大；在抽水灌溉时，也可使抽水的扬程减少。

(3) 库区航运和渔业的要求。当水库回水尾端有浅滩，影响库尾水体的流速和航道尺寸，或库区有港口或航道入口，则为维持最小航深，均要求死水位不能低于上述相应的库位。水库的建造，为发展渔业提供了优良的条件，因此，死库容的大小，必须考虑在水库水位消落到最低时，尚有足够的水面面积和容积，以维持鱼群生存的需要。

对于北方地区的水库，因冬季有冰冻现象，还应计及在死水位冰层以下，仍能保留足够的容积，供鱼群栖息。

水库在供水期末可以也应该放空到死水位，以便能充分利用水库库容和河川来水。而死水位以下，则应视为运行禁区。但在过去一段时期，不少地区因供水、供电紧张，常强制水库不断泄放死库容中的存水，致使水库长期处于低水头的不正常状态，这样“死水位不死”的不合理调度，不仅大大降低了水资源利用的效率，导致恶性循环，也使机组设备的损耗加剧。

2. 正常蓄水位和兴利库容

在水库正常运行条件下，为了满足兴利部门枯水期的正常用水，水库在供水开始时应蓄到的最高水位，称为正常蓄水位，又称正常高水位。正常蓄水位到死水位之间的库容，是水库实际可用于径流兴利调节的库容，称为兴利库容，又称调节库容（图 2－5）。正常蓄水位与死水位之间的深度，称为消落深度，又称工作深度。

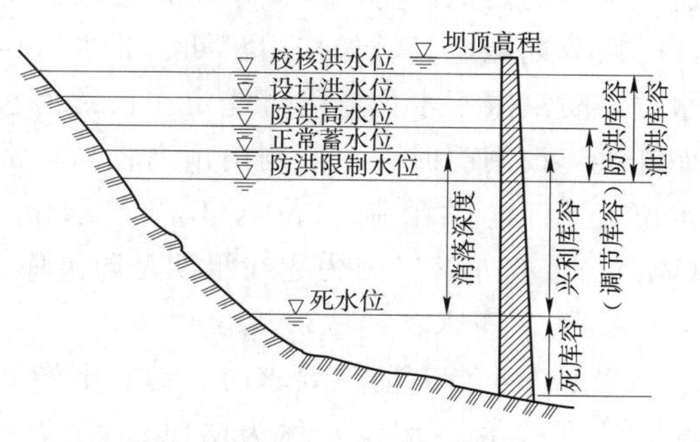

图 2－5 水库特征水位及库容示意图

溢洪道无闸门时，正常蓄水位就是溢洪道堰顶的高程；当溢洪道有操作闸门时，多数情况下正常蓄水位也就是闸门关闭时的门顶高程。

正常蓄水位是水库最重要的特征水位之一。因为它直接关系到一些主要水工建筑物的尺寸、投资、淹没、综合利用效益及其他工作指标。大坝的结构设计、其强度和稳定性计算，也主要以此为依据。因此，大中型水库正常蓄水位的选择是一个重要问题，往往牵涉到技术、经济、政治、社会、环境影响等方面，需要全面考虑，综合分析确定。而一般的考虑原则，则有下列几点：

（1）根据兴利的实际需要。即从水库要负担的综合利用任务和对天然来水的调节程度要求，以及可能投资的多少等来考虑水库规模和正常蓄水位的高低。

（2）考虑淹没、浸没情况。如果库区的重要城镇、工矿企业、重要交通线路、大片耕地、名胜古迹等的淹没，使水库淹没损失过大或安置移民困难较大时，则必须限制正常蓄水位的高度。

（3）考虑坝址及库区的地形地质条件。例如坝基及两岸地基的承载能力、库区周边的地形、库岸和分水岭的高程等。当库水位达到某一高程后，可能由于地形的突然开阔或坝肩出现垭口等，使大坝工程量明显增大而不经济，或可能引起水库大量渗漏而限制库水位的抬高。

（4）考虑河段上下游已建和拟建水库枢纽情况。主要是梯级水库水头的合理衔接问题，以及不影响已建工程的效益等。

正常蓄水位是一个重要的设计数据，因此，在水库建成运行时，必须严格遵守设计规定，才能保证工程效能的正常发挥，满足用户正常供水、供电的需要，前一时期有些水库一度出现的“正常蓄水位不正常”的现象，或任意超高蓄水，加重淹没，或水库多年达不到满蓄要求，这些都是不经济的。

3. 防洪限制水位和结合库容

水库在汛期允许蓄水的上限水位，称为防洪限制水位，又称为汛期限制水位。兴建水库后，为了汛期安全泄洪和减少泄洪设备，常要求有一部分库容用来拦蓄洪水和削减洪峰。这个水位以上的库容就是作为滞蓄洪水的库容。只有在出现洪水时，水库水位才允许超过防洪限制水位；当洪水消退时，水库水位应回降到防洪限制水位。在我国，防洪限制水位是个很重要的参数，它比死水位更重要，牵涉的面更广，如库尾淹没问题就常取决于这个水位的高低。防洪限制水位，可根据洪水特性、防洪要求和水文预报条件，在汛期不同时段分期拟定。例如按主汛期、非主汛期，或按分期设计洪水分别拟定不同的防洪限制水位。防洪限制水位应尽可能定在正常蓄水位之下，以减少专门的防洪库容，特别是当水库溢洪道设闸门时，一般闸门顶高程与正常蓄水位齐平，而防洪限制水位就常定在正常蓄水位之下，防洪限制水位与正常蓄水位之间的库容，称为结合库容，又称共用库容（$V_{共}$）、重叠库容。因为它在汛期是防洪库容的一部分，在汛后又是兴利库容的一部分。

4. 防洪高水位和防洪库容

当水库下游有防洪要求时，遇到下游防护对象的设计标准洪水时，水库经调洪后（坝前）达到的最高水位，称为防洪高水位。它与防洪限制水位之间的水库容积称为防洪库容。

5. 设计洪水位和拦洪库容

当遇到大坝设计标准洪水时，水库经调洪后（坝前）达到的最高水位，称为设计洪水位。它与防洪限制水位之间的水库容积称为拦洪库容。

设计洪水位是水库的重要参数之一，它决定了设计洪水情况下的上游洪水淹没范围，它同时又与泄洪建筑物尺寸、型式有关，而泄洪设备型式（包括溢流堰、泄洪孔、泄洪隧洞）的选择，则应根据设计工程所在地的地形、地质条件和坝型、枢纽布置特点拟定，并应注意以下几点：

（1）如拦河坝为不允许溢流的土坝、堆石坝等坝型，则除有专门论证外，应设置开敞式溢洪道。

（2）为增加水库运用的灵活性，尤其是下游有防洪任务的水库，一般宜设置部分泄洪底孔和中孔。泄洪底孔要尽可能与排沙、放空底孔相结合。

（3）泄洪设备的型式选择，应考虑经济性和技术可靠性。当在河床布置泄洪设备有困难时，可研究在河岸设置部分旁侧溢洪道和泄洪隧洞。

（4）泄洪闸门类型和启闭设备的选择，应满足洪水调度等方面的要求。

6. 校核洪水位和调洪库容

当遇到大坝校核标准洪水时，水库经调洪后，坝前达到的最高水位，称为校核洪水位。它与防洪限制水位之间的水库容积称为调洪库容。

7. 总库容和有效库容

校核洪水位以下的全部水库容积就是水库的总库容，即 $V_{总}=V_{死}+V_{兴}+V_{调洪}-V_{共}$。总库容是表示水库工程规模的代表性指标，可作为划分水库等级、确定工程安全标准的重要依据。

校核洪水位与死水位之间的库容，称有效库容，即 $V_{效}=V_{总}-V_{死}=V_{兴}+V_{调洪}-V_{共}$。

8. 坝顶高程

设计洪水位或校核洪水位加上一定数量的风浪高值和安全超高值，即为坝顶高程。

例如，湖南省某大型水库的特征水位与特征库容见表 2－3。

表 2－3　湖南省某大型水库的特征水位与特征库容

特征水位（m）	校核洪水位	防洪高水位	正常蓄水位	汛限水位	死水位	设计洪水位
	112.78	100.07	100	95.67	82.34	109.41
特征库容（亿 m^3）	调洪库容	防洪库容	兴利库容	结合库容	死库容	
	24.913	4.549	12.94	4.47	5.55	

则该水库总库容为

$$V_{总}=V_{死}+V_{兴}+V_{调洪}-V_{共}=5.55+12.94+24.913-4.47=38.933\ (亿\ m^3)$$

第二节　兴利调节分类

建造水库调节河川径流是解决来水与需水间矛盾的一种普遍的、积极的方法。根据不同的自然条件和要求，它又有各种形式，可以从不同的角度对径流调节的各种形式进行科学分类。这有助于明确水库设计和运用中的各自特点，了解调节中问题的共性和个性。

一、按调节的目的和重点分类

1. 洪水调节

洪水调节的重点在于削减洪峰和下泄洪水流量。

2. 枯水调节

枯水调节是为了增加枯水期的供水量，以满足各用水部门的要求。

二、按服务对象和用途分类

按服务对象和用途分，可分为灌溉、发电、给水、航运及防洪除涝等的调节。它们在调节要求和特点上各有不同。但目前一般水库已较少为单一对象目标开发，而是以一两个对象目标为主的多用途综合利用径流调节。

三、按调节周期分类

按调节周期分，即按一次蓄泄循环的时间来分，有无调节、日调节、周调节、年（季）调节和多年调节。

1. 日调节

日调节的调节周期为一昼夜，即利用水库兴利库容将一天内的均匀来水，按用水部门的日内需水过程进行调节。以水力发电为例，发电用水是随负荷的变化而改变的，而河川径流在一昼夜里基本上是均匀的（汛期除外），在一天 24h 之内，当用水小于来水时，将多余水量蓄存在水库中，供来水不足时使用，如图 2－6 所示。

在洪水期，由于天然来水非常丰富，水电站总是以全部可用容量投入运行，整天都处于满负荷工作状态，不进行日调节。在枯水期，当水电站水库具有枯水日来水量的 20%～25%的兴利库容时，一般即可进行日调节。

2. 周调节

周调节的调节周期为一周，即将一周内变化不大的入库径流按用水部门的周内需水过程进行径流调节。仍以水力发电为例，枯水期河川径流在一周内变化不大，而周内休假日电力负荷较小，发电用水也少，这时可将多余水量存入水库，用于高负荷日发电，如图 2－7所示。周调节比日调节需稍大的兴利库容。周调节水库也可进行日调节。

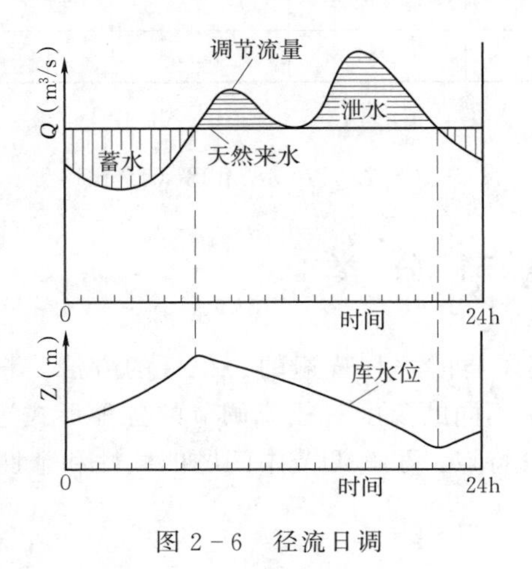

图 2－6　径流日调

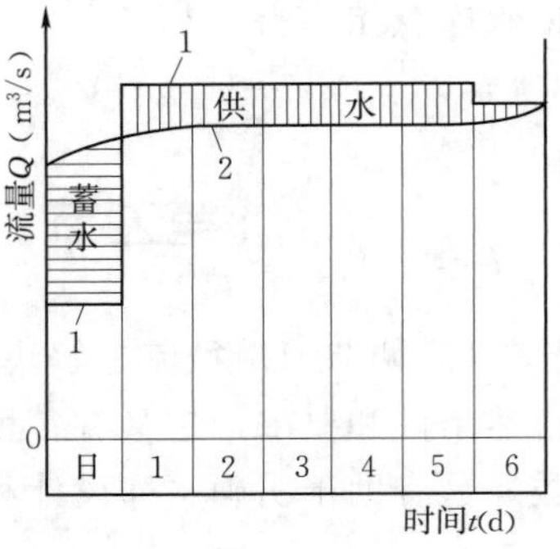

图 2－7　径流周调

3. 年调节

在我国一般河川径流的季节变化是很大的。洪水期和枯水期水量相差悬殊，而多数用水部门如发电、航运、给水等，则一年内需水量变化不大。因此往往在枯水期水量不足，洪水期过剩。径流年调节的任务就是按照用水部门的年内需水过程，将一年中丰水期多余水量蓄存起来，用以提高缺水时期的供水量，调节周期在一年以内。如图 2－8 所示，竖线阴影面积表示蓄水量，横线阴影面积表示水库补充供水量。当水库蓄满而来水仍大于用水时，将发生弃水（由泄洪设施排往下游），图中也示出了弃水期，通常称这种仅能存蓄丰水期部分多余水量的径流调节为季调节（或不完全年调节），而对能将年内多余水量按用水要求重新分配而不发生弃水的径流调节，则称为完全年调节。显然，完全与不完全调节的概念是相对的，例如对同一水库而言，可能在一般年份能进行完全年调节，但遇丰水年则很可能发生弃水，只能进行不完全年调节。

通常用库容系数 β（$\beta=V_{兴}/\overline{W}_{年}$）反映水库兴利调节能力，当 $\beta=8\%\sim30\%$时，一般可进行年调节。当天然径流年内分配较均匀时，$\beta=2\%\sim8\%$，即可进行年调节。年调节水库一般可同时进行周调节和日调节。

4. 多年调节

如果水库很大，可以将丰水年多余的水量蓄起来，以补枯水年水量不足，称为多年调节。这时水库兴利库容可能要经过若干丰水年才能蓄满，然后将蓄水量在若干个枯水年份里用掉，其调节周期超过一年，如图 2－9 所示。

水库的相对库容愈大，它的调节径流周期（即蓄满—放空的循环时间）就愈长，调节和利用径流的程度也愈高。多年调节水库一般可同时进行年（季）、周和日的调节。年调节的水库也类似。

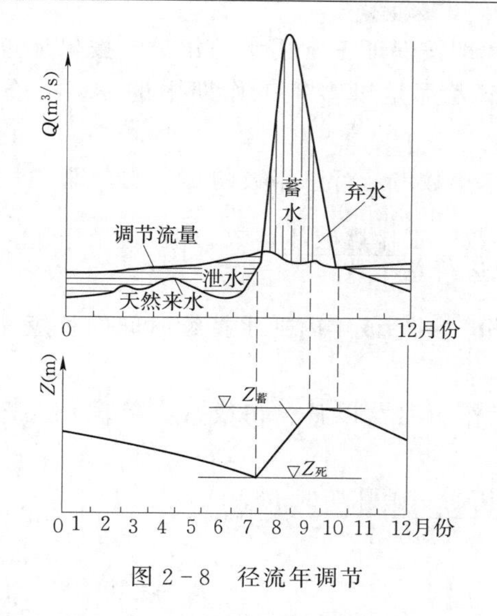

图 2-8　径流年调节

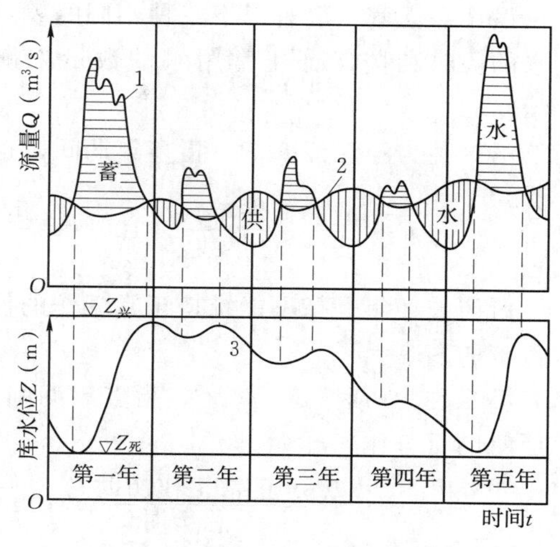

图 2-9　径流多年调节

四、其他形式的调节

1. 补偿调节

补偿调节见于当水库与下游用水部门的取水口间，有区间入流时。因区间来水不能控制，故水库调度要视区间来水多少，进行补偿放水。

2. 反调节

反调节是当进行日调节的水电站下游，有灌溉取水或航运要求时，往往需要对已调节过的水电站的放水过程重新进行一次调节，使适应灌溉或航运需要。

3. 库群调节

库群调节则是指河流上建有多个水库时，如何研究它们的联合运行，以最有效地满足各用水部门的要求。显然，这是最高形式的径流调节，也是开发和治理河流的发展方向。

第三节　水库兴利设计保证率

一、设计保证率的含义

由上节的用水基本特性可知：由于河川径流的多变性，若在枯水年也要保证兴利部门的正常用水要求，则需有相当大的库容，这在技术上可能有困难，经济上也不合理。一般允许一定的断水或减少用水，这就要研究各用水部门允许减少供水的可能性和合理范围，定出多年工作期中，用水部门的正常用水得到保证的程度，常用正常用水保证率来表示。由于它是在进行水利水电工程设计时予以规定的，所以，设计保证率是根据各用水部门的特征所允许的减少供水范围，定出在多年期间用水部门正常工作所能得到保证的程度，以百分数计，即所谓正常用水保证率，由于此值是在设计水库时研究决定的，故称为设计保证率。

设计保证率一般有以下三种不同的表示方式：即按保证正常用水的年数、按保证正常用水的历时和按保证正常用水的数量来衡量。三者都是以多年工作期中的相对百分数表示。

第一种为年保证率 P，指多年期间，正常工作年数占运行总年数的百分比，即

$$P=\frac{\text{正常工作年数}}{\text{运行总年数}}\times 100\%=\frac{\text{运行总年数}-\text{工作遭破坏年数}}{\text{运行总年数}}\times 100\% \qquad (2-3)$$

所谓破坏年是指不能维持正常工作的任何年份，不论该年内缺水持续时间的长短和缺水数量的多少。

第二种为历时保证率 P'，指多年期间正常工作历时（以日、旬或月为单位）占运行总历时的百分比，即

$$P'=\frac{\text{正常工作历时}}{\text{总历时}}\times 100\%=\frac{\text{总历时}-\text{破坏历时}}{\text{总历时}}\times 100\% \qquad (2-4)$$

年保证率与历时保证率之间的换算公式为

$$P=[1-(1-P')/m]\times 100\% \qquad (2-5)$$

采用哪种形式的设计保证率，由用水部门特性、水库调节性能及设计要求等因素而定，蓄水式电站一般采用年保证率，径流式电站、大多数航运用水部门及其他不进行径流调节的用水部门，由于其日常工作是用日表示的，所以设计保证率采用历时保证率。

有些用水部门（如灌溉用水、航运用水部门）还有用其他形式来衡量正常用水的保证程度的，放在设计保证率的选择中介绍。

二、设计保证率的选择

设计保证率与用水部门的重要性和工程的等级规模等有关。在设计某一水库时，如果设计保证率规定得越高，则用水部门的正常工作受破坏的机会就越小，但所需的水库容积就越大；或库容不增加，但效益减少。反之，如设计保证率定得过低，则库容可以较小，但正常工作破坏的机会就多。显然这两种情况，都不仅与生产和经济有直接关系，而且涉及国民经济的其他方面和政治上的影响。因此，要恰当地规定出各用水部门的设计保证率是一个复杂的问题。

从理论上讲，设计保证率的选定，实质就是研究缩减用水的合理范围。对一般无灾害性后果的兴利部门来说，主要应考虑下列两个因素，即缺水减产引起的损失及避免减产影响所需后备措施的费用之间的经济平衡或权衡。

在工程实际中，“设计保证率”是通过国家规范的形式来确定的。目前主要是根据各部门的用水性质、要求和重要性以及生产实践中所积累的经验来规定设计保证率。

1. 灌溉设计保证率

灌溉设计保证率，一般是南方地区因水源丰富，故灌溉设计保证率较北方为高；自流灌溉较提水灌溉为高；远景规划工程较近期工程为高。具体数可参照《水利水电工程水利动能设计规范》(DL/T 5015—1996) 中的规定，结合具体情况选用(表 2-4)。

表 2-4　**灌溉设计保证率**

地　区	作物种类	灌溉设计保证率（%）
缺水地区	以旱作物为主 以水稻为主	50～75 70～85
丰水地区	以旱作物为主 以水稻为主	70～80 75～95

对于超出设计保证率范围的特殊干旱年份，由于不可能完全满足灌溉用水的全部要求，故应研究农作物的保收措施和节约用水方式，以便合理确定灌溉用水的缩减成数，做到特殊干旱年份能有一定收成。

在农田基本建设和一些小型灌区的规划设计中，还常用抗旱天数作为灌溉设计标准。抗旱天数是指依靠灌溉设施供水，可以抗御连续多少天无雨保丰收的天数。上述《水利水电工程水利动能设计规范》（DL/T 5015—1996）中指出："采用抗旱天数作为灌溉设计标准的地区，旱作物和单季稻灌区抗旱天数可为30～50天，双季稻灌区抗旱天数可为50～70天，有条件的地方应予提高。"

2. 水力发电设计保证率

水力发电的设计保证率，常根据水电站所在电力系统的负荷特性、系统中的水电容量的比重、水电站的规模及其在电力系统中的作用、河川径流特性以及水库调节程度等因素来决定。大、中型水电站的设计保证率可按表2-5所列的规定值结合具体情况选用。季节性的小型农村水电站可采用与灌溉相同的设计保证率。

表 2-5　**水电站设计保证率**

电力系统中水电容量的比重（%）	25以下	25～50	50以上
水电站设计保证率（%）	80～92	90～95	95～98

3. 供水设计保证率

工业及城市民用供水若遭破坏将直接影响人民生活和造成生产上的严重损失，故采用较高的设计保证率，一般按年保证率取值的范围为95%～99%，大城市和重要工矿区取较高值。对于由两个以上水源供水的城市或工矿企业，在确定可靠性时，常按下列原则考虑：任一水源停水时，其余水源除应满足消防和生产紧急用水外，要保证供应一定数量的生活用水。

4. 航运设计保证率

航运设计保证率，一般按航道等级结合其他因素选定。1991年颁布的《内河通航标准》中规定，天然河流的设计最低通航水位可采用保证率频率法（表2-6第2列，此列保证率为统计年限中各年内高于和等于某一水位的天数占全年天数的百分比，用各年该保证率的水位进行频率计算，按表列保证率确定设计最低通航水位），或综合历时曲线法（表2-6第3列，此列保证率为统计年限内高于和等于某一水位的天数占总天数的百分比，按表列保证率可查出设计最低通航水位）计算。

表 2-6　　航运设计保证率

航道等级	保证率频率法保证率（%）	综合历时曲线法保证率（%）
一～二	98～99	≥98
三～四	95～98	95～98
五～六	90～95	90～95

三、设计标准、设计保证率与可靠性、风险的关系

研究对象在规定条件下和规定时间内能完成规定功能的概率就是可靠度 S。可靠度是事件概率分布为已知条件下的不确定性。风险是一些不利后果发生的可能性。研究对象在规定条件下和规定时间内不能完成规定功能的概率为风险度 R。可靠度与风险度两者是对立的，在数值上，两者之和应等于 1，即 $S+R=1$。

风险性是自然本身所固有的，人们只能借助于一定的工程措施来减少它的影响，很难完全避免。如一座水库，即使其防洪设计标准很高，因水文因素垮坝失事的风险依然潜在，更不论结构、地震等因素的其他失事。

在坝体安全设计中，一方面是估算坝址处洪水的可能变化以及垮坝的可能性，另一方面是选定安全设计洪水。而这些工作是以定量的风险评估为基础的，要求估算出垮坝的可能性以及在当前条件和预期未来条件下垮坝所造成的后果。

在水库工程的设计和管理运用中，设计保证率也像防洪设计标准一样，由于水文变量的不确定性，如任何一年的年径流出现的大小、年内分配及其频率无法事先定义或确定；或因水文资料样本容量有限，使水文统计参数计算结果带来不确定性，从而导致工程设计和运用时，水库蓄不满，用水部门的正常需水得不到满足。由于供水不足、缺水引起减产损失，造成供水的失效风险。保证率是可靠度的一种特殊的简化形式。设计保证率就是考虑到多年运行中这种供水失效风险，而事先规定的使正常供水得到满足的可靠程度。

第四节　水库的水量损失

水库建成后，天然水流情况发生了变化，最明显的是径流年内分配发生变化，削减了洪峰，增加了流量。同时，库区水位及库边地下水位抬高，水面加宽，水深增大，流速减小；库区内的水流挟沙、蒸发、渗漏、水温、水质等水情变化较大。本节主要介绍水库蒸发损失及渗漏损失。此外，在某些情况下，还需考虑在形成冰层时所损失的水量。

一、水库的蒸发损失

水库的蒸发损失是指因兴建水库后，原有的陆面变成水面后增加的蒸发损失。修建水库前，除原河道有水面蒸发外，整个库区都是陆面蒸发，而这部分陆面蒸发量已反映在坝址断面处的实测径流资料中。建库之后，库区内原陆面面积变为水库水面的这部分面积，由原来的陆面蒸发变成为水面蒸发。因水面蒸发比陆面蒸发大，故所谓蒸发损失是指由陆面面积变为水面面积所增加的额外蒸发量，以 ΔW 表示，其计算公式为

$$\Delta W=1000\ (E_{水}-E_{陆})\ F_V \tag{2-6}$$

$$E_{水}=\eta E_{皿} \tag{2-7}$$

式中 $E_{皿}$——水面蒸发皿实测水面蒸发，mm；

η——水面蒸发皿折算系数，一般为0.65～0.80；

$E_{水}$——水面蒸发，mm；

F_V——建库增加的水面面积，取计算时段始末的平均面积，km^2。

本地的水面蒸发皿折算系数，可在当地的水文手册或图集中查得，即

$$E_{陆}=E_0=P_0-R_0 \tag{2-8}$$

式中 P_0——闭合流域多年平均年降水量，mm；

R_0——闭合流域多年平均年径流深，mm；

E_0——闭合流域多年平均年陆面蒸发量，mm；

$E_{陆}$——陆面蒸发，mm。

在蒸发资料比较充分时，要作出与来水、用水对应的水库年蒸发损失系列，其年内分配即采用当年$E_{皿}$的年内分配。如果资料不充分，在年调节计算时，或多年调节计算时，可采用多年平均的年蒸发量和多年平均的年内分配进行计算。

如果水库形成前原有的水面面积（例湖泊、河川等）与水库总面积的相对比值不大，则计算中可忽略不计，取水库总面积作为F_V的值。

二、水库的渗漏损失

建库之后，由于水位抬高，水压力增大，水库蓄水量的渗漏损失随之加大，在径流调节计算中应计算该项水量损失值。如果渗漏比较严重，则在调节计算中应进行充分论证，以求有较高的计算精度。水库渗漏损失的主要途径：

（1）经过能透水的坝身（如土坝、堆石坝等）以及闸门、水轮机等的渗漏。

（2）通过坝址及坝的两翼渗漏。

（3）通过库底渗向地下透水层或库外的渗漏。

一般可按渗漏理论的达西公式估算渗漏的损失量。计算时所需的数据（如渗漏系数、渗径长度等）必须根据库区及坝址的水文地质、地形、水工建筑物的型式等条件来确定，而这些地质条件及渗流运动均较复杂，往往难以用理论计算获得较好的成果，因此，在生产实际中，常根据水文地质情况，定出一些经验性的数据，如渗漏系数，作为初步估算渗漏损失的依据。

渗漏系数多以一年或一月的渗漏损失相当于水库蓄水容积的一定百分数计，则估算水库渗漏损失可采用如下初步数值：

（1）水文地质条件优良（指库床为不渗水层，地下水面与库面接近），渗漏系数取0～10%/年或0～1%/月。

（2）透水性条件中等，渗漏系数取10%～20%/年或1%～1.5%/月。

（3）水文地质条件较差，渗漏系数取20%～40%/年或1.5%～3%/月。

在水库运行的最初几年，渗漏损失往往较大（大于上述经验数据）。因为初蓄时，为了湿润土壤及抬高地下水位需要额外损失水量。水库运行多年之后，库床泥沙颗粒间的空

隙逐渐被水内细泥或黏土淤塞，渗漏系数变小，同时库岸四周地下水位逐渐抬高，也使渗漏量减少。鉴于此，在渗漏量严重的地区，常采用人工防淤措施来减少库床渗漏。

三、水库的其他损失

水库水量损失除上述主要两种外，还可能有其他形式的损失。一种是结冰损失。北方地区气候寒冷，冬季水库水面形成冰盖。如年调节水库每年泄空数次，冬季枯水期水库供水时水位随之下降，水库面积缩小，有一部分冰盖附着库岸，相应于这部分冰盖的水量，当时不能利用，应视为结冰损失；多年调节的水库，仅在连续枯水年末才放空，所以在枯水年组最后一年的结冰损失，才是真正的损失。

其次，水工建筑物的漏水和操作所损失的水量。例如，由于闸门和水轮机阀门的止水性差所造成的漏水；渔道操作、木材流放、船闸过船都要损失一定的水量。水库初蓄时，湿润库床和蓄至死水位所需的水量，对初期运行的水库而言可作为一种损失水量来处理。在地质条件复杂地区的初期岸蓄也可能较大。只是当为数不大，或只是一次性损失时，在一般调节计算中，可以不予考虑。在梯级开发中，上游有大水库投入时，须专门研究初蓄水量对下游已建各库正常工作的影响。

第五节　水库设计死水位的选择

在规划设计灌溉水库时，首先要确定死水位，然后进行调节计算，求得兴利库容和正常蓄水位。水库死水位的选择可按下列要求确定。

一、保证灌溉引水需要

自流灌溉对引水渠首的水面高程有一定要求，如图 2-10 中的 A 点，这个高程可根据灌区控制高程及引水渠的纵坡和渠道长度推算而得，也就是水库放水建筑物的下游水位。根据放水建筑物的型式（有压涵管或无压隧洞）进行水力学计算，推求维持放水建筑物泄放渠道设计流量的最小水头 H_{min}，加上 A 点高程，就得水库死水位。

事实上，在特枯年份的抗旱季节，往往不能按正常流量放水，只要水库有水就得尽量泄放，故死水位以下到放水建筑物进口底槛（B 点）高程之间的水库容积也是可以利用的。真正的死库容是放水建筑物进口底槛高程以下的那部分无法自流放出的库容。

二、考虑水库泥沙淤积的需要

在河道上筑坝形成水库后，水深增大，水面坡度变缓，水流速度减小，水流挟沙能力降低，导致来水中的部分悬移质和推移质泥沙在库区内沉淀，使水库库区不断淤积。在含沙量很大（或较大）的河流上修建水库调节径流，必须考虑水库泥沙淤积对水库效益的影响。例如，有些水库在兴建若干年后，不仅死库容完全被淤满，而且很快就侵占了调节库容，严重影响到水库的综合效益，降低了水库的防洪标准，直接威胁到水库及下游的安全。在水土流失严重的地区兴建中小型（特别是小型）水库，如果事先没有对泥沙来量进行较准确的估算，规划设计中未能妥善安排拦沙、排沙措施，则在一两次特大洪水以后，水库就有可能被泥沙淤满报废，因此在多沙河流上修建水库，要考虑泥沙对水利工程的影响，如图 2-11 所示。

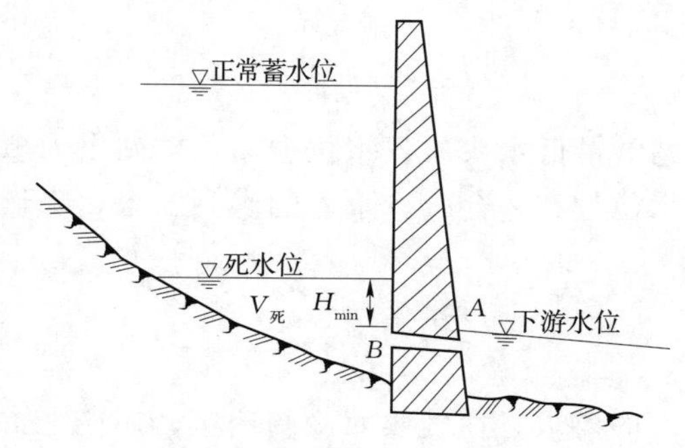

图 2-10 水库预留的淤沙库容

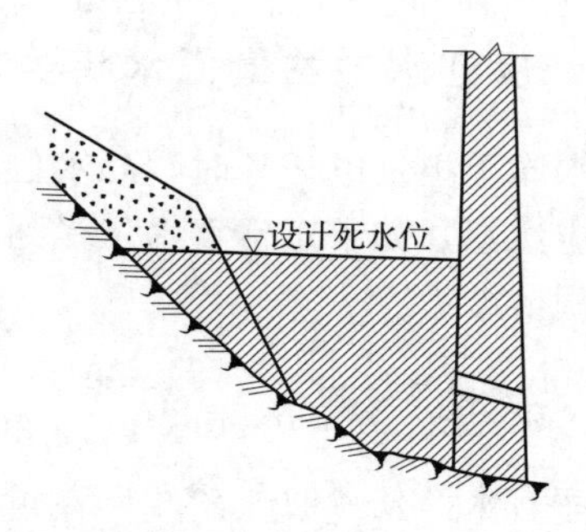

图 2-11 水库设计死水位

对一般泥沙不太严重的河流，可用死库容作为淤沙库容，其容积大小可根据水库预期使用的年限计算确定。淤沙库容可能大于自流引水所要求的死库容，这时应选用两者中的较大者作为设计水库的死库容，其相应的水位就是死水位。

淤沙库容的计算最好根据水库泥沙运行规律、淤积过程等条件进行，但泥沙淤积过程的影响因素复杂，难以精确计算，并且中小水库一般泥沙资料不足，要详细计算水库中泥沙淤积量及淤积部位也有困难，所以常用最简单的方法来估算：假定河流中携带的泥沙有一部分沉积在水库中，而且水库泥沙淤积呈水平状，计算水库使用 T 年后的淤沙总容积 $V_{沙,总}$ 为

$$V_{沙,总}=TV_{沙,年} \tag{2-9}$$

年淤积量为

$$V_{沙,年}=\frac{\rho_0 W_0 m}{(1-p)\ \gamma} \tag{2-10}$$

式中 T——水库正常使用年限，年，按规定小水库 T =20～30 年，中型水库 T=50 年，大型水库 T=50～100 年；

$V_{沙,年}$——多年平均年淤沙容积，m^3/a；

ρ_0——多年平均含沙量，kg/m^3；

W_0——多年平均年径流量，m^3；

m——库中泥沙沉积率，%；

p——淤积体的孔隙率，p=0.3～0.4；

γ——泥沙颗粒的干容重，kg/m^3。

式（2-10）仅对悬移质而言，若推移质所占比重较大，应作专门研究，粗略计算可将悬移质淤积量加大一些而得总的泥沙淤积量。一般平原河流，推移质所占比重较小，约为 1%～10%；山溪河流则较大，可达 15%～30%。预计库区有塌岸时，还应计入塌岸量，即

$$V_{沙,年}=(1+\alpha)\ \frac{\rho_0 W_0 m}{(1-p)\ \gamma}+\overline{V}_{塌} \tag{2-11}$$

式中 α——推移质淤积量与悬移质淤积量之比；

$\overline{V}_{塌}$——库岸平均年坍塌量，m^3/a；

其余参数意义同上。

三、保证水电站最低水头要求

当水库承担发电任务时，死水位决定着水电站的最低水头。死水位愈高，电站出力愈大。但应注意，如果正常蓄水位受到限制时，死水位过高，会减少水库的兴利库容，降低水库的调节能力。

四、其他要求

水库有水产任务时，要考虑养鱼对水深和水面的要求。在气候寒冷的地区，还应考虑结冰厚度。其他如水库的环境卫生要求也应考虑。总之，最后选择的死水位，应是上述几项计算中的最大值。

【例 2-1】　某中型水库，多年平均年径流量 $\overline{Q}=7.96m^3/s$，对悬移质泥沙而言，多年平均含沙量 $\rho_0=0.220kg/m^3$，泥沙颗粒的干容重 $\gamma=1620kg/m^3$，泥沙沉积率 $m=90\%$，淤积体的孔隙率 $p=0.3$，推移质与悬移质淤积量之比 $\alpha=15\%$，不计库岸坍塌。考虑灌溉、航运、养殖及旅游等要求，水库死水位不得低于 58.00m；考虑水轮机最小水头的限制，水库死水位不得低于 64.36m。设计运行年限为 50 年，求该水库设计死水位。

（1）考虑防淤要求。

计算多年平均年径流总量：$W_0=\overline{Q}T=7.96\times365\times24\times3600=251.03\times10^6\ (m^3)$

悬移质泥沙年淤积体积：

$$V_1=\frac{\rho_0 W_0 m}{(1-p)\ \gamma}=\frac{0.220\times251.03\times10^6\times90\%}{(1-0.3)\ \times1620}=0.0438\times10^6\ (m^3)$$

推移质和悬移质泥沙 50 年总的淤积体积：

$$V_{沙,总}=V_{沙,年}T=(1+\alpha)\ V_1\times50=(1+0.15)\ \times0.0455\times10^6\times50=2.5202\times10^6\ (m^3)$$

查水库水位—容积曲线，则水库满足防淤要求的最低死水位 $Z_1=55.20$ m。

（2）考虑灌溉、航运、养殖及旅游等要求，最低死水位 $Z_2=58.00m$。

（3）考虑水轮机最小水头的限制，最低死水位 $Z_3=64.36m$。

则死水位　$Z_{死}=\max(Z_1,\ Z_2,\ Z_3)\ =\ 64.36m$。

第六节　兴利调节计算的原理与方法

一、调节年度（水利年度）及水库运用

年调节计算一般不采用通常的从 1 月 1 日到 12 月 31 日的日历年度，而是采用调节年度（又称水利年度），即以水库蓄泄循环过程作为一年的起讫点，从蓄水期初库空开始，经蓄水期（来水大于用水）将余水蓄在水库中直到库满，并经供水期（来水小于用水）将水库放空为终点。调节年度不一定是固定的 12 个月，有长有短。例如表 2-8 中的水库，就是从前一年 11 月到次年 10 月进行调节计算，因多数年份灌溉用水在 10 月底结束，11

月即可开始蓄水。但有的年份，供水期要到11月才结束，则下一年的蓄水从12月开始；有的年份供水期结束得早，则下一年的蓄水期也提前开始。

水库的蓄泄过程称为水库运用，水库蓄泄一次，有一个余水期，一个缺水期，余水期（或缺水期）可能是1个月，也可能是连续几个月，称为一次运用；水库蓄泄两次，有两个余水期，两个缺水期，称为两次运用；蓄泄三次及以上称为多次运用。所以根据水库来水、用水的配合情况，水库可分为一次运用、两次运用、多次运用等情况。

二、兴利调节计算原理

1. 水量平衡方程

调节计算原理是把整个调节周期划分为若干个计算时段，按时段进行逐时段的水库水量平衡计算，求得水库的蓄泄过程及兴利库容。水库的时段水量平衡方程为在任何一时段内，进入水库的水量和流出水库的水量之差，等于水库在这一时段内蓄水量的变化。对于某一时段的水库水量平衡方程为

$$\Delta V = (Q - q)\Delta t \tag{2-12}$$

式中　Q——计算时段 Δt 内的入库平均流量；

q——计算时段 Δt 内的自水库取用或消耗的平均流量（包括各兴利部门的用水量、蒸发损失、渗漏损失以及水库蓄满后产生的无益弃水流量等）；

ΔV——计算时段 Δt 内蓄水量的变化值，蓄水量增加时为正，蓄水量减少时为负。

计算时段 Δt 的长短，根据调节周期的长短及径流和用水变化的剧烈程度而定。年调节水库，一般可取一个月为计算时段，在来水量或用水量变化较大时，也可取一旬作为计算时段。

2. 兴利库容的确定

当水库为一次运用时，只有一个余水期和一个缺水期，兴利库容等于连续几个月的缺水期的总缺水量，计算比较简单。

当水库为两次运用时，如图2-12所示，则有两个余水期和两个缺水期。在总的余水大于总的缺水的条件下，兴利库容的判断有两种情况：①若中间的余水小于其前面的缺水和后面的缺水，则兴利库容为两缺水之和减去中间的余水，如图2-12（a）所示，$V_3 < V_2$、$V_3 < V_4$，则 $V_兴 = V_2 + V_4 - V_3$；②其他情况，则取较大的缺水作为兴利库容。如图2-12（b）所示，$V_1 > V_2$、$V_3 > V_4$，且 $V_2 > V_4$，则 $V_兴 = V_2$；又如图2-12（c）所示，$V_3 > V_2$、$V_3 < V_4$，且 $V_4 > V_2$，则 $V_兴 = V_4$。

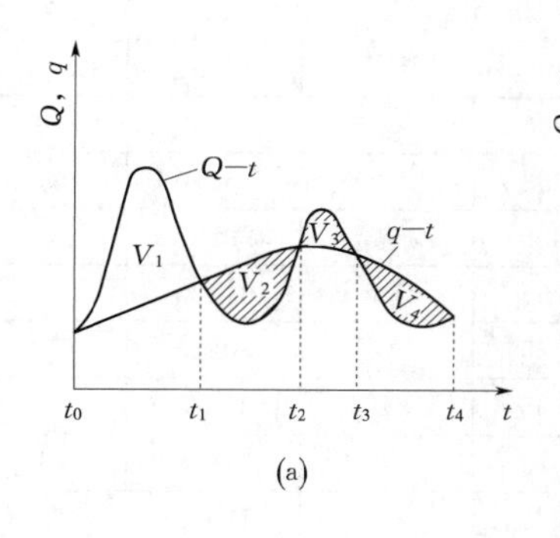

(a)

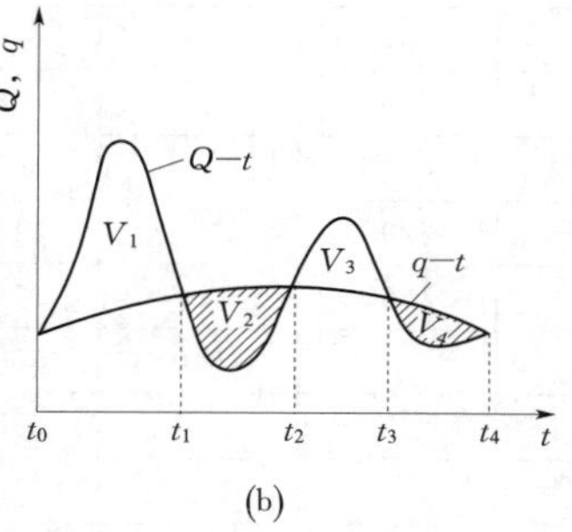

(b)

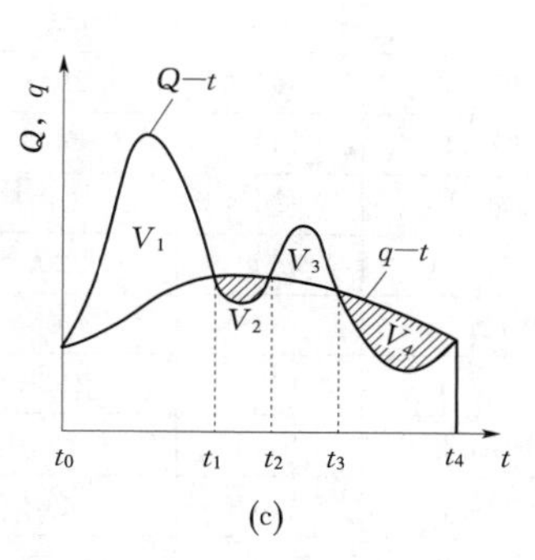

(c)

图2-12　水库两次运用

当水库为多次运用时，兴利库容的判断虽可仿此进行，但有时却颇为困难。在这种情况下（包括两次运用），可用逆时序推算法确定所需兴利库容：假定年末水库放空，即认为年末所需蓄水为零，逆时序往前计算，遇缺水相加，遇余水相减，减后若小于零即取为零，这样便可求得各特征时刻所需要的蓄水量，取其大者，即为该年所需兴利库容。按这种办法判断兴利库容，不论情况如何多样，都不难迎刃而解。这种办法尤其适用于在多年调节情况下判断兴利库容。

【例 2-2】　年调节水库兴利库容的计算

表 2-7 为某水库 1978 年 7 月～1979 年 6 月调节年度的资料。第（1）栏为计算时段，本算例中，以月为一个计算时段，第（2）、第（3）栏分别为计算时段的来水量及用水量，第（2）、第（3）两栏的差值为正时，即余水量，填入第（4）栏，差值为负时，即缺水量，填入第（5）栏。表 2-8 中的各月余、缺水量值，也是这样计算出来的。这年水库为两次运用，属于图 2-12（c）的情况，得当年所需要的兴利库容为 31335 万 m^3。由于这一年余水量 35658 万 m^3 大于缺水量 31945 万 m^3，尚有弃水 3713 万 m^3，即在最后一行中第（4）栏－第（5）栏＝第（7）栏＝第（9）栏。显然年用水量加弃水量之和应等于该年来水量，它可作为列表计算是否正确的一个校核。第（6）、第（8）栏分别为水库在早蓄方案和迟蓄方案时的蓄水量变化过程，绘出过程线如图 2-13 所示。

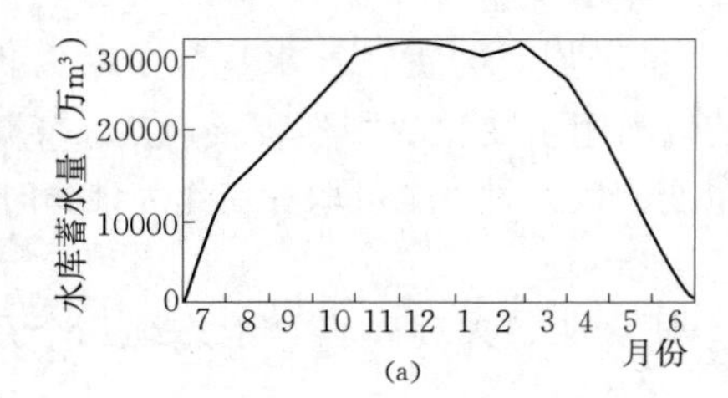

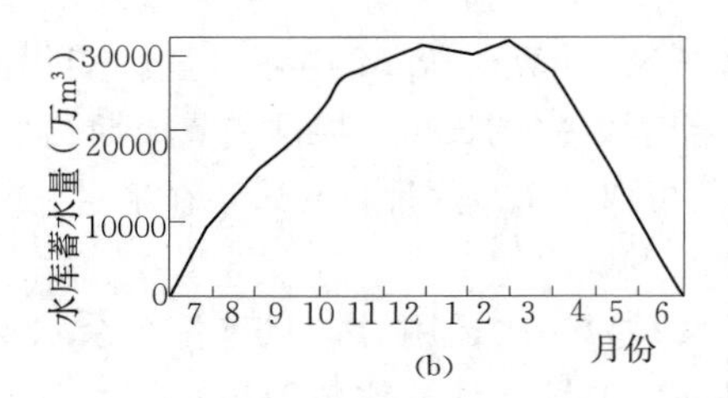

图 2-13　某水库年调节蓄水过程线

（a）早蓄方案；（b）迟蓄方案

表 2-7　　**某水库年调节计算表**　　单位：万 m^3

时间（年．月）	来水量	灌溉用水量	来水量－用水量		早蓄方案		迟蓄方案	
			余水（＋）	缺水（－）	水库月末蓄水量	弃水量	水库月末蓄水量	弃水量
(1)	(2)	(3)	(4)	(5)	(6)	(7)	(8)	(9)
1978.7	21140	8356	12784		12784		9071	3713
1978.8	8560	2941	5619		18403		14690	
1978.9	6390	930	5460		23863		20150	
1978.10	7360	640	6720		30583		26870	
1978.11	4500	2205	2295		31335	1543	29165	
1978.12	1860	0	1860		31335	1860	31025	
1979.1	1320	1930		610	30725		30415	
1979.2	1255	335	920		31335	310	31335	
1979.3	1487	5204		3717	27618		27618	
1979.4	2524	11169		8645	18973		18973	

续表

时间（年．月）	来水量	灌溉用水量	来水量－用水量		早蓄方案		迟蓄方案	
			余水（＋）	缺水（－）	水库月末蓄水量	弃水量	水库月末蓄水量	弃水量
1979.5	3362	14416		11054	7919		7919	
1979.6	4624	12545		7919	0		0	
合 计	64384	60671	35658	31945		3713		3713
校 核	64384－60671＝3713		35658－31945＝3713					

即使在来水和用水一定的条件下，由于水库操作调度的要求不同，水库蓄水过程也可以不同，其差别主要反映在蓄水时期。在此时期内水库的蓄水和弃水可以有许多种方式，但最终都能使蓄水期末水库蓄满。早蓄方案和迟蓄方案便是其中两种极端运用情况。早蓄方案是从年初库空开始顺时序计算，有余水先行蓄库，库满后，多余水量作为弃水，当来水小于用水，即（$Q-q$）为负时，水库蓄水减少，库水位开始降落，直至水库重新放空。迟蓄方案是从年末库空开始逆时序按水量平衡公式（2－12）逐时段推算，先求供水段，后求蓄水段。虽然按迟蓄方案调节计算也可得出水库当年所需要的兴利库容，如表2－7第（8）栏2月末的蓄水量31335万m^3即为当年的$V_{兴}$值，但在水库的规划设计中则主要是采用早蓄方案的顺时序计算法，而迟蓄方案的逆时序计算法则多用于水库兴利调度图的编制工作。

第七节　年调节水库兴利调节计算

年调节就是借助人工措施，把河道中一年之内的天然径流量，按一定的用水要求进行重新分配。一般将对水库蓄水量变化过程的计算称为径流调节计算。

年调节水库兴利调节计算的基本任务是在来水、用水及灌溉设计保证率已定的情况下，计算所需要的兴利库容；或在来水、兴利库容、灌溉设计保证率已知情况下，核算水库实际的供水能力（如调节流量、灌溉面积）；或在来水、兴利库容、供水能力已定的情况下，核算水库供水所能达到的保证率。本节主要讲第一类问题，即通过兴利调节计算求出兴利库容和正常蓄水位。

在上述已经指出径流年调节和多年调节的涵义，凡是只进行年调节就可以满足设计保证率供水要求的水库称为年调节水库；反之，必须对某些年份进行多年调节才能满足设计保证率供水要求的水库称为多年调节水库。

一、长系列法

年调节水库兴利调节计算的长系列法是将水库坝址断面河流多年来水过程系列和灌区供水过程系列，逐年按时历列表法进行逐时段（月或旬）的水量平衡计算，其具体计算方法有不计损失和计入损失两种。前者常用于方案比较阶段，或作为计入损失法的初步调算方案，水库兴利库容的最后确定必须考虑水库的水量损失。

（一）不计损失的年调节列表计算法

举例说明如下。

【例2－3】　已知某水库坝址断面的19年各月来水量及灌溉用水量的差值，如表2－8所列，已定灌溉设计保证率$P=80\%$，求年调节水库的兴利库容。

表 2-8　　某水库长系列来、用水量调节计算表　　单位：(m^3/s)·月

月份 年份	各月余缺水量												库容	年来水量	年用水量	备注
	11	12	1	2	3	4	5	6	7	8	9	10				
1950～1951			0.36	1.40	1.92	2.08	1.33	1.60	4.69	−1.13	0.98	0.56	1.13	17.00	3.21	11月、12月缺资料
1951～1952	0.59	1.0	0.89	2.52	3.28	1.30	3.17	−0.33	1.21	0.82	2.25	0.99	0.33	30.39	2.68	
1952～1953	0.53	0.46	0.33	1.20	1.53	0.63	−0.16	2.78	0	−1.62	−0.16	0.46	1.78	10.40	4.51	水库两次运用
1953～1954	1.39	0.57	2.87	2.28	1.31	1.70	8.68	9.26	8.87	1.94	−0.31	0.11	0.31	39.20	0.53	
1954～1955	0.02	0.44	0.72	1.01	2.88	3.41	1.97	5.95	2.03	−0.24	−2.07	−1.06	3.50	18.93	3.38	
1955～1956	−0.13	0.10	0.02	0.19	3.67	2.44	6.21	5.30	0.36	2.98	3.96	0.68	0	26.75	0.97	
1956～1957	0.22	0.11	0.58	1.60	1.23	1.91	4.18	0.43	4.57	3.05	−0.03	0.61	0.03	20.02	1.57	
1957～1958	0.43	0.89	0.12	0.34	1.74	2.35	3.84	−0.71	−2.18	−0.29	2.81	1.52	3.18	15.32	4.46	
1958～1959	0.43	0.25	0.51	2.76	0.77	3.72	4.35	0.39	−0.41	−1.85	−0.75	−0.62	3.63	14.82	5.27	
1959～1960	0.30	0.38	0.54	0.22	2.24	2.46	8.09	3.11	−1.56	1.67	0.36	0.13	1.56	20.42	2.48	
1960～1961	0.60	0.33	0.38	0.97	2.29	1.13	1.30	2.94	−2.08	0.23	1.88	2.80	2.08	15.64	2.87	
1961～1962	0.67	0.29	0.38	0.32	0.30	1.81	2.48	2.12	0.31	2.32	4.54	0.53	0	16.78	0.71	
1962～1963	0.61	0.68	0.26	0.18	0.23	2.66	6.20	0.24	−0.78	2.27	−0.86	−0.06	0.92	14.85	3.22	水库两次运用
1963～1964	0.67	0.26	0.72	1.72	1.42	2.37	2.80	4.18	1.94	0.62	−0.36	0.83	0.36	19.85	2.68	
1964～1965	0.33	0.22	0.06	0.82	0.81	1.28	0.43	−2.01	−1.97	2.87	−0.31	0.72	3.98	8.56	5.31	水库两次运用
1965～1966	0.32	0.43	0.38	0.42	1.45	2.36	0.41	−0.62	2.06	−2.19	−1.34	−0.96	4.60	9.74	7.02	水库两次运用
1966～1967	−0.11	0.18	0.11	0.21	1.20	1.72	2.41	−1.37	−1.12	−2.16	−2.26	−1.17	(8.08)	7.10	9.46	多年调节
1967～1968	0.78	0.07	0.08	0.16	0.22	−0.17	2.10	−1.89	−0.58	−1.55	−1.81	0.02	(10.80)	4.59	7.16	多年调节
1968～1969	−0.15	0.25	1.29	2.41	1.35	0.96	1.20	0.36	13.03	1.60	0.41	−0.16	0.16	26.02	3.47	
1969～1970	0.13	0.21														缺资料

将19年的所有年份都进行如表2-7的调节计算，得各年所需的库容，列于表2-8中。其中属一次运用的有11年，属两次运用的有4年，不需要库容的有2年，还有1966～1967年、1967～1968年因年来水量小于年用水量，在年调节范围内水库供水遭到破坏，已不属于年调节范围，可以不计库容，但库容排列时应留有它们的位置。若要计算，这两年应属多年调节，须联系前一年或前几年的余缺水量情况来确定多年调节库容。

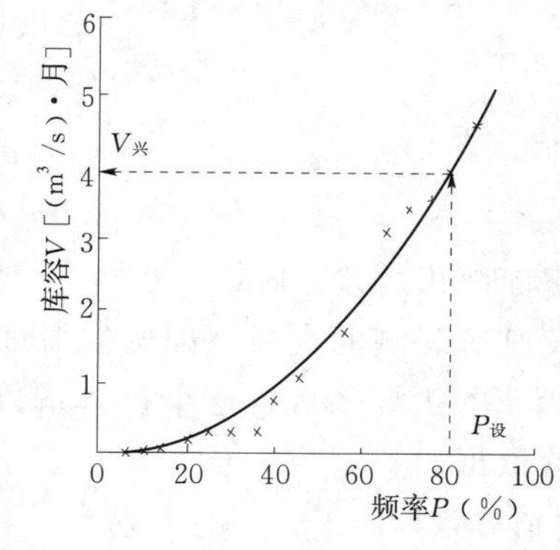

图2-14　库容频率曲线

将所得的19年的库容值，按由小到大排列，用经验频率公式 $p=[m/(n+1)]\times100\%$ 计算每一库容的经验频率见表2-9，点绘库容频率曲线，如图2-14所示。由已定的灌溉设计保证率 $P=80\%$，查曲线即可求得相应的年调节兴利库容 $V_{兴}=3.98\ (m^3/s)\cdot$月。表2-8中水量的单位不是常用的万 m^3 或亿 m^3，水量（万 m^3）＝流量（m^3/s）×时段（s）÷10000，而是采用（m^3/s）·月为单位。如1（m^3/s）·月＝$1m^3/s\times30.4d\times86400s/d=2626560m^3=262.656$ 万 m^3，其中30.4d为一个月的平均天数，因全年中各月天数不等，在规划设计阶段，一个月的天数取常数30.4，可使计算大为简化。

表2-9　　库容—经验频率表

序号	年　份	库　容 [(m^3/s)·月]	$P=\frac{m}{n+1}\times100(\%)$	序号	年　份	库　容 [(m^3/s)·月]	$P=\frac{m}{n+1}\times100(\%)$
1	1955～1956	0	5.0	11	1952～1953	1.76	55.0
2	1961～1962	0	10.0	12	1960～1961	2.08	60.0
3	1956～1957	0.03	15.0	13	1957～1958	3.18	65.0
4	1968～1969	0.16	20.0	14	1954～1955	3.50	70.0
5	1953～1954	0.31	25.0	15	1958～1959	3.63	75.0
6	1951～1952	0.33	30.0	16	1964～1965	3.98	80.0
7	1963～1964	0.36	35.0	17	1965～1966	4.60	85.0
8	1962～1963	0.92	40.0	18	1966～1967	—	90.0
9	1950～1951	1.13	45.0	19	1967～1968	—	95.0
10	1959～1960	1.56	50.0				

长系列法求出的年调节水库兴利库容的保证率概念比较明确，成果精度较高，在水库工程的技术设计阶段常用这种方法。但此法要求较长的资料系列，计算工作量大，在初步规划阶段，不便于进行多方案比较。

（二）计入损失的年调节列表计算法

在水库对来水进行调节以满足用水要求时，会同时产生各种水量损失，因此水库的实际库容较前计算的应适当增大，以抵偿这部分耗水，保证正常供水。由于修建水库后，库水位及地下水位抬高，水库水面比天然河道增大很多，因而蒸发、渗漏等作用都相应发生改变。水库水量损失主要包括水库的蒸发损失和渗漏损失。

1. 水库的蒸发损失和渗漏损失

修建水库前，除原河道有水面蒸发外，整个库区都是陆面蒸发，而这部分陆面蒸发量已反映在坝址断面处的实测径流资料中。建成水库后，库区由原陆面面积变为水库水面的这部分面积，由原来的陆面蒸发变成为水面蒸发，因水面蒸发比陆面蒸发大，故蒸发损失是指由陆面面积变为水面面积所增加的额外蒸发量，以 $W_{蒸}$ 表示，其计算公式为

$$W_{蒸} = (Z_{水} - Z_{陆}) F_V \times 1000 \tag{2-13}$$

式中　$W_{蒸}$——一年内水库的蒸发损失量，m^3；

$Z_{水}$——一年内水面蒸发深度，mm；

$Z_{陆}$——一年内陆面蒸发深度，mm；

F_V——水库计算面积，即水库实际面积与建库前水面面积之差，km^2。

其中水面蒸发 $Z_{水} = kZ_{皿}$，$Z_{皿}$ 为水文站或气象站用蒸发皿所观测的资料，因蒸发皿面积小，观测值一般偏大，计算水库水面蒸发时应乘以小于 1.0 的折算系数，这个折算系数因蒸发皿型号及各地气候条件而不同，应选用地区蒸发试验数据。

陆面蒸发 $Z_{陆}$ 不易推求，一般用闭合流域水量平衡方程估算，即

$$Z_{陆} = Z_0 = x_0 - y_0 \tag{2-14}$$

式中　x_0——闭合流域多年平均年降水深度，mm；

y_0——闭合流域多年平均年径流深度，mm；

Z_0——闭合流域多年平均年陆面蒸发深度，mm。

有些省、区的水文手册上刊有多年平均年陆面蒸发等值线图，可以查用。

在蒸发资料比较充分的情况下，要作出与来水、用水对应的水库年蒸发损失系列，其年内分配即采用当年 $Z_{皿}$ 的年内分配。如果资料不充分，在长系列年调节计算时，或多年调节计算时，可采用多年平均的年蒸发量和多年平均的年内分配。

建库后，由于水位抬高，水压力增大，水库中的蓄水量经过能透水的坝身、坝底及库岸四周漏水，其渗漏量的大小决定于库区、坝址的地质及水文地质条件与施工质量。其值可根据库区、坝址的地质及水文地质情况，参考已成水库的实际渗漏资料，选用经验指标进行估算，常用的经验指标见表 2-10。

表 2-10　渗漏损失经验系数值

水文地质条件	月渗漏量与水库蓄水量之比（%）	年渗漏量与水库蓄水量之比（%）
优良	0～1.0	0～10
中等	1.0～1.5	10～20
恶劣	1.5～3.0	20～40

2. 计入损失的列表调节计算

考虑水库水量损失计算兴利库容时，某一时段的水库水量平衡方程为

$$\begin{aligned}\Delta V &= (Q - q - q_{损} - q_{弃})\ \Delta t \\ &= W_{来} - W_{用} - W_{损} - W_{弃}\end{aligned} \tag{2-15}$$

由于水库的水量损失是在蓄水和供水过程中陆续产生的，而且与水库当时的蓄水量及水面面积有直接关系。只有知道了某时段初、末的水库蓄水量，才能确定该时段的水库损

失量。实际上，时段末的水库蓄水量为未知值，所以要先假定某时段末的水库蓄水量，由此计算出水库损失量，再进行水量平衡计算求出时段末的水库蓄水量，如此值与开始假定的值不符，则重新假定，直至二者一致为止。因为这样做工作量大，所以常采用如下更为方便的方法：首先不考虑水量损失进行计算，近似求得各时段的蓄水情况，用各时段的水库平均蓄水量（包括死库容）算出各时段的损失量，然后用考虑损失的水量平衡方程式（2-15）逐时段进行计算。

【例 2-4】 仍用前面例 2-2 的资料，本例为考虑水库水量损失时计算当年兴利库容的列表法，见表 2-11。

（1）首先不考虑损失，计算各时段的蓄水量。表中第（1）～（5）栏即表 2-7 中的（1）～（5）栏，第（6）栏为表 2-7 中的第（6）栏加死库容（4000 万 m^3）。

（2）考虑水量损失，用列表法进行调节计算。各栏计算说明如下。

第（7）栏 $\overline{V}=\frac{1}{2}(V_1+V_2)$，即各时段初、末蓄水量的平均值。

第（8）栏 $\overline{A}=\frac{1}{2}(A_1+A_2)$，即各时段初、末蓄水面积的平均值，可由 $\overline{V}$ 查水库的 Z—V 曲线和 Z—A 曲线得出。

第（9）栏蒸发损失标准由当年的实测蒸发资料计算而得。

年蒸发损失深度$=kZ_{皿}-Z_{陆}$，并按当年各月蒸发皿蒸发量的分配比例分配到各月中。其中 $k=0.80$，$Z_{皿}=1515$mm，$Z_{陆}=x_0-y_0=1312.4-787.8=524.6$mm，故年蒸发损失深度$=0.8\times1515-524.6=687.4$mm。分配到各月后得当年的蒸发损失标准，见表中的第（9）栏。

第（10）栏蒸发损失水量=（8）×（9）÷1000。

第（11）栏渗漏损失标准，据库区地质及水文地质条件为中等，按水库当月蓄水量的 1%计。

第（12）栏渗漏损失水量=（7）×（11）。

第（13）栏损失水量总和=（10）+（12）。

第（14）栏考虑水库水量损失后的用水量 M=（3）+（12）。

第（15）栏多余水量：（2）-（14）为正时，填入此栏。

第（16）栏不足水量：（2）-（14）为负时，填入此栏。

（3）求水库的年调节库容。从第（15）栏、第（16）栏可以看出，水库为两次运用的情况，求得兴利库容 $V_{兴}=32\ 884$ 万 m^3。总库容$=32884+4000=36\ 884$ 万 m^3。

（4）求各时段水库蓄水及弃水情况，其计算方法与不计损失的计算方法相同。

第（17）栏为加上死库容后的各时段水库蓄水量，反映水库的蓄、泄水过程。

第（18）栏为水库的弃水量。

（5）校核。由于计算表内数字较多，多次运算容易出错，应检查结果是否正确。水库经过充蓄和泄放，到 6 月末水库兴利库容应放空，即放到死库容 4000 万 m^3，如果此时水量不是 4000 万 m^3，说明第（17）栏计算有错误。另外，还需要利用水量平衡方程进行校核，本算例计算结果 $64384-60671-3701-12=0$，说明计算结果无误。

表 2-11　　计入损失的年调节计算表

时间（年.月）	来水量 $W_{来}$（万 m^3）	灌溉用水量 $W_{用}$（万 m^3）	来水-用水		水库蓄水量 V（万 m^3）	月平均蓄水量 $\overline{V}$（万 m^3）	月平均水面面积 F（万 m^3）	水库水量损失					考虑损失后的用水量 $M=W_{用}+W_{损}$（万 m^3）	$W_{来}-M$		水库蓄水量 V'	弃水量 $W_{弃}$（万 m^3）
			+（万 m^3）	−（万 m^3）				蒸发		渗漏		总损失 $W_{损}=W_{蒸}+W_{渗}$（万 m^3）		+（万 m^3）	−（万 m^3）		
								标准（mm）	$W_{蒸}$（万 m^3）	标准（%）	$W_{渗}$（万 m^3）						
(1)	(2)	(3)	(4)	(5)	(6)	(7)	(8)	(9)	(10)	(11)	(12)	(13)	(14)	(15)	(16)	(17)	(18)
1978.7	21140	8356	12784		16784	10392	490	89.4	44	以当月水库蓄水量的1%计	104	148	8504	12636		16636	
1978.8	8560	2941	5619		22403	19594	752	87.4	66		196	262	3203	5357		21993	
1978.9	6390	930	5460		27863	25133	910	61.5	56		251	307	1237	5153		27146	
1978.10	7360	640	6720		34583	31223	1087	38.9	42		312	354	994	6366		33512	
1978.11	4500	2205	2295		35335	34959	1198	27.1	33		350	383	2588	1912		35424	
1978.12	1860	0	1860		35335	35335	1205	28.7	35		353	383	388	1472		36884	12
1979.1	1320	1930		610	34725	35030	1200	35.0	42		350	392	2322		1002	35882	
1979.2	1255	335	920		35335	35030	1200	35.4	42		350	392	727	528		36410	
1979.3	1487	5204		3717	31618	33477	1152	48.7	56		335	391	5595		4108	32302	
1979.4	2524	11169		8645	22973	27296	975	58.0	57		273	330	11499		8975	23327	
1979.5	3362	14416		11054	11919	17446	690	97.0	67		174	241	14657		11295	12032	
1979.6	4626	12545		7919	4000	7960	410	80.3	33		80	113	12658		8032	4000	
合计	64384	60671	35658	31945				687.4	573		3128	3701	64372	33424	33412		12

$$\sum W_{来}-\sum W_{用}-\sum W_{损}-\sum W_{弃}=0$$

由表2-11计算得当年的兴利库容 $V_{兴}=32884$ 万 m^3，比不计损失的 $V_{兴}=31335$ 万 m^3 增大了1549万 m^3。这样计算得出的库容已比较接近实际了。若要求更精确的成果，可将第（17）栏的水库蓄水量移做第（6）栏，用同法再做一次计算，就可得到更满意的结果。但这种重复计算往往被证实是没有必要的。实际工作中，只需如上重复一次，就可得到比较满意的结果。

值得提出的是：在本例的调节年度中，有弃水12万 m^3，这种有弃水的年调节称为不完全年调节。反之，没有弃水的年调节称为完全年调节。

3. 计入损失的简算法

在作初步计算时，或在水量损失所占总水量的比重不大时，可采用比较简单的近似计算法。根据不计损失计算求得的水库兴利库容，将兴利库容的一半加上死库容，得水库供水期的平均库容，即 $\overline{V}_{供}=V_{死}+\frac{1}{2}V_{兴}$，由此值查水库特性曲线得相应的水库平均水面面积。计算水库供水期的渗漏及蒸发损失水量，再把水库的损失水量与原计算所得的库容相加，即得包括水库损失水量在内的兴利库容值。当然，蓄水期的损失水量也应当考虑，以便检查扣除损失后的余水量是否能蓄满兴利库容。

如上例不考虑水量损失的兴利库容为31335万 m^3，死库容为4000万 m^3，平均库容 $=4000+\frac{1}{2}\times31335=19668$（万 m^3），水库供水期1～6月的渗漏损失水量为 $19668\times6\times1\%=1180$（万 m^3），相应于平均库容的平均水面面积为753万 m^2，计算蒸发损失水量为1～6月的蒸发损失标准×平均水面面积÷1000＝（35.0＋35.4＋48.7＋58.0＋97.0＋80.3）×753÷1000＝267（万 m^3），水库总损失水量＝1180＋267＝1447（万 m^3）。计入损失后的库容为31335＋1447＝32782（万 m^3），与上例计入损失的计算成果32 884万 m^3 只相差102万 m^3，两者十分接近。经计算，余水期的6个月（7～12月），扣除水量损失后尚有余水33307万 m^3，足够充蓄兴利库容。

二、代表年法

年调节水库兴利调节计算的长系列法需要较长的来水和用水资料，当资料缺乏或资料不足时，这种方法就不能应用。即使有较长的实测资料，因计算工作量大，在中小型水库的规划设计中，不便于多方案比较，而常采用实际代表年法或设计代表年法来进行调节计算，通过一年的调节计算，确定出符合灌溉设计保证率的年调节兴利库容。

（一）实际代表年法

1. 单一选年法

以年来水频率曲线为依据，选择符合或接近灌溉设计保证率、年内分配偏于不利的实际年来水过程与同年的年用水过程作调节计算，推求水库的兴利库容及该年的蓄水、泄水过程；或以年用水频率曲线为依据，选择符合或接近灌溉设计保证率、年内分配偏于不利的实际年用水过程与同一年的年来水过程作调节计算，推求水库的兴利库容及该年的蓄水、泄水过程。现利用表2-8中19年的来水、用水资料，分别以来水为主、相应用水及以用水为主、相应来水作四种频率的调节计算，成果列于表2-12中，并与长系列法成果比较。由表 2-12 所列的对比库容可知，无论哪一种单一选年法计算的成果与长系列法计算的成果相比较，都有偏大或偏小的现象。因为单一选年法只考虑了来水（或用水）一个方面的因素，而忽略了另外一个方面的因素——用水（或来水），所以成果不稳定，而且库容的保证率概念不明确。

表 2-12　　单一选年法计算成果表

选年方法	来水为主、相应用水				用水为主、相应来水			
频率（%）	70	75	80	85	70	75	80	85
相应年份	1958～1959 年	1952～1953 年	1965～1966 年	1964～1965 年	1952～1953 年	1958～1959 年	1964～1965 年	1965～1966 年
兴利库容［(m^3/s)·月］	3.63	1.78	4.6	3.98	1.78	3.63	3.98	4.6
长系列法兴利库容［(m^3/s)·月］	3.5	3.63	3.98	4.6	3.5	3.63	3.98	4.6

2. 库容排频法

在来水频率曲线或用水频率曲线上各选出 3～5 个接近灌溉设计保证率的实际年来水、用水过程，并对其分别进行调节计算，求出它们的兴利库容。然后在选用的频率范围内，各把 3～5 个库容按大小次序重新排位，求出对应于设计保证率的库容。为了便于比较，用表 2-8 的资料为例说明计算方法。

【例 2-5】　统计 19 年来水量及年用水量，作年来水量频率曲线及年用水量频率曲线，要求用库容排频法推求 $p=80\%$ 的兴利库容。

考虑在 $p=80\%$ 左右各取一点如 75%、85%，即在年来水量频率曲线上取用与 75%、80%、85% 三点对应的三年的实际来水过程及与三年来水同年的实际用水过程，分别进行调节计算，求得三个兴利库容，如表 2-13 中第（4）行前三个数，将三个库容按大小次序重新排位，如表 2-13 中第（5）行前三个数。同法在年用水频率曲线上取用三年作类似的计算，也可求得三个年的库容及重排库容，如表 2-13 所列。在两种情况的重排库容中查出与 $p=80\%$ 对应的库容 V_p 为 3.98 (m^3/s)·月。

表 2-13　　库容排频法计算成果表　　单位：(m^3/s)·月

			来水频率曲线			用水频率曲线		
库容排频法	频率曲线	(1)	来水频率曲线			用水频率曲线		
	选点频率（%）	(2)	75	80	85	75	80	85
	对应年份	(3)	1952～1953 年	1965～1966 年	1964～1965 年	1958～1959 年	1964～1965 年	1965～1966 年
	兴利库容	(4)	1.78	4.60	3.98	3.63	3.98	4.60
	重排兴利库容	(5)	1.78	3.98	4.60	3.63	3.98	4.60
长系列法的兴利库容		(6)	3.63	3.98	4.60	3.63	3.98	4.60

库容排频法计算成果与长系列法计算成果比较，如表中第（5）、第（6）行，可以看出在灌区中旱年以上如干旱年、特旱年等，两法成果一致，中旱年及中旱年以下库容排频法成果有误差。此法是长系列法的一种简化，它在一定程度上避免了以来水为主或以用水为主选

取一个代表年的任意性，考虑了来水、用水在某种干旱年份频率范围内的不同组合，具有比较明确的保证率概念，用于灌区干旱年、特旱年以上的年型，计算成果比较满意。

在来水、用水资料不充分时，可以用流域内年雨量系列代替年来水系列，以灌区作物生育期蒸发与降雨之差代替年用水量系列选年，然后针对所选年份的来水与用水调节计算其库容，将所算得的库容重新排位，也可求得符合灌溉设计保证率的兴利库容及其蓄水、泄水过程。这种做法对北方干旱地区和半干旱地区尚缺少实际应用的经验，对南方某些灌区作物生育期蒸发与降雨之差可以出现负值的，也不便采用。

3. 实际干旱年法

根据对灌区旱情调查及实测年、月径流量系列分析，选择某一实际发生的干旱年作为代表年，直接用该代表年的月径流与对应的月用水过程相配合进行调节计算，推求为保证该代表年的供水所需的兴利库容，该代表年的库容即为设计库容。即认为设计这样的兴利库容，能使如此干旱的年份用水得到保证，灌溉能达到一定程度的保证，可以达到修建该灌溉水库的目的。用这种方法求兴利库容，比较直观，计算相对简单，不需要对代表年的径流进行缩放，不需要计算每个年份的兴利库容，只计算代表年的兴利库容即可。缺点是灌溉设计保证率不好确定。实际干旱年法在小型灌溉工程的设计中应用较广。

【例 2-6】　现以表 2-8 中实测资料为例，用实际干旱年法求设计兴利库容。

根据对灌区旱情调查及实测年、月径流量分析，如果选择 1964～1965 年作为代表年，用 1964～1965 年的月径流与对应的月用水过程相配合进行调节计算，求得为了满足该年的用水，所需兴利库容为 3.98（m^3/s）·月，实际干旱年法即把 3.98（m^3/s）·月作为设计库容。如果不对来水或用水资料进行频率计算，也不对逐年兴利库容进行排频计算，则不能确定把 3.98（m^3/s）·月作为设计库容，设计保证率是多少。如果选择 1965～1966 年作为代表年，设计库容就是 4.40（m^3/s）·月。

（二）设计代表年法

设计代表年法就是按照设计保证率设计一个年份当代表，它不是实际发生的年份，需要设计它的年来水量及其年内分配过程（即来水过程），年用水量与年内用水过程，两者配合进行调节计算得兴利库容，该库容即为设计库容。

计算设计代表年的年来水与年用水过程，需要先在设计站或参证站或灌区选择一个实际年份作为典型，其年来水过程与年用水过程已知，分别缩放典型年的来水过程和用水过程，得设计来水、用水过程。下面介绍典型年的选择与缩放倍比的计算。

首先，要计算设计年来水量、年用水量。由实测年来水系列进行频率计算，绘制年来水频率曲线，求相应于设计保证率的设计年来水量 $W_{来,P}$。同理可绘制年用水频率曲线，求得设计年用水量 $W_{用,P}$。

其次，选择典型年。从实测资料中选择年来水量接近设计年来水量、年用水量接近设计年用水，同时年内分配对工程比较不利的年份作为典型年。对工程不利，指通过调节计算得出的兴利库容较大。如对发电工程，选枯水期长且枯水期水量小，而汛期水量相对较多的年份作为典型；对灌溉工程，选择作物需水期来水量较少的年份作为典型年。

最后，对典型年的来水、用水过程进行缩放。$W_{来,P}$与典型年的年来水量之比缩放典型年的年内来水过程，按$W_{用,P}$与典型年的年用水量之比缩放典型年的年内用水过程，得设计来水、用水过程。然后调节计算得设计代表年的兴利库容，即为设计库容。

【例2-7】 以表2-8中实测资料为例，用设计代表年法求保证率为50%的设计兴利库容。

由20年的实测年径流资料进行频率计算，得最佳参数为$\overline{Q}=17.7$（m^3/s）·月，$C_v=0.53$，$C_s=0.94$。按照$P=50\%$和C_s查φ_p表得φ_p值，计算得设计年径流量为16.25（m^3/s）·月。同理，对20年的年用水系列进行频率计算，得最佳参数为$\overline{Q}=3.73$（m^3/s）·月，$C_v=0.71$，$C_s=1.07$。可得$P=50\%$的设计年用水量为3.27（m^3/s）·月。

选择典型年。根据表2-8中资料，1950～1951年的年来水、年用水分别接近设计来水量、设计用水量，故选1950～1951年作为典型年。

来水放大倍数$K_1=0.956$，用水放大倍数$K_2=1.019$。对1950～1951年的来水过程与用水过程分别同倍比缩放，得设计来水过程与用水过程，经调节计算可得设计兴利库容。

需要指出的是，典型年的选择并不唯一，1960～1961年也可以作为典型年，来水放大倍数$K_1=1.039$，用水放大倍数$K_2=1.139$。对其年内来水、用水过程分别缩放，进行调节计算可得不同的设计库容。

中小型灌溉水库的设计，选出符合上述要求的典型年可能比较容易。如果水库以上流域与灌区不在同一气候区，来水与用水关系不很密切时，选典型年可能有困难。在这种情况下，可选几个典型年，并对相应的来水、用水过程进行调节计算后，分析确定一个较大的库容作为设计的兴利库容。

必须指出，设计代表年法采用来水、用水同频率只在来水、用水有较好相关关系时才是正确的，否则由此求得的兴利库容不一定就符合设计保证率。

在我国干旱地区灌溉用水比较固定（灌溉用水各年相差不多），可以采用以来水为主的同倍比缩放法确定来水过程，再与固定用水过程配合计算兴利库容。但在我国湿润及半湿润地区，农业用水各年不同，调节计算必须考虑来水、用水组合。

年调节计算的代表年法和长系列法，在调节计算的原理和方法上是基本相同的，只是在设计代表年法中计算蒸发损失标准时略有差别。在长系列法和实际代表年法中，$Z_{皿}$是水文站或气象站当年所观测到的蒸发皿蒸发量，而在设计代表年法中，$Z_{皿}$则应采用符合设计条件的年蒸发量，一般是采用实测系列中最大的或较大的年蒸发量，其年内分配则常采用多年平均的年内分配。

三、正常蓄水位的确定

采用上述方法确定了水库的兴利库容后，加上死库容就得两者之和的库容，用此库容在水库水位—容积曲线上可查得相应的正常蓄水位，如图2-15所示。

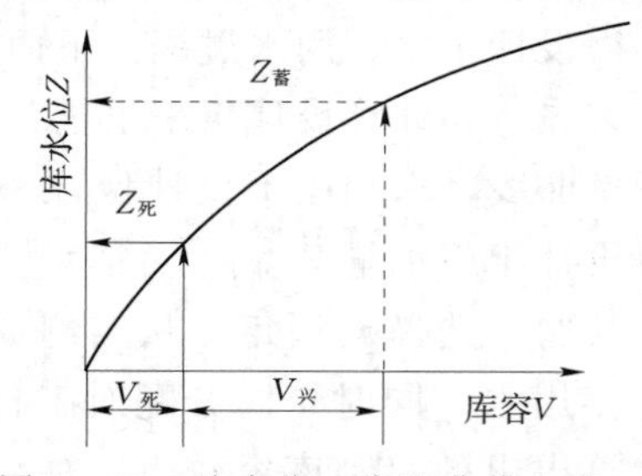

图2-15　从水位—容积曲线上求$Z_{蓄}$

第八节　多年调节水库兴利调节计算的长系列时历法

一、多年调节计算长系列时历法

1. 基本概念

当设计保证率的年用水量小于年来水量时，水库只需蓄当年汛期一部分多余水量就能够补充枯水期的水量不足，这就是年调节水库。当设计年的来水量小于（包括损失）设计年的用水量时，如用水量增大，或设计保证率提高，致使设计保证率的年来水量小于年用水量，这时单纯依靠调节该年的来水量，不可能满足正常供水。为了要满足正常供水，必须跨年度进行水量调节，把丰水年多余水量蓄存起来，以补充少水年的水量不足，这种将丰、枯年份的年径流量及径流年内变化都加以重新分配的调节，称为多年调节。多年调节水库不仅能调节年内各月径流的分配不均匀性，而且还能调节年与年间的径流分配不均匀性，所以，多年调节水库是调节性能最高，径流利用程度最充分的一种水库。例如河南省某水库，如果灌溉面积由 65 万亩扩大到 120 万亩，则设计年灌溉用水量应为 54300 万 m^3，而设计年径流量却只有 38440 万 m^3，兴建年调节水库显然不能满足用水要求，必须修建多年调节水库。

多年调节计算长系列法的基本原理和步骤与年调节计算相似，即先通过逐年调节计算求得每年所需兴利库容，把每年的兴利库容从小到大进行排序，注意不是从大到小，计算经验频率，绘制库容频率曲线，最后根据设计保证率求设计兴利库容。多年调节水库可能要经过若干个连续丰水年才能蓄满，经过若干个连续枯水年才能放空，完成一次蓄泄循环往往需要很多年。在这种情况下，确定某些年份所需的兴利库容时，不能只以本年度缺水期的不足水量来定库容，而必须联系到前一年或前几年的不足水量的情况分析，才能定出。判断一个多年调节的调节周期为几年，主要根据连续多少年的总来水量大于其总用水量。

图 2-16（a）绘出了多年的来水过程线和相应的用水过程线。从图中可以看出，第 1、第 2、第 3 调节年度是丰水年，来水大于用水，若第 1 年余水期余水量、缺水期缺水量分别用 V_1、V_2表示，第 2 年余、缺水量分别用 V_3、V_4表示，则第 1、第 2、第 3 年所需兴利库容分别为 V_2、V_4、V_6。而第 4～7 年为连续枯水年。确定第 4 年的兴利库容时，应与前面第 3 年的余水、缺水情况一起分析考虑，第 3 年余水、缺水量分别用 V_5、V_6表示，第 4 年余水、缺水量分别用 V_7、V_8表示，第 3、第 4 两年组成一个调节周期，相当于两次运用情况的分析：$V_6>V_7$，$V_7<V_8$，所以第 4 年的兴利库容 $V_{兴}=V_6+(V_8-V_7)$。确定第 5 年的兴利库容时，要和前面第 3、第 4 年的余水、缺水情况一起考虑，相当于三次运用的情况，其中，$V_8>V_9$，$V_9<V_{10}$，所以第 5 年的 $V_{兴}=V_6+(V_8-V_7)+(V_{10}-V_9)$。同理，第 6 年的 $V_{兴}=V_6+(V_8-V_7)+(V_{10}-V_9)+(V_{12}-V_{11})$，第 7 年的 $V_{兴}=V_6+(V_8-V_7)+(V_{10}-V_9)+(V_{12}-V_{11})+(V_{14}-V_{13})$。

2. 计算逐年兴利库容的列表法

【例 2-8】　已知某水库坝址断面的 19 年各月来水量及灌溉用水量的差值，见

表 2-8，已定灌溉设计保证率 $P=90\%$，求多年调节水库的兴利库容。

其中 1966～1967 年，1967～1968 年为多年调节。用列表法求这两年的兴利库容见表 2-14，此表是一张简化了的计算表，仅作为分析库容用，各年各时段的详细计算仍应列成与表 2-8 一样的形式。

表 2-14　　多年调节兴利库容计算表　　单位：(m^3/s) ·月

年　份	1965～1966		1966～1967		1967～1968			
时间（年．月）	1965.8～1966.7	1966.8～11	1966.12～1967.5	1967.6～10	1967.11～1968.3	1968.4	1968.5	1968.6～11
余水	10.49		5.83		1.31		2.10	
缺水		4.60		8.08		0.17		5.96
各年 $V_{兴}$	4.60		8.08		10.80			
调节性能	年调节		多年调节		多年调节			

应该注意，调节年度的划分不能硬性规定，需视每年的余水、缺水情况分析定出。如 1965～1966 年调节年度为从 1965 年 10 月到 1966 年 11 月，该水利年有 14 个月，其中 1966.8～11 为缺水段。又如 1967～1968 年调节年度原为 13 个月，从 1967 年 11 月到 1968 年 11 月，但因该年余水 $1.31-0.17+2.10=3.24$ (m^3/s) ·月小于年缺水 5.96 (m^3/s) ·月，故应将 1966～1967 年一起考虑，但是 1966～1967 年也是一个枯水年，当年余水 5.83 (m^3/s) ·月，不能满足当年缺水 8.08 (m^3/s) ·月的需要，故仍需往前考虑 1965～1966 年。1965～1966 年有剩余水量 $10.49-4.60=5.89$ (m^3/s) ·月，足够补充以后二年的缺水，故 1966～1967 年为连续两年的多年调节，1967～1968 年为连续三年的多年调节。

把由多年调节计算所得 1966～1967 年的兴利库容 8.08 (m^3/s) ·月和 1967～1968 年兴利库容 10.8 (m^3/s) ·月填入表 2-8 的最后两行，则按此表绘制的库容频率曲线就是考虑多年调节后的成果，查该曲线便可求出较高设计保证率（例如 $P_{设}=95\%$）的兴利库容。

二、差量累积曲线法

将各年每年计算时段的来水 $W_{来}$ 减去用水 $W_{用}$ 后的差值按时序累加起来，然后以 $\sum(W_{来}-W_{用})$ 为纵坐标，以时序为横坐标，点绘出水量的差量累积曲线，如图 2-16(b) 所示，利用此曲线可以判断水库历年的运用情况，并求出各年所需的兴利库容。

历年的库容计算如下：从第 1 年（丰水年）的供水期末 b 点向左引水平线，交该年的蓄水期线于一点 b'，则 bb' 线与 bb' 范围内的最高点 a 的垂直距离，就是该年所需的兴利库容 $V_{兴1}$。第 2、第 3 年的 $V_{兴2}$、$V_{兴3}$ 也可同理求出。它们相当于图 2-16 (a) 中的 V_2、V_4、V_6。第 4 年过 h 作水平线交第 3 年蓄水期线于 h' 点，在 hh' 范围内 e 是最高点，它与 hh' 水平线间的垂直距离为 $V_{兴4}$，而不是 g、h 两水平线间的垂直距离（它只相当于图 2-16 (a)中的 V_8）。因为 g、h 两水平线间的垂距仅代表本年的缺水量，而本年的余水量（g、f 两水平线的垂距）小于本年缺水量（$V_7<V_8$），必须在上一年预先蓄存一部分水量才能满足本年用水的要求，这个预留的容积就是 f、h 两水平线间的垂距，即 V_8-V_7，而连续两年的总缺水量为 $V_6+(V_8-V_7)$，也就是 e、h 两水平线间的垂距，即 $V_{兴4}$。同

理可定出第5年、第6年、第7年的兴利库容$V_{兴5}$、$V_{兴6}$、$V_{兴7}$。可见只要做出此差量累积曲线，对任何复杂的水库运用情况，都能较容易地判断出各年所需的兴利库容，并从图上把它们求出来。

应当指出，在绘制差量累积曲线时，若先计算出各年余水期的总余水量和缺水期的总缺水量，再进行累加计算，可使绘图工作大大简化，图2-16（b）就是按这样的方法绘制。

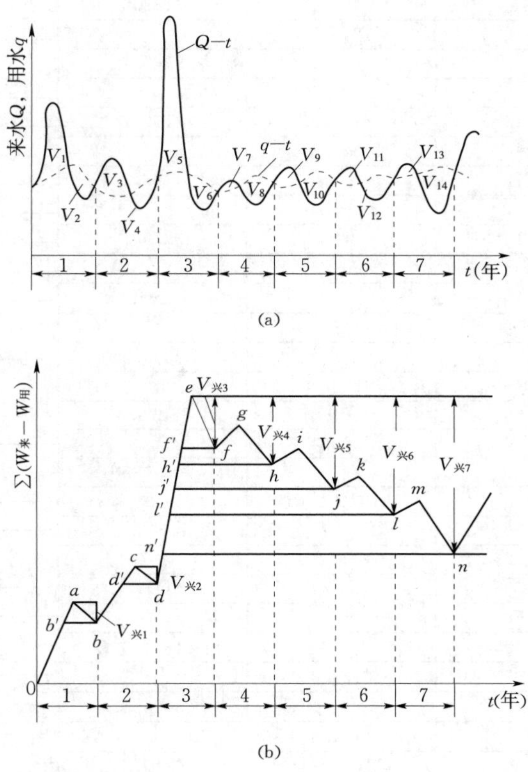

图2-16　来水、用水过程线和差量累积曲线

（a）来水、用水过程线；（b）来水、用水差量累积曲线

【例2-9】　某水库具有24年实测年径流资料，各年来水、用水的余水、缺水量见表2-15，试用差量累积曲线法求各年的兴利库容。

（1）根据来水、用水量，将各水利年划分为余水期和缺水期。

（2）求各年的余水、缺水期的余水量和缺水量，并按时序计算累积值。见表2-15中第（5）栏。

（3）以$\sum(W_{来}-W_{用})$为纵坐标，以时序为横坐标，点绘水量的差量累积曲线，如图2-17所示，图中横坐标50、51、…、73分别代表表2-15中的1950～1951年、1951～1952年、…、1973～1974年。

（4）在差量累积曲线上，每年从缺水期末向前做作水平线与差量累积曲线第一次相交即停止；此水平线与差量累积曲线间最大的纵坐标差，即为该年所需库容。

（5）各年所需兴利库容求得后，绘出库容频率曲线，由设计保证率可查得兴利库容。

表 2-15　　某水库逐年余水量、缺水量统计表　　单位：万 m^3

年份	起讫时间（月份）	余水量（+）（万 m^3）	缺水量（−）（万 m^3）	累计水量（万 m^3）	库容（万 m^3）
(1)	(2)	(3)	(4)	(5)	(6)
				0	
1950～1951	11～7	5744.5		5744.5	947.5
	8～9		974.5	4770.0	
1951～1952	10～5	3722.2		8492.2	3188.0
	6～8		3188.0	5304.2	
1952～1953	9～3	1215.1		6519.3	5338.6
	4～10		3365.7	3153.6	
1953～1954	11～8	17781.1		20934.7	2159.2
	9～10		2159.2	18775.5	
1954～1955	11～8	1523.3		20298.8	5431.1
	9～12		4795.2	15503.6	
1955～1956	1～8	12344.0		27847.6	3279.7
	9～10		3279.7	24567.9	
1956～1957	11～6	854.9		25322.8	12686.7
	7～11		10261.9	15160.9	
1957～1958	12～8	1433.3		16594.2	13572.7
	9		2319.3	14274.9	
1958～1959	10～6	4643.7		18918.6	20207.4
	7～10		11278.4	7640.2	
1959～1960	11～7	6300.4		13940.6	20597.9
	8～10		6690.9	7249.7	
1960～1961	11～3	149.2		7398.9	35351.9
	4～10		14903.2	−7504.3	
1961～1962	11～2	659.1		−6845.2	39408.1
	3～10		4715.3	−11560.5	
1962～1963	11～8	6932.9		−4627.6	1611.0
	9～10		1611.0	−6238.6	
1963～1964	11～7	6137.3		−101.3	3628.5
	8～9		3628.5	−3729.8	
1964～1965	10～2	1114.3		−2615.5	8724.9
	3～9		6210.7	−8826.2	
1965～1966	10～3	430.0		−8396.2	48259.0
	4～10		12015.2	−20411.4	
1966～1967	11～6	4321.1		−16090.3	3463.9
	7～9		3463.9	−19554.2	
1967～1968	10～7	13718.2		−5836.0	4338.9
	8～10		4338.9	−10174.9	
1968～1969	11～8	11198.9		1024	639.2
	9～10		639.2	384.8	
1969～1970	11～7	10430.1		10814.9	2381.7
	8		2381.7	8433.2	
1970～1971	9～7	4466.9		12900.1	3504.0
	8～9		3504.0	9361.1	
1971～1972	10～6	3348.2		12744.3	7453.7
	7～9		7297.9	5446.4	
1972～1973	10～9	16044.7		21491.1	0
			0	2149.1	
1973～1974	10～6	7522.8		29013.9	7831.5
	7～10		7831.5	21182.4	

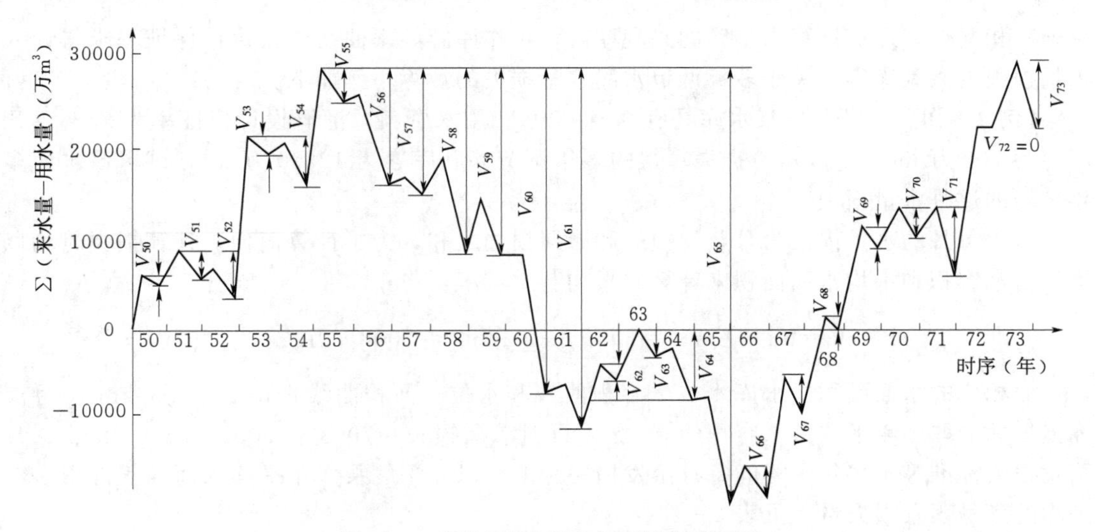

图 2-17 差量累积曲线法求水库逐年兴利库

三、试算法

在多年调节的长系列时历法中，为了避免逐年分析库容的麻烦，除可使用上述差量累积曲线法以外，还可使用试算法。试算法是先假定一个兴利库容，逐时段连续计算，统计用水被破坏的年数来计算保证率。如果计算的保证率与规定的设计保证率相符，则假定的库容多年调节的兴利库容。这种方法称为试算法，计算的表格与年调节时历法基本相同，试算的方法可以参考表 2-7。这种计算方法，一般是从水库蓄满（正常蓄水位）或水库放空（死水位）开始，逐月进行水量平衡计算，遇到余水就蓄，蓄满了还有余水就作弃水处理；遇缺水就供水，直到 $V_{兴}$ 放空时还缺水，就算这年供水破坏，然后从下一年的蓄水期开始再继续进行计算，直到全系列操作完，统计出供水破坏的年数，计算供水保证率 P（%）：

$$P=\frac{\text{计算总年数}-\text{破坏年数}}{\text{计算总年数}+1}\times 100\% \qquad (2-16)$$

若计算的供水保证率不等于设计保证率，则另假定库容，重复上述计算过程，直到两者相等为止。为了避免多次试算的盲目性，可将试算得到的几个 $V_{兴}$ 与 P 的对应数据点出如图 2-18 所示的 $V_{兴}$—P 曲线，以设计保证率 $P_{设}$ 查此曲线即得设计兴利库容 $V_{兴,设}$。

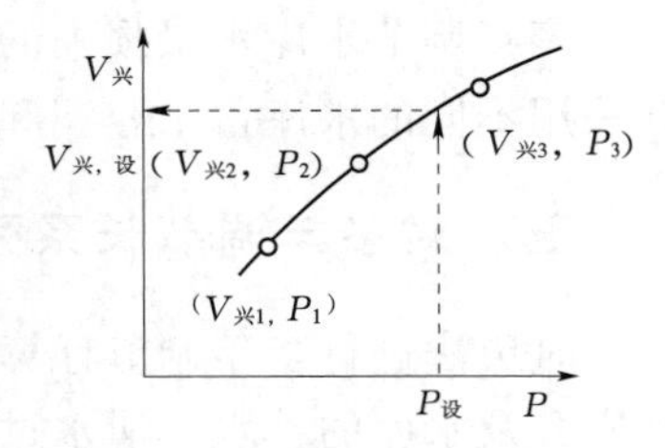

图 2-18 $V_{兴}$—P 曲线

四、多年调节水库水量损失的计算

多年调节水库的水量损失计算，一般采用近似计算法，首先以不计水量损失时初定的兴利库容，计算水库多年平均蓄水容积及多年平均水面面积，并计算出多年平均的逐月蒸发损失和渗漏损失（计算方法与年调节水库基本相同）；再从水库来水系列中，逐年逐月扣除这一水量损失，即得历年净来水系列（或在水库用水系列中，逐年逐月加入这一水量损失，即得历年毛用水系列）；最后以此净来水系列与用水系列（或以来水系列与毛用水系列）相配合，逐年计算出水库的兴利库容，再作库容频率曲线，按设计保证率求得计入水量损失的兴利库容。关于多年调节水库水量损失的计算举例如下。

【例 2-10】 湖北省某水库具有 24 年来水、用水资料，灌溉设计保证率为 75%，死库容为 708 万 m^3，不计水量损失算得的多年调节兴利库容为 12600 万 m^3，试求该水库多年平均的逐月水量损失。

水库每月的水量损失为月蒸发损失和渗漏损失之和，为了计算简便，计算损失时均以平均蓄水容积和平均水面面积来计算。平均蓄水容积：

$$\overline{V}=V_{死}+\frac{1}{2}V_{兴}=708+\frac{1}{2}\times12600=7008\text{（万 m}^3\text{）}$$

而相应的水面面积由水库水位—容积曲线和水位—面积曲线查得 $\overline{F}=9.35\text{km}^2$。月渗漏损失标准取多年平均蓄水容积的 0.5%，即月渗漏损失 $=7008\times0.005=35.0$ 万 m^3；月蒸发损失标准等于多年平均的每月蒸发损失深度，以此深度乘多年平均水面面积即得多年平均的各月蒸发损失量，见表 2-16。

表 2-16　　某水库多年平均水量损失计算表

月份	蒸发损失标准（mm）	蒸发损失（mm）	渗漏损失（万 m^3）	水库总水量损失（万 m^3）	月份	蒸发损失标准（mm）	蒸发损失（mm）	渗漏损失（万 m^3）	水库总水量损失（万 m^3）
1	14.5	13.5	35.0	48.5	8	48.6	45.5	35.0	80.5
2	15.8	14.7	35.0	49.7	9	36.98	34.5	35.0	69.5
3	12.0	11.2	35.0	46.2	10	33.2	31.0	35.0	66.0
4	5.7	5.3	35.0	40.3	11	16.0	14.9	35.0	49.9
5	11.9	11.1	35.0	46.1	12	14.3	13.4	35.0	48.4
6	36.0	33.7	35.0	68.7	全年	283.5	264.9	420.0	684.9
7	38.6	36.1	35.0	71.1					

多年调节水库水量损失的计算也可用详算法，即各年各月采用不同的蒸发损失标准，并采用不同的水库蓄水容积和水面面积，表 2-11 就是这种计算的一个比较简单的例子。

五、对多年调节长系列时历法的评价

时历法进行多年调节计算的优点是：概念清楚，推理简明，能直接求出多年调节的兴利库容及水库的蓄水、泄水过程，适用于不同的用水情况。当具有较长系列（资料年数 $n>30$年）的来水、用水资料时，计算成果精度较高。大、中型灌溉水库的规划、设计及管理阶段常用这种方法。但当资料系列较短或代表性较差时，会产生较大的误差，在这种情况下，可以利用确定性流域水文模型由降雨资料展延各年各月的径流量系列，同时也利用这些降雨资料，考虑作物生长期的耗水量，推求各年各月的灌溉用水量系列。

思 考 题

1. 水库有哪些特征水位及特征库容？它们各起什么作用？

2. 来水一定的情况下，灌溉水库的设计保证率、兴利库容、调节流量之间的关系如何？

3. 简述用长系列法求年调节水库设计兴利库容的步骤。

4. 按表2－17数据判断水利年，若不计损失，求该调节年度所需要的兴利库容。

表2－17　　某水库年来水、用水情况

月份	1	2	3	4	5	6	7	8	9	10	11	12	1	2	3	4	5	6
天然来水（亿 m^3）	4	3	3	2	8	10	12	9	7	6	5	4	4	3	2	1	5	9
用水（亿 m^3）	5	5	4	4	6	7	8	8	9	8	3	3	6	5	4	3	6	7

第三章　水库调洪及计算

第一节　概　　述

洪涝灾害是我国发生最为频繁、灾害损失最重、死亡人数最多的自然灾害之一。据史料记载，公元前206～1949年，平均每两年就发生一次较大水灾，一些大洪水造成的死亡人数达到几万甚至几十万。新中国成立以来，仅长江、黄河等大江大河就发生较大洪水50多次，造成严重经济损失和大量人员伤亡。随着全球气候变化和极端天气事件的增多，局地暴水呈多发、频发、重发趋势，流域性大洪水发生几率也在增大，对经济社会发展将造成极大的冲击，也使我国防洪体系承担的任务更加艰巨。

新中国成立60多年来，我国水库建设突飞猛进。1949年前，全国仅有大中型水库23座。有防洪作用的只有松辽流域的二龙山、闹得海、丰满等水库，其他河流没有防洪水库。新中国成立后，经过60多年的建设，目前，全国已建堤防29万km，是新中国成立之初的7倍；水库从新中国成立前的1200多座增加到8.72万座，跃居世界之首。总库容从约200亿m^3增加到7064亿m^3，调蓄能力不断提高。水库在历次大洪水中发挥了巨大作用。新中国成立以来，我国大江大河发生大洪水的年份有：1954年长江、淮河大水，1956年海河、淮河大水，1958年黄河大水，1963年海河、淮河大水，1975年淮河大水，1985年辽河大水，1991年淮河、太湖大水，1994年珠江大水，1995年长江、辽河、松花江大水，1996年珠江、长江、海河大水，1998年长江、松花江大水，2003年和2007年淮河流域性大洪水，2005年珠江流域、辽河流域洪水等。在历次洪水中，干支流大型水库都发挥了巨大作用。

以1998年长江发生全流域型洪水为例。长江上游干流8次洪峰先后与中游洞庭湖、鄱阳湖洪水遭遇。干流葛洲坝，支流丹江口、隔河岩、漳河，洞庭湖水系的柘溪、凤滩、五强溪，鄱阳湖水库的柘林等大中型水库，充分发挥削峰、拦洪作用，社会、经济效益巨大。隔河岩水库在长江的8次洪水中共拦蓄清江支流洪水18.8亿m^3，削峰12%～100%，降低沙市水位0.03～0.34m。葛洲坝水利枢纽在长江第6、第7、第8次洪峰中，为干流削峰1800～2700m^3/s，降低沙市水位0.15～0.22m。漳河水库在长江第6次洪峰中，关键错峰，降低沙市水位0.08m。在长江第6次洪峰中，由于3座水库联合调度，降低沙市水位0.49m，如无上述3座水库拦洪，沙市水位将达45.71m（实际为45.22m）。丹江口水库在长江第6次洪水期间，最大入库流量达18300m^3/s，下泄流量为1280m^3/s，削峰93%，拦蓄洪水21亿m^3。如果没有水库拦蓄，下游杜家台分洪区将分洪，损失巨大。长江第3次洪水期间，五强溪水库7月23日最大入库流量34000m^3/s，削减洪峰11000m^3/s。水库共拦蓄12.8亿m^3洪水，降低城陵矶水位约0.46m。凤滩水库7月22日最大入库流量19300m^3/s，削峰66%，拦蓄洪水3.2亿m^3。江西柘林水库1998年拦蓄2次洪水共19.8亿m^3，为保证京九铁路的安全和减轻下游防洪压力作出突出贡献。

2009年竣工的三峡水利枢纽工程在长江防洪体系中更是发挥了无可替代的巨大作用。2010年7月20日迎来长江上游流域入汛以来最大的一轮洪峰，入库流量达70000m^3/s，超过1954年、1998年洪水流经三峡的最大值，经削峰后仅以40000m^3/s流量下泄。2012年7月24日，三峡水利枢纽更是迎来了蓄水成库9年来的最强洪峰，峰值高达71200m^3/s。面对历史罕见洪峰，三峡枢纽积极发挥防洪功能，有效拦水削峰，使洪峰过坝时被削弱近半，流量从71200m^3/s骤减至43000m^3/s，有效防止了可能造成的下游巨大损失，也向世人展示了它确保长江安澜的实力。

另外，自新中国成立以来，特别是从1998年大洪水之后，中央水利投入大幅度增加，防汛能力也有了显著提高。在综合运用堤防、水库和蓄、滞洪区的情况下，长江荆江河段防洪标准超过100年一遇，城陵矶、武汉、湖口等河段可防御1954年量级的洪水；黄河中下游堤防可防御花园口站22000m^3/s的洪水，重现期超过100年一遇；淮河主要河段在运用临淮岗洪水控制工程后，防洪标准可达到100年一遇；海河流域北系河流具备了防御1939年型洪水的能力，南系河流主要河段基本具备了防御1963年型洪水的能力；松花江、辽河、珠江、太湖流域也基本具备了防御新中国成立以来最大洪水的能力。

在本章中将主要讨论设计条件下的水库防洪调节，并求解与防洪调节有关系的特征库容及相应的特征水位，并且从本章所讨论的水库防洪问题中也不难领会到，不论是以什么任务（如灌溉、给水、发电等）修建的水库，其下游都能得到一定的防洪效益。因此，凡是有条件的地方往往都将水库作为有效的防洪措施之一，以除害兴利。

在前面曾提到过，利用水库的蓄洪或滞洪是防洪工程措施之一。通常，洪水波在河槽中经过一段距离时，由于槽蓄作用，洪水过程线要逐步变形。一般是，随着洪水波沿河向下游推进，洪峰流量逐渐减小，而洪水历时逐渐加长。水库容积比一段河槽要大得多，对洪水的调蓄作用也比河槽要强得多。特别是当水库有泄洪闸门控制的情况，洪水过程线的变形更为显著。

当水库有下游防洪任务时，它的作用主要是消减下泄洪水流量，使其不超过下游河床的安全泄量。水库的任务主要是滞洪，即在一次洪峰到来时，将超过下游安全泄量的那一部分洪水暂时拦蓄在水库中，待洪峰过去后，再将拦蓄的洪水下泄掉，腾出库容来迎接下一次的洪水（见图3-1）。有时，水库下泄的洪水与下游区间洪水或支流洪水遭遇，相叠加后其总流量会超过下游的安全泄量。这时就要求水库起“错峰”的作用，使下泄洪水不与下游洪水同时到达需要防护的地区。这是滞洪的一种特殊情况。若水库是防洪和兴利相结合的综合利用水库，则除了滞洪作用外还有蓄洪的作用。例如，多年调节水库在一般年份或库水位较低时，常有可能将全年各次洪水都拦蓄起来供兴利部门使用；年调节水库在汛初水位低于防洪限制水位，以及在汛末水位低于正常蓄水位时，也常可以拦蓄一部分洪水在兴利库容内，供枯水期兴利部门使用。这都是蓄洪的性质。蓄洪既能消减下泄洪峰流量，又能减少下游洪量；而滞洪则只消减下泄洪峰流量，基本上不减少下游洪量。在多数情况下，水库对下游承担的防洪任务常常主要是滞洪。湖泊、洼地也能对洪水起调蓄作用，与水库滞洪类似。

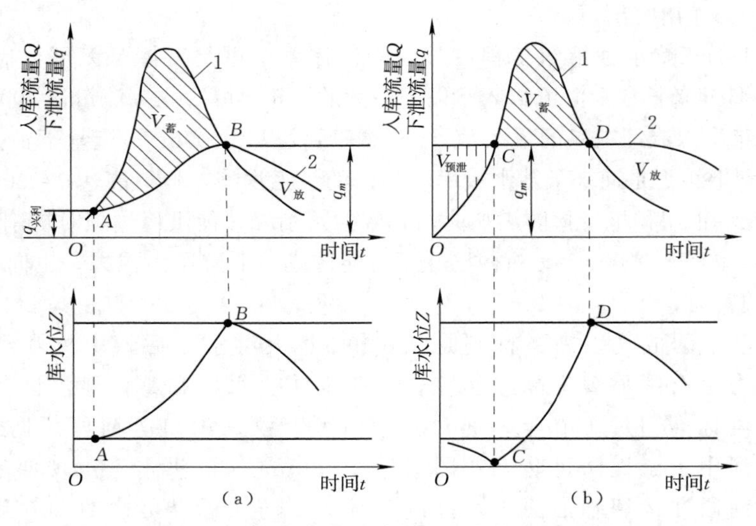

图 3-1　水库调蓄后洪水过程线的变形示例

(a) 无闸门控制时；(b) 有闸门控制时

1—入库洪水过程线；2—下泄洪水过程线

若水库不需要承担下游防洪任务，则洪水期下泄流量可不受限制。但由于水库本身自然地对洪水有调蓄作用，洪水流量过程经过水库时仍然要变形，客观上起着滞洪的作用。当然，从兴利部门的要求来说，更主要是蓄洪。

由上述情况可知，水库的调洪作用，更多在于对入库洪水的滞洪，使出库洪水过程变平缓，洪水历时拉长，洪峰流量减小。而影响水库洪水调节的因素，主要包括入库洪水、泄流建筑物型式和尺寸以及汛期水库的控制运用方式和下游的防洪要求。若泄流建筑物尺寸减小，同一水位所下泄量也将减小，所需调洪库容则加大。反之，则正好相反。因此，入库洪水、泄洪建筑物类型与尺寸、调洪方式和调洪库容之间是相互关联、相互影响的。

一、水库调洪计算的任务

在规划设计阶段，调洪计算的任务是根据水文分析计算提供的各种标准的设计洪水，对已经拟定的泄洪建筑物型式与尺寸方案，遵循水库汛期的控制运行规则，进行水库的蓄泄调节计算，推求泄流过程和最大下泄流量，并确定有关防洪的特征水位和特征库容。

水库在管理运行阶段，调洪计算的任务，是根据入库的洪水，在泄洪建筑物类型和尺寸已定的情况下，通过蓄泄调节计算，来预报水库达到的最高库水位和最大下泄流量。

二、防洪标准

为防治洪水灾害，需要采取工程措施和非工程措施。工程措施即修建各种防洪工程；非工程措施是指像防洪立法，推行防洪保险等的措施。在采取防洪措施的时候，必须以一定标准的洪水作为依据，这种依据称为防洪标准。众所周知，洪水的量级愈大愈是稀遇，所以人们常以洪水的重现期来表示洪水量级的大小。一个地点不同重现期洪水的数值是水文部门以一定数量的实测洪水资料为基础，通过频率分析法求得的。防洪标准的确定，一般要根据防洪保护对象在遭受洪灾时造成的经济损失和社会影响划分若干等级。当采取一定的防洪措施时，采用的防洪标准越高，防护地区受洪水危害的风险越小，但同时采取措施的投入就越大。由此可知防洪标准取得过高和过低都是不合理的。防洪标准应依照国家有关规范，按照防洪工程和防护地区的重要性确定。

概括地说，工程规划设计中防洪标准分为两类。第一类是保证水工建筑物自身安全的防洪设计标准，第二类是保障下游防护对象免除一定洪水灾害的防洪标准。

若水库不需承担下游的防洪任务，则应按水工建筑物自身的防洪设计标准的规定（依照设计洪水和校核洪水的频率要求），选定合适的设计洪水和校核洪水的流量过程线，作为调洪计算的原始资料。

若水库需要承担下游的防洪任务，则除了要选定水工建筑物的防洪设计标准外，还要选定下游防护对象的防洪标准，即防护对象所应抗御的洪水频率。国家统一规定了不同重要性的防护对象所应采用的防洪标准作为推求设计洪水、设计防洪工程的依据。防护对象的防洪标准，应根据防护对象的重要性、历次洪灾情况及对政治、经济的影响，结合防护对象和防洪工程的具体条件，并征求有关方面的意见确定。

（一）防护对象的防洪标准

我国现行的防洪标准是从1995年1月开始实施的《防洪标准》（GB 50201—94）。不同防护对象的防洪标准可参照表3-1～表3-3选用，现将主要内容说明如下：

（1）对于洪水泛滥后可能造成特殊严重灾害的城市、工矿企业和重要粮棉基地，其防洪标准可适当提高，或由国家另作规定。

（2）交通运输及其他部门的防洪标准，可参照有关部门规定。

（3）防洪标准较高，一时难以达到者，可采取分期提高的方法。

表3-1　　城市的等级和防洪标准

等级	重要性	非农业人口（万人）	防洪标准［重现期（年）］
Ⅰ	特别重要的城市	≥150	≥200
Ⅱ	重要的城市	150～50	200～100
Ⅲ	中等城市	50～20	100～50
Ⅳ	一般城镇	≤20	50～20

表3-2　　乡村防护区的等级和防洪标准

等级	防护区人口（万人）	防护区耕地面积（万亩）	防洪标准［重现期（年）］
Ⅰ	≥150	≥300	100～50
Ⅱ	150～50	300～100	50～30
Ⅲ	50～20	100～30	30～20
Ⅳ	≤20	≤30	20～10

表 3-3 工矿企业的等级和防洪标准

等级	工矿企业规模	防洪标准［重现期（年）］
Ⅰ	特大型	200～100
Ⅱ	大 型	100～50
Ⅲ	中 型	50～20
Ⅳ	小 型	20～10

注 1. 各类工矿企业的规模，按国家现行规定划分。
2. 如辅助厂区（或车间）和生活区单独进行防护的，其防洪标准可适当降低。

（二）水利水电工程的等级和洪水标准

水利水电工程的等别划分根据其工程规模、效益及其在国民经济中的重要性，划分为五等，按表 3-4 确定。

表 3-4 水利水电枢纽工程的分等指标

工程等别	水库		防洪		治涝	灌溉	供水	水电站
	工程规模	总库（亿 m^3）	城镇及工矿企业的重要性	保护农田（万亩）	治涝面积（万亩）	灌溉面积（万亩）	城镇及工矿企业的重要性	装机容量（万 kW）
Ⅰ	大Ⅰ型	≥10	特别重要	≥500	≥200	≥150	特别重要	≥120
Ⅱ	大Ⅱ型	10～1.0	重要	500～100	200～60	150～50	重要	120～30
Ⅲ	中型	1.0～0.1	中等	100～30	60～15	50～5	中等	30～5
Ⅳ	小Ⅰ型	0.10～0.01	一般	30～5	15～3	5～0.5	一般	5～1
Ⅴ	小Ⅱ型	0.01～0.001		≤5	≤3	≤0.5		≤1

注 1. 总库容系指校核水位以下的水库静库容。
2. 治涝面积和灌溉面积均指设计面积。

水利水电工程等别的划分具体指标包括总库容、防洪、治涝、供水、发电等，对于综合利用的水利水电工程，如按各综合利用项目的分等指标确定的等别不同时，其工程等别应按其中的最高等别确定。

水利水电工程中的永久性水工建筑物和临时性水工建筑物的级别是按照其所属工程等别及其在工程中的作用和重要性来划分的，见表 3-5～表 3-7。

表 3-5 永久性水工建筑物级别

工程等别	永久性建筑物级别	
	主要建筑物	次要建筑物
Ⅰ	1	3
Ⅱ	2	3
Ⅲ	3	4
Ⅳ	4	5
Ⅴ	5	5

表 3-6 水库大坝等级指标

级别	坝 型	坝高（m）
2	土石坝 混凝土坝、浆砌石坝	90 130
3	土石坝 混凝土坝、浆砌石坝	70 100

表 3-7 临时性水工建筑物级别

级别	保护对象	失事后果	使用年限（年）	临时性水工建筑物规模	
				高度（m）	库容（亿 m^3）
3	有特殊要求的 1 级永久性水工建筑物	淹没重要城镇、工矿企业、交通干线或推迟总工期及第一台（批）机组发电，造成重大灾害和损失	>3	>50	>1.0
4	1、2 级永久性水工建筑物	淹没一般城镇、工矿企业或影响总工期及第一台（批）机组发电，造成较大经济损失	3～1.5	50～15	1.0～0.1
5	3、4 级永久性水工建筑物	淹没基坑，但对总工期及第一台（批）机组发电影响不大，经济损失较小	<1.5	<15	<0.1

永久性建筑物系指枢纽工程运行期间使用的建筑物，根据其重要性分为：主要建筑物，系指失事后将造成下游灾害或严重影响工程效益的建筑物，例如坝、泄洪建筑物、输水建筑物及电站厂房等；次要建筑物，系指失事后不致造成下游灾害或对工程效益影响不大并易于修复的建筑物，例如失事后不影响主要建筑物和设备运行的挡土墙、导流墙、工作桥及护岸等；临时性建筑物系指枢纽工程施工期间所使用的建筑物，例如导流建筑物等。

(1) 失事后损失巨大或影响十分严重的水利水电工程的 2～5 级主要永久性水工建筑物，经过论证并报主管部门批准可提高一级；失事后造成损失不大的水利水电工程的 1～4 级主要永久性水工建筑物，经过论证并报主管部门批准，可降低一级。

(2) 水库大坝为 2、3 级的永久性水工建筑物，如坝高超过表 3-6 指标，其级别可提高一级，但洪水标准可不提高；其中 2 级土石坝坝高超过 100m，混凝土坝或浆砌石坝坝高超过 150m，3 级土石坝坝高超过 80m，混凝土坝或浆砌石坝坝高超过 120m 时，大坝的级别相应可提高一级，洪水标准宜相应提高，但抗震设计标准不提高。

(3) 当永久性水工建筑物基础的工程地质条件复杂或采用新型结构时，对 2～5 级建筑物可提高一级设计，但洪水标准不予提高。

(4) 当临时性水工建筑物根据表 3-7 指标分属不同级别时，其级别应按其中最高级别确定，但对 3 级临时性水工建筑物，符合该级别规定的指标不得少于两项。

(5) 利用临时性水工建筑物挡水发电、通航时，经过技术经济论证，3 级以下临时性水工建筑物的级别可提高一级。

永久性水工建筑物采用的洪水标准又可以分为设计标准（对应正常运用情况）和校核标准（对应非常运用情况）。工程遇到设计标准洪水时应能保证正常运用，遇到校核标准洪水时，主要建筑物不得发生破坏，但是允许部分次要建筑物损坏或失效。临时性水工建筑物的洪水标准，应根据建筑物的结构类型和级别，结合风险度综合分析，合理选择；对失事后果严重的，应考虑超标准洪水的应急措施。各类水利水电工程的洪水标准按《水利水电工程等级划分及洪水标准》（SL 252—2000）确定。

第二节 水库调洪计算的原理

水库的调洪计算，也称为调洪演算。它实质上是入库洪水、泄流建筑物类型与尺寸、运用方式已知的情况下的水库蓄泄调节计算。水库调洪计算的直接目的，在于求出水库逐时段的蓄水、泄水变化过程，从而获得调节该次洪水后的水库最高洪水位和最大下泄流量，以供进一步防洪计算分析之用。水库调洪计算的基本原理，是逐时段地联立求解水库的水量平衡方程和水库的蓄泄方程。

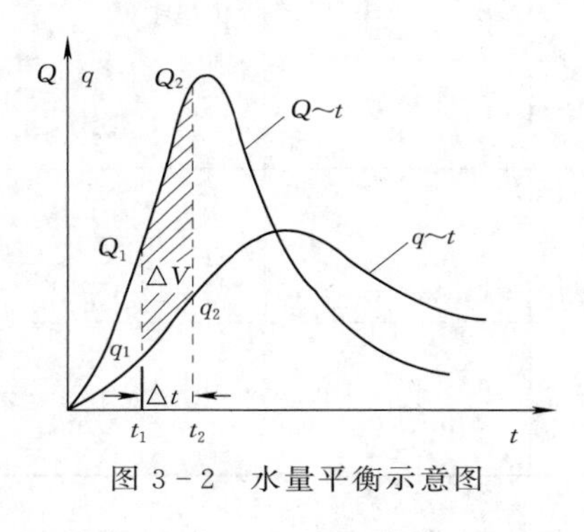

图 3-2 水量平衡示意图

一、水量平衡方程

在某一时段 Δt 内，入库水量与出库水量之差等于该时段内水库蓄水量的变化，如图 3-2 所示，用式（3-1）表示，称为水库的水量平衡方程。

$$(\overline{Q}-\overline{q})\,\Delta t=\frac{1}{2}(Q_1+Q_2)\,\Delta t-\frac{1}{2}(q_1+q_2)\,\Delta t=V_2-V_1=\Delta V \tag{3-1}$$

式中 $\overline{Q}$——Δt 时段中的平均入库流量，m^3/s，等于 $(Q_1+Q_2)/2$；

$\overline{q}$——Δt 时段中的平均下泄流量，m^3/s，等于 $(q_1+q_2)/2$；

Q_1，Q_2——Δt 时段初、末的入库流量，m^3/s；

q_1，q_2——Δt 时段初、末的下泄流量，m^3/s；

V_1，V_2——Δt 时段初、末水库的蓄水水量，m^3；

Δt——计算时段，s；

ΔV——Δt 时段水库蓄水量变化值，m^3。

计算时段 Δt，其长短视入库流量的变化程度而定。陡涨陡落的中小河流，Δt 可取短些；流量变化平缓的大河，Δt 可适当取长。

水量平衡方程（3-1）的求解：在规划设计时，Q_1 和 Q_2 由设计（或校核）洪水过程线查出；当管理调动水库时，Q_1 和 Q_2 由预报或实际入库洪水过程求出。q_1、V_1 根据水库调洪计算的起始条件确定。Δt 按上述情况选取，那么此时在式（3-1）中便只有 q_2、V_2 两个未知数，当前一时段的 q_2、V_2 求出后，其值即可成为后一时段的值，使计算有可能逐时段地连续进行下去。如何求解 q_2、V_2，当然，用一个方程式（3-1）独立求解是不可能的，还需建立第二个方程，即蓄泄方程。

二、蓄泄方程

水库通过泄洪建筑物泄洪，该泄量就是水库的下泄流量，水库泄洪建筑物的泄流能力，是指某一泄流水头下的下泄流量。在溢洪道无闸门控制或闸门全开情况下，溢洪道的下泄流量可按堰流公式计算，即

$$q_{溢}=M_1BH^{\frac{3}{2}} \tag{3-2}$$

式中　$q_{溢}$——溢洪道的下泄流量，m^3/s；

H——溢洪道堰上水头，m；

B——溢洪道堰顶净宽，m；

M_1——流量系数，可查水力学书籍。

泄洪洞的下泄流量可按有压管流计算，即

$$q_{洞}=M_2\omega H^{\frac{1}{2}} \tag{3-3}$$

式中　$q_{洞}$——泄洪洞的下泄流量，m^3/s；

H——泄洪洞计算水头。非淹没出流时，为库水位与洞口中心高程之差；淹没出流时，为上下游水位之差，m；

ω——泄洪洞洞口的断面面积，m^2；

M_2——流量系数，可查水力学书籍。

泄洪水头 H 与下泄流量 q 常常采用关系曲线来表示，根据水力学公式，该关系曲线不难求出，由此关系曲线再根据式（3-2）或式（3-3）便可换算出水库水位 Z 与泄量 q 的关系 $q=f(Z)$，进而，由水库水位 Z，又可借助于水库容积特性 $V=f(Z)$，求出相应的水库蓄水容积（蓄存水量）V。于是，下泄流量 q 又可写成为库容 V 的函数式，得出两者的关系曲线，此式称为蓄泄方程，即

$$q=f(V) \tag{3-4}$$

于是，可列出以下联立方程组：

$$\begin{cases}\frac{1}{2}(Q_1+Q_2)\Delta t-\frac{1}{2}(q_1+q_2)\Delta t=V_2-V_1\\ q=f(V)\end{cases} \tag{3-5}$$

该方程组概括了水库防洪调节计算的基本原理。进行调洪计算，实质上就是求解这个方程组。当已知 Q_1、Q_2 和时段 Δt 初的 q_1、V_1，利用上述方程组，便可求出时段末的 q_2、V_2。事实上，不论水库是否承担下游防洪任务，也不论是否有闸门控制，调洪计算的基本公式都是上述两式。只是在有闸门控制的情况下，式（3-4）不是一条曲线，而是以不同的闸门开度为参数的一组曲线，因而计算要繁杂一些。在承担下游防洪任务的情况下，当要求保持 q 不大于下游允许的最大安全泄量 q_m 时，就要利用闸门控制 q，当然计算也要麻烦一些。有时，泄洪建筑物虽设有闸门，但泄洪时将闸门全开，此时实际上与无闸门控制的情况一样。也有时，在一次洪水过程中，一部分时间用闸门控制 q，而另一部分时间将闸门全开而不加以控制。这种有闸门控制与无闸门控制分时段进行，当然也要繁琐一些。但不论是什么情况，所用的基本公式与方法都是一致的。

利用上述方程组进行调洪计算的具体方法有很多种，目前我国常用的是：列表试算

法、半图解法和简单三角形法。由于有闸门控制的情况千变万化，计算步骤也比较麻烦，这里将以比较简单的情况为例来介绍这几种方法。掌握基本方法以后，对比较复杂的情况可以触类旁通。

第三节　水库调洪计算的基本方法

在水利规划中，常需根据水工建筑物的设计标准或下游防洪标准，按工程水文中所介绍的方法，去推求设计洪水流量过程线。因此，对调洪计算来说，入库洪水过程及下游允许水库下泄的最大流量均是已知的。并且，要对水库汛期防洪限制水位以及泄洪建筑物的型式和尺寸拟定几个比较方案，因此对于每一个方案来说，它们也都是已知的。于是，调洪计算就是在这些初始的已知条件下，推求下泄洪水过程线、拦蓄洪水的库容和水库水位的变化。在水库运行中，调洪计算的已知条件和要求的结果，基本上也与上述类似。

一、列表试算法

为了求出式（3-1）和式（3-4）的公共解，通过列表试算，可逐时段求得水库的蓄水量和下泄流量。这种通过试算求方程组公共解的方法称为列表试算法。其主要步骤如下：

（1）引用水库的设计洪水过程线。

（2）根据水库容积曲线 $V=f(Z)$ 和泄洪建筑物的泄洪能力，应用式（3-2）或式（3-3）求出下泄流量与库容的关系曲线 $q=f(V)$。

（3）根据水库汛期的控制运用方式，确定调洪计算的起始条件，即确定起调水位和相应的库容、下泄流量。

（4）选取合适的计算时段 Δt（以 s 为计算单位），由设计洪水过程线摘录 Q_1，Q_2，…

（5）决定起始计算时刻的 q_1、V_1 值，然后列表计算，计算过程中，对每一计算时段的 q_2、V_2 值都要进行试算。

试算方法：由起始条件已知时段的 q_1、V_1 和入库流量 Q_1、Q_2，假设时段末的下泄流量 q_2，就能根据式（3-1）求出时段末水库的蓄水增量 ΔV，而 $V_1+\Delta V=V_2$，由 V_2 查 $q=f(V)$ 曲线得 q_2。将其与假定的 q_2 相比较，若两者相等，则所设 q_2 同时满足式（3-1）和式（3-4），即为所求。否则需重新假设一个 q_2 值，重复上述试算过程，直至两者相等或很接近为止，这样便完成了一个时段的计算工作。接下去，把这一时段末的 q_2、V_2，作为下一时段的 q_1、V_1，再进行下一时段的试算。如此连续下去，便可求得整个泄流过程 q—t。

（6）将入库洪水 Q—t 过程和计算所得的泄流 q—t 过程绘在同一张图上，若计算所得的最大下泄流量 q_m 正好是两线的交点，说明计算的 q_m 正确。否则，应缩小 q_m 附近的计算时段 Δt，重新进行试算，直至计算的 q_m 正好是两线的交点为止。

（7）由 q_m 查 $q=f(V)$ 关系线，可得最高洪水位时的库容 $V_{总}$。由 $V_{总}$ 减去起调水位相应库容，即得水库为调节该次入库洪水所需的调洪库容 V_m。再由 $V_{总}$ 查水位库容曲线，就可得到最高洪水位 Z_m。显而易见，当入库洪水为相应枢纽设计标准的洪水，而起调水位为汛限水位时，求得的 V_m 和 Z_m 即是设计调洪库容（一般称拦洪库容）和设计洪水位。当入库洪水为校核标准的洪水，起调水位为汛限水位时，求得的 V_m 和 Z_m 即是校核调洪库容（一般称调洪库容）和校核洪水位。现用一具体例子来说明演算过程。

【例 3-1】 某水库泄洪建筑物为无闸河岸式溢洪道，堰顶高程与正常蓄水位齐平，为 132m，堰顶净宽 $B=40$m，流量系数 $M_1=1.6$。该水库设有小型水电站，汛期按水轮机过流能力 $Q_{电}=10\text{m}^3/\text{s}$ 引水发电，尾水再引入渠首灌溉。水库的容积曲线见表 3-8 和图 3-3。水库设计标准为百年一遇，设计洪水过程如表 3-10 中第（1）、第（2）栏所列。试用试算法求水库泄流过程、设计最大下泄流量、设计调洪库容和设计洪水位。

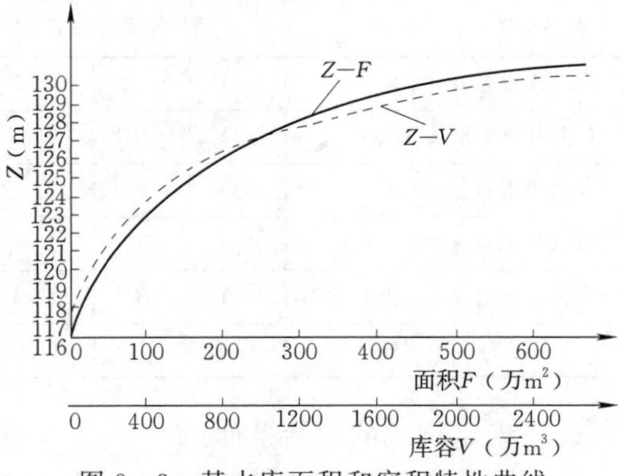

图 3-3　某水库面积和容积特性曲线

表 3-8　某水库水位容积关系曲线

库水位 Z（m）	116	118	120	122	124	126	128	130	132	134	136	137
库容 V（万 m³）	0	20	82	210	418	732	1212	1700	2730	3600	4460	4880

解：(1) 计算并绘制水库的 $q=f(V)$ 关系曲线。

应用式（3-2），根据不同库水位计算 H 与 q，再由图 3-3 查得相应的 V，并将计算结果列于表 3-9，绘制 $q=f(V)$ 关系曲线，如图 3-4 所示。

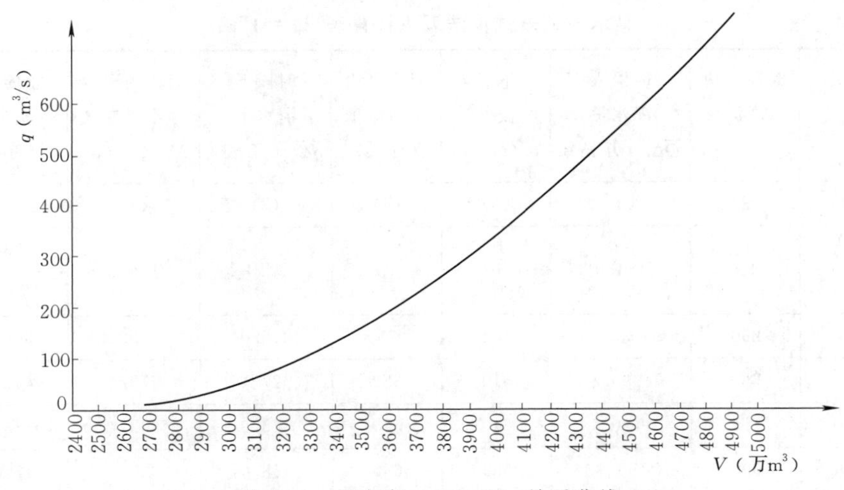

图 3-4　某水库 $q=f(V)$ 关系曲线

表 3-9 中：第（1）行为堰顶高程 132m 以上假设的不同库水位 Z；

第（2）行为堰顶水头 H，等于库水位 Z 减去堰顶高程；

第（3）行为溢洪道下泄流量，由式（3-3）求得：

$$q_{溢}=M_1BH^{\frac{3}{2}}=1.6\times40\times H^{\frac{3}{2}}=64H^{\frac{3}{2}}$$

第（4）行为发电流量 $10m^3/s$；

第（5）行为总的下泄流量；

第（6）行为相应的库水位 Z 的库容 V，可由库容曲线查得。

表 3-9　　某水库 $q=f(V)$ 关系曲线计算表

库水位 Z（m）	(1)	132	132.5	133	133.5	134	134.5	135	136	137
溢洪道堰顶水头 H（m）	(2)	0	0.5	1	1.5	2	2.5	3	4	5
溢洪道泄量 $q_{溢}$（m^3/s）	(3)	0	22	64	118	181	253	333	512	716
发电洞泄量 $q_{电}$（m^3/s）	(4)	10	10	10	10	10	10	10	10	10
总泄流量 q（m^3/s）	(5)	10	32	74	128	191	263	343	522	726
库容 V（万 m^3）	(6)	2730	2980	3180	3420	3600	3840	4060	4460	4880

（2）确定调洪的起始条件。

由于本水库溢洪道无闸门控制，因此起调水位亦即防洪限制水位取为与堰顶高程齐平，即 132m。相应库容为 2730 万 m^3，初始下泄流量为发电流量 $10m^3/s$。

（3）计算时段平均入库流量和时段入库水量。

先将表 3-10 中 $P=1\%$ 洪水过程线划分计算时段，初选计算时段 $\Delta t=8h=28800s$ 填入第（1）栏，表中第（2）栏为按计算时段摘录的入库洪水流量，由式（3-1）可计算出时段平均入库流量和时段入库水量，分别填入（3）、（4）栏，例如第一时段平均入库流量为 $(Q_1+Q_2)/2=(0+100)/2=50\ (m^3/s)$，入库水量为 $\Delta t(Q_1+Q_2)/2=28800\times50=144\times10^4\ (m^3)$。

表 3-10　　某水库列表试算法调洪计算表（$P=1\%$）

时间 t（h）	入库洪水流量 Q（m^3/s）	时段平均入库流量 $\overline{Q}$（m^3/s）	时段入库水量 $\overline{Q}\Delta t$（万 m^3）	下泄流量 q（m^3/s）	时段平均下泄流量（m^3/s）	时段下泄水量 $\overline{q}\Delta t$（万 m^3）	时段内水库存水量变化 ΔV（万 m^3）	水库存水量 V（万 m^3）	水库水位 Z（m）
(1)	(2)	(3)	(4)	(5)	(6)	(7)	(8)	(9)	(10)
0	0	50	144.0	10	13	37.4	106.6	2730	132.0
8	100			16				2837	132.2
16	480	290	835.2	134	75	216.0	619.2	3456	133.6
24	840	660	1900.8	510	322	927.4	973.4	4429	135.9
28	730	785	1130.4	640	575	828.0	302.4	4731	136.6
30	650	690	496.8	660	650	468.0	28.8	4760	136.7
32	560	605	435.6	638 (660)	649	467.3	−31.7	4728	136.6
40	340	450	1296.0	490	564	1624.3	−328.3	4400	135.8
48	210	275	792.0	330	410	1180.8	−388.8	4011	134.9

（4）逐时段试算求泄流过程 $q—t$。

因时段末出库流量 q_2 与该时段水库内蓄水量变化有关，而蓄水量的变化程度又决定了 q_2 的大小，故需试算 q_2，并将试算过程填入表 3-10。

例如，第一时段开始（时刻为 0），水库水位 $Z_1=132.0\text{m}$，$H=0$，$q_1=10\text{m}^3/\text{s}$，$V_1=2730\times10^4\text{m}^3$。以及已知的 $Q_1=0$，$Q_2=100\text{m}^3/\text{s}$，假设 $q_2=20\text{m}^3/\text{s}$，则 $\Delta t\ (q_1+q_2)\ /2=28800\times15=43\times10^4\ (\text{m}^3)$，第一时段蓄水量变化值 $\Delta V=\Delta t\ (Q_1+Q_2)\ /2-\Delta t\ (q_1+q_2)\ =(144-43)\ \times10^4=101\times10^4\ (\text{m}^3)$，时段末水库蓄水量 $V_2=V_1+\Delta V=\ (2730+101)\ \times10^4=2831\times10^4\ (\text{m}^3)$，查图 3-4 中的 $q=f\ (V)$ 关系曲线，得 $q_2=15\text{m}^3/\text{s}$，与原假设不符，需重新假设。

再假设 $q_2=16\text{m}^3/\text{s}$，则 $\Delta t\ (q_1+q_2)\ /2=28800\times13=37\times10^4\ (\text{m}^3)$，$\Delta V=(144-37)\ \times10^4=107\times10^4\ (\text{m}^3)$，$V_2=V_1+\Delta V=\ (2730+107)\ \times10^4=2837\times10^4\ (\text{m}^3)$，查 $q=f\ (V)$ 曲线得 $q_2=16\text{m}^3/\text{s}$，与原假设相符，$q_2$ 就是式（3-1）和式（3-4）的公共解。同时由 V_2 查图 3-3 中 $V=f\ (Z)$ 曲线得 $Z_2=132.2\text{m}$ 填入表 3-10中第 8 小时第（10）栏。

以第一时段末的 V_2、q_2 作为第二时段初的 V_1、q_1，重复类似的试算过程，可求得第二时段的 $q_2=134\text{m}^3/\text{s}$、$V_2=3456\times10^4\text{m}^3$。如此连续试算下去，即可得到以时段为 8h 作为间隔的泄流过程 $q—t$。表 3-10 中第（5）栏相应于时间 t 为 0h、8h、16h、24h、32h、40h、48h 的流量值即是。最后，分别将试算的正确成果填入表 3-10 中第（6）～第（10）栏中。第 0～8 小时试算过程可见表 3-11。

表 3-11　　　第一时段（第 0～8 小时）试算过程

时间 t (h)	Q (m³/s)	Z (m)	V (万 m³)	q (m³/s)	$\overline{Q}$ (m³/s)	$\overline{q}$ (m³/s)	ΔV (万 m³)	q_2 (m³/s)
(1)	(2)	(3)	(4)	(5)	(6)	(7)	(8)	(9)
0	0	132.0	2730	10	50	(15)	(101)	
8	100	(132.1)	(2831)	(20)				(15)
		132.2	2837	16		13	107	16

注　表中带括号的数字为试算过程值。

（5）从表 3-10 中第（1）、第（2）栏可绘制入库洪水流量过程线 $Q—t$（本例题为 $P=1\%$的设计洪水过程线）；第（1）、第（5）栏可绘制水库下泄流量过程线 $q—t$，如图 3-5 所示。

按初定计算时段 $\Delta t=8\text{h}$，以表 3-10 中第（1）、第（2）、第（5）栏相应数值绘制的如图 3-5 所示曲线推求最大下泄流量 q_{max}。由图 3-5 可知，以 $\Delta t=8\text{h}$ 求得的 $q_m=660\text{m}^3/\text{s}$ 并不正好落在 $Q—t$ 曲线上（见图中以虚线表示的 $q—t$ 段），也就是说在 $Q—t$ 与 $q—t$ 两曲线的交点并不是 q_m 值。说明计算时段 Δt 在第四时段间隔取得太长。

将计算时段 Δt 在 $t=24\text{h}$ 与 32h 之间减小为 4h 和 2h，重新进行试算，则得与

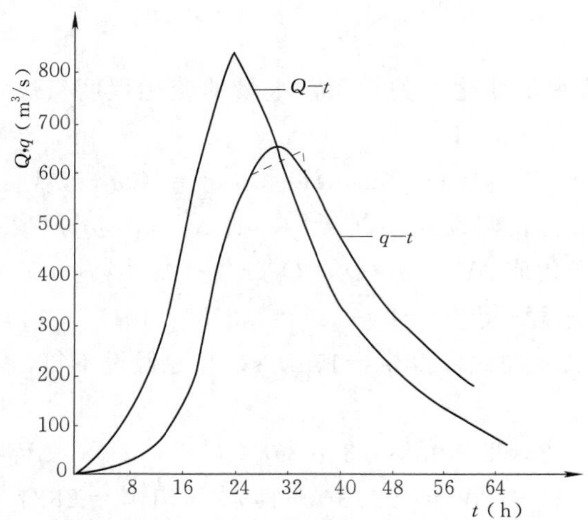

图 3-5 某水库设计洪水过程线与下泄流量过程线

表 3-10 中第（5）栏相应 $t=28$h、30h、32h 时的泄流过程。以此最终成果重新绘图，即为图 3-5 中以实线表示的 q—t 过程。最大下泄流量 q_m 发生在 $t=30$h 时刻，正好是 q—t 曲线与 Q—t 曲线的交点，即为所求。

（6）推求设计调洪库容 $V_{设}$ 和设计洪水位 $Z_{设}$。

利用表 3-10 中的第（9）栏各时段末的库容值 V，由库容曲线上即可查得各时段末的相应水位 Z，即表中第（10）栏。$q_{max}=660\text{m}^3/\text{s}$ 的库容为 4760 万 m^3，减去堰顶高程以下库容 2730 万 m^3，即为 $V_{设}=2030$ 万 m^3，而相应于 4760 万 m^3 的库水位，即为 $Z_{设}=136.7$m。

列表试算法较为准确，并适用于计算时段改变、泄流规律变化的情况，而且便于使用计算机进行计算，故为水库防洪调节计算的基本方法。但采用手算时列表试算法计算工作量比较大。

二、半图解法

式（3-1）和式（3-4）也可以用图解和计算相结合的方式求解，这种方法称为半图解法。常用的有双辅助曲线法和单辅助曲线法。此法避免了列表试算法的繁琐，减轻了计算工作量。采用手算时半图解法较为简便，同时半图解法的辅助线也可用计算机绘制，但半图解法不适用于计算时段不同或泄流规律变化的情况。下面以单辅助线法为例进行水库调洪演算。

1. 单辅助曲线法的原理

将水量平衡方程式（3-1）改写为

$$\frac{V_2}{\Delta t}+\frac{q_2}{2}=\frac{V_1}{\Delta t}-\frac{q_1}{2}+\frac{Q_1+Q_2}{2} \tag{3-6}$$

用 $\overline{Q}=\dfrac{Q_1+Q_2}{2}$、$\dfrac{q_1}{2}-q_1=-\dfrac{q_1}{2}$ 代入式（3-6），整理得

$$\frac{V_2}{\Delta t}+\frac{q_2}{2}=\frac{V_1}{\Delta t}+\frac{q_1}{2}+\overline{Q}-q_1 \tag{3-7}$$

式（3-7）中，$\overline{Q}$ 为时段 Δt 始末入库平均流量，由洪水过程线上得到。V_1、q_1 为时段初已知值（或起调条件），左端 V_2、q_2 为时段末的未知值，由式（3-7）可以看出 $\left(\dfrac{V}{\Delta t}+\dfrac{q}{2}\right)$ 是 q 的函数，故可将 q 与 $\left(\dfrac{V}{\Delta t}+\dfrac{q}{2}\right)$ 之间的关系绘制成调洪辅助曲线。因式（3-7）两端都有 $\left(\dfrac{V}{\Delta t}+\dfrac{q}{2}\right)$，只需绘制一条辅助曲线就能求解 q_2、V_2，故称单辅助曲线法，如图 3-6 所示。

取 $OA=q_1$，由图 3－6 可见 $EF=AB+BC-CD$，即是 $\frac{V_2}{\Delta t}+\frac{q_2}{2}=\frac{V_1}{\Delta t}+\frac{q_1}{2}+\overline{Q}-q_1$，故 E 点纵坐标 $OF=q_2$，即是所求时段末下泄流量。

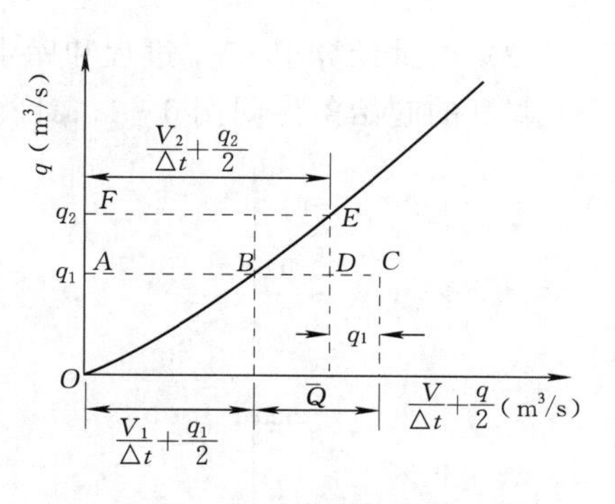

图 3－6　单辅助曲线

2. 单辅助曲线法调洪计算

首先，根据起始条件 q_1，在辅助曲线上查出相应的 $\left(\frac{V_1}{\Delta t}+\frac{q_1}{2}\right)$ 值，然后由式（3－7）计算出 $\frac{V_2}{\Delta t}+\frac{q_2}{2}=\frac{V_1}{\Delta t}+\frac{q_1}{2}+\overline{Q}-q_1$，再由 $\left(\frac{V_2}{\Delta t}+\frac{q_2}{2}\right)$ 值在单辅助曲线上反查出相应的 q_2 值，以 q_2 作下一时段的 q_1，重复上述图解计算，即得下泄流量过程线 $q=f(t)$。用此法作调洪计算时，需图解与列表计算相结合进行。

需要指出的是，由于作辅助线时 Δt 需取固定值，且 $q=f\left(\frac{V}{\Delta t}+\frac{q}{2}\right)$ 是由蓄泄曲线 $q=f(V)$ 转换而来，故该法只适用于自由泄流（无闸或闸门全开）和 Δt 固定的情况。当有闸控制泄流时，应按控制的泄量调洪；当 Δt 有变化时，应按改变的 Δt 重新作辅助线，或用试算法计算。

【例 3－2】　某水库基本资料及设计方案均与例 3－1 相同，用单辅助曲线法进行调洪计算。

解：调洪计算步骤如下：

(1) 计算并绘制 $q—\frac{V}{\Delta t}+\frac{q}{2}$ 辅助线。

为提高图解精度，计算中 V 值取溢洪道堰顶以上的库容。计算时段取 $\Delta t=4\text{h}$。计算过程如表 3－12 所示。利用表中第（5）、第（7）栏的相应的数值绘制的辅助线如图 3－7 所示。

表 3－12　　某水库 $q=f\left(\frac{V}{\Delta t}+\frac{q}{2}\right)$ 辅助曲线计算表（$P=1\%$）

水库水位 Z (m)	总库容 $V_总$ (万 m³)	堰顶以上库容 V (万 m³)	$\frac{V}{\Delta t}$ (m³/s)	q (m³/s)	$\frac{q}{2}$ (m³/s)	$\frac{V}{\Delta t}+\frac{q}{2}$ (m³/s)
(1)	(2)	(3)	(4)	(5)	(6)	(7)
132	2730	0	0	10	5.0	5
133	3180	450	312.5	74	37.0	350
134	3600	870	604.0	191	95.5	700
135	4060	1330	923.5	343	171.5	1095
136	4460	1730	1201.5	522	261.0	1463
137	4880	2150	1493.0	726	363.0	1856

（2）调洪计算求 q—t 过程和库水位过程。

调洪的起始条件同例 3-1。计算过程可列表进行，见表 3-13。

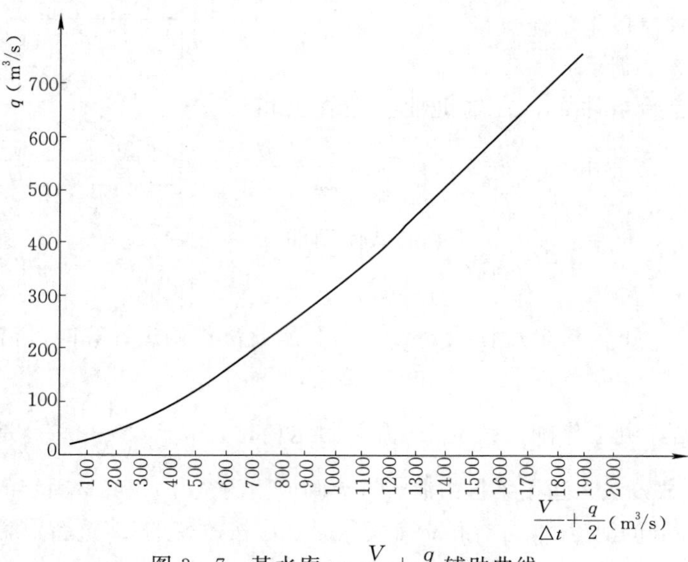

图 3-7　某水库 q—$\frac{V}{\Delta t}+\frac{q}{2}$ 辅助曲线

表 3-13　　某水库半图解法调洪计算表（P=1%）

时间 t（h）	入库流量 Q（m³/s）	平均入库流量 $\overline{Q}$（m³/s）	$\frac{V}{\Delta t}+\frac{q}{2}$（m³/s）	q（m³/s）	Z（m）
(1)	(2)	(3)	(4)	(5)	(6)
0	0	20	5	10	132.0
4	40	70	15	11	132.0
8	100	165	74	15	132.1
12	230	355	224	44	132.6
16	480	590	535	130	133.5
20	700	770	995	305	134.8
24	840	785	1460	530	136.0
28	730	645	1715	655	136.7
32	560	510	1705	650	136.7
36	460	400	1565	588	136.4
40	340	300	1377	484	135.8
44	260	235	1193	390	135.3
48	210	184	1038	322	134.9
52	158	143	900	268	134.5
56	128	111	775	220	134.2
60	94		666	176	133.9

对于第一时段，$Q_1=0$，$Q_2=40\text{m}^3/\text{s}$，$q_1=10\text{m}^3/\text{s}$。于是由 q_1 查图 3-7 辅助曲线得 $\left(\frac{V_1}{\Delta t}+\frac{q_1}{2}\right)=5\text{m}^3/\text{s}$，代入式（3-5）求得 $\left(\frac{V_2}{\Delta t}+\frac{q_2}{2}\right)=15\text{m}^3/\text{s}$，以此查图 3-7 得 $q_2=$

$11m^3/s$。依次类推，可求出其他时段的泄量。其成果如表 3-13 中第（5）栏所示。利用表 3-9 中的库水位 Z 与泄流能力 q，可绘制 Z—q 关系曲线，如图 3-8 所示。利用该图，可将表 3-13 中的第（5）栏的 q—t 过程转换成库水位过程 Z—t，具体数值见表 3-13 中第（6）栏。

（3）绘制 Q—t 与 q—t 过程线，求 q_m、$V_{设}$ 与 $Z_{设}$。

利用表 3-13 中的第（1）、第（2）、第（5）栏数值，可绘出 Q—t 与 q—t 过程线，如图 3-9 所示。图 3-9 中，q—t 曲线的峰值段按曲线的趋势徒手勾绘而成。取 Q—t 与 q—t 两曲线的交点的纵坐标数值，作为 q_m。由图 3-9 中读出 $q_m=660m^3/s$，利用 q_m 值，由图 3-8 上可查得 $Z_{设}=136.7m$。查库容曲线得相应库容为 4760 万 m^3，再减去堰顶以下库容，则得 $V_{设}=2030$ 万 m^3。

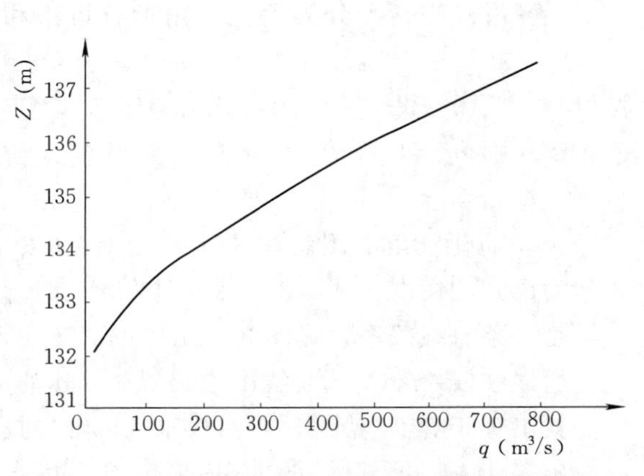

图 3-8　某水库库水位与下泄流量的关系曲线

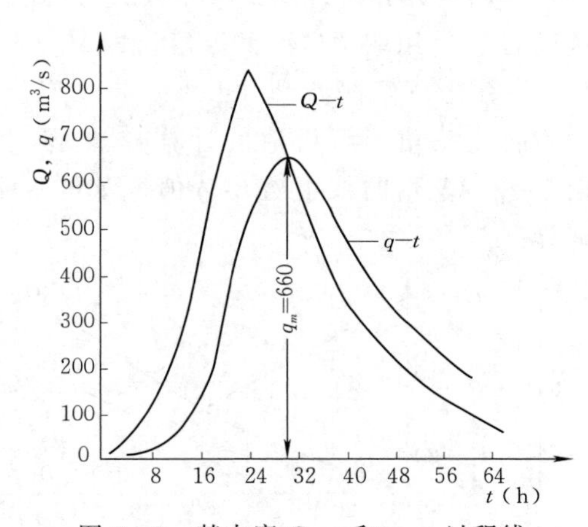

图 3-9　某水库 Q—t 和 q—t 过程线

三、简化三角形法

在小流域、小型水库资料缺乏或在初步规划阶段进行调洪多方案比较时，只需求出最大下泄流量 q_m 及调洪库容 V_m，不需推求下泄流量过程线，为了避免上述列表试算或半图解演算的繁琐工作，可采取高切林的简化三角形法进行调洪计算。该法的适用条件是：溢洪道上无闸门控制，汛前水位与堰顶齐平，入库洪水和出库过程均简化为三角形，如图 3-10 所示。注意对于有闸门的溢洪道及泄洪洞，其泄洪过程与直线变化相差很大，不宜用此法。

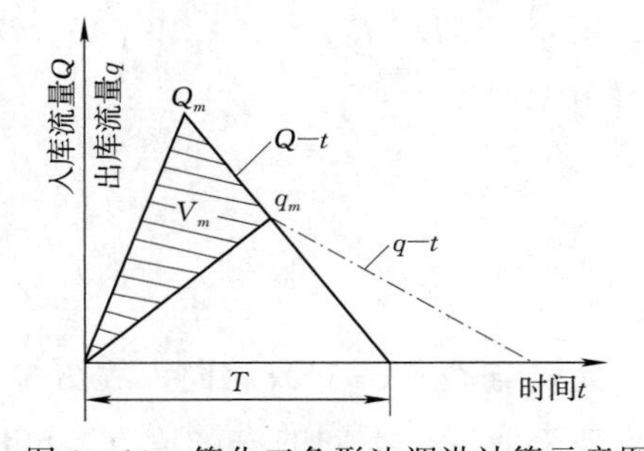

图 3-10　简化三角形法调洪计算示意图

在图 3-10 中，入库洪水过程 Q—t 已概括为三角形，其高为 Q_m，底宽为过程线历时 T，三角形的面积即入库洪水总量 W 为

$$W=\frac{1}{2}Q_mT \tag{3-8}$$

调洪库容 V_m 为

$$V_m=\frac{1}{2}Q_mT-\frac{1}{2}q_mT=\frac{1}{2}Q_mT\left(1-\frac{q_m}{Q_m}\right) \tag{3-9}$$

式中 q_m——最大下泄流量，m^3/s。

将式（3-8）代入式（3-9）中得

$$V_m=W\left(1-\frac{q_m}{Q_m}\right) \tag{3-10}$$

当已知调洪库容 V_m，求最大下泄流量 q_m 时，可将式（3-10）改写为

$$q_m=Q_m\left(1-\frac{V_m}{W}\right) \tag{3-11}$$

式（3-10）及式（3-11）称为高切林公式。

在调洪计算时，用式（3-10）或式（3-11）与水库蓄泄曲线 $q=f(V)$ 联合求解。这里的 V 是用堰顶以上的库容，即 $V=V_{总}-V_{堰}$。解题方法又可分为简化三角形解析法和简化三角形图解法。

简化三角形解析法的计算方法是：先假设 q_m，代入式（3-10）求出 V_m，以 V_m 在 $q=f(V)$ 曲线上查出 q 值，如与原假设相等，则 q_m 和 V_m 即为所求，否则需重新试算。

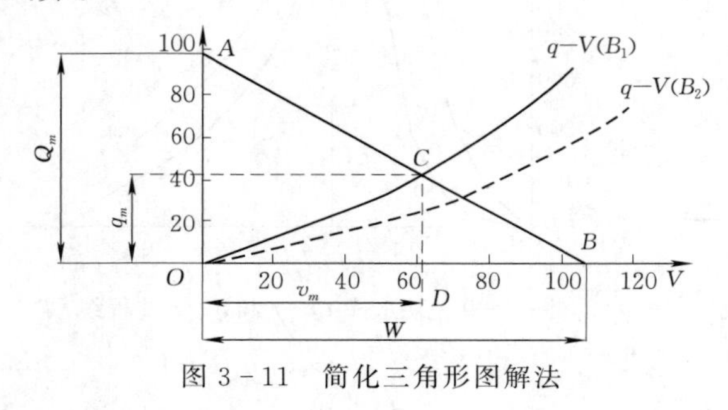

图 3-11 简化三角形图解法

简化三角形图解法是：基于 W 和 Q_m 为已知的情况，式（3-10）中的 q_m 和 V_m 是一条直线关系，见图 3-11 中的 AB 线，所以在 $q=f(V)$ 曲线图上沿纵轴（q 轴）找出等于 Q_m 的点 A，再沿横轴（V 轴）找出等于 W 的点 B，连直线 AB，它与 $q=f(V)$ 曲线相交于 C，则 C 点的纵坐标和横坐标值即是 q_m 和 V_m。现证明如下：

在图 3-11 中，由于直角三角形 AOB 和直角三角形 CDB 相似，则

$$\frac{CD}{AO}=\frac{BD}{BO}$$

用 $q_m=CD$、$Q_m=AO$、$W-V_m=BD$、$W=BO$ 代入上式，得

$$\frac{q_m}{Q_m}=1-\frac{V_m}{W}$$

即

$$q_m=Q_m\left(1-\frac{V_m}{W}\right)$$

此式与式（3-11）相同，故图 3-11 的解法是正确的。

如果假定了不同的溢洪道方案（例如不同的溢洪道宽度 B_1 和 B_2），再由水力学公式分别求得各方案的堰顶以上的蓄水量与下泄流量的关系曲线 $q—V(B_i)$，则 $q—V(B_i)$ 曲线与 AB 直线的交点，就是第 i（$i=1, 2$）溢洪道方案所相应的最大下泄流量 q_m 和调洪库容 V_m。

【例 3-3】 拟建某小型水库，已知 $P=2\%$，设计洪峰流量 $Q_m=99m^3/s$，洪水历时

$T=6\text{h}$（$t_1=2\text{h}$，$t_2=4\text{h}$），三角形洪水过程，溢洪道方案之一：$B=10\text{m}$，其 $q=f(V)$ 曲线见表 3-14，用简化三角形解析法及图解法求出最大下泄流量 q_m 和设计调洪库容 V_m。

解：(1) 用简化三角形解析法求解。

1) 根据表 3-14 绘制 $q=f(V)$ 曲线，如图 3-12 所示。

表 3-14　　某水库 $q=f(V)$ 数值表

下泄流量 q（m^3/s）	0	5.0	15.0	28.0	42.0	59.0	78.0
溢洪道堰顶以上库容 V（万 m^3）	0	14	30	45	62	79	96

计算设计洪水总量 W_m 为

$$W_m=\frac{Q_mT}{2}=\frac{99\times6\times3600}{2}=107\ (\text{万 m}^3)$$

2) 用试算法推求 q_m 和设计调洪库容 V_m。

第一次假设 $q_m=47\text{m}^3/\text{s}$，计算 $V_m=W\left(1-\frac{q_m}{Q_m}\right)=107\times\left(1-\frac{47}{99}\right)=56$（万 m^3），查图 3-12 得 $q_m=38\text{m}^3/\text{s}$，与原假设不等，应再进行试算。

第二次假设 $q_m=42\text{m}^3/\text{s}$，$V_m=W\left(1-\frac{q_m}{Q_m}\right)=107\times\left(1-\frac{42}{99}\right)=62$（万 m^3），

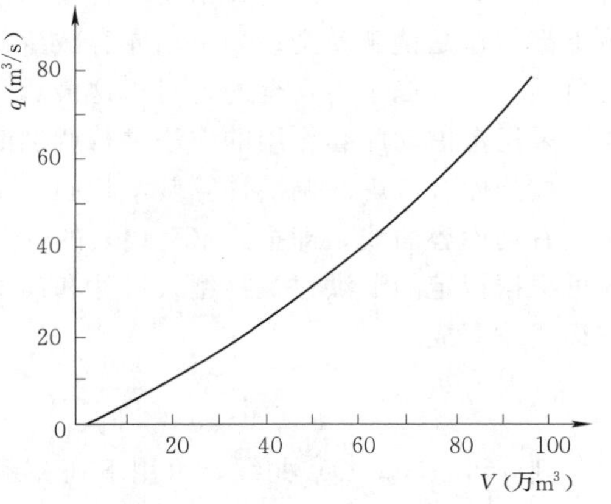

图 3-12　某水库 $q=f(V)$ 关系曲线

查 $q=f(V)$ 曲线得 $q_m=42\text{m}^3/\text{s}$，与原假设相符，故 $V_m=62$ 万 m^3，$q_m=42\text{m}^3/\text{s}$，即为所求的设计调洪库容和最大下泄流量。

(2) 用简化三角形图解法求解。

1) 作图：根据表 3-14 绘制 $q=f(V)$ 曲线，如图 3-12 所示。

2) 图解：在纵坐标上取 Q_m 值为 $99\text{m}^3/\text{s}$ 得 A 点；横坐标上取 W 值为 107 万 m^3 得 B 点，连接 AB 交 $q=f(V)$ 关系曲线于 C 点。则 C 点的横坐标 $OD=V_m=62$ 万 m^3；C 点的纵坐标 $OE=q_m=42\text{m}^3/\text{s}$。

四、考虑动库容的调洪演算

在以往的防洪调度的方法、模型研究中，大多没有考虑动库容的影响，调洪演算只按静库容计算。实际上，动库容是存在的，而且在某些情况下动库容对调洪演算及防洪预报调度都产生了不可忽略的影响。因此研究水库的动库容问题是非常必要的。前面介绍的已广泛使用的调洪演算方法采用的都是静库容曲线，即近似地假定了调洪时水库水面为水平并平行升降。它能满足一般的水库（湖泊式）调洪计算的精度要求，但对于一些峡谷型水库，由于楔形库容较大，当通过大洪水流量时，水库表面常呈现明显的水面坡降。在这种情况下，为了减少误差提高精度，最好以动库容曲线为基础来进行调洪计算。

从实际的防洪设计需要出发，动库容在一次洪水中所起的作用，关键在于用动库容曲线进行调洪与用静库容曲线进行调洪所得到的坝前最高洪水位（或最大下泄流量）有何差别。

对于不受闸门控制的自由泄流情况，从入流开始大于出流的时间到水库最高洪水位出现的调节时期内，尽管其间水库水面曲线经历了许多变化，但就该调节时期之始、末而言，入库流量属于增大而使动库容增加；水库水位属于升高而使动库容减小。而最终是增加或减少，则取决于其始末入流、库水位的增幅和其入库段水库地形的综合影响。由于通常都按静库容曲线作调洪演算，如果动库容在调洪始、末没有变化，则考虑与不考虑动库容作用的结果是一样的；如果动库容增加，则不考虑动库容作用计算得到的水库最高洪水位更高，这是偏于安全；如果动库容减少，则不考虑动库容作用计算得到的水库最高洪水位更低，这是偏于不安全的。对于这最后一种情况，应有足够的认识和估计，这时就往往需要采用考虑动库容作用的方法进行调洪演算。考虑动库容的调洪计算，其基本原理和方法与按静库容考虑的调洪计算基本相同。不同的地方，就是前者取用静库容曲线，而后者则应有动库容曲线，即把式（3-4）的 $q=f(V)$ 曲线，换为 $q=f(V,Q)$ 曲线。此曲线可根据拟定的泄洪建筑物型式尺寸和动库容曲线来制作。如将式（3-1）水库水量平衡方程式改写成

$$\left(\frac{2V_2}{\Delta t}+q_2\right)=Q_1+Q_2-2q_1+\left(\frac{2V_1}{\Delta t}+q_1\right) \tag{3-12}$$

则 $q=f(V,Q)$ 曲线，可用下列关系式来制作，即

$$q=f\left[\left(\frac{2V}{\Delta t}+q\right),Q\right] \tag{3-13}$$

逐时段联解式（3-12）和式（3-13）可求得各时段的下泄流量 q，即下泄流量过程线 q—t。

绘制 $q=f\left[\left(\frac{2V}{\Delta t}+q\right),Q\right]$ 关系曲线，可用表 3-15 的形式来计算。

表 3-15　$q=f\left[\left(\frac{2V}{\Delta t}+q\right),Q\right]$ 辅助线计算表（格式）

坝前水位 Z（m）	入库流量 Q（m^3/s）	动库容 V（m^3）	计算水头 H（m）	下泄流量 q（m^3/s）	$\frac{2V}{\Delta t}$（m^3/s）	$\frac{2V}{\Delta t}+q$（m^3/s）
(1)	(2)	(3)	(4)	(5)	(6)	(7)

表中（1）、（2）栏数可由已知的动库容曲线 $V=f(Z,Q)$ 查得，并将每组数值对应地写入表中；（4）栏 H 为泄洪建筑物的计算水头，可由坝前水位 Z 及既定泄洪建筑物堰顶高程（或孔口中心高程）关系求得；然后用泄洪建筑物下泄流量计算公式（3-2）或式（3-3）求出下泄流量，填入（5）栏。将（3）栏水库蓄水量数据乘以 2，再除以 Δt，即为（6）栏数据。将（5）、（6）栏数据相加，即得（7）栏数据。最后用（2）、（5）、（7）栏对应的数据，可绘出 $q=f\left[\left(\frac{2V}{\Delta t}+q\right),Q\right]$ 关系曲线，如图 3-13 所示。

推求下泄流量过程线 $q—t$。从第一时段开始，式（3－12）中右端各项数值（Q_1、Q_2、q_1、V_1）全为已知，可算出 $\frac{2V_2}{\Delta t}+q_2$ 之值。据此值及 Q_2 在图 3－12上可查得相应的 q_2 值。再以 q_2、Q_2、V_2 作为第二时段的初始条件，同法继续计算下去，直到计算出各时段的 q_2 值，即得下泄流量过程线 $q—t$。

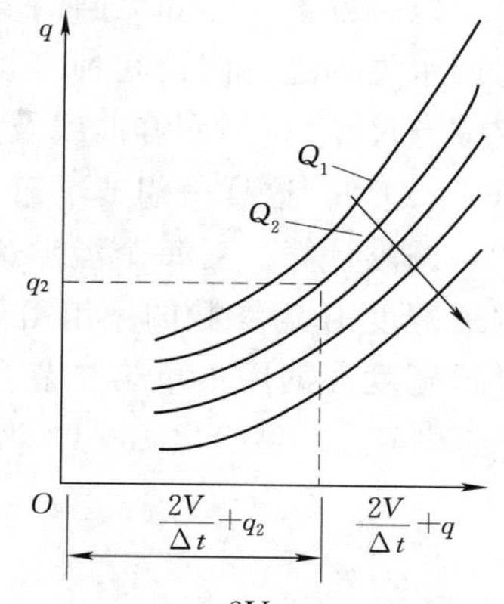

图 3－13　$q=f\left[\left(\frac{2V}{\Delta t}+q\right),Q\right]$关系曲线

对于受闸门控制的泄流情况，由于水库水量（调节）的蓄泄平衡计算是按一定的防洪运行规则受人为控制，实际调节过程中动库容变化的影响可在实时运行过程中不断地得到校正，故不考虑动库容调洪作用的计算结果，对水库防洪安全的不利影响（如果存在的话）将比自由泄流情况小得多。

在实际问题中，由于水库地形复杂，入流断面也分布在各干支流上，因此动库容的变化也将是复杂的，故必须要有较多的精度较高的资料，才能使按动库容曲线进行的调洪演算得到正确的结果。在动库容占有较大比重的水库调洪计算中，应该考虑水库动库容影响。并且目前有人采用将水库调洪数值—解析解法应用于水库动库容调洪，它使水库动库容调洪计算用解析公式求出，不需查图与试算。精度高、速度快，且易于程序化。另外，该方法主要适用于带状河道型、无大支流汇入的水库。对于有较大支流汇入的水库动库容计算问题仍需做进一步的研究。

鉴于动库容对调洪的影响实际上常有存在，它与有时难于推求的入库设计洪水问题联系在一起后，会使问题进一步复杂和困难。因此，对于重要的水库，尤其是平原和浅丘地区河道入库段很长的水库，应深入分析入库洪水和动库容对调洪的影响问题，以便当采用静库容调洪时，在应用计算成果上留有余地。

最后，要提到的一点是，要严格地考虑洪水波通过水库时在水库沿程的水位、流量等水力要素变化按不稳定流运动进行调洪演算，涉及到更多的水力学问题，将要求较多且严格的资料，否则，将难以保证成果精度。同时，严格的算法计算工作量亦很大。所以，当无特殊要求时，前述方法已够应用。

五、无闸门控制时水库调洪计算中的几个问题

前面介绍了几种调洪计算的具体方法，下面讨论在规划设计中无闸门控制时调洪计算应考虑的几个问题。

小型水库，总库容较小，调节洪水的能力较低，为了节省投资，管理方便，这类水库的溢洪道上就不设闸门。溢洪道的堰顶与正常蓄水位齐平。当库水位超过溢洪道堰顶时，水库就自由泄流。为了保证兴利库容的蓄水和调洪运用的安全，兴利库容和调洪库容不能结合使用，所以调洪演算时的起调水位（调洪开始时的起始水位）取为正常蓄水位，并等于防洪限制水位。

1. 下游无防洪要求溢洪道宽度的选择

下游无防洪要求，意味着下游对水库下泄流量没有明显的限制，计算步骤大致如下：

(1) 拟定方案。已知无闸门溢洪道水库下游没有防洪要求；水库的运用方式、堰顶高程、起调水位一定；假设几种可能的泄洪建筑物尺寸，如溢洪道的宽度 B（如需要，泄洪洞也应拟定尺寸）；用库容曲线及泄洪公式绘制下泄流量与库容的关系曲线 $q=f(V)$ [或 $q=f(V, Q)$]。这样就组成了若干个不同溢洪道宽度 B 的方案。

(2) 调洪计算。对每个溢洪道宽度 B_i 的方案，利用库容曲线和泄洪公式，计算并绘出以溢洪道宽度 B_i 为参数的一组蓄洪曲线 $q—B_1—V$。[图 3-14 (a)] 根据大坝洪水分别对各溢洪道宽度方案用本章第二节介绍的调洪演算方法求出各方案 (B_i) 所相应的最大下泄流量 $q_{m,i}$ 和 $V_{p,i}$，再绘出 $B—V_p$ 和 $B—q_m$ 关系曲线如图 3-14 (b) 所示。

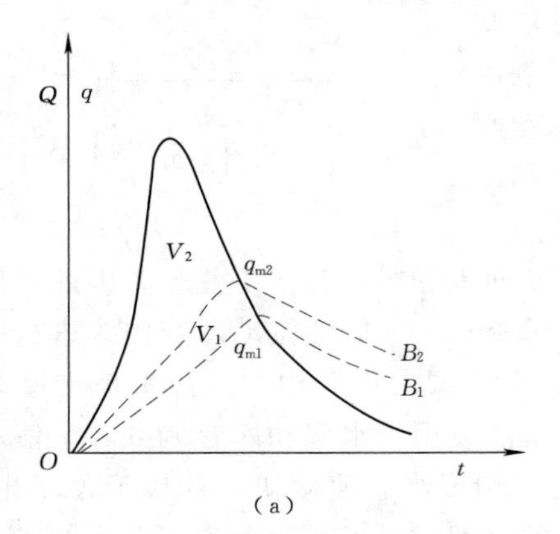

(a)

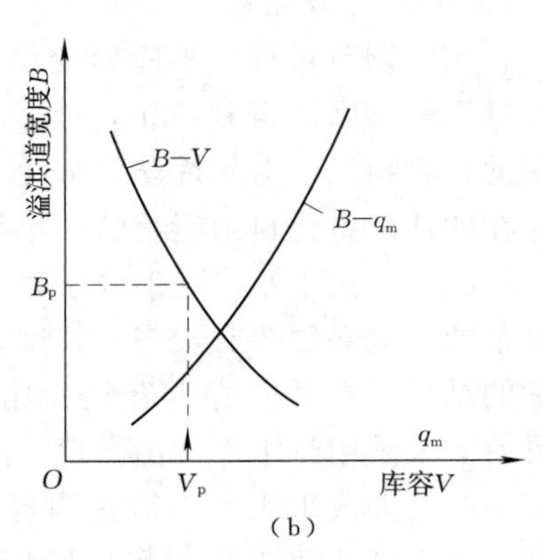

(b)

图 3-14　溢洪道宽度 B 与库容、下泄流量的关系

(a) B 对 V 与 q_m 的影响；(b) $B—V$、$B—q_m$ 的关系曲线

(3) 选定方案。由图 3-14 (b) 可知，溢洪道的最大下泄流量 q_m 随着溢洪道宽度的增加而增大，而所需调洪库容则随着溢洪道宽度的增加在减小。显然，泄洪建筑物的投资、下游堤防的投资与淹没费用，都将随溢洪道宽度 B 的增大而增加，而水库上游的淹没损失和大坝的投资则随着 B 的增大而减小。如果把溢洪道、消能设施造价和管理维修费用以 S_1 表示，下游堤防建设以 S_2 表示，大坝造价和淹没损失以及管理维修费用以 S_3 表示，总费用以 S 表示，则它们与溢洪道宽度 B 的关系如图 3-15 所示。于是由总费用最小值 S_{min}，便可查出最佳溢洪道宽度 B_p 和相应的调洪库容 V_p。若采用的是设计调洪库容就可以在库容曲线上查出设计洪水位。若采用水库的校核洪水进行调洪计算，便可求出校核调洪库容（一般叫调洪库容）和校核洪水位。在实际规划设计中，除考虑总造价要最小外，还需结合地形、地质等条件来最后选定溢洪道宽度。

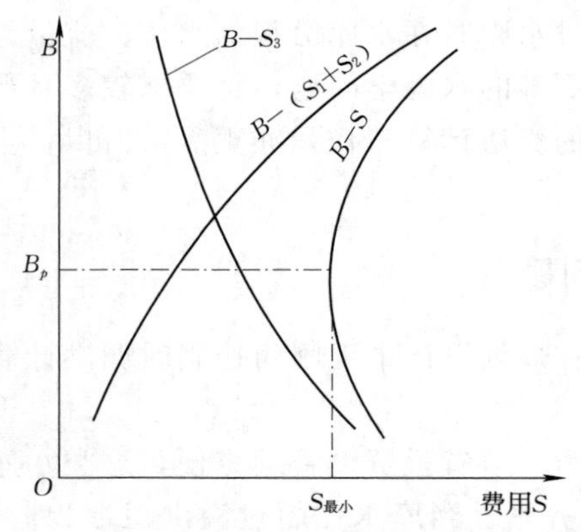

图 3-15　溢洪道宽度与库容、泄量关系

2. 下游有防洪要求溢洪道宽度的选择

当水库担负下游防洪任务时，其防洪标准有以下两种：下游防护对象的防洪标准 P_1 和大坝防洪标准 P_2。为明确起见，规范规定，遇到下游防护对象的防洪标准洪水时，水

库所达到的最高水位称为防洪高水位，遇到大坝设计标准洪水时，水库所达到的最高水位称为设计洪水位。下游防护要求，通常以防洪标准 P_1 洪水情况下，下游某断面的泄量不超过安全泄量 $q_{安}$（或水位）来表示。

下游有防洪要求与无防洪要求的不同之处主要有两点：一是要考虑下游 $q_{安}$ 的限制；二是要对两种设计标准（下游防洪标准和大坝防洪标准）的洪水分别进行调洪计算。以满足当遇到下游防洪标准洪水时，下游不出险：当超过下游防洪标准（一般大坝设计标准 P_2 高于下游防洪标准 P_1）洪水时，保证大坝本身的安全。这里说明一点，一般情况下承担下游防洪任务的水库总是设闸门控制的。此处所指为中小型水库无条件设闸门的情况。具体计算步骤如下：

1）先假定不同的溢洪道宽度 B，对下游防洪标准 P_1 的设计洪水进行调洪计算，求出 B 和 q_m 的关系。

2）调洪计算结果中，凡是 q_m 大于 $q_{安}$ 的溢洪道宽度方案不予考虑。

3）对于满足下游防洪要求的溢洪道宽度 B 的不同方案 B_1、B_2、…，在对大坝防洪标准 P_2 的设计洪水进行调洪计算，求出相应的防洪库容 V_1、V_2、…和最大下泄流量 q_{m1}、q_{m2}、…，然后根据求出的参数进行经济比较。其余计算与无防洪要求的相同。

第四节　其他情况下的水库调洪计算

上一节所介绍的是不用闸门控制下泄流量 q 时的调洪计算步骤，虽设有闸门而闸门全开时的计算和无闸门控制时一样。这是调洪计算中最为基本的情况，工程实际中遇到的情况常常要复杂些。为多目标服务的综合利用水库，溢洪道上一般都设有闸门控制。在溢洪道上设置闸门，将有利于解决水库防洪与兴利的矛盾，提高水库的综合效益。因为对于一定标准的洪水进行调蓄，所需水库库容是一定的。因防洪限制水位是水库蓄洪的起调水位，故防洪限制水位取得越低，调蓄洪水过程中的最高水位就会越低。对应于设计洪水，防洪限制水位降低可使水库设计洪水位、校核洪水位以及相应的水库坝高降低。而坝高降低会使整个工程的造价及淹没损失减少。故防洪限制水位应尽可能降低。但需注意，防洪限制水位的降低受到水库兴利要求的限制。因汛期结束时水是处在防洪限制水位，如汛期过后，水库所在的河流有足够的水量，不但能够满足当时用水的需要，而且能够保证水库在下一个供水期开始时回蓄到正常蓄水位，则可将防洪限制水位定在低于正常蓄水位的位置。但在有些河流上（如我国北方的一些河流），汛期结束后河流就几乎没有多余的水供水库蓄水，此时则只能把水库的正常蓄水位作为防洪限制水位了。当防洪限制水位低于正常蓄水位时，防洪限制水位到正常蓄水位之间的库容既可用于兴利，又可以用于防洪，称为共用库容或结合库容。

由于对防洪来说，汛期要求库水位低一些，以利防洪；对兴利来说，则要求库水位高一些，以免汛后蓄水不足，影响到兴利用水。而设置闸门后便可在主汛期之外分阶段提高防洪限制水位，拦蓄洪水主峰后的部分洪量，使水库既发挥了防洪作用，又能争取多蓄水兴利。对于下游要求水库蓄洪、与河道区间洪水错峰、有预报洪水时提前预泄腾空库容以减小最大下泄流量或水库群防洪调度等情况，设置闸门是必要的。因为，在同样满足下游河道允许（安全）泄量的情况下，有闸门控制泄流比无闸门自由泄流所需的防洪库容较小，如图 3-16（a）所示；在相同的防洪库容条件下，有闸门控制泄流可以减小最大下泄流量，如图 3-16（b）所示；当下游有较大区间洪水时，有闸门控制泄流可以错开洪峰遭遇，避免造成大洪水危害；同时也为综合利用水库兴利库容与防洪库容结合使用，创造了有利条件。利用闸门控制下泄流量 q 时，调洪计算的基本原理和方法与不用闸门控制 q 时类似，所不同的是因为水库运行方式有多种多样，要按需要随时调整闸门的开度（包括开启闸孔数目和每个闸孔的开启高度）。在这种情况下，若用半图解法进行调洪计算，则需要针对不同的泄流情况作出若干不同的辅助曲线，使计算变得很麻烦，失去了半图解法简便迅速的优越性。因此，利用闸门控制 q 时的调洪计算，以采用列表试算法较为方便。

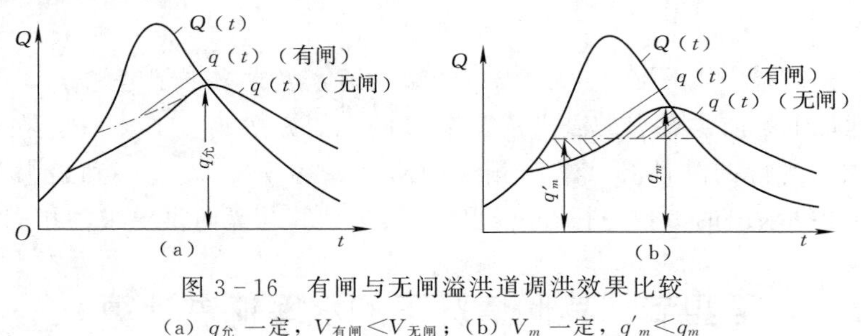

图 3-16 有闸与无闸溢洪道调洪效果比较

（a）$q_{允}$ 一定，$V_{有闸}<V_{无闸}$；（b）V_m 一定，$q'_m<q_m$

不同的水库运用方式，要求闸门有不同的启闭过程。水库运用方式变化很多，不可能一一举例。下面举出几种常见的情况，说明利用闸门控制 q 时的水库调洪过程，以供参考。

图 3-17 是水库下游无防洪任务的调洪计算情况。其闸门操作方式的一般过程为：$t_1 \sim t_2$ 时段内，随着入库流量不断增大，闸门开度也逐渐加大，使下泄流量 q 等于入库流量 Q，保持水位不变，至 t_2 时刻。当闸门开启到与防洪限制水位齐平后，若洪水继续增大，说明入库流量将大于防洪限制水位所对应的泄流量，闸门应逐步开大，至 t_3 时刻全部开完。因 $t_2 \sim t_3$ 时段内 Q 已大于 q，故库水位上升。t_3 时刻以后虽然闸门全部开启，但库水位继续上升，至 t_5 时刻库水位升到最高值 Z_m，泄流量达到最大值 q_m。t_5 时刻以后水位逐渐降落，下泄量逐渐减小，到 t_6 时刻库水位已经恢复到防洪限制水位，将闸门逐渐关闭，保持库水位在防洪限制水位。

从以上分析可看出，用闸门控制泄流，在调洪原理上与无闸门控制的情况一样。不同之处只是无闸门控制时的泄流方式是自由溢流，而有闸门控制时，泄流方式可以人为控制变动。

图 3-17 虚线表示无闸门控制情况下的泄流过程线和水位过程线。为便于和有闸门控制的情况相比较，假定在最高库水位 Z_m 和最大泄流量 q_m 都相同的情况下，有闸门时可将防洪限制水位由堰顶高程 Z_1 抬高到 $Z_{限}$，减小了调洪库容即增大了兴利库容。有闸门和无闸门情况的这种差别，是由于设置闸门后，借助闸门控制，从洪水开始就得到较高的泄流水头，使洪水初期增大了下泄流量。有的水库也采用有闸门控制的泄流底孔（或隧洞），因其泄流水头大大提高，故更能增加洪水初期的下泄流量。

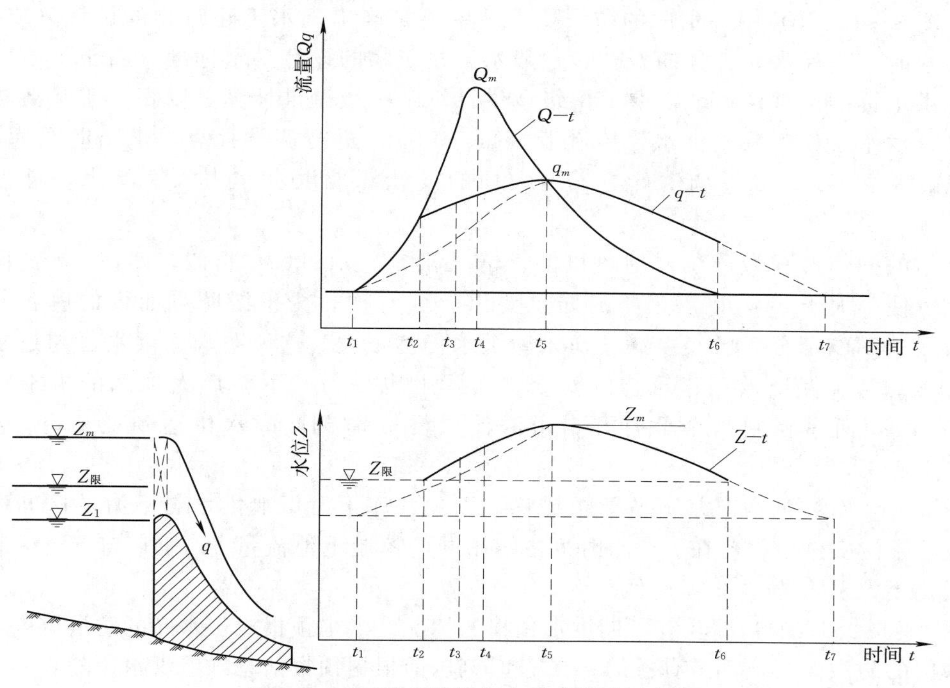

图 3－17　下游无防洪任务时的调洪示意图

图 3－18（a）、（b）的情况是，当下游有防洪任务时，一般采用不同设计标准洪水的两级（或多级）调洪计算方法。对于某一确定的溢洪道宽度 B 而言，首先对下游防洪标准 P_1 的设计洪水进行调洪计算，按下游安全泄量 $q_安$ 要求，计算出满足下游防洪要求所需的防洪库容及其相应的防洪高水位。然后再对大坝设计标准 P_2 的设计洪水进行调洪计算，开始泄量应尽量不超过 $q_安$，当水库蓄洪量达到 $V_防$、水位达到防洪高水位时，若入库流量仍较大，说明该次洪水已超过下游设计标准 P_1。此时主要考虑大坝本身的安全，不能再以 $q_安$ 控制下泄，应将闸门打开全力泄洪。

在图 3－18（a）中，水库防洪调节计算，就是在满足下游防洪要求，下泄流量 $q \leqslant q_安$ 的情况下，推求水库所需要的库容 $V_防$ 和相应的库水位（即防洪高水位）。这里说明一点，当水库至防护区的防洪控制站区间流量 $Q_区$ 较大而不能忽略时，水库允许泄放流量 $q_允 \leqslant (q_安 - KQ_区)$。其中 K 为加大系数，视各地具体情况定。

调洪计算的方法：采用相应于下游防洪标准设计洪水过程线，通过求解式（3－1）和式（3－4），在水库泄流量 $q \leqslant q_安$ $[q_允 \leqslant (q_安 - KQ_区)]$ 条件下，逐时段推求水库蓄水过程，其中水库蓄水量的最大值减去防洪限制水位所相应的库容，即为所求的防洪库容 $V_防$，如图 3－18（a）阴影部分面积。闸门操作过程为：在 t_1 时刻以前，Q 较小，而闸门全开时的下泄流量较大，故闸门不应全开，而应以闸门控制，使 $q=Q$。闸门随着 Q 的加大而逐渐开大，直到 t_1 时闸门才全部打开。因为从 t_1 时刻开始，Q 已大于闸门全开自由溢流的 q 值，即来水流量大于可能下泄的流量值，因而库水位逐渐上升。至 t_2 时刻，q 达到 $q_安$，于是用闸门控制，使 $q \leqslant q_安$，水库水位继续上升，闸门逐渐关小。至 t_3 时刻，Q 降落到重新等于 q，水库水位达到最高，闸门也不再关小。t_3 以后是水库泄水过程，水库水位逐渐回降。

在图 3-18（b）中，水库的防洪要求，主要是当出现水工建筑物的设计（或校核）标准洪水时，确保水库工程的安全。一般水工建筑物的设计洪水标准，高于下游防护区的设计洪水标准。这样，就需要分两级调洪计算：一级调洪计算，以相应于下游防洪标准的设计洪水，作为入库洪水，控制泄流量 $q \leqslant q_{安}$，进行调洪计算，求出防洪库容 $V_{防}$ 和防洪高水位 $Z_{防}$，二级调洪计算，用大坝的设计标准洪水作为入库洪水，进行调洪计算。

闸门的操作过程为：在 t_3 时刻以前，情况和图 3-18（a）类似，即在 $t_2 \sim t_3$ 间用闸门控制 q 使不大于 $q_{安}$，以满足下游防洪要求。至 t_3 时，为下游防洪而设的库容（图中竖阴影线表明的部分）已经蓄满，而入库洪水仍然很大，这说明入库洪水已超过了下游防洪标准。为了保证水工建筑物的安全（实际上也是为了下游广大地区的根本利益），不再控制 q，而是将闸门全部打开自由溢流。至 t_4 时刻，库水位达到最高，q 达到最大值。

图 3-18（c）的情况是下游要求错峰，以免水库下游下泄洪水与下游的区间洪水遭遇，危及下游安全。因此在 $t_2 \sim t_3$ 时刻之间用闸门控制下泄流量 q，使它与下游区间洪水叠加后仍不大于下游允许的 $q_{安}$ 值。

图 3-18（d）的情况是有短期洪水预报的情况。洪水预报对于水库的防洪调度，甚至减少专门的防洪库容，都是有益的。在 t_1 时刻以前根据预报信息预泄洪水，随着库水位下降而逐渐开大闸门。在 $t_1 \sim t_3$ 之间，为了不使 $q > q_{安}$，随着库水位的上升而适当关小闸门，以控制 q 值。在 $t_1 \sim t_2$ 时刻水库仅将预泄的库容回蓄满，t_2 时刻以后，水库才从汛期防洪限制水位起蓄洪。

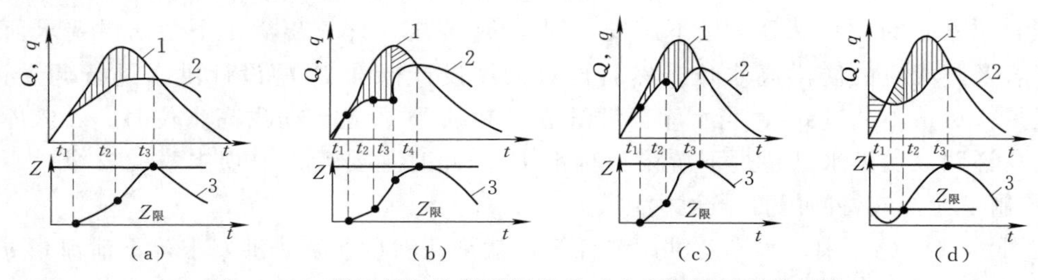

图 3-18　利用闸门控制下泄流量时水库调洪的几种情况

（a）下游有防洪要求情况；（b）水工建筑物设计标准大于下游防洪标准情况；
（c）水库下泄洪水要与下游区间洪水错峰的情况；（d）根据预报预泄洪水情况
1—入库洪水过程线；2—下泄洪水过程线；3—水库水位过程线

总之，针对不同的闸门启闭过程，调洪计算的具体手续会有所不同，要根据具体情况灵活运用前述的计算方法。

思　考　题

1. 水库调洪计算的任务和过程。
2. 水库调洪计算的基本原理。
3. 列表试算法的方法和步骤。

4. 半图解法的基本原理。
5. 有闸门控制，下游无防洪任务的调洪计算方法。
6. 有闸门控制，下游有防洪任务的调洪计算方法。
7. 对于两级调洪计算，如何推求防洪高水位和设计洪水位。
8. 简化三角形的计算原理和方法。

第四章　水能计算及水电站在电力系统中的运行方式

第一节　水能计算的目的与内容

水力发电的基本原理、水能资源的开发利用方式见第一章。水能计算又称水能设计，是水电站规划设计中一项关系全局的综合性工作，其主要目的在于：

（1）确定水电站的工作情况，分析水电站的出力、发电量及其随时间的变化过程。

（2）确定水电站的主要动能效益指标，包括保证出力、多年平均年发电量和装机容量。

（3）确定水电站在电力系统中的运行方式。

（4）选择水电站正常蓄水位、死水位和水电站装机容量等主要工程特性参数，确定工程规模。

第二章中兴利调节计算的实质是解决来水、需水、设计保证率和库容四者之间的关系。水能计算中，将"库容"扩大理解为工程规模、"需水"变为需电，同径流调节一样，来水作为原始水文资料，而保证率根据工程规模事先确定，则水能计算的实质从广义上讲，和兴利调节一样，也是解决来水、需水、设计保证率和库容四者之间的关系。因此兴利调节计算的原理和方法同样适用于水能计算，但由于用户需要的是电能，出力计算除考虑供水流量外还考虑供水水头，因此水能计算比兴利调节计算复杂一些。本章主要讲述水电站工作情况、动能指标、水电站在电力系统中运行方式的分析确定方法，水电站主要工程特性参数的分析确定方法将在第五章中讲述。

一、水电站的出力

水电站的出力是指电站全部发电机组出线端送出的功率之和，可用式（4-1）和式（4-2）计算：

$$N=9.81\eta QH=AQH\ (\text{kW}) \tag{4-1}$$

$$H=Z_{上}-Z_{下}-\Delta h \tag{4-2}$$

式中　N——水电站的出力，kW；

Q——通过水电站水轮机的流量，m^3/s；

H——水电站的净水头，为水电站上下游水位之差减去各种水头损失，m；

$Z_{上}$，$Z_{下}$——水电站上游水位和尾水管出口断面水位，m；

Δh——水电站发电引用水流通过拦污栅、进水口、引水管道流至水轮机，并经尾水管排至下游河道的过程中产生的各种水头损失，与引水设施的条件、形状和水流的流速等因素有关，可由水力学公式计算出来，m；

η——水电站效率，小于1，与水电站机组机型及其工况等因素有关，等于水轮机效率 $\eta_{机}$、发电机效率 $\eta_{电}$ 及机组传动效率 $\eta_{传}$ 的乘积，即 $\eta=\eta_{机}\eta_{电}\eta_{传}$；

A——水电站的出力系数，$A=9.81\eta$。

在规划设计阶段水能计算时，A 可根据水电站的规模大小采用下列近似值：大型水电站（装机容量 $N_{装}>25$ 万 kW），$A=8.5$；中型水电站（2.5 万 kW$\leqslant N_{装}\leqslant 25$ 万 kW），$A=8.0\sim8.5$；小型水电站（$N_{装}<2.5$ 万 kW），$A=6.0\sim8.0$，同轴相连 $A=7.0$，皮带传动 $A=6.5$。待机组选型时，再根据机组的技术特性进行修正。

水电站的出力公式并不复杂，但考虑到水电站的引用流量、工作水头和机组效率受许多因素的影响，彼此之间有密切的联系，所以水电站的出力计算并不简单。同时由于河流的径流多变，电力系统的用电要求也是变化的，水电站的出力将随时间而变化，必须进行大量的水能计算，才能获得水电站的出力变化过程 $N=f(t)$，以便随时掌握与了解水电站的工作情况。

二、水电站的发电量

水电站的发电量为水电站的出力与相应时间的乘积。水电站在不同时刻的出力常因电力系统的负荷的变化、国民经济各部门用水量的变化或天然来水流量的变化而不断变动着，水电站在时刻 t_1 至 t_2 时间内的发电量见式（4-3）；实际计算中，常将 $t_1\sim t_2$ 划分为若干计算时段 Δt_i（$i=1,2,\cdots,n$）用有限差求和公式计算水电站的发电量见式（4-4）。

$$E=\int_{t_1}^{t_2}N\mathrm{d}t \tag{4-3}$$

$$\begin{cases}E=\sum\limits_{i=1}^{n}\overline{N}_i\Delta t_i\\ \overline{N}_i=k\,\overline{Q}_i\,\overline{H}_i\end{cases} \tag{4-4}$$

式中　E——水电站在时刻 t_1 至 t_2 时间内的发电量，kW·h，习惯上称为“度”，1kW·h$=3.6\times10^6$J；

$\overline{N}_i$——水电站在时段 Δt_i 内的平均出力，kW；

$\overline{Q}_i$——时段 Δt_i 内的平均发电流量，m^3/s；

$\overline{H}_i$——时段 Δt_i 内的平均发电水头，m；

Δt_i——计算时段，其长短主要根据水电站出力变化情况及计算精度要求而定。

对于无调节或日调节水电站，$\Delta t_i=24$h；对于季调节或年调节水库，$\Delta t_i=$一旬或一月即 243h 或 730h；对于多年调节水库，Δt 可以取为一个月甚至更长即 $\Delta t_i\geqslant730$h。

三、水电站的设计保证率

水电站的出力取决于引用流量和发电水头，而河川径流的多变性决定了水电站出力处于经常变化之中，各个时段水电站的发电量也不相同。水电站在工作期间，不仅在枯水期会由于水量不足而遭受破坏，即使洪水期间低水头水电站也可能由于水头过小而正常工作遭到破坏。水电站的设计保证率是指水电站在多年工作期间正常工作得到保证的程度，通常用以下两种方法表示水电站的设计保证率大小：

（1）按水电站多年工作期间能够正常供电的年数表示，称为年保证率 $P_{年}$，即

$$P_{年}=\frac{正常供电年数}{总供电年数+1}\times 100\% \tag{4-5}$$

（2）按水电站多年工作期间能够正常供电的历时表示，称为历时保证率 $p_{历时}$，供电历时可以根据供电时段的不同采用月、旬或日数表示，即

$$P_{历时}=\frac{正常供电历时}{总供电历时}\times 100\% \tag{4-6}$$

水电站设计保证率的两种表示方法基本形式一样，但含义不同。年保证率 $p_{年}$ 表示水电站多年工作期间供电遭到破坏的年数，所谓供电破坏年份，则不论该年供电破坏的历时长短，是一个月或两三个月，都认为该年供电遭到了破坏；历时保证率 $P_{历时}$ 则表示供电遭到破坏的历时。一个水电站的历时保证率常大于其年保证率，例如某水电站在 20 年中有一个月供电不足，则 $P_{年}$ =19/（20+1）=90.5%，而 $P_{历时}$ =239/240=99.6%。在水电站的规划设计中，蓄水式水电站一般采用年保证率，径流式水电站和灌溉引水式水电站则一般采用历时保证率。

水电站设计保证率的大小，不仅关系到供电的可靠性。而且对水力资源的利用程度及水电站的投资都有很大的影响，所以水电站的设计保证率是一个十分重要的问题。水电站的设计保证率的选定，需要考虑水电站的规模、水电容量在电力系统中的比重大小、所在电力系统的电力负荷特性、水电站在电力系统中的作用，以及在水电站降低出力时，保证电力系统用电可能采取的补救措施等诸多因素确定，通常按照有关规范的规定，并结合具体情况选定。水电站的设计保证率不宜过低或过高，过低时，水电站的保证出力、装机容量和发电量也大，水力资源利用充分，但水电站投资也高，一旦来水量减少，水电站的出力减少后，一部分装机容量就用不上，机电设备的利用率不高，供电的可靠性也差；反之水电站的设计保证率选的过高时，水电站的保证出力、装机容量和发电量也小，供电的可靠性增加了，机电设备的投资减小了、利用率增加了，但到了丰水季节，受水电站机组发电能力的限制，有一部分水量不得不直接下泄，水力资源可能得不到充分利用。

按照电力系统中水电站的容量比重考虑，当水电站的容量在电力系统中的比重占 50% 以上时，水电站的设计保证率为 95%～98%；水电站的容量比重在 25%～50%时，水电站的设计保证率为 90%～95%；水电站的容量比重低于 25%时，水电站的设计保证率为 80%～90%。按照水电站的规模，装机容量小于 25MW 的小型水电站，设计保证率一般采用 65%～90%，地方电网中的骨干水电站，常年承担化肥厂和水泥厂等连续生产、较大工业负荷用电时，设计保证率较高，可取 85%～90%；装机容量为 1000～1200kW、担任一般地方工业和农村电力负荷的水电站，设计保证率可取 80%～85%；装机容量为 500～1000kW、主要供农村用电的水电站，设计保证率可取 70%～80%。水能资源丰富地区水电站的设计保证率可选取较高值，以提高供电的可靠性；水能资源短缺地区水电站的设计保证率宜选取较低值，以提高水能资源的利用效率。以灌溉为主的小水电站的设计保证率一般与灌溉设计保证率相同；同一电力系统中，规模和作用相近的联合运行的几座水电站，可视作单一水电站采用同一设计保证率；枯水期内可以达到电网内水电站或电源补偿

的水电站，可适当降低设计保证率。

四、保证出力和多年平均年发电量

水电站的出力和发电量多变，需要从中选出某些特征值作为衡量其效益的主要动力指标。水电站的主要动能效益指标有两个，即保证出力和多年平均年发电量。

水电站的保证出力 N_P 是水电站在长期工作中符合设计保证率 P 要求的一定计算期的平均出力，也就是说，水电站多年期间提供出力 $N \geqslant N_P$ 的概率恰好等于设计保证率 P，是反映水电站在设计枯水条件下的动能效益指标。水电站的保证出力是规划设计阶段确定水电站装机容量的重要依据，也是水电站在运行阶段的一项重要效益指标，决定着水电站能够有保证地承担电力系统负荷的工作容量。对于年调节水电站，满足设计保证率要求的计算期关键是设计枯水年的供水期；对于多年调节水电站，满足设计保证率要求的计算期关键是设计枯水年系列的供水期；无调节和日调节水电站的保证出力，应为符合设计保证率（用历时保证率来表示）的日平均出力。

水电站的多年平均年发电量是指水电站在多年工作期间内，平均每年所能产生的电能，反映水电站的多年平均动能效益，也是水电站的一个主要动能效益指标。多年平均年发电量是水电站直接的产品收益，在足够长的时间内是个稳定值。水电站多年平均年发电量的大小，一般取决于水电站装机容量和水电站的平均发电水头两个因素，其中装机容量的大小与保证出力和水电站在电力系统中的位置有关，如果装机容量已定，则只与平均发电水头有关。

五、水能计算所需的基本资料

实际工作中，水能计算的目的和内容对新设计水电站与已运行水电站的着重点有所不同。水电站的规划设计阶段，水能计算的目的是选择水电站及水库的主要工程特性参数，需假定若干个水库正常蓄水位方案，通过水能计算求得各方案的水电站动能指标，最后通过方案的综合经济比较最终确定水电站的工程特性参数，水能计算的复杂程度与水电站的调节性能、综合利用要求、水电站的工作方式，以及水电站群之间的联系条件有关。由于规划设计阶段工程特性参数未知，因此水能计算时常对水电站的工作方式进行简化处理，如按等流量或等出力进行调节等，待这些参数选定后，再做进一步的修正计算。在水电站运行阶段，水电站及水库的主要工程特性参数已定，水能计算的目的是，结合天然入库径流，水电站和水库的实际运行情况，考虑国民经济各用水部门的要求、电力系统的负荷等情况，求得水电站在各个时段的出力和发电量，分析确定水电站及其他电站在电力系统中的合理运行方式。

在具体进行水能计算工作之前，必须首先收集分析所需的基本资料，具体包括：

（1）水库基本资料。水库库容曲线 $Z—V$，水库的特征水位和特征库容，如正常蓄水位 $Z_{正}$、死水位 $Z_{死}$、兴利库容 $V_{正}$ 和死库容 $V_{死}$，水库的水量损失相关资料 $W_{损}—t$。

（2）水电站水库水文资料。坝址历年降水、蒸发、入库径流（$Q—t$）和洪水资料，坝址附近水文站的降雨、径流、蒸发和泥沙资料。

（3）下游水位流量关系资料 $Z—Q$，坝址上下游防洪任务和防洪要求、防洪工程的布置情况。

（4）水库供水范围内的灌溉用水、航运用水及其他用水资料等，下游综合利用流量需求资料 $Q_{综}—t$。

（5）水电站的效率 η 或出力系数 A 相关资料。

（6）电力系统负荷及其变化特性资料，电力系统其他电站的基本特性资料。

第二节　水能计算的主要方法

水能计算的具体方法有列表法、图解法及电算法，其中列表法是水能计算的基本方法，具有概念清晰、应用广泛，尤其适合有复杂综合利用任务的水库的水能计算，是其水能计算方法的基础；图解法计算精度较差、工作量也不比列表法小；当方案较多、时间序列较长时，宜采用图解法和电算法进行水能计算。

本节以年调节水电站为例来说明水能计算的列表法。年调节水电站在各时段的引用流量和出力，与水库的调度运行方式有关，初步水能计算时，常用简化的水能调节方式，从水能计算方法的角度来划分，可归纳为按等流量调节的水能计算和按已知出力调节的水能计算两种；进行详细水能计算时，则根据电力负荷要求，进行变出力调节，这个变动出力或事先规定或通过水库调度图的操作来确定。列表法的计算步骤为：根据水电站的调节方式，如等流量调节、定出力调节，计算确定各时段的发电流量；根据水库的蓄水位、蓄水量等水库工作状况分析计算各时段水库蓄水量、蓄水位的变化情况，分析各时段平均水库水位、下游水位，及水电站的平均发电水头；代入式（4－4）计算水电站的出力和发电量。

一、等流量调节的水能计算

当水电站水库的正常蓄水位和死水位已知时，按照等流量调节计算，可以初步确定水电站的出力和发电量。类似已知兴利库容求调节流量的径流调节计算，需要首先结合来用水资料划定蓄水期、供水期，包括不蓄不供期；根据等流量调节的原则确定蓄水期和供水期的调节流量；进行水库的径流调节计算，分析确定各个时段水电站的发电水头；最后计算各个时段水电站的出力。

1. 蓄水期和供水期的划分

水库的蓄水期和供水期取决于天然径流与用水量之间的大小关系。当天然径流量小于用水流量，需要由水库放水补充天然径流才能满足用水流量的时期为水库的供水期。当天然径流量大于用水流量，如果水库尚未蓄满，即水库水位尚未达到正常蓄水位，在满足用水流量同时水库将超过用水流量的那部分水量存起来的时期称为水库的蓄水期；如果水库已经蓄满，即水库水位达到了正常蓄水位，则需将超过水库正常蓄水位的那部分水量排泄到下游河道，称为弃水。当天然径流量等于用水流量时，水库既不蓄水也不放水称为不蓄不供时期。

水库调节年度内一次充蓄、一次供水的情况下，供水期开始的时段是天然流量开始小于用水流量（调节流量）的时段，终止时段则是天然流量开始大于用水流量（调节流量）的时段。可见水库供水期的长短是相对的，取决于天然来水流量与调节流量之间的大小关系，调节流量愈大，要求供水的时间愈长。

2. 蓄水期和供水期调节流量的计算

在进行径流调节、水能计算过程中由于调节流量未知，不能直接确定蓄水期和供水期，需要先假定蓄水期或供水期的若干调节流量方案，对每个调节流量方案 $Q_{调}$ 根据来水和用水过程进行径流调节计算求出各自需要的兴利库容 $V_{兴}$，然后绘制 $Q_{调}$—$V_{兴}$ 曲线；再根据给定的兴利库容 $V_{兴0}$，即可在 $Q_{调}$—$V_{兴}$ 曲线上查出所求的调节流量 $Q_{调0}$，如图 4-1 所示。

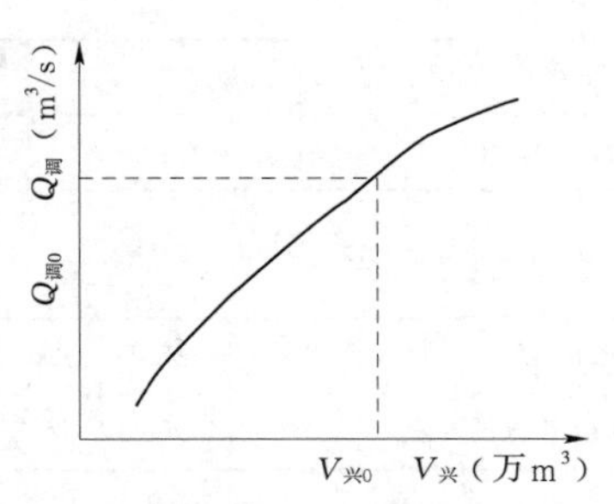

图 4-1　调节流量与兴利库容关系曲线

对于年调节水库供水期和蓄水期的调节流量 $Q_{调供}$ 和 $Q_{调蓄}$，也可根据供水期和蓄水期的调节水量、供水期和蓄水期历时，根据式（4-7）或式（4-8）计算，即

$$Q_{调供}=\frac{W_{供}-W_{供损}+V_{兴}}{T_{供}} \tag{4-7}$$

$$Q_{调蓄}=\frac{W_{蓄}-W_{蓄损}-W_{弃}-V_{兴}}{T_{蓄}} \tag{4-8}$$

式中　$W_{供}$，$W_{蓄}$——供水期和蓄水期的来水总量，m^3；

$W_{供损}$，$W_{蓄损}$——供水期和蓄水期的水量损失，m^3；

$W_{弃}$——水库蓄水期的弃水量；

$V_{兴}$——水库的兴利库容；

$T_{供}$，$T_{蓄}$——供水期的供水历时和蓄水期的蓄水历时，s。

应用式（4-7）或式（4-8）计算水库的调节流量时，需要注意水库的调节性能问题。式（4-7）或式（4-8）适用于年调节水库的调节流量计算，因此应首先判别水库是否为年调节，因为只有年调节水库的 $V_{兴}$ 才是当年蓄水期蓄满、并将全部存水用于供水期供水。水库的调节性能可根据库容系数 β 来判别，当 $\beta=8\%\sim30\%$ 时，可初定为年调节水库；当 $\beta\geqslant30\%$ 时，可初定为多年调节水库。也可根据式（4-9）计算水库在设计枯水年按照等流量完全年调节所需的兴利库容 $V_{完}$ 为判别标准，准确判别水库是否为年调节水库，即

$$V_{完}=\overline{Q}_{设用}T_{枯}-W_{设枯} \tag{4-9}$$

式中　$\overline{Q}_{设用}$——天然流量，等于设计枯水年月平均用水流量，m^3/s；

$W_{设用}$——设计枯水年枯水期来水总量，m^3；

$T_{枯}$——设计枯水年枯水期历时，s。

当水库的实际兴利库容小于等于 $V_{完}$ 时，水库为年调节，否则为多年调节。

3. 等流量年调节水能计算实例

【例 4-1】　基本资料：已知某年调节水电站水库的水位容积关系见表 4-1，水电站的下游水位流量关系见表 4-2，设计枯水年入库径流资料见表 4-3 第（2）栏。水电站出力系数取常数 $A=8.2$；无其他用水要求；水头损失假定取定值，$\Delta H=1.0$m。水库的正

常蓄水位 $Z_{蓄}=760\text{m}$，死水位 $Z_{死}=720\text{m}$。要求在不计入水量损失的条件下，用等流量调节的方法计算设计枯水年水电站的出力和发电量。

表 4-1　　某水电站水库水位容积关系

库水位 Z_u（m）	630	650	670	700	710	720	730	740	750	760	770
库容 V（亿 m^3）	0	0.2	1.0	4.2	5.9	7.9	10.5	13.4	17.0	21.4	26.7

表 4-2　　某水电站下游水位流量关系

水位 Z_d（m）	625.0	625.5	626.0	626.5	627.0	627.5	628.0	628.5	629.0	629.5	630.0	635.0
流量 Q（m^3/s）	97	153	226	317	421	538	670	806	950	1090	1230	2620

解：采用列表法计算水电站各月平均出力和发电量，计算步骤如下所述，计算过程及结果如表 4-3 所列。

表 4-3　　等流量调节的水能计算表

时段 Δt（月份）	天然流量 Q_t（m^3/s）	水电站引用流量 Q（m^3/s）	水库蓄水（+）或供水（−）		弃水流量 Q_s（m^3/s）	时段初末水库存水量 V（亿 m^3）	时段平均存水量 $\overline{V}$（亿 m^3）	上游平均水位 $\overline{Z_u}$（m）	下游水位 Z_d（m）	平均水头 $\overline{H}$（m）	水电站出力（万 kW）
			流量 Q_v（m^3/s）	水量 ΔV（亿 m^3）							
(1)	(2)	(3)	(4)	(5)	(6)	(7)	(8)	(9)	(10)	(11)	(12)
5	259	259	0	0		7.90	7.90	720.0	626.2	92.8	19.7
6	751	584	167	4.40		7.90	10.10	729.0	627.7	100.3	48.0
7	792	584	208	5.45		12.30	15.03	744.5	627.7	115.8	55.4
8	721	584	138	3.65		17.75	19.58	755.5	627.0	126.8	60.6
9	458	458	0	0		21.40	21.40	760.0	626.7	132.0	49.7
10	340	340	0	0		21.40	21.40	760.0	626.0	132.3	36.9
11	268	268	0	0		21.40	21.40	760.0	625.8	133.0	29.2
12	147	194	−47	−1.24		21.40	20.78	758.0	625.8	131.2	20.9
1	87	194	−107	−2.83		20.16	18.75	753.8	625.8	127.0	20.2
2	79	194	−115	−3.03		17.33	15.82	746.7	625.8	119.9	19.1
3	75	194	−119	−3.10		14.30	12.75	737.6	625.8	110.8	17.6
4	69	194	−125	−3.30		11.20	9.55	727.0	625.8	100.2	15.9

（1）分析水库的调节库容。由水电站正常的蓄水位 $Z_{蓄}=760m$，死水位 $Z_{死}=720\text{m}$，查水库水位库容曲线，得 $V_{760}=21.4$ 亿 m^3、$V_{720}=7.9$ 亿 m^3，则兴利库容 $V_n=V_{760}-V_{720}=13.5$ 亿 m^3。

（2）按照等流量调节确定设计枯水年各月水电站的引用流量。根据表 4-3 中第（2）栏的流量资料和已知的 $V_n=13.5$ 亿 $m^3=513$（m^3/s）·月，求供水期 12 月到次年

4 月 5 个月的调节流量为

$$Q_{p供}=\frac{\sum_d^t Q+V_n}{T_d}=\frac{457+513}{5}=194\ (m^3/s)$$

同样，蓄水期 6～8 月的引用流量为

$$Q_{p蓄}=\frac{\sum_d^T Q-V_n}{T_f}=\frac{2264-513}{3}=584\ (m^3/s)$$

其余月份为不供不蓄期，按天然流量引水发电。将计算结果列入表中第（3）栏，为水电站的引用流量。

（3）确定水库蓄水量的变化过程。根据水库的入库流量［第（2）栏］和水电站的引用流量［第（3）栏］、推求水库蓄水量的变化过程。表中第（4）、第（5）和第（6）栏分别表示水库蓄存（＋）或供出（－）的流量、水量和弃水流量。据此根据下式推算表中第（7）栏的时段初、末水库的存水量，注意包括死库容 $V_{720}=7.9$ 亿 m^3：

$$V_e=V_b\pm\Delta V$$

式中　V_b，V_e——时段初、末的水量。

对蓄水期取“＋”，对供水期取“－”。推算时可按顺时序从蓄水期初计算至蓄水期末、供水期初至供水期末，本时段末为下一个时段初；也可按逆时序从供水期末至供水期初、蓄水期末计算至蓄水期初，本时段初为下一个时段末。推算时，注意从供水或蓄水起迄时刻开始，供水期开始时刻或蓄水期结束时刻，水库满蓄；供水期结束时刻或蓄水期开始时刻，水库库空；不供不蓄期，时段初、末水库存水量不变，这些均可以用于校验计算是否有误。

（4）确定水库各时段的平均蓄水量。根据表中第（7）栏的时段初、末水库的存水量利用下式计算表中第（8）栏的时段平均蓄存水量，以便确定水库上游的平均水位：

$$\overline{V}=\frac{1}{2}(v_b+v_e)\quad 或\quad \overline{V}=V_b\pm\frac{\Delta V}{2}$$

表中第（8）栏，时段平均库存水量：对蓄水期用“＋”，对供水期用“－”。表中的 5 月，不供不蓄，故 $\overline{V}=7.90$ 亿 m^3；6 月 $\overline{V}=\frac{1}{2}(7.90+12.30)=10.10$ 亿 m^3，或 $7.90+\frac{1}{2}\times4.4=10.10$ 亿 m^3；以此类推。

（5）确定各时段水电站的发电水头。根据表中第（8）栏的 $\overline{V}$ 查水位库容曲线，得表中第（9）栏的上游平均水位 $\overline{Z_u}$；根据水电站下泄流量（有弃水时包括弃水流量）查下游水位流量关系得表中第（10）栏的下游水位 Z_d；因为水头损失是常数 $\Delta H=1.0$m，可不在表中列出；于是得表中第（11）栏水电站的平均发电水头为

$$\overline{H}=\overline{Z_u}-\overline{Z_d}-\Delta H$$

（6）计算水电站出力和发电量。根据式（4－1），由表中第（3）、第（11）栏计算得表中第（12）栏的月平均出力过程。根据式（4－4）计算水电站的年发电量为

$$E=\sum N\Delta t=393.2\times10^4\times730=28.7\ (亿度)$$

本例中计算时段 Δt 为一个月，按 30.4 天算，即 $30.4\times24=730$h。如需要计算供水期的发电量，则根据供水期的出力之和 93.7×10^4 kW，计算相应的发电量为 93.7×10^4

$\times 730 = 6.84$ 亿度，则供水期平均出力为 $93.7/5 = 18.74 \times 10^4$ kW。

本例中弃水量表中第（6）栏是空的，原因是本例未考虑水电站机组最大过水能力的限制数字，适用于水能的初步计算，装机大小尚待选定，往往暂时不考虑机组过水能力的限制，称之为"按无限装机调节"，也就是"无弃水调节"，由此求得的出力常称为"水电站水流出力"。

如果是长系列或代表期的径流资料，可在分析水利年度的基础上，按照本例的等流量调节计算方法逐年计算出力和发电量。

二、已知出力的列表计算

当已知水电站出力，需要计算所需的调节库容及水库运用过程。这类问题类似于第二章已知用水过程、求水库兴利库容的径流调节计算，但已知出力的水能计算要复杂一些，因为在出力一定的情况下，水电站的引用流量 Q 与发电水头 H 互有联系，需要通过试算才能求解。这类问题的试算须在正常蓄水位和死水位至少有一个为已知的条件下进行，试算从假定发电流量 Q 或假定出力 N 入手，列表计算确定出力。

1. 已知出力、正常蓄水位或死水位时的列表试算

这类问题的调节计算，如果已知的是水库的正常蓄水位，则须从供水期开始时刻算起，顺时序逐时段进行供水期水能调节计算，直到供水期结束时段为止；如果已知的是水库的死水位，则须从供水期结束时刻算起，逆时序逐时段进行水能调节计算，直到供水期开始时段为止。本类问题的计算步骤如下所述，计算过程及结果如表 4－4 所列。

表 4－4　　已知出力时的水能计算表

时段 Δt（月份）	已知出力 N(kW)	天然流量 Q_t (m^3/s)	水电站引用流量 Q (m^3/s)	水库蓄水(＋)或供水(－)		时段初末水库存水量 V(亿 m^3)	时段平均存水量 $\overline{V}$ (亿 m^3)	上游平均水位 $\overline{Z_u}$(m)	下游水位 Z_d(m)	平均水头 $\overline{H}$(m)	水电站出力（万 kW）
				流量 Q_v (m^3/s)	水量 ΔV (亿 m^3)						
(1)	(2)	(3)	(4)	(5)	(6)	(7)	(8)	(9)	(10)	(11)	(12)
12	N	—	假定 Q'	—	—	$V=V_蓄$	—	—	—	—	N'
			Q	—	—	—	—	—	—	—	—
1	…	…	…	…	…	…	…	…	…	…	…
⋮											
4						$V=V_死$					

（1）将各月已知出力列入表 4－4 中第（2）栏，第（3）栏为天然流量资料。假定已知水库的正常蓄水位，供水期调节计算从供水期第一个时段（12 月）开始，该月初 $V=V_蓄$ 已知。

（2）假定引用流量为 Q'，填入第（4）栏，第（4）栏以后各栏的计算步骤和计算方法同表 4－3，由此计算得第（12）栏作为校核用的水电站出力 N'。

（3）比较第（12）栏的 N' 与第（2）栏的已知出力 N，如果 $N' \neq N$，则重新假定引用

流量 Q，再按照步骤（1）进行计算，直到假定的 Q 在第（12）栏计算出力 N' 与已知出力 N 相等（或十分接近）时为止。该行各栏的数值即为所求。

（4）如此，一个时段接一个时段进行试算，一直计算到供水期结束时（4 月）为止。供水期结束时段末的水库存水量为死库容。

2. 正常蓄水位和死水位均已知的等出力列表计算

假设正常蓄水位和死水位均已知，要求水库按等出力调节，这类水能计算的问题，需要通过反复试算来解决，首先假定一个等出力值，从已知正常蓄水位开始，进行已知出力的水能计算，求得相应的供水期末水库的消落水位；若此消落水位高于（或低于）已知死水位值，表示库容中的蓄水没有用完（或不足），假定的等出力值小（或大）了，要重新假定，即加大（或减小）等出力值，再重新进行水能计算，直到供水期末水库消落水位符合已知的死水位值时为止。如要考虑水量损失，并有其他部门的用水要求，可在表中增添相应的项目，计算就稍微复杂一些。

【例 4-2】　以例［4-1］中的数据为例，本例中水库的正常蓄水位 $Z_{蓄}$ 和死水位 $Z_{死}$ 已知，按等出力调节，求供水期的固定出力。计算过程及结果见表 4-5，计算步骤如下所述：

表 4-5　　供水期等出力调节水能计算表

时段 Δt（月份）	已知出力 N（kW）	天然流量 Q_t（m³/s）	水电站引用流量 Q（m³/s）	水库蓄水（+）或供水（-）		月初末水库存水量 V（亿 m³）	月平均存水量 $\overline{V}$（亿 m³）	上游平均水位 $\overline{Z_u}$（m）	下游水位 Z_d（m）	月平均水头 $\overline{H}$（m）	水电站出力（万 kW）
				流量 Q_v（m³/s）	水量 ΔV（亿 m³）						
(1)	(2)	(3)	(4)	(5)	(6)	(7)	(8)	(9)	(10)	(11)	(12)
						21.40					
12	18.9	147	174	-27	-0.71		21.05	758.9	625.6	132.3	18.9
						20.69					
1	18.9	87	179	-92	-2.42		19.48	755.3	625.6	128.7	18.9
						18.27					
2	18.9	79	189	-110	-2.90		16.82	749.0	625.6	122.3	18.9
						15.37					
3	18.9	75	202	-127	-3.34		13.70	740.6	625.6	113.8	18.9
						12.03					
4	18.9	69	226	-157	-4.13		9.97	728.8	625.6	101.9	18.9
						7.90					

（1）将各月已知出力列入表 4-4 中第（2）栏，第（3）栏为天然流量资料。供水期调节计算从供水期第一个时段（12 月）开始，该月初 $V=V_{蓄}$ 已知。计算从假定供水期固定出力开始。

（2）首先用简化的方法估算供水期平均出力值。供水期平均流量即是调节流量 194m³/s。平均水头可这样来估算：供水期水库调节库容从库满到库空，故平均蓄水容积为

$$\frac{1}{2}(V_{死}+V_{蓄})=V_{死}+\frac{1}{2}V_n=7.9+\frac{1}{2}\times 13.5=14.65\text{（亿 m}^3\text{）}$$

查库容曲线得供水期上游平均水位 $\overline{Z}_u=743.5\text{m}$；再由调节流量 $194\text{m}^3/\text{s}$ 查得下游平均水位 $\overline{Z}_d=625.8\text{m}$；则供水期平均水头 $\overline{H}=743.5-625.8-1.0=116.7$（m），于是估算的供水期平均出力 $\overline{N}=8.2\times194\times116.7=18.6$（kW）。

（3）假定水电站供水期的等出力值 $N'=18.6\text{kW}$，填入第（2）栏；引用流量为 $Q'=194\text{m}^3/\text{s}$，填入第（4）栏，第（4）栏以后各栏的计算步骤和计算方法同表 4－3，由此计算得第（12）栏作为校核用的水电站出力 N''。

（4）比较计算的水电站出力 N''与已知出力 N'，如果 $N''\neq N'$，则重新假定等出力值 N'与引用流量 Q'，再按照步骤 2 进行计算，直到假定的 Q'在第（12）栏计算出力 N''与已知出力 N'相等（或十分接近）时为止。该行各栏的数值即为所求。

（5）如此，一个时段接一个时段进行试算，一直计算到供水期结束时（4 月）为止。供水期结束时段末的水库存水量为死库容。本实例中曾假定固定出力为 18.7 万 kW，计算结果供水期末水库没有放到死库容，经反复试算，最后得符合已知正常蓄水位和死水位并按固定出力调节的供水期出力为 18.9 万 kW。

（6）计算完供水期，再进行蓄水期计算。计算所得表 4－5 中第（7）栏和第（8）栏分别为水库存水量、时段平均存水量变化过程，由第（8）栏的时段平均存水量查水库的水位库容关系曲线可得水库水位变化过程，见表中第（9）栏。

现比较例［4－1］和例［4－2］的水能计算结果，例［4－2］按等出力调节时供水期的平均出力为 18.9 万 kW，例［4－1］按等流量调节时为供水期的出力为 18.74 万 kW，简化计算时为 18.6 万 kW。两种水能计算结果的差异，主要是水能的调节方式不同，影响到平均水头，但差别不大。所以，在进行初步水能计算时，常用等流量调节，甚至用简化计算方法来求供水期平均出力，这样，不但计算工作量甚少，而且有一定的精确度，能够满足规划设计的要求。

第三节　电力系统负荷及各类电站技术特性

电力系统由若干发电厂/站、变电站、输电线路及与电力用户等部分组成，是进行电能生产、输送和利用的有机整体。电力系统内包含各种不同类型的电站，包括水电站、火电站、核电站及抽水蓄能电站等，所有电站不单独向用户供电，而是联合起来，协同工作，共同满足用户的需电要求。电力系统中各类电站互相取长补短，可以充分发挥各个电站的优点，改善各电站的工作条件，提高电力系统供电的可靠性和经济性，节约电力系统的投资与运行费用，合理利用能源。现代电力系统的规模及供电范围日益扩大，可以使各种能源得到更加充分、合理的运用，电力供应也更加安全、可靠和经济。

我国各地区大都以水电站和火电站为主组成电力系统，但各地区的电力系统中水电站和火电站的比重各不相同，是由各地区水资源分布的特性造成的，在水能资源丰富的地区以水电为主，如西北和西南地区；煤炭资源丰富而水能资源相对贫乏处，以火电为主，如华北和华东地区。在水电资源和煤炭资源均较为贫乏的地区，则可以考虑发展核电。在火电、核电为主的电力系统中，当缺乏填谷调峰容量时，则考虑发展抽水蓄能电站。此外，在风能资源丰富的地区，可考虑建设风力发电厂；在沿海潮汐能资源丰富的地区，则可以考虑建设潮汐电站。

电力生产的一个显著特点是电能难以储存，电力的发、供、用是同时进行的。在任何时间内，电力系统中各电站的出力过程和发电量必须与用户对出力的要求和用电量相适应，因而电力系统中电站的工作取决于用户的电能消费。用户的电能消耗量的大小和用电方式直接影响到各电站的规模及其工作方式。因此，在规划设计水电站时，必须了解和计算电力系统中电力用户的用电量和用电过程。

一、电力系统用户用电特性和电力负荷图

（一）电力系统用户用电特性

电力系统的用户数量很大、种类繁多，为便于分析计算，一般按电力用户的生产特点和用电要求划分为工业用电、农业用电、市镇用电和交通运输用电四大类。

工业用电，是指工矿企业的各种电动设备、电炉、电化装置和车间照明等方面的用电。工业用电的特点是用电量大、年内用电过程比较均匀、供电保证要求高，随着生产班制和产品种类的不同在一昼夜内有较大的变化，例如一班制和二班制生产用电变化较大，三班制和连续性生产企业日内用电就较均匀。工业用电在电力系统中所占的比重较大，可达总负荷的50%以上。

农业用电，是指电力排灌、农副产品加工、畜牧业及农村生活与公用事业用电。农业用电具有明显的季节性，以电力排灌用电为例，不同水文年份用电量不同。随着乡镇企业的发展和农村生活水平的提高，农业用电的增加趋势明显。

市镇用电，是指市镇交通、给排水、通信、各种照明，以及家用电器等方面的用电。市镇用电的特点是日内变化和年内变化都很大，以照明为例，夏季用电少、冬季用电多，白天用电少、晚上用电多。

交通运输用电，是指电气化铁道运输用电，它在一年内与一昼夜间用电都是比较均匀的，但在一日内由于火车启动总要出现多次短时间的剧烈高峰。

电力用户按照重要性的不同分为三个等级。一级用户最为重要，若停止供电将引起严重后果，如电炉炼钢、高炉供水、煤矿通风和照明、医院照明等。二级用户为重要用户，若停止供电将对生产带来很大影响，重要的工业用户和电力提灌用户均属此类。其他不属于一、二级的电力用户均为三级用户。电力系统内电力用户的重要性比重大小是选择水电站设计保证率的主要依据之一。

（二）电力负荷图

电力用户对电力系统提出的出力要求，被称为电力负荷，电力负荷在一日、一月及一年内均随时间发生变化。把电力系统中工、农业、市镇和交通运输用电在同一时间内对电力系统要求的出力叠加起来，再加上同一时间的输电线损和厂用电，就得到了电力负荷随时间的变化过程，称之为电力负荷图。电力负荷在一昼夜的变化过程称为日负荷图，电力负荷在一年内的变化过程称为年负荷图。

1. 日负荷图

电力系统日负荷的变化一般上、下午各有一个高峰，晚上因增加大量照明负荷形成尖峰，午休及夜间各有一个低谷。日负荷图上有三个特征值对于分析计算有重要意义，即日

最大负荷 N''、日平均负荷 $\overline{N}$ 和日最小负荷 N'。日最大负荷表明电力用户对电力系统的最大出力和发电量要求；日平均负荷表征一昼夜内的负荷平均值；日最小负荷表明电力用户对电力系统的最小出力和发电量要求。实际规划设计中将日负荷图绘成以小时计的阶梯状图，如图 4-2 所示。

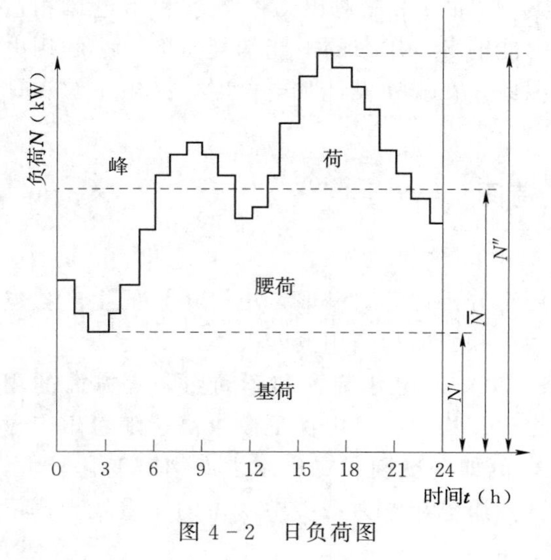

图 4-2　日负荷图

日负荷图三个特征值 N''、$\overline{N}$ 和 N' 把日负荷图分为三个区域，即峰荷区、腰荷区和基荷区。在日最小负荷 N' 以下的区域为基荷；在 $\overline{N}$ 和 N' 之间的区域为腰荷，在 N'' 和 $\overline{N}$ 之间的区域为峰荷。峰荷随时间变动最大，基荷在一昼夜 24 小时内都不变，腰荷在一昼夜某段时间内变动，在另一段时间内不变。为了表明日负荷图的变化特性以及便于比较各日负荷图，一般采用基荷指数 α、日最小负荷率 β 和日平均负荷率 γ 三个特征指标值来表示日负荷特性：

$$基荷指数\ \alpha=\frac{日最小负荷}{日平均负荷}=\frac{N'}{\overline{N}}<1 \tag{4-10}$$

$$日最小负荷率\ \beta=\frac{日最小负荷}{日最大负荷}=\frac{N'}{N''}<1 \tag{4-11}$$

$$日平均负荷率\ \gamma=\frac{日平均负荷}{日最大负荷}=\frac{\overline{N}}{N''}<1 \tag{4-12}$$

基荷指数 α 反映基荷占负荷图的比重，α 越大，系统用电越稳定。日最小负荷率 β 反映日负荷图中的丰谷负荷差值，峰谷差较小，日负荷较均匀时，β 值较大，反之当峰谷差较大，日负荷不均匀时，β 值较小。

日平均负荷率 γ 反映峰荷占负荷图的比重，γ 越大，日负荷变化越小，在一个电力系统中，若耗电工业占的比重较大，一般日负荷在一日内的变化较均匀，γ 往往较大；当系统照明负荷所占的比重较大时，γ 则较小。上述三个指标值越大，说明日负荷变化越均匀，发电和用电设备的利用效率越高。我国较大电力系统日最小负荷率 β 一般为 0.65～0.75，日平均负荷率 γ 一般为 0.8～0.88。随着我国经济、社会的发展和人民生活水平的提高，市政生活用电的比重将逐渐上升，β 和 γ 值将逐渐降低。国外电力系统日最小负荷率 β 较小，一般低于 0.5。

由日负荷曲线上某一负荷值与时间所围成的面积是相应负荷对应的用电量，由日负荷曲线所围成的面积是日用电量 $E_{日}$，与日平均负荷 $\overline{N}$ 的关系为

$$\overline{N}=\sum_{i=1}^{24}N_i/24=E_{日}/24(\mathrm{kW}) \tag{4-13}$$

日负荷图的负荷值与相应用电量的关系曲线，称为日电能累积曲线，为便于利用日负荷图进行动能计算，常需绘制该曲线。该曲线的绘制方法是：①将日负荷图的负荷值自下而上加以分段 ΔN_1、ΔN_2、…，分别计算各负荷段对应的面积，即相应的分段电能量

ΔE_1、ΔE_2、…；②将分段负荷值 ΔN 和分段电能量 ΔE 自下而上依次逐渐累加，得到日电能累积曲线对应的坐标点 a（N_1，E_1）、b（N_2，E_2）、…；③点绘坐标得到日电能累积曲线，如图 4－3 所示。日电能累积曲线有以下三个特点：①在日最小负荷 N'以下，负荷无变化，因此 gc 段为直线；②在 N'以上由于负荷有变化，cd 段为上凹线，d 点的横坐标即为日用电量 $E_{日}$；③延长直线段 gc，与过 d 点的垂线 df 相交于 e 点，e 点的纵坐标即为日平均负荷 $\overline{N}$。利用日负荷累积曲线，可以比较合理地确定水电站的装机容量、工作位置和调节库容，以及一日内水量的分配等。

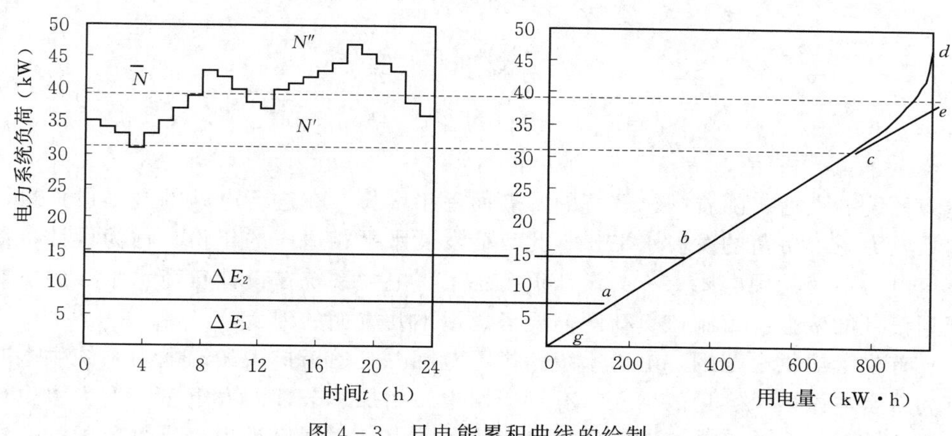

图 4－3　日电能累积曲线的绘制

2. 年负荷图

年负荷图表示一年内电力系统负荷的变化过程，又分为年最大负荷图和年平均负荷图，通常用日负荷特征值的年内变化来表示。

年最大负荷图表示电力系统每日的最大负荷在一年中的变化情况，反映电力系统在一年内各日所需要的最大电力，是一年内各日的最大负荷值所连成的曲线，又称为日最大负荷年变化图。

年平均负荷图表示电力系统每日的平均负荷在一年内的变化情况，反映电力系统在一年内各日所需要的平均电力，是一年内各日平均负荷值所连成的曲线，又称为日平均负荷年变化图，该曲线下面所包围的面积就是电力系统各发电站在全年内所生产的电能量。

实际工作中，为简化计算常以月为单位，采用月最大年负荷曲线和月平均年负荷曲线表示，因而年最大负荷图和年平均负荷图均具有阶梯形状，如图 4－4 所示。年负荷图是进行系统电力平衡计算、确定装机容量、水电站在电力系统中的运行方式的依据，无论是设计阶段还是运行阶段，均具有非常重要的意义。

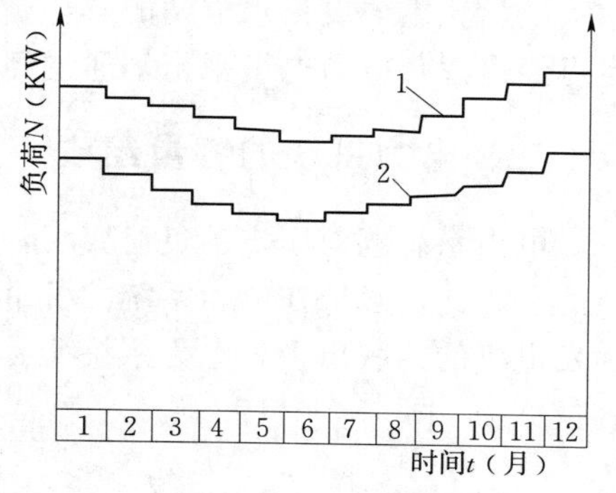

图 4－4　年负荷图

1—月最大负荷曲线；2—月平均负荷曲线

为了表明电力系统负荷在月内、季内和年内的变化特性以及便于比较各年负荷图，一般采用月负荷率σ、季负荷率ζ和年负荷率δ三个特征指标值来表示年负荷变化特性：

(1) 月负荷率σ表示在一个月内电力负荷变化的不均匀性，用该月的平均负荷$\overline{N_{月}}$与最大负荷日的平均负荷值$\overline{N_{日}}$的比值来表示，见式（4-14）。

(2) 季负荷率ζ表示一年内月最大负荷变化的不均匀性，用全年各月最大负荷N''_i的平均值与年最大负荷$N''_{年}$的比值来表示，见式（4-15）。

(3) 年负荷率δ表示一年的发电量$E_{年}$与最大负荷$N''_{年}$相应的年发电量的比值，见式（4-16），式中h为年最大负荷利用的小时数。

$$\sigma=\overline{N_{月}}/\overline{N_{日}} \tag{4-14}$$

$$\zeta=\sum_{i=1}^{12}N''_i/(12N''_{年}) \tag{4-15}$$

$$\delta=E_{年}/(8760N''_{年})=h/8760 \tag{4-16}$$

3. 设计负荷水平年

电力系统的负荷，随着国民经济的发展而逐年增长，在进行电站的规划设计时，必须考虑远景电力系统负荷的发展水平，与此负荷发展水平相适应的年份，称为设计负荷水平年，该年电力系统的用电要求称为设计负荷水平。电力系统在设计负荷水平年的负荷图是电站规划设计的依据。编制该负荷图需要考虑以下几方面的因素：

(1) 首先考虑供电范围，电力系统的供电范围总是逐渐扩大的。电力系统供电范围的扩大有利于水电站装机容量的增大，有利于水电站增加季节性的发电量、增大水电站群径流电力补偿效益，有利于水能资源的充分利用。水电站规划设计中，供电范围的确定应考虑地区动力资源、电力系统的发展规划、水电站的规模及其在电力系统中的作用等方面，通过技术、经济论证予以确定。

(2) 选择设计负荷水平年，如果所选择的设计水平年过近，则据此确定的水电站规模可能偏小，使得水能资源不能充分利用；反之，选的过远，则据此确定的水电站规模可能偏大，可能造成资金积压。因此应通过技术、经济论证予以确定。

在实际工作中，应参照有关部门的设计规范加以确定，例如《水利水电工程动能设计规范》(DL/T 5015—1996) 规定："水电站的设计水平年，应根据电力系统的能源资源、水火电站比重与设计水电站的具体情况论证确定，可采用第一台机组投入后的5～10年，也可经过逐年电力电量平衡，通过经济比较，在选择装机容量的同时，一并选择。"

二、电力系统的容量组成

电力系统电力用户的负荷要求，是由系统中从事电能生产的各类发电站（厂）共同满足的。为此，必须在电力系统的各个电站上装置若干台发电机组，每台机组的额定容量即为发电机的铭牌出力，电力系统所有电站每台机组的额定容量之和，即为电力系统的装机容量$N_{装}$，即

$$N_{装}=\sum N_{i装} \tag{4-17}$$

式中　$N_{i装}$——电力系统第i个电站的装机容量，电站i个可以指电力系统中的火电站、水电站，核电站、抽水蓄能电站、风电站等各类电站（厂）。

1. 规划设计阶段水电站的装机容量

电力系统的装机容量$N_{装}$，在规划设计阶段可按机组所担负的负荷任务不同进行分析：

（1）为了满足系统最大负荷要求而设置的容量称为最大工作容量 $N_{工}$，应等于年最大负荷图中的最大负荷值。

（2）为了确保供电的可靠性和供电质量，除最大工作容量外，电力系统还需设置备用容量 $N_{备}$。为了满足系统短时超过设计最高负荷的跳动负荷的要求，应设置负荷备用容量 $N_{负备}$，其大小根据系统内负荷跳动较大的设备情况而定，控制在系统年最大负荷值的5%左右。在电力系统中为代替突然发生事故的机组进行工作而设置的负荷，称为事故备用容量 $N_{事备}$，其大小控制在系统年最大负荷值的10%左右，但不得小于系统最大一台机组的容量，通常选择有调节库容的较大容量的坝式水电站来承担。为了代替检修机组而专门设置的容量称为检修备用容量 $N_{检备}$，一般定期检修应尽量安排在系统负荷降低，出现容量空闲的时间进行，当无法安排时，才需要设置专门的检修备用容量。

（3）将电站的最大工作容量和备用容量之和称为必需容量 $N_{必}$，是保证电力系统正常工作的容量。对水电站而言，水电站必需容量的确定是以设计枯水年（段）的来水情况作为依据进行计算的，因而遇到丰水年或中水年，汛期即使以全部必需容量进行工作，水量仍会有富余。因此，为了提高水量利用率，需要在水电站多装一部分容量，以便充分利用弃水额外生产季节电能，而不必增加水库、大坝等水工建筑物的投资，同时还可以节省火电站的燃料耗费。这部分容量并非保证电力系统正常工作所必须，称为重复容量（$N_{重}$）。

综上所述，电力系统的装机容量可表示为式（4-18）每个水电站的最大工作容量、备用容量和重复容量都是电力系统总容量的一部分，但上述容量并不是固定在某台机组上，而是经常互相转移的。一个水电站的装机容量常大于其最大工作容量，一般地说，除最大工作容量外，调节性能较好的水电站常装设备用容量，调节性能较差的则装设有较多的重复容量。

$$\begin{cases} N_{装}=N_{必}+N_{重} \\ N_{必}=N_{工}+N_{备} \\ N_{备}=N_{负备}+N_{事备}+N_{检备} \end{cases} \tag{4-18}$$

2. 运行阶段水电站的装机容量

从电力系统的运行角度看，电力系统和水电站的装机容量已定。系统最大容量并不是任何时刻全部都在发电，系统的备用容量和重复容量也不是经常被利用的，因此系统内往往有暂时闲置的容量，被称为空闲容量 $N_{空}$，根据系统需要这部分容量随时都可以投入运行。当某一时期由于机组发生事故，或停机检修，或火电站因缺乏燃料、水电站因水量和水头不足等原因，使部分容量受阻不能工作，这部分容量称为受阻容量 $N_{阻}$。系统内除受阻容量以外的所有容量，称为可用容量 $N_{可}$。因此从运行的角度来看，电力系统的容量可表示为

$$\begin{cases} N_{装}=N_{可}+N_{阻} \\ N_{可}=N_{工}+N_{备}+N_{空} \end{cases} \tag{4-19}$$

三、电力系统各类电站的技术特性

为了使电力系统中的各类电站合理地分担电力系统的负荷，使水力资源和其他动力资

源得到合理的开发利用，使电力系统尽量达到成本低、运行灵活、供电可靠，应分析研究各类电站的技术特性。

1. 水电站的技术特性

水电站的技术特性主要体现在调度复杂、操作方便、单位电能成本低等方面。

(1) 天然径流量和水库调节能力的变化决定着水电站的出力和发电量的变化，因此水电站的正常工作只能达到一定的保证程度（设计保证率），这是水电站的重要特性之一。一般来说，水电站在丰水年份发电量较多，而特枯年份则电能不足，甚至会破坏电力系统的正常工作。

(2) 水电站水库的合理调度影响较为复杂。发电水头也是影响水电站的重要指标，如果水头过低，如洪水期下游水位太高或供水期上游水位太低，就会造成水轮机不能按额定出力发电。低水头径流式水电站和具有调节水库的中水头水电站，均可能因为水头不足出现水电站出力不足的情况。同时，水电站的出力和电量随时间的变化也将引起电力系统其他电站出力、发电量的变化。由于天然来水年季、年内分配不同，加上无可靠长期天气预报，为水电站调度带来很大困难。这种困难主要反映在水头利用和水量利用的矛盾上，如为了防止弃水，汛期要降低水位，水头就比较低；相反，如提高水库蓄水位，则可能的弃水量就会增加，合理解决这个矛盾是水库调度的重要课题。

(3) 水电站的设备操作简便。水电站机组具有启动迅速、增减负荷灵活、自动化程度高的特性，从停机状态到满负荷运行仅需 1～2min，并可以迅速改变出力的大小，以适应负荷的迅速变化，而且负荷变化并不引起水电站水量损失，因而水电站适宜担任电力系统的调峰、调频和事故备用等任务。

(4) 水电站的建设地点受水能资源、地形、抵制条件的限制，需要一系列的挡水建筑物，水工建筑物挡水工程量大；一般又远离负荷中心地区，往往需要超高压、远距离输变电工程；同时水库的淹没损失一般较大，需要负担水库淹没迁移费用。因而水电站工程总投资比火电站大，施工期亦长。但若只考虑机电设备投资，则水电站又较火电站便宜的多，因此在不改变水工建筑物规模的情形下，水电站增设单位装机容量的投资要比火电站便宜，所以，在规划设计中，让水电站在丰荷位置工作，经济上是十分有利的。

(5) 水能资源是再生性能源，水电站年运行费用与所生产的电能量无关，其厂内用电也少，运行费用较低，而火电站生产电能要消耗相应燃料，厂内用电也大，其运行费用比水电站大得多，即水电站的单位电能成本比火电站低，因此，当水电站来水较丰时，应使其多发电，以减少火电站的煤耗，经济上也是十分有利的。

2. 火电站的技术特性

火电站是利用煤、石油、天然气等化石燃料燃烧所释放的能量进行电力生产的单位。燃煤式火电站利用煤炭作为燃料，将燃烧时产生的热能加热水，使水变成高温、高压水蒸气，然后再由水蒸气推动发电机来发电，称为凝气式火电站。高温高压机组蒸汽初压力为 135～165 个绝对大气压，初温为 535～550℃；中温中压机组蒸汽初压力为 35 个绝对大气压，初温为 435℃。当有供热任务时，火电站既要发电，又要供热，采用背压式汽轮机时，蒸汽在汽轮机内膨胀做功驱动发动机后，其废蒸汽全部被输送到工厂企业中供生产或取暖用，背压式汽轮机的发电出力取决于工厂企业的热力负荷要求；不需要供热时，则与凝汽式火电站的工作过程完全相同。凝气式火电站的技术特性主要体现在以下几个方面：

（1）火电站的供电保证率较高。火电站所用的燃料主要是化石燃料，只要燃料供应充足，火电站就可以全年按额定出力工作，不像水电站那样受天然来水条件的限制。

（2）火电站启动慢。燃煤式水电站机组启动比较费时，须先由冷状态达到热状态，其后的加载过程也比水电站慢的多，通常每10min出力上升值只有其额定出力的10%～20%，因此从启动到满负荷运行要经过2～3h。

（3）火电站有最小出力的限制。高温高压机组的最小出力一般不低于额定出力的75%，如果连续不断地在接近满负荷的情况下运行，可获得较高的热效率和最小的煤耗。中温中压机组可以担任变动负荷，即可以在电力系统负荷图的腰荷和峰荷部分工，但单位电能的耗煤要增加较多。火电站出力为额定容量的85%～90%时，发电效率最高，煤耗最小。因此，从技术和经济角度出发，火电站一般宜于担任电力系统的基荷。

（4）火电站的建设不像水电站那样受地形条件的限制，一般来说，只要有燃料和冷却水的地方都可以建造，一般来说，火电站本身单位千瓦的投资比水电站低。但如果考虑环境保护措施的费用并包括煤矿、铁路、输变电等工程的投资，则折合单位千瓦的火电投资，可能与水电（包括运输距离输变电工程）单位千瓦的投资相近。

（5）火电站必须消耗大量的燃料，单位千瓦装机容量每年约需原煤3.0t左右，且厂用电及运行管理人员较多，故火电站单位发电成本比水电站高。

还有一类火电站是燃气轮机电站，用石油或天然气作为燃料，火电站运行时，将空气吸入压气机，经压缩后送进燃烧室，同时向燃烧室注入石油或天然气使其燃烧，将燃烧后的高温热气（达到1000℃）送入燃气轮机内膨胀做功，驱动发动机发电，燃气轮机电站的技术特性体现在以下几个方面：

（1）火电站设备的结构简单而紧凑，占地小，基建工期短，不需要大量冷却水，单位千瓦投资低。

（2）机组启动快，由启动至满负荷运行只需要几分钟，电站运行可靠，当电力系统内缺乏水电容量时，可将燃气轮机组选作电力系统的短时间调峰容量以及系统的事故备用容量。

（3）燃气轮机电站的缺点是热效率低，耗油量大，年运行费用高，发电成本贵。

3. 核电站的技术特性

核电站是利用核裂变或核聚变反应所释放的能量产生电能的热力发电厂，由于控制核聚变的技术障碍，目前商业运转中的核能发电厂都是利用核裂变反应而发电。核电站主要由核反应堆、蒸汽发生器、汽轮机及发电机等部分组成。电站运行时核反应堆堆芯内的铀发生裂变反应，所产生的新中子能连续不断地使铀发生核裂变；在这种链式裂变不断进行的同时，大量热能被释放出来，使反应堆内的冷却剂吸热增温，热量通过一次回路流到蒸汽发生器，冷凝器最后由用泵抽回到反应堆内；蒸汽发生器把热量传递给二次回路管道中流来的水，使其在高压情况下产生蒸汽；蒸汽从二次回路流进汽轮机的气缸内膨胀做功，驱动发电机发电。一次回路中的冷却剂由于流经反应堆堆芯，因此含有放射性物质；二次回路中的水和蒸汽，在蒸汽发生器内和冷却剂是隔开的，因此不含有放射性物质。核电站的汽轮发电机及电器设备与普通火电站大同小异，与其他电站的最大不同在于核反应堆部分，核电站的特点如下：

（1）核电站设备复杂，建设质量标准和安全措施要求日益提高，因此每千瓦造价一般比燃煤火电站高，单位发电量所需要的燃料费用较低，因此核电站的单位发电成本可能比火电站低一些或相差不多。

（2）核电站要求不断的以额定出力工作，因此在电力系统中总是担任基荷。

4．风力发电站的技术特性

风能是一种清洁的可再生能源，风力发电是利用风力带动风轮叶片旋转，再通过增速机将旋转的速度增加，带动发电机发电。目前的风力发电技术，大约 3m/s 的微风便可以发电。风力发电机组，包括风轮、发电机和铁塔三部分。风轮是把风的动能转变为机械能的重要部件，由两只或多只螺旋桨形的叶轮组成；当风吹向桨叶时，桨叶上产生气动力驱动风轮转动，风轮的转速较低，且随风力大小和方向的不同，风轮转速不稳定；因此在带动发电机之前，加装齿轮变速箱将风轮的转速提高到发电机的额定转速，再加装调速机构使转速保持稳定；然后再联接到发电机上发电。为保持风轮始终对准风向以获得最大功率，需在风轮后面加装类似风向标的尾舵，大型风力发电站基本上可不加装尾舵，小型发电站多加装尾舵。铁塔是支承风轮、尾舵和发电机的构架，为获得较大、较均匀的风力一般修建得比较高，铁塔要有足够的强度，高度考虑地面障碍物对风速的影响情况、风轮的直径大小而定，一般为 6～20m。风力发电的特点如下：

（1）风电站工作不连续，发电量取决于风力大小，有季节性。当风速为 4～25m/s 时才能发电，当风速大于 25m/s 时，一般不能发电。

（2）风力发电成本高。风力发电机因风量不稳定，故其输出的是 13～25V 的交流电，须经充电器整流，对蓄电瓶充电，使风力发电机产生的电能变成化学能，然后用有保护电路的逆变电源，把电瓶里的化学能转变成交流 220V 市电，才能保证稳定使用。风电单机容量小，一般为 0.6～1.5MW，大型机组可达到 6MW。风电站每千瓦投资一般高于水电和火电。

（3）风能是一种随机性、间歇性的能源，风电场不能提供持续稳定的功率，发电稳定性和连续性较差，这就给风电并网后电力系统实时平衡、保持电网安全稳定运行带来困难，同时风电的运行方式必将受到电力系统负荷需求的诸多限制。同时风机运作噪声较大，一座座耸立的铁塔也对环境有影响。

5．光伏电站的技术特性

太阳能发电分为光热发电和光伏发电，通常说的太阳能发电指的是光伏发电。光伏发电是利用半导体界面的光生伏特效应而将光能直接转变为电能的一种技术。光伏发电的关键元件是太阳能电池，太阳能电池经过串联后进行封装保护可形成大面积的太阳电池组件，再配合上功率控制器等部件就形成了光伏发电装置。太阳能光伏组件将直射太阳光转化为直流电，光伏组串通过直流汇流箱并联接入直流配电柜，汇流后接入逆变器直流输入端，将直流电转变为交流电，逆变器交流输出端接入交流配电柜，经交流配电柜直接并入用户侧。

光伏电站是与电网相连并向电网输送电力的光伏发电系统，由太阳能电池方阵、蓄电池组、充放电控制器、逆变器、交流配电柜、太阳跟踪控制系统等设备组成。太阳能电池方阵是能量转换器件，在有光照情况下（无论是太阳光，还是其他发光体产生的光照），太阳能电池吸收光能，电池两端出现异号电荷积累，产生“光生电压”，即所谓的“光生伏特效应”，在光生伏特效应作用下，太阳能电池两端产生电动势，将光能转换成电能。蓄电池组的作用是储存太阳能电池方阵受光照时产生的电能，随时向负载供电。控制器是能自动防止蓄电池过充电和过放电的设备。逆变器是将直流电转换成交流电的设备，由于太阳能电池和蓄电池是直流电源，而负载是交流负载时，逆变器是必不可少的。跟踪系统是保证太阳能电池板能够时刻正对太阳的装置，因为相对于某一个固定地点的太阳能光伏发电系统，一年春夏秋冬四季、每天日升日落，太阳的光照角度时时刻刻都在变化，如果太阳能电池板能够时刻正对太阳，发电效率才会达到最佳状态。

光伏电站的技术特性包括：

（1）太阳照射的能量分布密度小，即要占用巨大面积，获得的能源同四季、昼夜及阴晴等气象条件有关。

（2）光伏发电技术可以用于任何需要电源的场合，上至航天器，下至家用电源，大到兆瓦级电站，小到玩具，光伏电源无处不在。光伏发电产品主要用于为无电场合、为太阳能日用电子产品提供电源，同时可以并网发电。

（3）并网光伏发电系统是与电网相连并向电网输送电力的光伏发电系统，分为带蓄电池的和不带蓄电池的并网发电系统。带有蓄电池的并网发电系统具有可调度性，可以根据需要并入或退出电网，还具有备用电源的功能，当电网因故停电时可紧急供电。带有蓄电池的光伏并网发电系统常常安装在居民建筑；不带蓄电池的并网发电系统不具备可调度性和备用电源的功能，一般安装在较大型的系统上。

（4）光伏电站是电力系统的一种新型可再生能源，无枯竭危险，不受资源分布地域的限制，安全可靠，无噪声，无污染排放，绝对干净（无公害）；无需消耗燃料和架设输电线路即可就地发电供电，能源质量高，建设周期短，获取能源花费的时间短。

6. 抽水蓄能电站的技术特性

抽水蓄能电站是利用电力系统电力负荷低谷时的多余电能，把高程低的水库内的水抽到高程高的水库内，以位能方式蓄存起来，当系统电力负荷高峰期需要电力时，再从高程高的水库内放水至高程低的水库内发电的水电站，又称蓄能式水电站。抽水蓄能电站必须有高低两个水池或水库，与有压引水建筑物相连。抽水蓄能电站可将电网负荷低谷时的低价电能，转变为电网高峰时期的高价电能；既是一个吸收低谷电能的电力用户（抽水工况），又是一个提供峰荷电力的水电站（发电工况），抽水发电交替、循环不已，是现代大型电力系统经济、安全运行的必要设施，特别是在水电比值低的电力系统中更具有经济型和必要性。其技术特性如下：

（1）抽水蓄能电站保证率高，具有启动灵活、爬坡速度快等常规水电站所具有的优点和低谷储能的特点，适于在电力系统中调频、调相，稳定系统的周波和电压，适宜担任系统的事故备用容量。

(2) 抽水蓄能电站是电力系统中最可靠、最经济、寿命周期长、容量大、技术最成熟的储能装置，是新能源发展的重要组成部分。通过配套建设抽水蓄能电站，可降低核电机组运行维护费用、延长机组寿命；有效减少风电场并网运行对电网的冲击，提高风电场和电网运行的协调性以及电网运行的安全稳定性。

第四节　水电站在电力系统中的运行方式

水电站因水库的调节性能不同、天然来水量的不断变化，不同类型的水电站在不同时期的运行方式也必须不断调整，以保证水能资源能够得到充分的利用，并实现电力系统供电的可靠性和经济性。水电站在电力系统负荷图上的工作位置称为水电站的运行方式。确定水电站的运行方式是研究水电站在电力系统中经济运行的主要问题，在规划设计阶段是选择水电站装机容量等主要设计参数的依据；在运行管理阶段为保证电力系统可靠工作、制定经济运行和优化调度方案奠定基础。水电站的运行方式不仅影响电站本身的规模和效益，也是影响整个电力系统供电可靠和经济性的重要因素。

一、无调节水电站运行方式

由于缺乏调节库容，或为了保证下游航运及其他综合利用要求，无调节水电站不能对天然径流进行重新分配，任何时刻的出力主要取决于河流中天然流量的大小，其发电量完全由天然径流决定，一般不承担电力系统的变动负荷。

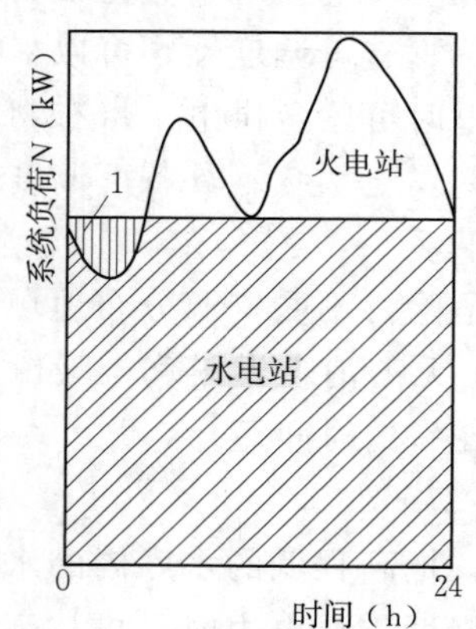

图 4-5　无调节水电站丰水期的工作位置

1. 无调节水电站在一个水文年度内的运行方式

无调节水电站在一个水文年度内不同时期运行方式变化不大。在枯水期，天然流量一日内变化很小，在全部枯水期内变化也不大，因此无调节水电站在枯水期应担任系统日负荷图的基荷。在丰水期，河中流量急增，无调节水电站仍只适宜担任系统的基荷。只有当天然流量所产生的出力大于系统的最小负荷时，水电站才担任一部分腰荷，这时甚至还会产生弃水，如图 4-5 所示，图中有竖阴影线的面积 1，表示由于弃水所损失的能量。

2. 无调节水电站在不同水文条件下的运行方式

无调节水电站在不同的水文年度内运行方式不同。无调节水电站的最大工作容量，一般是按照设计保证率的日平均流量确定的，因此，在设计枯水年的枯水期，水电站以最大工作容量或大于最大工作容量的某个出力运行，和其他电站联合供电以满足系统最大负荷的要求，在丰水期内，无调节水电站即使以其全部装机容量运行，有时仍不免有弃水，如图 4-6 (a) 所示。

在丰水年，可能全年内的天然水流出力均大于无调节水电站的装机容量，因而水电站可能全年均需要用全部装机容量在负荷图的基荷部分运行，即使这样运行，可能全年均有

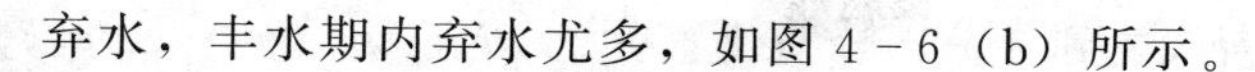

弃水，丰水期内弃水尤多，如图 4－6（b）所示。

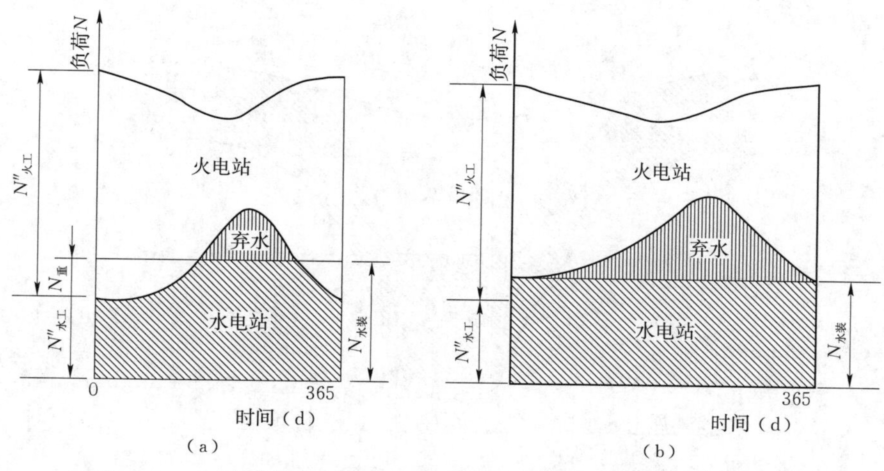

图 4－6　在不同水文条件下无调节水电站在电力系统中的工作情况

（a）枯水年；（b）丰水年

二、日调节水电站的运行方式

日调节水电站能对当日的天然流量进行重新分配，因此可以承担变动负荷。除弃水期外，日调节水电站在任何一日内所能产生的电能量与该日天然来水量（扣除其他水利部门用水）所能发出的电能量相等，即日调节水电站的日发电量完全取决于当日天然来水量的多少，由于一年内不同季节来水量变化很大，因而日发电量变化也很大。在水电站装机容量一定的情况下，为了充分利用河水流量，避免弃水，日调节水电站在电力系统年负荷图上的工作位置应随着来水的变动进行相应的调整。

1. 日调节水电站在一个水文年度内不同时期的运行方式

为了使系统中的火电站能够在日负荷图上的基荷部分工作，以降低单位电能的燃料消耗量，原则上在不发生弃水情况下，应尽量让水电站担任系统的峰荷，以充分发挥水轮机组能迅速灵活适应负荷变化的优点。这样，火电站在一日内可维持均匀的出力，使气轮机组效率提高，从而节省煤耗，降低电力系统的运行费用。

日调节水电站在丰水期，为了充分发挥日调节水电站装机容量的作用，就不再使其担任系统的峰荷，而是随着流量的增加，全部装机容量逐步由峰荷转到基荷运行，以增加水电站的发电量，相应减少火电站的发电量与总煤耗，从而降低系统的运行费用。

2. 日调节水电站在不同水文条件下的运行方式

在设计枯水年，如图 4－7 所示，水电站在枯水期（图中的 $t_0 \sim t_1$ 与 $t_4 \sim t_5$ 时期）的工作位置是以最大工作容量担任系统的峰荷。当丰水期开始后，河中来水量逐渐增加，此时日调节水电站仍担任峰荷，但即使全部装机容量投入工作，仍不免有弃水，因此日调节水电站的工作位置应逐渐下降到腰荷与基荷（图中的 $t_1 \sim t_2$ 时期）。汛期内（图中的 $t_2 \sim t_3$ 时期）河中天然来水量最为丰沛，为减少弃水，日调节水电站应当投入全部装机容量在基荷运行。汛后，随着来水量逐渐减少，日调节水电站的工作位置逐渐上移，担任系统的腰荷与部分峰荷（图中的 $t_3 \sim t_4$ 时期），并逐渐恢复到腰荷、峰荷位置。

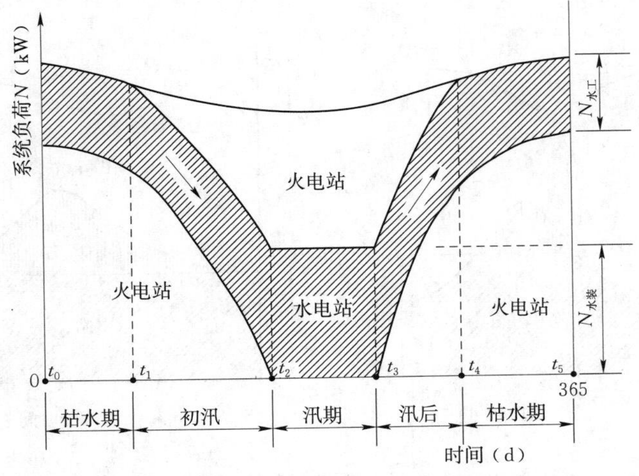

图 4-7　日调节水电站在设计枯水年的运行方式

在丰水年，河中来水量较多，即使在枯水期，调节水电站也要担任负荷图中的峰荷与部分腰荷。在初汛后期，可能已有弃水，日调节水电站就应以全部装机容量担任基荷。在汛后的初期，可能来水仍然较多，如继续有弃水，此时水电站仍应担任基荷直至进入枯水期后，日调节水电站的工作位置便可恢复到腰荷，并逐渐上升到峰荷位置。

与无调节水电站相比较，日调节水电站具有以下显著优点：①可适应负荷变化的要求，承担电力系统调峰、调频和备用容量；②可通过运行方式的调整，改善火电机组的工作条件，使其出力均匀、减少火电站耗煤，提高电力系统的供电质量；③在保证电量一定时，担任调峰可增大水电站的工作容量，从而减少火电站的装机容量；④水电站装机容量增大，在丰水季节可实现增发季节电能，从而减少火电站的总煤耗量等。日调节所需库容并不大，因此只要有可能，应尽量为水电站的日调节创造条件，建设日调节水电站。

3. 日调节水电站在电力系统负荷图上工作位置的确定

日调节水电站在电力系统负荷图上的工作位置确定，需要进行电力系统的电力、电量平衡分析确定，一般采用图 4-8 所示的“双辅助曲线法”确定，确定步骤如下所述：

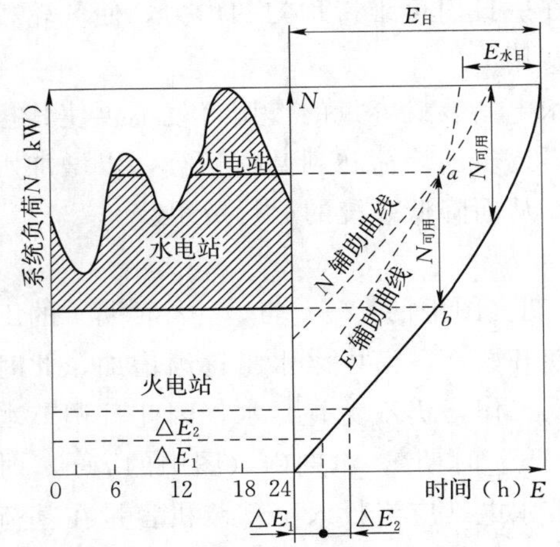

图 4-8　日调节水电站工作位置的确定

（1）根据日来水量通过水能计算确定水电站的日电量 $E_{水日}$。

（2）根据电力系统日负荷图绘制日电能累积曲线。

（3）在日电能累积曲线上，根据水电站的日电量 $E_{水日}$ 和已知水电站在当日的可用容量 $N_{可用}$ 作双辅助曲线：在日电能累积曲线左侧做 E 辅助曲线，该曲线与日电能累积曲线的水平距离等于 $E_{水日}$；在日电能累积曲线上方做 N 辅助曲线，该曲线与日电能累积曲线的纵向距离等于 $N_{可用}$。

（4）E 和 N 辅助曲线相交于 a 点，从 a 点做铅垂线交日电能累积曲线于 b 点；分别从 a 和 b 点做水平线与日负荷图相交，所对应的负荷范围即为该日调节水电站的工作位置，如图 4-8 中阴影部分面积所示。图中阴影部分的高度等于水电站的可用容量 $N_{可用}$，阴影部分的面积等于水电站所能产生的日电量 $E_{水日}$。

根据上述方法，当水电站的可用容量 $N_{可用}$ 一定时，天然来水量越大，水电站能生产的日电能量 $E_{水日}$ 越大，图 4-8 中 E 辅助曲线向左平移的水平距离就越大，其与 N 辅助曲线的交点位置就越低，从而日调节水电站在日负荷图上的工作位置也越下移，甚至以全部容量承担基荷。反之，天然来水量小，E 辅助曲线向左平移的水平距离就越小，其与 N 辅助曲线的交点位置就越高，从而日调节水电站在日负荷图上的工作位置也越上移，甚至以全部容量承担最尖峰负荷。

三、年调节水电站的运行方式

与日调节水电站相比较，年调节水电站水库的调节性能更强，不仅可以调节日径流，而且可以重新分配年内径流，将丰水期的一部分水量蓄存起来，用以提供供水期的供水量和发电量。年调节水库一般多为不完全年调节，在一年内按来水情况一般可划分为供水期、蓄水期、弃水期和不蓄不供期四个阶段。

1. 年调节水电站在设计枯水年的运行方式

在设计枯水年，供水期河中天然流量往往小于水电站为发出保证出力所需要的调节流量或综合利用其他用水部门所需要的调节流量。对于综合利用水库，水库供水期内调节流量并非常数，有时大有时小，因而水库在供水期内，年调节水电站在系统负荷图上的工作位置，根据综合利用各用水部门用水的大小，有时担任峰荷，有时担任部分峰荷、部分腰荷，有时则担任腰荷，如图 4-9（a）所示。

（1）蓄水期。图 4-9（a）所示中的 $t_1 \sim t_2$ 时期，河水流量增大，但在该时期内综合利用各部门需水量并不随着增加，有时反而减少些，例如汛期开始随着降雨量的增多灌溉用水量就减少了。为了避免发生较大的弃水，蓄水期在保证水库蓄满的条件下应尽量充分利用丰水期水量。在蓄水期开始时，水电站即可担任峰荷和腰荷。当水库蓄水至相当程度，如天然来水量仍然增加，则水电站可以加大引用流量，工作位置亦可由腰荷移至基荷，以增加水电站发电量，从而减少火电站的燃料消耗。在蓄水期末，图 4-9（a）中的 t_2 时刻，应把水库蓄满。

（2）弃水期。图 4-9（a）中的 $t_2 \sim t_3$ 时期，不完全年调节水库容积较小，弃水现象无法避免。电站弃水期，基本上在夏、秋汛期，此时水库已经蓄满，但河中天然来水量仍然可能超过综合利用各部门所需的流量。为了减少弃水量，此时水电站应将全部装机容量工作在系统负荷图的基荷上运行，即水电站的引用流量等于水电站的最大过水能力，t_3 时刻是天然流量等于水电站最大过水能力的时刻，至此水电站弃水期结束。

（3）不蓄不供期。图 4-9（a）中的 $t_3 \sim t_4$ 时期，丰水期过后，河中天然流量开始减少，水库进入不蓄不供期，此时虽然来水流量小于水电站最大过水能力，但仍大于水电站为发出保证出力所需的调节流量或综合利用其他部门的需水流量。在这个阶段，水库已经蓄满，为了充分利用水能，河中天然流量来多少，水电站就引用多少流量发电。这时水电站在电力系统中的工作位置，随着河中天然流量的逐渐减少，应使其由系统负荷图的基荷位置逐渐上升，直至峰荷位置为止。

(4) 供水期。图 4-9 (a) 中的 $t_0 \sim t_1$ 和 t_4 以后时期，为水电站发电用水不受其他用水部门的限制，全部担任负荷图上峰荷的情况。

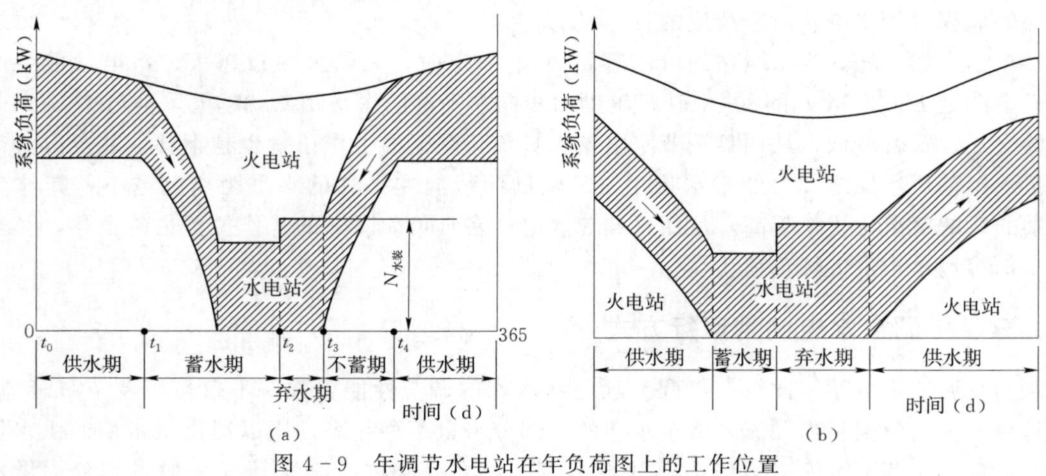

图 4-9　年调节水电站在年负荷图上的工作位置

(a) 设计枯水年；(b) 丰水年

2. 年调节水电站在丰水年的运行方式

在丰水年，如图 4-9 (b) 所示，由于来水流量较多，在供水期内，年调节水电站可担任系统负荷图的部分基荷和腰荷，以增加发电量，并避免在供水期末因用不完水库蓄水量而使汛期内弃水增多，但在供水期前期也不能过分使用水库存水，要考虑到如果后期来水较少，所存水量仍能保证水电站及综合利用各部门正常工作的需要。水库进入蓄水期后，由于丰水年的来水流量较大，一般水库蓄水期较短，在此时期内，水电站可尽早将其位置移至基荷部分。在弃水期，水电站则应以全部装机容量在基荷位置工作。

四、多年调节水电站的运行方式

具有多年调节水库的水电站，经常按图 4-10 所示的情况工作。多年调节水库一般总是同时进行年调节和日调节。因此，其径流调节程度和水量利用率都比年调节水库的大。多年调节水库在一般年份内只有供水期与蓄水期，水库水位在正常蓄水位与死水位之间变化。只有在遇到连续丰水年的情况下，水库才会蓄满，并可能发生弃水。当出现连续枯水年时，水库的多年库容才会放空，发挥其应有的作用。

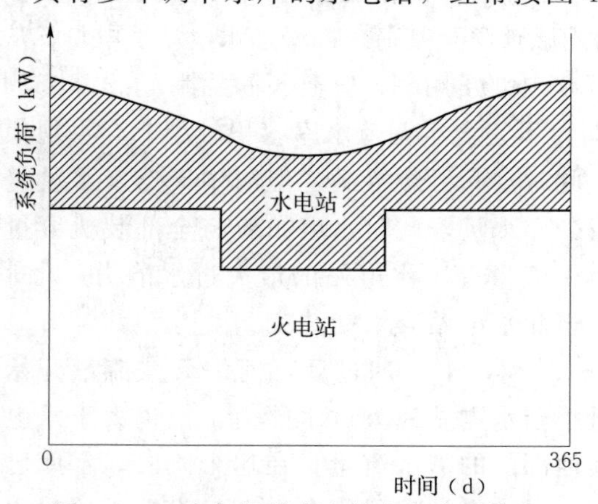

图 4-10　多年调节水电站在电力系统中的运行方式

为了使火电站机组能够轮流在丰水期或在电力系统负荷较低的时期内进行计划检修，在这时期内水电站需适当增加出力以减小火电站的出力。由于多年调节水库的相对库容大，水电站运行方式受一年内来水变化的影响较小。所以，在一般来水年份，多年调节水电站在电力系统负荷图上将全年担任峰荷（或峰、腰负荷），而让火电站经常担任腰荷、基荷。

第五节　无调节和日调节水电站的水能计算

如果水电站上游没有水库或库容很小，不能对天然来水过程进行调节，则该水电站称为无调节水电站。无日调节池的引水道式水电站、无调节库容的河川径流式水电站以及某些多沙河流上水库被淤积不能再进行调节的水电站均属于无调节水电站。无调节水电站由于没有水库调节因而工作方式最为简单，在任何时刻的出力均取决于河道中当时的天然流量和电站水头，而且各时段的出力彼此无关。

如果水电站能够利用水库（或日调节池）的调节库容使天然来水在一昼夜 24 小时内重新分配，即把低谷负荷时多余的水量蓄积起来，供高峰负荷时用，这样的水电站，称为日调节水电站，如小型坝式水电站、混合式水电站和具有日调节池的引水式水电站等。日调节水电站能充分利用一天的来水量，又能适应负荷变化的需要，其每天的发电量或日平均出力只取决于当日的来水。

一、无调节和日调节水电站保证出力的计算

计算水电站出力的基本公式包括流量和水头两个因素。无调节和日调节水电站主要靠天然流量发电，若上游有其他需水部门取水，则应将这部分流量从天然流量中扣除。当天然流量大于水电站所有机组的最大过水能力时，才受到机组的限制，此时按最大工作能力工作并有弃水产生。还可能出现出力暂时超过系统负荷的需要而被迫弃水的情况。

无调节水电站的发电水头确定比较简单。上游水位为已知的正常蓄水位，基本上保持不变，只有在遇到泄洪时才会出现相应的水位超高，故一般采用水库或压力前池的正常水位作为上游水位。下游水位则与下泄流量有关，可从下游水位流量关系曲线中查得。水头损失可依据无调节水电站的总体布置和建筑物的规划设计根据水力学中的公式估算。

日调节水电站的发电水头确定方法较无调节水电站复杂一些。日调节水电站在进行日调节时其上游水位则在正常蓄水位与死水位之间有小幅度的变化，一昼夜内完成一个调节循环，在计算时通常用死库容加上日调节库容的一半查库容曲线得出的水位作为上游平均水位。日调节水库的死水位，可根据水轮机允许的最小工作水头和水库淤积要求等条件来确定，水轮机适用的工作水头范围，已有制造厂予以规定，如果事先已考虑这种要求初步选定机型，则可根据该水轮机的最小工作水头，再结合考虑泥沙淤积高度来确定水库的死水位。日调节水电站的下游水位也因日调节而在每日内有较大的变化，计算时可取水电站下泄流量的平均值，查得下游水位流量关系确定。水头损失根据日调节水电站的总体布置和建筑物的规划设计应用水力学公式进行估算。

无调节和日调节水电站的出力随日天然流量的变化而变化，故这种电站又称为径流式水电站，水能计算时无调节和日调节水电站的计算时段取“日”或“月”，水电站的保证出力是指相应于设计保证率的那一日的水流平均出力，是水电站的主要动能指标之一。无

调节和日调节水电站的设计保证率常用按相对历时计算的历时保证率 $P_{历时}$ 表示。根据径流资料情况和对计算精度的要求，无调节和日调节水电站保证出力的计算方法采用长系列法或代表年法。

1. 长系列法

当水电站取水断面处的径流系列较长，且具有较好的代表性时，可采用长系列法进行水能计算，计算步骤如下：首先根据已有的水文系列，取日为计算时段，根据实测日平均流量及相应水头，逐日计算水电站的日平均出力；然后将日平均出力按从大到小的顺序排序，绘制日平均出力的频率曲线；根据已选定的水电站设计保证率在日平均出力曲线上查得保证出力 $N_{保}$。

按照以上步骤进行计算，工作量很大，为了简化计算，可将日平均流量由大到小分组，并统计每组流量出现的日数和累计出现的日数，再按分组流量的平均值根据式（4-20）来计算分组出力，最后根据设计保证率确定保证出力，即

$$N = AQ_{电} H_{净} \ (\text{kW}) \tag{4-20}$$

式中 $Q_{电}$——发电日平均流量，m^3/s，等于分组日平均流量减去其他综合利用部门自水库引走的流量和水库（或渠道）的损失流量；

$H_{净}$——发电净水头，m，等于上下游水位差扣除水头损失，即 $H_{净} = Z_{上} - Z_{下} - \Delta H$。

计算时，可按表 4-6 的格式进行。

根据表 4-6 的计算结果，可绘出水电站日平均发电流量频率曲线（图 4-11）和日平均出力频率曲线（图 4-12），若将图 4-11 和图 4-12 的横坐标均改用时间 t 的总时间，即用一年的 365d 或 8760h 来表示，则可绘出日平均流量历时曲线和日平均出力历时曲线。根据选定的无调节水电站的设计保证率，在日平均出力频率曲线上，可查得水电站的日平均保证出力 N_P，如图 4-12 的虚线和箭头所示。由于一般无调节和日调节水电站的水头变化不大，也可根据选定的设计保证率在日平均流量频率曲线上查得日平均保证流量 Q_P 后，再用公式 $N_P = AQ_P H_P$ 计算水电站的日平均保证出力，其中 $H_P = Z_{上} - Z_{下} - \Delta H$。

表 4-6　某径流式水电站的出力计算表

日平均流量分组 (m^3/s)	分组日流量平均值 (m^3/s)	出现日数 (d)	累计出现日数 (d)	频率（保证率）P（%）	保证时间 $t=8760P$ (h)	引用及损失流量 (m^3/s)	发电流量 (m^3/s)	上游水位 (m)	下游水位 (m)	水头损失 (m)	净水头 (m)	出力 (kW)
180 以上	180 以上	595	595	9.58	839	2	178 以上	123.85	97.35	1.20	25.30	31524
150～180	165	492	1087	17.50	1533	2	163	123.85	97.35	1.20	25.30	28867
130～150	140	321	1408	22.67	1986	2	138	123.85	97.35	1.20	25.30	24440
⋮	⋮	⋮	⋮	⋮	⋮	⋮	⋮	⋮	⋮	⋮	⋮	⋮
⋮	⋮	⋮	⋮	⋮	⋮	⋮	⋮	⋮	⋮	⋮	⋮	⋮
⋮	⋮	⋮	⋮	⋮	⋮	⋮	⋮	⋮	⋮	⋮	⋮	⋮
15 以下	15 以下	5	6210	100	8760	1	14 以下	123.85	96.55	1.20	26.10	2558

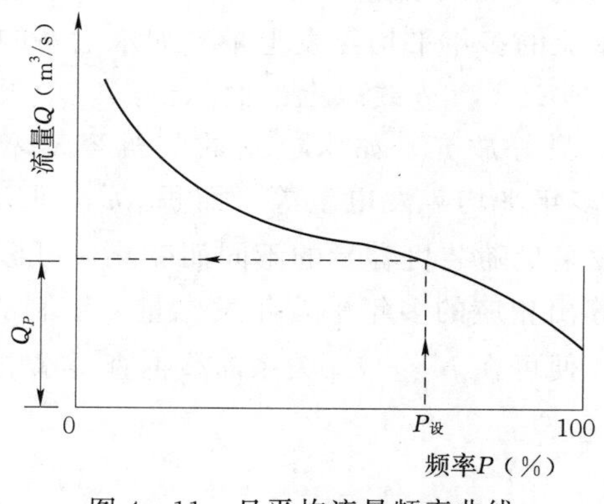

图4-11　日平均流量频率曲线

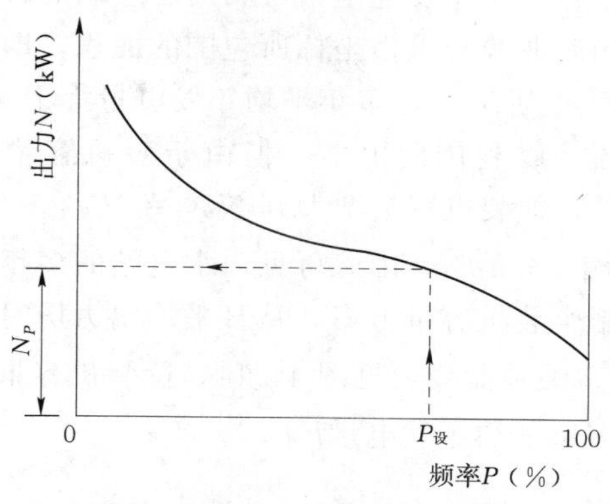

图4-12　日平均出力频率曲线

2. 代表年法

用长系列法计算水电站的保证出力，计算结果精度较高，但需要的径流系列较长，计算的工作量也较大，因此为了简化计算，一般可选择设计代表年进行计算。在规划及初步设计阶段，一般选3个设计代表年来进行计算，即设计枯水年、设计平水年和设计丰水年。水能计算时通常按照年水量或按枯水期水量来选择设计代表年。

(1) 按年水量选择设计代表年。按年水量选择设计代表年，应该根据本站历年径流资料，计算并绘制年水量（水利年度的）频率曲线 $W_年—P$，再按照水电站的设计保证率 $P_设$ 在 $W_年—P$ 曲线上查得 W_P，在径流系列中找出年径流与 W_P 相接近的一年，作为设计枯水年。同理按 $P_平=50\%$ 及 $P_丰=100\%-P_枯$ 选择设计平水年和设计丰水年。并要求3个设计代表年的平均年水量、平均洪水期水量及平均枯水期水量分别与其多年平均值接近。

按年水量选择设计代表年的最大缺点是没有考虑到径流年内分配的特性。因为年水量符合设计保证率的枯水年份，其枯水期水量确有可能出现偏大或偏小的情况。若用这样的枯水年去求水电站的保证出力，必然会得到偏大或偏小的结果。因此，只有在径流年内分配较稳定的河流，才以年水量为主来选择设计代表年。

(2) 按枯水期水量选择设计代表年。按枯水期水量选择设计代表年，应先计算并绘制枯水期水量频率曲线 $W_枯—P$，然后根据 $P_设$、$P_平$ 及 $P_丰$ 在 $W_枯—P$ 曲线上选出与之相对应的年份作为设计枯水年、设计平水年和设计丰水年，并要求这3个设计代表年的平均年水量也要与多年平均年水量相接近。对于径流年内分配不稳定的河流，宜以枯水期水量为主来选择设计代表年。

用设计代表年法计算无调节和日调节水电站的保证出力时，可将这3个设计代表年的日平均流量统一进行分组，并统计各组流量出现日数和累积出现日数，然后按与上述长系列法相同的计算步骤来确定水电站的保证出力。

二、无调节和日调节水电站多年平均年发电量的计算

水电站年发电量的多年平均值，称为多年平均年发电量 $\overline{E}_年$。无调节和日调节水电站

的多年平均年发电量，可利用已绘制的日平均出力历时曲线确定，见图4-13。日平均出力历时曲线与纵横坐标所包围的面积，即为天然水流的多年平均年发电量，如水电站的装机容量为$N_{装,1}$，多年平均年发电量等于面积$abco$即$\overline{E}_{年,1}$，ab线以上的面积虽然表示天然水流可以利用的电能，但由于装机容量的限制，只好放弃。如水电站的装机容量增加ΔN_1，即装机容量增大到$N_{装,2}=N_{装,1}+\Delta N_1$，则多年平均年发电量等于面积$deco$即$\overline{E}_{年,2}=\overline{E}_{年,1}+\Delta\overline{E_1}$。由此可见，水电站的多年平均年发电量随装机容量的不同而变化，可假定若干个装机容量方案，从日平均出力历时曲线上算出相应的多年平均年发电量，绘制$N_{装}$—$\mathrm{E}_{年}$关系曲线，见图4-14，待装机容量确定后，便可在$N_{装}$—$\overline{E}_{年}$关系曲线上查得水电站的多年平均年发电量$\overline{E}_{年}$。

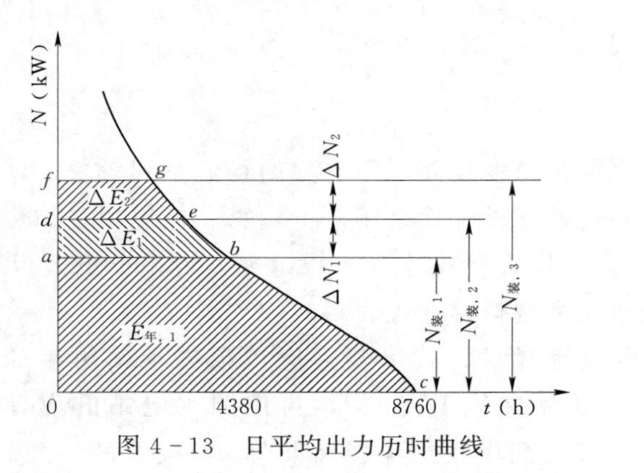

图4-13　日平均出力历时曲线

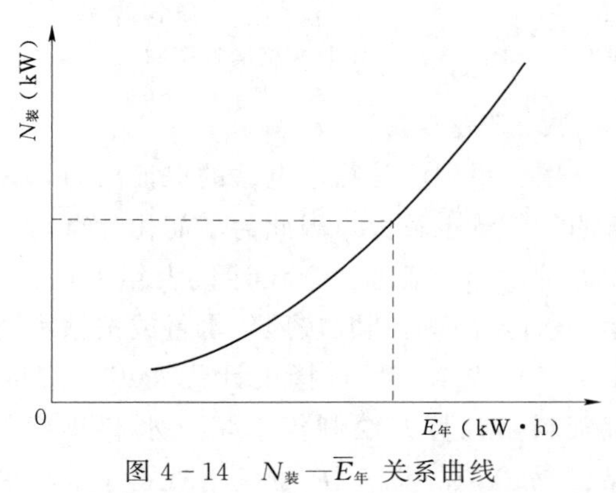

图4-14　$N_{装}$—$\overline{E}_{年}$关系曲线

在完全缺乏水文资料的情况下，可用式（4-21）粗估水电站的多年平均年发电量$\overline{E}_{年}$为

$$\overline{E}_{年}=A\alpha\overline{Q}H_{净}\times 8760\ (\mathrm{kWh}) \tag{4-21}$$

式中　α——径流利用系数，表示发电用水量与天然来水量的比值，可参考邻近相似水电站的径流利用情况选定；

$\overline{Q}$——水电站的多年平均引用流量，m^3/s；

其他符号意义同前。

三、径流式水电站水能计算实例

【例4-3】　某地区为了解决照明及农副产品加工用电问题，拟修建一座无调节水电站，确定上游水位$Z_{上}=66\mathrm{m}$，下游水位（变化很小，视作常数）$Z_{下}=45\mathrm{m}$。

根据水文资料条件，计算时段以月为单位。水电站处设计代表年的月平均流量见表4-7。选定水电站的设计保证率为65%。试作该水电站的水能计算。

解：（1）水电站的保证出力计算。

根据站址处3个代表年的月平均流量资料，以$0.3m^3/s$为间隔进行分组，计算各组流量的频率（保证率），列入表4-8第（5）栏。以表中第（2）栏和第（5）栏数据绘制引用流量频率曲线，见图4-15。由水电站设计保证率$P=65\%$，查得保证流量$Q_P=1.15m^3/s$。略去水头损失，设计水头为$H_P=Z_{上}-Z_{下}=66-45=21$（m），设水轮机与发电机采用同轴直接连接方式，出力系数 $A=7.0$，则水电站的保证出力为 $N_P=AQ_PH_P=7.0\times1.15\times21=169$（kW）。

表 4-7　　**某水电站设计代表年的月平均流量**　　单位：m³/s

代表年	各月平均流量												全年平均流量
	1	2	3	4	5	6	7	8	9	10	11	12	
丰水年	0.90	1.05	1.35	4.20	3.60	5.20	3.15	4.35	2.40	1.80	1.30	0.65	2.50
平水年	0.60	0.56	1.10	1.60	2.30	5.00	3.00	2.05	1.70	1.75	1.05	5.00	1.77
枯水年	0.40	0.60	0.56	1.30	2.05	2.50	2.20	1.56	1.80	0.45	0.20	0.15	1.15

（2）水电站多年平均年发电量计算。

根据表 4-8 中的流量频率计算成果，计算水电站年利用小时数，见表 4-9，据此绘制 $N_{装}—\overline{E}_{年}$ 关系曲线，见图 4-16。根据该水电站的特性确定水电站的装机容量后，查图 4-16 即可得该水电站的多年平均年发电量。例如确定水电站的装机容量 $N_{装}=500$kW，则水电站的多年平均年发电量 $\overline{E}_{年}=212$ 万 kW·h。

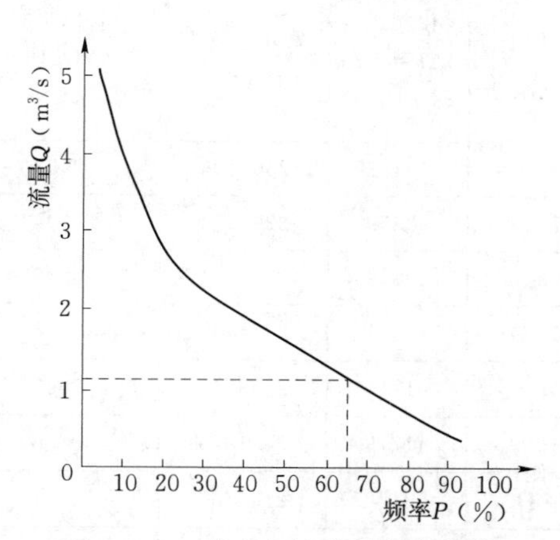

图 4-15　某水电站流量频率曲线

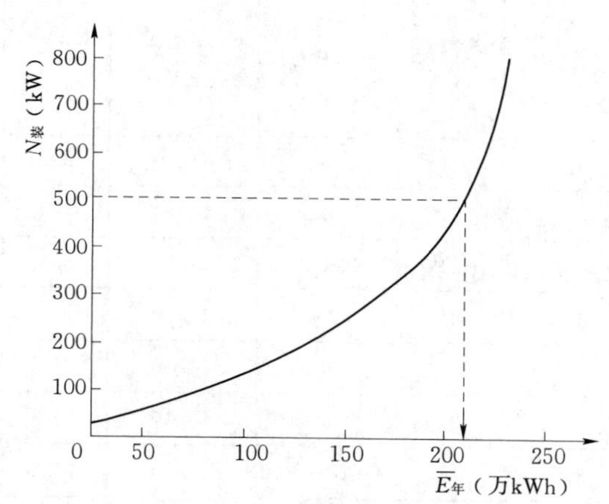

图 4-16　某水电站 $N_{装}—\overline{E}_{年}$ 关系曲线

表 4-8　　**某水电站流量频率计算表**

流量分组（m³/s）	分组平均流量（m³/s）	出现次数	累计出现次数	频率 $P=m/(1+n)$（%）
5.20～5.49	5.35	1	1	2.7
4.90～5.19	5.05	1	2	5.4
4.60～4.89	4.75	0	2	5.4
4.30～4.59	4.45	1	3	8.1
4.00～4.29	4.15	1	4	10.8
3.70～3.99	3.85	0	4	10.8
3.40～3.69	3.55	1	5	13.5
3.10～3.39	3.25	1	6	16.2

续表

流量分组（m^3/s）	分组平均流量（m^3/s）	出现次数	累计出现次数	频率 $P=m/(1+n)$（%）
2.80～3.09	2.95	1	7	18.9
2.50～2.79	2.65	1	8	21.6
2.20～2.49	2.35	3	11	24.7
1.90～2.19	2.05	2	13	35.1
1.60～1.89	1.75	5	18	48.6
1.30～1.59	1.45	4	22	59.5
1.00～1.29	1.15	3	25	67.6
0.70～0.99	0.85	1	26	70.3
0.40～0.69	0.55	8	34	91.9
0.10～0.39	0.25	2	36	97.3

表 4-9　　某水电站装机年利用小时数计算表

分组平均流量（m^3/s）	水头 H（m）	出力 $N=7.0QH$（kW）	出力差 ΔN（kW）	频率 P（%）	保证历时 $t=8760P$（h）	电量差 $\Delta E=Nt$（kWh）	累计电量 E（kWh）	装机年利用小时 $h_{年}=E/N$（h）
5.35	21	786.45	44.10	2.7	237	10452	2307025	2933
5.05	21	742.35	44.10	5.4	473	20859	2296574	3094
4.75	21	698.25	44.10	5.4	473	20859	2275714	3259
4.45	21	654.15	44.10	8.1	710	31311	2254855	3447
4.15	21	610.05	44.10	10.8	946	41719	2223544	3645
3.85	21	565.95	44.10	10.8	946	41719	2181825	3855
3.55	21	521.85	44.10	13.5	1183	52170	2140107	4101
3.25	21	477.75	44.10	16.2	1419	62578	2087937	4370
2.95	21	433.65	44.10	18.9	1656	73030	2025359	4670
2.65	21	389.55	44.10	21.6	1892	83437	1952329	5012
2.35	21	345.45	44.10	24.7	2602	114748	1868892	5410
2.05	21	301.35	44.10	35.1	3075	135608	1754144	5821
1.75	21	257.25	44.10	48.6	4257	187734	1618536	6292
1.45	21	213.15	44.10	59.5	5212	229849	1430802	6713
1.15	21	169.05	44.10	67.6	5922	261160	1200953	7104
0.85	21	124.95	44.10	70.3	6158	271568	939793	7521
0.55	21	80.85	44.10	91.9	8050	355005	668225	8265
0.25	21	36.75	36.75	97.3	8523	313220	313220	8523

第六节　年调节和多年调节水电站的水能计算

年调节水电站是对天然径流过程在一个调节年度内进行重新分配，将蓄水期多余的水量蓄存在水库中，到供水期供水发电，以提高供水期的发电流量，满足用电部门的需要。多年调节水电站水库的调节周期不定，可长达数年，是对天然径流过程在一个调节周期（数年）内，将丰水年组多余的水量蓄存在水库中，到枯水年组供水发电，以提高枯水年组的发电流量，满足用电部门在数年内的需要。

本节所讲的年调节和多年水电站水能计算是在正常蓄水位和死水位已经选定的情况下进行的。以发电为主的水库正常蓄水位和死水位的选择问题，将在第五章中介绍。本节主要介绍年调节水电站和多年调节水电站的保证出力和多年平均年发电量的计算方法。

一、年调节和多年调节水电站保证出力的计算

1. 年调节水电站保证出力的计算

以发电为主的年调节水库在一个调节年度内，一般分为蓄水期、弃水期、供水期和不蓄不供期（称天然流量工作期）等几个时期。对年调节水电站而言，在一个调节年度内，供水期的调节流量较小，平均出力也较小，因此以发电为主的年调节水库，只要供水期发电得到保证，则全年发电就有保证。即年调节水电站某年能否保证正常工作，关键取决于供水期，因此只要供水期电站的出力和发电量能满足系统正常用电需求，则水电站全年工作就有保证。或者反过来说，只要供水期供电遭到破坏（因来水受到调节库容的限制）其他时期即使水电站出力很大，也不能改变这一年定遭破坏的局面。因此，年调节水电站的保证出力是指符合设计保证率要求的供水期的平均出力 $N_{保}$，与此相应供水期的发电量称为年调节水电站的保证电量 $E_{保}$。年调节水电站的设计保证率 P 采用年保证率 $P_{年}$。

在年调节水库正常蓄水位和死水位一定的情况下，年调节水电站保证出力的计算通常采用长系列法或代表年法。

（1）长系列法。长系列法的计算步骤为：①利用坝址断面处已有的全部径流资料系列（n 年），通过径流调节计算每年供水期的平均出力，一般采用等流量调节的水能计算方法进行计算；②然后将每年供水期的平均出力按大小排列，进行频率计算，绘制供水期平均出力的频率曲线；③该曲线上与设计保证率相对应的供水期平均出力，就是年调节水电站的保证出力 $N_{保}$。

上述计算方法中，也可以在求出各年供水期调节流量以后，将调节流量按大小顺序排列，计算其相应频率，绘制调节流量频率曲线。由选定的水电站设计保证率在调节流量频率曲线上可查得水电站的保证调节流量 $Q_{调P}$（或称设计调节流量）。年调节水电站的平均发电水头也可以采用简化方法进行计算，根据年调节水库的平均蓄水库容（$V_{死}+1/2V_{调}$）查库容曲线，得到供水期水库上游平均水位 $Z_{上}$，减去相应于 $Q_{调P}$ 的电站尾水位 $Z_{下}$ 及水头损失 ΔH，得到供水期的平均发电水头 H_P，然后按公式 $N_P=AQ_{调P}H_P$ 计算年调节水电站的保证出力。

（2）代表年法。由于年调节水电站能否保证正常供电主要取决于供水期，所以在规划设计阶段进行大量方案比较时，为了节省计算工作量，也可以计算设计枯水年供水期的平均出

力作为年调节水电站的保证出力。在实际水文系列中，往往遇到一些年份均与设计枯水年水量十分接近的情况，但这些年份的年内水量分配不同，因而供水期平均出力也相差较大，当水库以发电为主时，应选择符合水电站设计保证率要求的供水期的平均出力作为年调节水电站的保证出力。根据代表年确定水电站保证出力时，目前多用等流量调节进行水能计算，亦即先求出供水期的平均调节流量 Q_P，按此流量求出供水期各月出力，再以各月出力的平均值作为年调节水电站的保证出力。对于小型水电站来说，一般是按设计保证率选一个枯水代表年，算出该年的供水期平均出力，用该值作为年调节水电站的保证出力。

2. 多年调节水电站保证出力的计算

当水电站水库进行多年调节时，其调节周期长达数年，使得水电站能在供水段的连续枯水年组内得到相同的平均出力和年发电量。如果遇到特别枯的连续枯水年段（组）时，以全部调节库容供水仍发不出要求的出力或电量的话，水电站将引起一次破坏。所以多年调节水电站的临界期应取为由若干连续枯水年份组成的枯水年组；符合设计保证率要求的那一个枯水年组的平均出力才是其保证出力。

多年调节水电站保证出力的计算方法与上述年调节水电站的保证出力的计算方法基本相同。可对实测长系列水文资料进行径流调节与水能计算求得，但受水文资料的限制，连续枯水年组的个数不多，难以绘制频率曲线，因而只能近似地用简化的设计枯水系列法进行计算。

简化计算时，采用设计枯水系列法，在全部水文资料系列中选取枯水代表年组，当水库蓄满后出现的枯水年组不止一个时，通常是选最枯最不利的一组作为设计枯水系列，即组内供水期调节流量为最小的枯水年组作为设计枯水代表年组；对选出的设计枯水代表年组进行径流调节和水能计算，求出其调节流量 Q_P 和相应的平均水头 H_P，就可以算出相应的保证出力 $N_{保}$。考虑到电力系统负荷图是按年编制的，保证电量只需计算年发电量，则多年调节水电站的保证电量为 $E=8760N_{保}$（kW·h）。

二、水电站多年平均年发电量的计算

水电站的多年平均年发电量是指水电站在多年工作期间内，平均每年所能产生的电能。根据定义，水电站的多年平均年发电量，应对整个水文系列逐时段进行径流调节和水能计算才能求得。实际工作中，在规划设计阶段，当比较方案较多时，常根据不同设计阶段的具体情况及对计算精度的不同要求，采用比较简化的方法估算多年平均发电量。常用的几种估算水电站多年平均年发电量的方法包括长系列法、三个设计代表年法和设计中水年法、设计中水系列法等。

1. 长系列法

无论水电站为多年调节、年调节，还是季调节、日调节和无调节，当水电站水库的正常蓄水位、死水位及装机容量经过方案比较和综合分析确定后，为了精确求得水电站在长期运行中的多年平均年发电量，有必要对全部水文系列按照水库调度图进行径流调节和水能计算，计算步骤如下：

（1）根据逐时段净入库流量及综合利用部门的用水流量，进行径流调节和水能计算，一般采用等流量调节的水能计算方法进行计算，求出各时段的平均水头 $\overline{H}$ 及其平均出力

$\overline{N}_i$。水能计算时对年调节水电站按月进行径流调节计算，对季调节、日调节或无调节水电站，按旬或日进行径流调节计算。

（2）将各时段的平均出力$\overline{N}_i$乘以一个时段的小时数t，即可得到各时段的发电量E_i。计算时注意，当以月为时段进行计算时总时段数为12，$t=730$h，当以日为时段进行计算时总时段数为365，$t=24$h；如某些时段的平均出力$\overline{N}_i$大于水电站的装机容量$N_{装}$时，即以该装机容量值作为平均出力值。

（3）根据式（4-22）逐年计算年发电量$E_{年}$。

（3）水文资料系列逐年发电量的平均值，即为多年平均年发电量$\overline{E}_{年}$，见式（4-23）。

$$E_{年}=t\left[\sum_{i=1}^{n}\overline{N}_i+mN_{装}\right] \tag{4-22}$$

$$\overline{E}_{年}=\frac{1}{N}\sum_{i=1}^{N}E_{年} \tag{4-23}$$

式中　$E_{年}$——水文资料系列各年发电量，kW·h；

t——时段小时数；

$m+n$——全年或全日时段数；

n——平均出力低于装机容量$N_{装}$的时段数；

m——平均出力等于或高于装机容量$N_{装}$的时段数；

$\overline{N}_i$——各时段的平均出力，kW；

$N_{装}$——水电站的装机容量，kW；

$\overline{E}_{年}$——水电站的多年平均年发电量，kW·h；

N——水文资料系列的年数。

长系列法计算水电站多年平均年发电量工作量较大，但由于电子计算机得到普遍的应用，当径流调节、水能计算等各种计算程序标准化后，对几十年甚至更长的水文资料系列，均可在很短的时间内迅速运算，并比较精确地求出多年平均年发电量。

2．三个设计代表年法

对年调节及以下调节性能的水电站，确定多年平均年发电量时，可采用三个代表年法。计算步骤如下：

根据年径流频率$P_{枯}=P_{设}$、$P_{中}=50\%$、$P_{丰}=1-P_{设}$，选择设计枯水年、设计中水年、设计丰水年三个代表年，要求三个代表年的平均径流量接近于多年平均值，各个代表年的径流年内分配情况要符合各自典型年的特点；对三个代表年分别进行径流调节和水能计算，求得各时段平均出力$\overline{N}_i$；采用式（4-22）分别求出三个代表年的发电量$E_{枯}$、$E_{中}$和$E_{丰}$；然后将三个代表年的发电量加以平均［式（4-24）］，即得到多年平均年发电量$\overline{E}_{年}$为

$$\overline{E}_{年}=\frac{1}{3}(E_{枯}+E_{中}+E_{丰}) \tag{4-24}$$

式中　$E_{枯}$、$E_{中}$和$E_{丰}$——设计枯水年、设计中水年和设计丰水年年发电量。

当三个代表年法的计算精度不能满足规划设计需要时，也可以选择枯水年、中枯水年、中水年、中丰水年和丰水年5个代表年，根据这些代表年估算多年平均年发电量。

3．设计中水年法

对年调节及以下调节性能的水电站，可根据一个设计中水年，大致确定出水电站的多

年平均年发电量。计算步骤为：按年径流频率 $P_{中}=50\%$ 选择一个中水年作为设计中水年，要求该年的年径流量及其年内分配均接近于多年平均情况；根据该年逐时段净入库流量及综合利用部门的用水流量，进行径流调节和水能计算，求出各时段的平均水头 $\overline{H}$ 及其平均出力 $\overline{N}_i$；利用式（4-22）计算设计中水年的年发电量 $E_{中}$，即为水电站的多年平均年发电量

$$\overline{E}_{年}=E_{中} \tag{4-25}$$

4. 设计中水系列法

对于多年调节水电站，由于其径流调节周期一般较长，超过一年，因此在求多年平均年发电量时，不宜采用一个中水年或几个代表年进行计算，而应采用设计中水系列法进行计算。所谓设计中水系列，系指一连续水文年段（一般由十几年的水文系列组成），要求该连续水文年段的平均年径流量约等于根据全部水文系列计算所得的多年平均年径流量，其径流分布符合一般水文规律。选择设计中水系列时应满足下列条件。

（1）设计中水系列应包括丰、平、枯三种径流量的年份。

（2）设计中水系列年径流均值和 C_v 应与多年系列的均值和 C_v 基本相等。

（3）设计中水系列内水库要完成一次以上的调节周期，即水库至少要蓄满一次和放空一次。

对该中水系列进行径流调节和水能计算，求得水电站逐年发电量 $E_{年}$，设计中水系列逐年发电量的平均值，即为该多年调节水电站的多年平均年发电量 $\overline{E}_{年}$。

三、年调节水电站水能计算的实例

【例 4-4】　某水电站为坝式年调节水电站，设计保证率为 80%。水库以发电为主，兴利库容 $V_{兴}=3152$ 万 m^3，死库容 $V_{死}=1050$ 万 m^3，库区无其他部门引水。设计枯水年月平均流量资料如表 4-10 第（1）、第（2）栏所示。试求该水电站的保证出力（出力系数 $A=7.0$）。

解：采用代表年法计算保证出力，即对设计枯水年进行水能计算（表 4-10），具体步骤如下：

（1）按等流量调节，先假定供水期为 10～2 月，供水期 5 个月，供水期内的天然来水量 $W_{供}$ 和调节流量 Q_P 分别为

$$W_{供}=(2.00+2.05+0.85+1.50+2.8)\times 30.4\times 24\times 3600=2416\times 10^4\ (m^3)$$

$$Q_P=\frac{W_{供}+V_{兴}}{T_{供}}=\frac{2416\times 10^4+3152\times 10^4}{5\times 30.4\times 24\times 3600}=4.24\ (m^3/s)$$

（2）将供水期的调节流量 Q_P 与天然来水流量比较，发现 9 月流量小于 Q_P，应重新假定供水期为 9～2 月，共 6 个月，供水期内的天然来水量 $W_{供}$ 和调节流量 Q_P 分别为

$$W_{供}=(3.40+2.00+2.05+0.85+1.50+2.8)\times 30.4\times 24\times 3600=3309\times 10^4\ (m^3)$$

$$Q_P=\frac{W_{供}+V_{兴}}{T_{供}}=\frac{3309\times 10^4+3152\times 10^4}{6\times 30.4\times 24\times 3600}=4.1\ (m^3/s)$$

将 $Q_P=4.1m^3/s$ 与天然来水流量比较可知，供水期定为 9～2 月是合理的。将 $Q_P=4.1m^3/s$ 填入表 4-10 第（3）栏供水期月份内。

(3) 假设3～8月为蓄水期，蓄水期亦按等流量调解，其调节流量为

$$Q_{调}=\frac{W_{蓄}-V_{兴}}{T_{蓄}}$$

$$=\frac{(8.00+7.50+6.50+13.50+7.50+7.30)\times30.4\times24\times3600-3152\times10^4}{6\times30.4\times24\times3600}=6.38\ (m^3/s)$$

此值与天然来水流量比较，可知假设的蓄水期合理。将 $Q_{调}=6.38m^3/s$ 填入表4-10第(3)栏蓄水期月份内。其中，7月和8月为避免弃水，使 $Q_{发}=6.39m^3/s$。

(4) 逐月进行水量平衡计算，求出各月平均蓄水量，查库容曲线(本例略)得水库各月平均蓄水水位，再由各月调节流量查得下游水位，算出每月平均水头 $\overline{H}$ 及其平均出力 $\overline{N}_i$，见表4-10中第(4)～第(13)栏。

(5) 供水期(9～2月)的平均出力即为水电站保证出力 N_P：

$$N_P=\frac{956+936+859+821+746+677}{6}=838.5\ (kW)$$

以上计算未考虑水量损失及水头损失，故结果稍偏大。当求出供水期调节流量 $Q_p=4.1m^3/s$ 以后，也可按公式 $N_P=AQ_PH_P$ 直接计算 N_P。此时应先求供水期的平均库容：

$$V_{供}=V_{死}+\frac{1}{2}V_{兴}=\left(1050+\frac{1}{2}\times3152\right)\times10^4=2626\ (万\ m^3)$$

查库容曲线得供水期平均库水位 $Z_{上}=30.90m$，$Z_{下}=1.40m$，忽略水头损失，则得 $H_P=30.9-1.4=29.5\ (m)$，由此可算出 $N_P=AQ_PH_P=7\times4.10\times29.5=846.7\ (kW)$。

表4-10　某河年调节水电站设计枯水年出力计算表

月份	天然来水流量 (m³/s)	发电用水流量 (m³/s)	多余水量		不足水量		月末水库蓄水量 (万 m³)	月平均蓄水量 (万 m³)	月平均蓄水位 (m)	下游水位 (m)	月平均水头 (m)	月平均出力 (kW)
			流量 (m³/s)	水量 (万 m³)	流量 (m³/s)	水量 (万 m³)						
(1)	(2)	(3)	(4)	(5)	(6)	(7)	(8)	(9)	(10)	(11)	(12)	(13)
3	8	6.38	1.62	425.5			1476.1	1263.4	25.2	1.6	23.6	1054
4	7.5	6.38	1.12	294.2			1770.3	1623.2	27	1.6	25.4	1134
5	6.5	6.38	0.12	31.5			1801.8	1786.1	27.5	1.6	25.4	1157
6	13.5	6.38	7.12	1870.1			3671.9	2736.9	30.5	1.6	28.9	1291
7	7.5	6.39	1.11	291.5			3963.4	3817.7	34.2	1.6	32.6	1458
8	7.3	6.39	0.91	239			4202.4	4082.9	34.6	1.6	33	1476
9	3.4	4.1			0.7	183.9	4018.5	4110.5	34.7	1.4	33.3	956
10	2	4.1			2.1	551.6	3466.9	3742.7	34	1.4	32.6	936
11	2.05	4.1			2.05	538.4	2928.5	3197.7	32.6	1.4	31.2	895
12	0.85	4.1			3.25	853.6	2074.9	2501.7	30	1.4	28.6	821
1	1.5	4.1			2.6	682.9	1392	1733.5	27.4	1.4	26	746
2	2.8	4.1			1.3	341.5	1050.5	1221.3	25	1.4	23.6	677
合计	62.9	62.9	12	3152	12	3152						12601

思考题

1. 水电站的多年平均年发电量大小取决于哪些因素？

2. 电力生产的特点对水电站的规划设计提出了什么要求？

3. 表征日负荷特性的指标有哪些？

4. 计算题：已知某年调节水电站水库的正常蓄水位 $Z_{蓄}=706m$，死水位 $Z_{死}=685m$。设计枯水年入库径流资料见表4-11，水库的水位容积曲线见表4-12，下游水位流量关系见表4-13。不计水库的水量损失，出力系数取 $A=8.2$，无其他用水要求，水头损失假定为1.0m。

要求计算：(1) 各时段水电站的出力和发电量，(2) 确定水电站的保证出力和设计枯水年的年发电量。

表4-11　某水库设计枯水年天然来水流量过程

月份	5	6	7	8	9	10	11	12	1	2	3	4
Q (m^3/s)	182	348	407	500	363	180	109	90	60	73	83	99

表4-12　水库水位容积关系

水位 (m)	685	686	687	688	689	690	691	692	693	694	695
容积 (亿 m^3)	2.39	2.49	2.7	2.93	3.18	3.45	3.76	4.15	4.63	5.16	5.79
水位 (m)	696	697	698	699	700	701	702	703	704	705	706
容积 (亿 m^3)	6.49	7.21	7.99	8.82	9.68	10.58	11.51	12.46	13.49	14.8	16.33

表4-13　下游水位流量关系

水位 (m)	586	586.5	587	587.5	588	588.5	589	589.5	590
Q (m^3/s)	55	125	212	302	415	537	700	850	1100

第五章　水电站及水库的主要参数选择

水电站设计参数主要指水电站水库正常蓄水位、死水位和水电站的装机容量，对有防洪任务的水库，还包括防洪特征水位。

这些参数的选择不仅是一个单纯的技术问题，而且是一个涉及到政治、经济、社会、环境的综合问题。一个设计的好的电站和水库，能对地区国民经济的发展起到积极的促进作用，对整个国民经济带来巨大的效益。但如果在设计上考虑不周，则会破坏生态平衡、恶化生态环境，造成严重的不易消除的后果。因此，水电工程特别是重大的水电工程，其工程规模的论证不仅具有技术上、经济上的意义，而且具有政治上的意义，应该做好科学的综合论证。

由于电站各参数之间相互影响，一个参数的变化必然影响其他参数的选择，因而不能一个一个孤立地选定参数，而只能通过拟定不同方案，反复分析、计算和综合论证，用逐步逼近的方法求得参数的协调解。

第一节　水电站装机容量的选择

一、电力系统正常工作的基本要求

如上所述，水电站装机容量是由最大工作容量、备用容量和重复容量所组成的。电力系统中所有电站的装机容量的总和，必须大于系统的最大负荷。所谓水电站最大工作容量，是指设计水平年电力系统负荷最高（一般出现在冬季枯水季节）时水电站能担负的最大发电容量。

在确定水电站的最大工作容量时，需进行电力系统的电力（出力）平衡和电量（发电量）平衡。我国大多数电力系统是由水电站与火电站组成，所谓系统电力平衡，是指电站（包括水电站和火电站）的出力（工作容量）需随时满足系统的负荷要求。显然，水、火电站的最大工作量之和，必须等于电力系统的最大负荷，两者必须保持平衡。这是满足电力系统正常工作的第一个基本要求，即

$$N''_{水、工}+N''_{火、工}=P''_{系} \tag{5-1}$$

式中　$N''_{水、工}$、$N''_{火、工}$——系统内所有水电、火电站的最大工作容量，kW；

$P''_{系}$——系统设计水平年的最大负荷，kW。

对于设计水平年而言，系统中水电站包括拟建的规划中的水电站与已建成的水电站两大部分。因此，规划水电站的最大工作容量 $N''_{水、规}$ 等于水电站群的总最大工作 $N''_{水、工}$ 减去已建成的水电站的最大工作容量 $N''_{水、建}$，即

$$N''_{水、规}=N''_{水、工}-N''_{水、建} \tag{5-2}$$

此外，未来的设计水平年可能遇到的是丰水年，但也可能是中（平）水年或枯水年。

为了保证电力系统的正常工作，一般选择符合设计保证率要求的设计枯水年的来水过程，作为电力系统进行电量平衡的基础。根据系统电量平衡的要求，在任何时段内系统所要求保证的供电量$E_{系、保}$应等于水电站、火电站所能提供的保证电能之和，即

$$E_{系、保}=E_{水、保}+E_{火、保} \tag{5-3}$$

式中 $E_{水、保}$——该时段水电站能保证的出力与相应时段小时数的乘积；

$E_{火、保}$——火电站有燃料保证的工作容量与相应时段小时数的乘积。

系统的电量平衡，是满足电力系统正常工作的第二个基本要求。

当水电站水库的正常蓄水位与死水位方案拟定后，水电站的保证出力或在某一时段内能保证的电能量便被确定为某一固定值。但在规划设计时，如果不断改变水电站在电力系统日负荷图上的工作位置，相应水电站的最大工作容量却是不同的。如果让水电站担任电力系统的基荷，则其最大工作容量即等于其保证出力，即$N''_{水、工}=N''_{水、保}$，在一昼夜24h内保持不变；如果让水电站担任电力系统的腰荷，设每昼夜工作$t=10$h，则水电站的最大工作容量大致为$N''_{水、工}=AQ_{调}H\times24/t=AH$（$W_{供}+\overline{V}_{年调}$）$/T_{供}\times24/t=2.4N_{水、保}$；如果让水电站担任电力系统的峰荷，每昼夜仅在电力系统尖峰负荷时工作$t=4$h，则水电站的最大工作容量大致为$N''_{水、工}=N_{水、保}\times24/t=6N_{水、保}$。由于水电站担任峰荷或腰荷，其出力大小是变化的，故上述所求出的最大工作容量是近似值。由式（5-1）可知，当设计水平年电力系统的最大负荷$P''_{系}$（kW）确定后，火电站的最大工作容量$N''_{火、工}=P''_{系}-N''_{水、工}$。换言之，增加水电站的最大工作容量$N''_{水、工}$，可以相应减少火电站的最大工作容量$N''_{火、工}$，两者是可以相互替代的。根据我国目前电源结构，常把火电站称为水电站的替代电站。从水电站投资结构分析，坝式水电站主要土建部分的投资约占电站总投资的2/3左右，机电设备的投资仅占1/3，甚至更少一些。当水电站水库的正常蓄水位及死水位方案拟定后，大坝及其有关的水工建筑物的投资基本不变，改变水电站在系统负荷图上的工作位置，使其尽量担任系统的峰荷，可以增加水电站的最大工作容量而并不增加坝高及其基建投资，只需适当增加水电站引水系统、发电厂房及其机电设备的投资；而火电站及其附属设备的投资，基本与相应减少的装机容量成正比例地降低，因此所增加的水电站单位千瓦的投资，总是比替代火电站的单位千瓦的投资小很多。因此确定拟建水电站的最大工作容量时，尽可能使其担任电力系统的峰荷，可相应减少火电站的工作容量，这样可以节省系统对水电站、火电站装机容量的总投资。此外，水电站所增加的容量，在汛期和丰水年可以利用水库的弃水量增发季节性电能，从而节省系统内火电站的煤耗量，从动能和经济观点看，都是十分合理的。

有调节水库的水电站，在设计枯水期已如上述应担任系统的峰荷，但在汛期或丰水年，如果水库中来水较多且有弃水发生时，此时水电站应担任系统的基荷，尽量减少水库的无益弃水量。根据电力系统的容量组成，尚须在有条件的水电站、火电站上设置负荷备用容量、事故备用容量、检修备用容量以及重复容量等，保证电力系统安全、经济地运行，为此须确定所有水电站、火电站各时段在电力系统年负荷图上的工作容量、各种备用容量和重复容量，并检查有无空闲容量和受阻容量，这就是系统的容量平衡。此为满足电力系统正常工作的第三个基本要求。

总之，系统中的各种电站，必须共同满足电力系统在设计水平年对容量和电量的要

求。因此，水电站装机容量的选择，不仅与其本身的工程特性及其他技术经济因素有关，还与系统中火电站和其他电站装机容量的确定有着十分密切的关系。下面分述如何确定水电站的最大工作容量、备用容量、重复容量以及水电站的装机容量。

二、水电站最大工作容量的确定

水电站最大工作容量的确定与设计水平年电力系统的负荷图、系统内已建成电站在负荷图上的工作位置以及拟建水电站的天然来水情况、水库调节性能、经济指标等有关。现分述如下。

1. 无调节水电站最大工作容量的确定

无调节水电站的水库，几乎没有任何调节能力，水电站任何时刻的出力变化，只决定于河中天然流量的大小。因此，这种电站被称为径流式水电站，一般只能担任电力系统的基荷。在枯水期内，河中天然流量在一昼夜内变化很小，因此无调节水电站在枯水期内各日的引用流量，可以认为等于天然来水的日平均流量（需扣除流量损失和其他综合利用部门引走的流量）。在此情况下，水电站上下游水位和水头损失，也可以近似地认为全日变化不大，因此无调节水电站在枯水期内各日的净水头，即认为等于其日平均净水头。无调节水电站由于没有径流调节能力，其最大工作容量 $N''_{水、工}$ 即等于按历时设计保证率所求出的保证出力（见第四章第一节）。如设计枯水日的平均流量为 $Q_{设}$（m^3/s），相应的日平均净水头为 $\overline{H}_{设}$（m），则无调节水电站的保证出力为

$$N_{保、无}=9.81\eta Q_{设}\overline{H}_{设}\text{（kW）} \tag{5-4}$$

2. 日调节水电站最大工作容量的确定

确定日调节水电站最大工作容量时，也必须先求出它的保证出力。由于日调节水电站的调节库容有限，其调节周期仅为一昼夜，因此水电站的保证流量 $Q_{设}$ 应为某一设计枯水日的平均流量，水电站的平均净水头 $\overline{H}_{设}$，应为其上下游平均水位之差减去水头损失。仍按第四章第一节所述方法，日调节水电站的保证出力为

$$N_{保、日}=9.81\eta Q_{设}\overline{H}_{设}\text{（kW）} \tag{5-5}$$

相应日保证电能量为

$$N_{保、日}=24N_{保、日}\text{（kW·h）} \tag{5-6}$$

确定日调节水电站的最大工作容量时，可根据电力系统设计水平年冬季典型日最大负荷图，绘出其日电能累积曲线，然后按下述图解法确定水电站最大工作容量。如果水电站应担任日负荷图上的峰荷部分，则在图 5-1 的日电能累积曲线上的 a 点向左取 ab，使其值等于 $E_{保、日}$，再由 b 点向下作垂直交日电能累积曲线于 c 点，bc 所代表的值即为日调节水电站的最大工作容量 $N''_{水、工}$。由 c 点作水平线与日负荷图相交，即可求出日调节水电站在系统中所担任的峰荷位置，如图 5-1 阴影部分所示。

如果水电站下游河道有航运要求或有供水任务，则水电站必须有一部分工作容量担任系统的基荷，保证在一昼夜内下游河道具有一定的航运水深或供水流量。在此情况下，日调节水电站的最大工作容量的求法如下（图 5-2）：设下游航运或供水要求水电站在一昼夜内泄出均匀流量 $Q_{基}$（m^3/s），则水电站必须担任的基荷工作容量为

$$N_{基}=9.81\eta Q_{基}\overline{H}_{基}\text{（kW）} \tag{5-7}$$

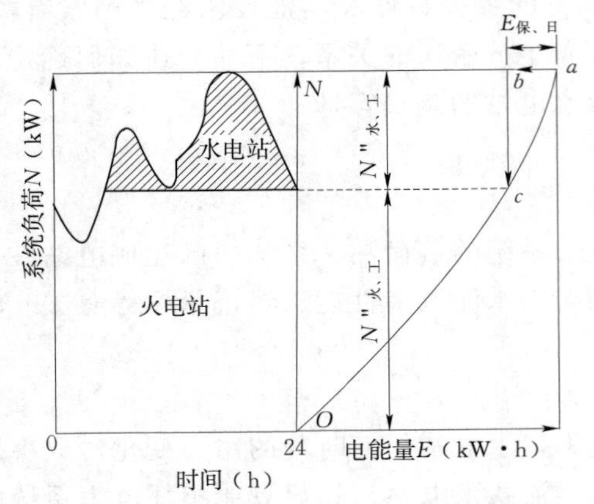

图5-1　日调节水电站最大工作容量的确定

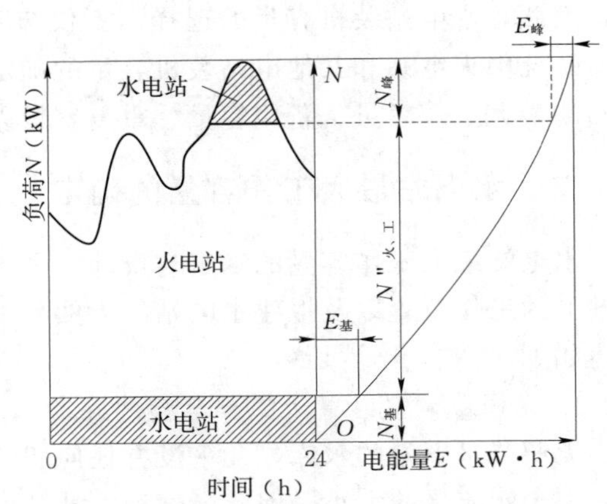

图5-2　具有综合利用要求时，日调节水电站最大工作容量的确定

这时水电站可在峰荷部分工作的日平均出力为 $\overline{N}_{峰}=N_{保、日}-N_{基}$，则参加峰荷工作的日电能为 $E_{峰}=24\overline{N}_{峰}$，相应峰荷工作容量 $N_{峰}$ 可采用前述相同方法求得（图5-2）。此时水电站的最大工作容量 $N''_{水、工}$ 系由基荷工作容量与峰荷工作容量两部分组成，即

$$N''_{水、工}=N_{基}+N_{峰}\ (kW) \tag{5-8}$$

如果系统的尖峰负荷已由建成的某水电站担任，则拟建的日调节水电站只能担任系统的腰荷。这时可采用上述相似方法在图5-2上求出日调节水电站在系统中所担任的腰荷位置。

3. 年调节水电站最大工作容量的确定

年调节水电站调节库容 $V_{年调}$ 较大，设多年平均年来水量为 $\overline{W}_{年}$，则年库容调节系数 $\beta=V_{年调}/\overline{W}_{年}=0.1\sim0.3$，能够把设计枯水年供水期 $T_{供}$ 内的天然来水量 $W_{供}$ 根据发电要求进行水量调节，其平均调节流量 $Q_{调}$ 为

$$Q_{调}=(W_{供}+\overline{V}_{年调})/T_{供}\ (m^3/s) \tag{5-9}$$

相应水电站在设计供水期内的保证出力为

$$N_{保、年}=9.81\eta Q_{调}\overline{H}_{供}\ (kW) \tag{5-10}$$

式中　$\overline{H}_{供}$——年调节水电站在设计供水期内的平均水头（m）。

水电站在设计供水期内的保证电能为

$$E_{保、供}=N_{保、年}T_{供}\ (kW\cdot h) \tag{5-11}$$

与日调节水电站相似，年调节水电站的最大工作容量 $N''_{水、工}$ 主要取决于设计供水期内的保证电能 $E_{保、供}$。现将用电力、电量平衡法确定水电站最大工作容量的步骤分述于下。

（1）在水库供水期内，应尽量使拟建水电站担任系统的峰荷或腰荷，已如上述，水电站最大工作容量的增加，将导致设计水平年火电站工作容量的减少，从而节省系统对电站的投资。为了推求水电站最大工作容量 $N''_{水、工}$ 与其供水保证电能 $E_{保、供}$ 之间的关系，可假设若干个水电站最大工作容量方案（至少三个方案），图5-3中的①、②、③，并将其工作位置相应绘在各月的典型日负荷图上，图5-4表示出12月的典型日负荷图。由图5-4日电能累积曲线上可定出相应于水电站三个最大工作容量方案 $N''_{水工、1}$、$N''_{水工、2}$、$N''_{水工、3}$ 的

日电能量 E_1、E_2、E_3。各个方案的其他月份水电站的峰荷工作容量也均可从图 5-3 上分别定出，从而求出各方案其他月份相应的日电能量。

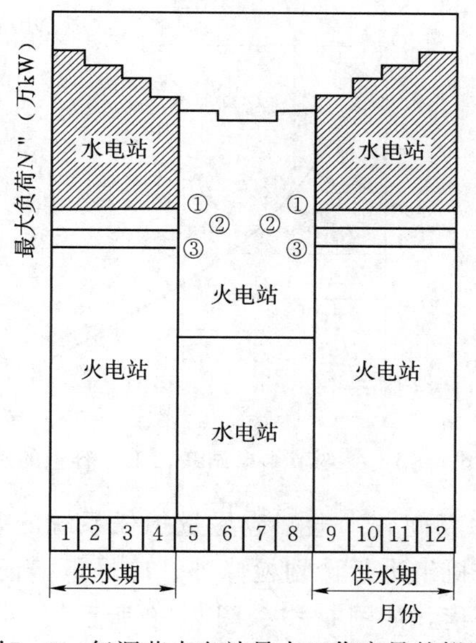

图5-3　年调节水电站最大工作容量的拟定

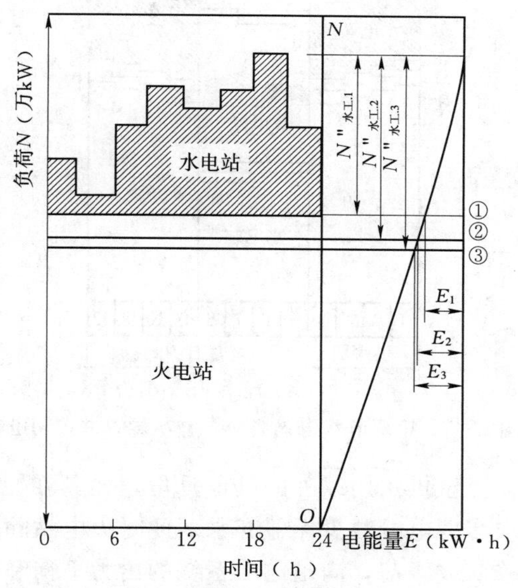

图 5-4　根据最大工作容量方案求日电能

(2) 对每个方案供水期各个月份水电站的日电能量 $E_i/C=\Delta N_{重}\ k_{水}\ [(A/P)]=24\text{h}$，即得各个月份水电站的日平均出力 $\overline{N}_i$ 值，可在设计水平年电力系统日平均负荷年变化图上示出，如图 5-5 所示。图 5-5 上的斜影线部分，就是第①方案供水期各月水电站的平均出力，其总面积代表第①方案所要求的供水保证电能 $E_{保、供1}$，即

$$E_{保、供1}=730\sum_{i}\overline{N}_{1,i}(=1,2,3,4,9,10,11,12) \tag{5-12}$$

式中　$\overline{N}_{1,i}$——第①方案第 i 月份的平均出力；

730——月平均小时数。

同理可定出第②、第③等方案所要求的供水期保证电能 $E_{保、供2}$、$E_{保、供3}$ 等。

(3) 作出水电站各个最大工作容量 $N''_{水、工}$ 方案与其相应的供水期保证电能 $E_{保、供}$ 的关系曲线，如图 5-6 中①、②、③三点所连成的曲线。然后根据式 (5-11) 所定出的水电站设计枯水年供水期内的保证电能 $E_{保、供}$，即可从图 5-6 上的关系曲线求出年调节水电站的最大工作容量 $N''_{水、工}$。

(4) 最后，在电力系统日最大负荷年变化图（图 5-7）上定出水电站、火电站的工作位置，为了使水电站、火电站最大工作容量之和最小，且等于系统的最大负荷，两者之间的交界线应是一根水平线。由此作出系统处理平衡图，在该图上示出了水电站、火电站各月份的工作容量。在电力系统日平均负荷年变化图（图 5-8）上，按照前述方法亦可定出水电站、火电站的工作位置，图上示出了水电站、火电站各月份的供电量，由于水电站最大工作容量（出力）$N''_{水、工}$ 与供电量之间并非线性关系，所以该图上水电站、火电站之间的分界线并非一根直线。图 5-8 一般称为系统电能平衡图，其中竖阴影部分成为年调节水电站在供水期的保证出力图（见第七章）。

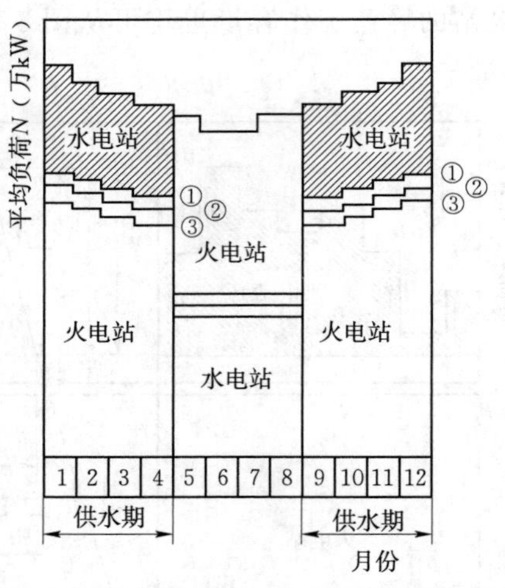

图5-5　年调节水电站各$N''_{水、工}$方案的供水期电能

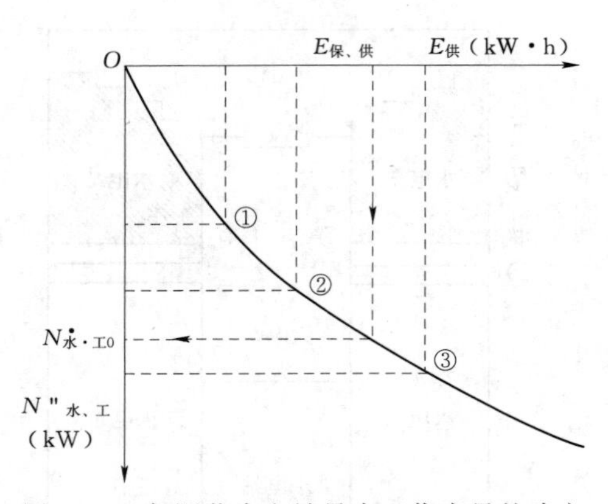

图5-6　年调节水电站最大工作容量的确定

至于供水期以外的其他月份，尤其在汛期弃水期间，水电站应尽量担任系统的基荷，以求多发电量减少无益弃水。此时火电站除一部分机组进行计划检修外，应尽量担任系统的峰荷或腰荷，满足电力系统的出力平衡和电能平衡，如图5-7、图5-8所示。

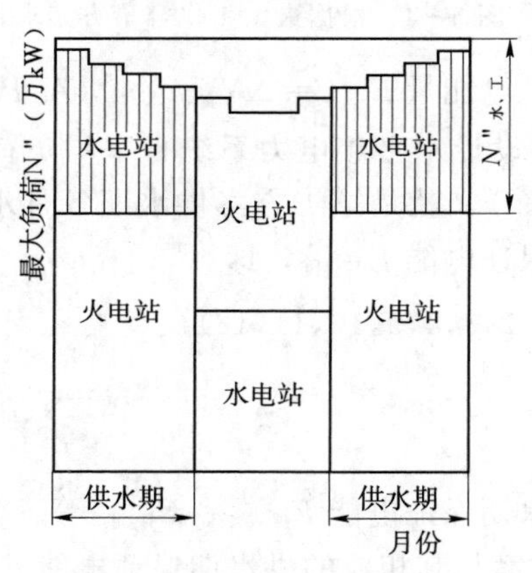

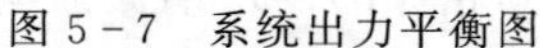

图5-7　系统出力平衡图

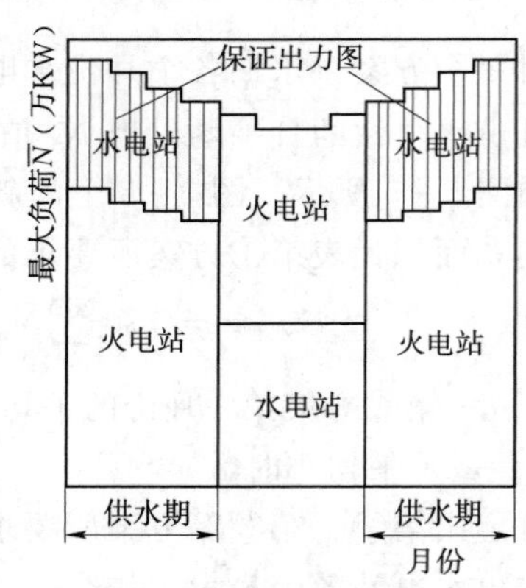

图5-8　系统电能平衡图

4. 多年调节水电站最大工作容量的确定

确定多年调节水电站最大工作容量的原则和方法，基本上与年调节水电站的情况相同。不同之处为：年调节水电站只计算设计枯水年供水期的平均出力（保证出力）及其保证电能，在此期间内它担任峰荷以求出所需的最大工作容量；多年调节水电站则需计算设计枯水系列年的平均出力（保证出力）及其年保证电能，然后按水电站在枯水年全年担任峰荷的要求，将年保证电能量在全年内加以合理分配，使设计水平年系统内拟建水电站最大工作容量$N''_{水、工}$尽可能大，而火电站工作容量尽可能小，尽量节省系统对电站的总投资，按此原则参考上述方法不难确定多年调节水电站的最大工作容量。

当缺乏设计水平年或远景负荷资料时，则不能采用系统电力电量平衡法确定水电站的最大工作容量。这时只能用经验公式或其他简略法估算，可参阅有关文献。

三、电力系统各种备用容量的确定

为了使电力系统正常地进行工作，并保证其供电具有足够的可靠性，系统中各电站除最大工作容量外，尚须具有一定的备用容量，现分述于下。

1. 负荷备用容量

在实际运行状态下，电力系统的日负荷是经常处在不断的变动之中的，如图 5-9 所示，并不是如图 5-4 所示的按小时平均负荷值所绘制成的呈阶梯状变化，后者只是为了节省计算工作量而采用的一种简化方法。电力系统日负荷一般有两个高峰和两个低谷，无论日负荷在上升或下降阶段，都有锯齿状的负荷波动，这是由于系统中总有一些用电户的负荷变化是十分猛烈而急促的，例如冶金厂的巨型轧钢机在轧钢时或电气化铁路列车启动时都随时有可能出现突荷，这种不能预测的突荷可能在一昼夜的任何时刻出现，也有可能恰好出现在负荷的尖峰时刻，使此时最大负荷的尖峰更高，因此电力系统必须随时准备一部分备用容量，当这种突荷出现时，不致因系统容量不足而使周波降低到小于规定值，从而影响供电的质量，这部分备用容量称为负荷备用容量 $N_{负备}$。周波是电能质量的重要指标之一，它偏离正常规定值会降低许多用电部门的产品质量。根据水利动能设计规范的规定，调整周波所需要的负荷备用容量，可采用系统最大负荷的 5%左右，大型电力系统可采用较小值。

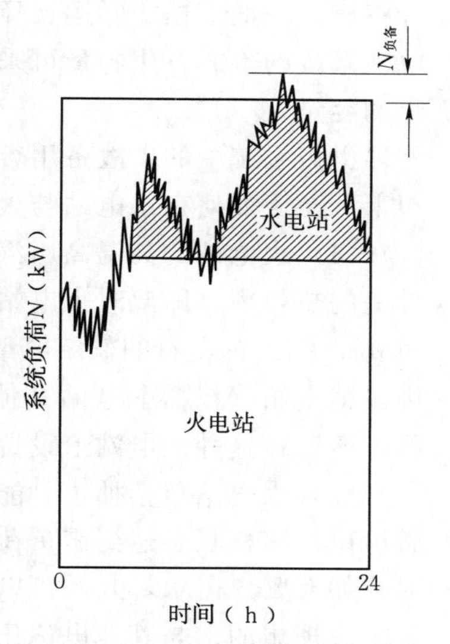

图 5-9　系统日负荷变化示意图

担任电力系统负荷备用容量的电站，通常被称为调频电站。调频电站的选择，应能保证电力系统周波稳定、运行性能经济为原则，所以靠近负荷中心、具有大水库、大机组的坝后式水电站，应优先选择调频电站。对于引水式水电站，应选择引水道较短的电站作为调频电站。对于电站下游有通航等综合利用要求的水电站，在选择调频水电站时，应考虑由于下游流量和水位发生剧烈变化对航运等引起的不利影响。当系统负荷波动的变幅不大时，可由某一电站担任调频任务，而当负荷波动的变幅较大时，尤其电力系统范围较广、输电距离较远时，应由分布在不同地区的若干电站分别担任该地区的调频任务。当系统内缺乏水电站担任调频任务时，亦可由火电站担任，只是由于火电机组技术特性的限制，担任系统的调频任务往往比较困难，且单位电能的煤耗率增加，因而常是不经济的。

2. 事故备用容量

系统中任何一座电站的机组都有可能发生事故，如果由于事故停机导致系统内缺乏足够的工作容量，常会使国民经济遭受损失。因此，在电力系统中尚需另装设一部分容量作为备用容量，当有机组发生事故时它们能够立刻投入系统替代事故机组工作，这种备用容量常称为事故备用容量。事故备用容量的大小，与机组容量、机组台数及其事故率有关。设电力系统发电机组的总台数为 n（折算为标准容量的台数），一台机组的平均事故率为 p

（可由统计资料求出），则 n 台机组中有 m 台同时发生事故的几率为 P_m，即

$$P_m=\frac{n!}{m!\ (n-m)!}\left[p^m(1-p)^{n-m}\right] \tag{5-13}$$

如规定 $P_m<0.01\%$，则可由式（5-13）求出所需事故备用容量的机组台数 m。但是由于大型系统内各种规格的机组情况十分复杂，机组发生事故对国民经济的影响亦难以估计正确，一般根据实际运行经验确定系统所需的事故备用容量。根据水利动能设计规范，电力系统的事故备用容量可采用系统最大负荷的10%左右，且不得小于系统中最大一台机组的容量。

电力系统中的事故备用容量，应分布在各座主要电站上，尽可能安排在正在运转的机组上。至于如何在水电站与火电站之间合理分配，可作下列技术经济分析。

（1）火电站的高温高压汽轮机组，当其出力为额定容量的90%左右时，一般可以得到较高的热效率，即此时火电站单位发电量的煤耗率较低，在此情况下，这类火电站在运行时就带有10%左右的额定容量可作为事故备用容量，由于其机组正处在运转状态，当系统内其他电站（包括本电站其他机组）发生事故停机时，这种热备用容量可以立即投入工作，所以在这种火电站上设置一部分事故备用容量是可行的、合理的。

（2）水电站包括抽水蓄能电站在内，机组启动十分灵活，在几分钟内甚至数十秒钟内就可以从停机状态达到满负荷状态，至于正在运转的水电站机组，当其出力小于额定容量时，如有紧急需求，几乎可以立刻到达满负荷状态，因此在水电站上设置事故备用容量也是十分理想的。与其他电站比较，水电站在电力系统中最适合于担任系统的调峰、调频和事故备用等任务。

但是考虑到事故备用容量的使用时间较长，因此须为水电站准备一定数量的事故备用库容 $V_{事备}$，约为事故备用容量 $N_{事备}$ 担任基荷连续工作 10～15d（$T=240$～360h）的用水量，即

$$V_{事备}=\frac{TN_{事备}}{0.00272\eta H_{min}}\ (\mathrm{m}^3) \tag{5-14}$$

当算出的 $V_{事备}$ 大于该水库调节库容的5%时，则应专门留出事故备用库容。

（3）火电站也可以担任所谓冷备用的事故备用容量，即当电力系统中有机组突然发生事故时，先让某蓄水式水电站紧急启动机组临时供电，同时要求火电站的冷备用机组立即升火，准备投入系统工作。等到火电站冷备用容量投入系统供电后，再让上述紧急投入的水电站机组停止运行，此时水电站额外所消耗的水量，可由以后火电站增加发电量来补偿，以便水电站蓄回这部分多消耗的水量。采取这种措施，可以不在水电站上留有专门的事故备用库容，又可节省火电站因长期担任热备用容量而可能额外多消耗的燃料。

（4）系统事故备用容量如何在水电站、火电站之间进行分配，除考虑上述技术条件外，尚应使系统尽可能节省投资与年运行费。在一般情况下，在蓄水式（主要指季调节以上水库）水电站上多设置一些事故备用容量是有利的，因为它的补充千瓦投资比火电站的小，此外，在丰水年尤其在汛期内，事故备用容量可以充分利用多余的水量增发季节性电能，以节省火电站的燃料费用。

综上所述，系统事故备用容量在水电站、火电站之间的分配，应根据各电站容量的比重、电站机组可利用的情况、系统负荷在各地区的分布等因素确定，一般可按水电站、火

电站工作容量的比例分配。对于调节性能良好和靠近负荷中心的大型水电站，可以多设置一些事故备用容量。

3. 检修备用容量

系统中的各种机组设备，都要进行有计划的检修。对短期检修，主要利用负荷低落的时间内进行养护性检查和预防性小修理；对长期停机进行有计划的大修理，则须安排在系统年负荷比较低落的时期，以便进行系统的检查和更换、整修机组的大部件。图 5-10 表示系统日最大负荷年变化曲线，$N''_{系}$为水平线与负荷曲线之间的面积（用斜影线表示），表示在此时期内未被利用的空间容量，可以用来安排机组进行大修理，因而图 5-10 中的这部分面积称为检修面积 $F_{检}$。在规划设计阶段，编制系统电力、电量平衡和容量平衡时，常按每台机组检修所需要的平均时间进行安排。根据有关规程规定，水电站每台机组的平均年计划检修所需时间为 10～15 天，火电站每台机组为 15～30 天，在上述时间中已包括小修停机时间。

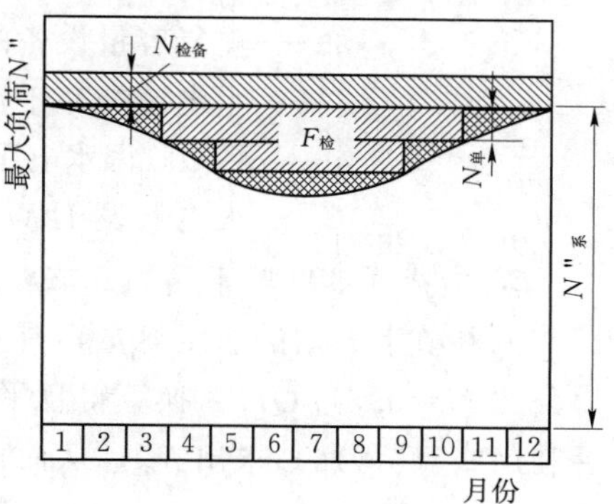

图 5-10　电力系统检修面积示意

图 5-10 中的检修面积 $F_{检}$应该足够大，使系统内所有机组在规定时间内都可以得到一次计划检修。如果检修面积不够大，则须另外设置检修备用容量 $N_{检备}$，如图 5-10 所示。系统检修备用容量的设置，应根据电站的实际情况通过技术经济论证确定，一般以设置在火电站上为宜（有燃料保证）。

四、水电站重复容量的选定

由于河流水文情况的多变性，汛期流量往往比枯水期流量大许多倍，根据设计枯水年确定的水电站最大工作容量，尤其无调节水电站及调节性能较差的水电站，在汛期内会产生大量弃水。为了减少无益弃水，提高水量利用系数，可考虑额外加大水电站的容量，使它在丰水期内多发电。这部分加大的容量在设计枯水期内，由于河道中来水少而不能当作电力系统的工作容量以替代火电站容量工作，因而被称为重复容量。它在系统中的作用主要是季节性电能，以节省火电站的燃料费用。

在水电站上设置重复容量，就要额外增加水电站的投资和年运行费。随着重复容量的逐步加大，无益弃水量逐渐减少，因此可发的季节性电能并不是与重复容量呈正比例增加。当重复容量加大到一定程度后，如再继续增加重复容量就显得不经济了。因此，需要进行动能经济分析，才能合理地选定所应装置的重复容量。

1. 水电站重复容量选择的动能经济计算

假如额外设置的重复容量为 $\Delta N_{重}$，平均每年经济合理的工作小时数为 $h_{经济}$，则相应生产的电能量为 $\Delta E_{季}=\Delta N_{重}\ h_{经济}$，因此可节省的火电站燃料年费用为 $\alpha\Delta N_{重}\ h_{经济} f$，而设置 $\Delta N_{重}$ 的年费用为

$$C=\Delta N_{重}\ k_{水}\ [\ (A,\ P,\ i_s,\ n)\ +p_{水}]\tag{5-15}$$

则在经济上设置 $\Delta N_{重}$的有利条件为

$$a\Delta N_{重}\ h_{经济}f \geqslant \Delta N_{重}\ k_{水}\ [(A/P,\ i_s,\ n)+p_{水}]$$

即
$$h_{经济} \geqslant k_{水}\ [(A/P,\ i_s,\ n)+p_{水}]/(af) \tag{5-16}$$

式中　$k_{水}$——水电站补充千瓦造价，元/kW；

$[A/P,\ i_s,\ n]$——年资金回收因子（年本利摊还因子）；

i_s——额定资金年收益率（当进行国民经济评价，可采用社会折现率 i_s）；

n——重复容量设备的经济寿命，$n=25$ 年；

$p_{水}$——水电站补充千瓦容量的年运行费用率，$p_{水}=2\%\sim3\%$；

a——系数，因水电厂发 1kW·h 电量，可替代火电厂 1.05kW·h，故$a=1.05$；

f——火电厂发 1kW·h 电量所需的燃料费，元/(kW·h)。

2. 无调节水电站重复容量的选定

无调节水电站的重复容量，首先根据其多年的日平均流量持续曲线 $\overline{Q}=f(h)$ 及其出力公式 $N=9.81\eta\overline{Q}H$，换算得日平均出力持续曲线 $N=f(h)$（图 5-11～图 5-12）。然后利用式（5-16）求出 $h_{经}$，从而可确定应设置的重复容量 $N_{重}$（图 5-12）。

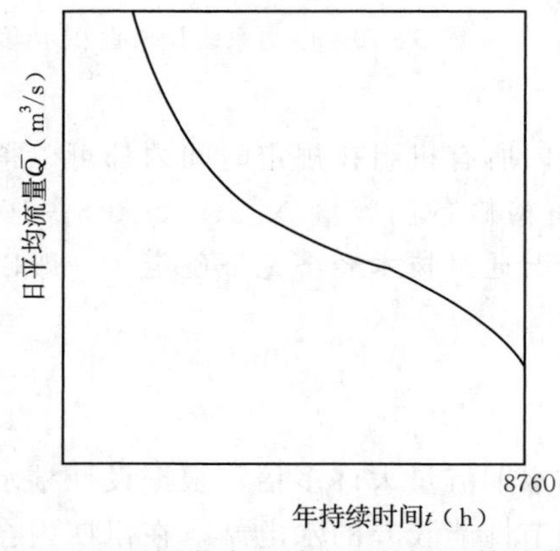

图5-11　无调节水电站日平均流量持续曲线

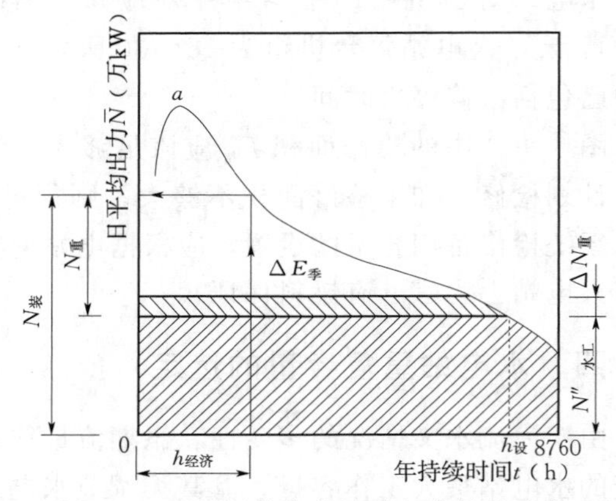

图 5-12　无调节水电站重复容量的确定

图 5-12 所示的出力持续曲线上 a 点左侧，由于流量较大，水电站下游水位较高，因而水头减小，水电站出力明显下降。由图 5-12 可知，在水电站最大工作容量 $N''_{水、工}$ 水平线以上与出力持续曲线以下所包围的面积，由于水电站最大工作容量 $N''_{水、工}$ 并不能利用，将成为弃水能量。因此，如果在 $N''_{水、工}$ 以上设置重复容量 $\Delta N_{重}$，则平均每年在 $h_{设}$ 时间内生产季节性电能量 $\Delta E_{季}=\Delta N_{重}\ h_{设}$（kW·h），从而平均每年节省火电站的燃料费用为

$$B=adb\Delta E_{季}\ （元） \tag{5-17}$$

式中　$a=1.05$［式（5-16）］；

d——单位重量燃料的到厂价格，元/kg；

b——火电厂单位电能消耗的燃料重量，kg/（kW·h）。

在图 5-12 的最大工作容量 $N''_{水、工}$ 以上设置重复容量 $\Delta N_{重}$，其年工作小时数为 $h_{设}$，然后再逐渐增加重复容量，所增加的重复容量其年利用小时数 h 逐渐减少，直至最后增加的单位重复容量其年利用小时数 $h=h_{经济}$ 为止，相应 $h_{经济}$ 的重复容量 $N_{重}$（图 5-12），在动能经济上被认为是合理的。关于 $h_{经济}$ 值可根据式（5-16）求出。

3．日调节水电站重复容量的选定

选定日调节水电站重复容量的原则和方法与上述基本相同，所不同的是日调节水电站在枯水期内一般总是担任电力系统的峰荷，在汛期内当必需容量 $N_{必}$（最大工作容量与备用容量之和）全部担任基荷后还有弃水时才考虑设置重复容量。图 5－13 表示必需容量补充单位千瓦的年利用小时数为 $h_{必}$，超过必需容量 $N_{必}$ 额外增加的 $N_{重}$，才是日调节水电站的重复容量。其相应的单位重复容量的经济年利用小时数 $h_{经济}$，也是根据式（5－16）确定的。

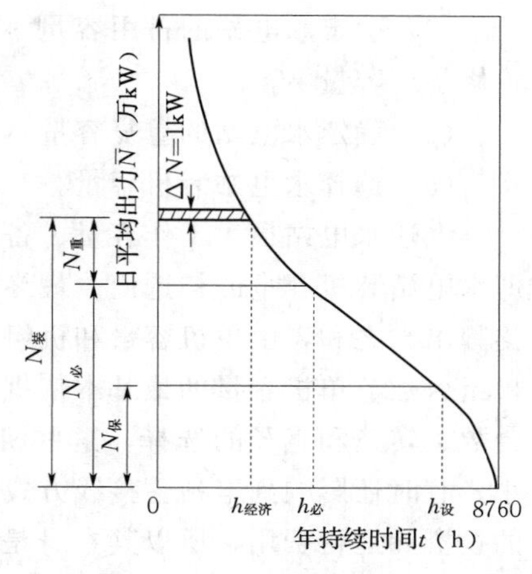

5－13　日调节水电站重复容量的选定

4．年调节水电站的重复容量

年调节水电站，尤其是不完全年调节水电站（有时称季调节水电站），在汛期内有时也有较多的弃水。通过动能经济分析，有时设置一定的重复容量可能也是合理的。首先对所有水文年资料进行径流调节，统计各种弃水流量的多年平均的年持续时间（图 5－14），然后将弃水流量的年持续曲线，换算为弃水出力年持续曲线（图 5－15）。根据式（5－16）计算出 $h_{经济}$，从而选定应设置的重复容量，如图 5－15 所示。

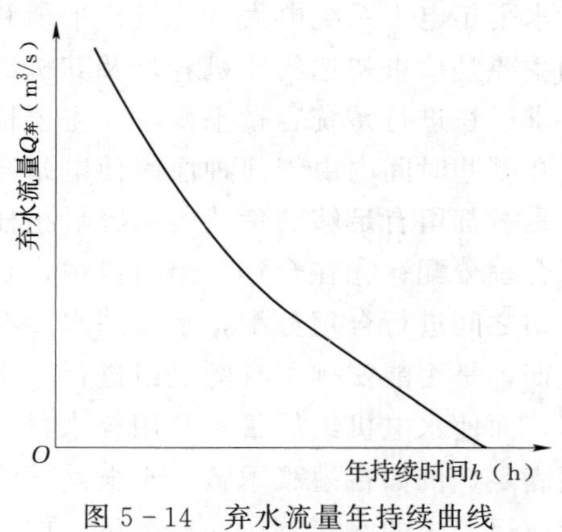

图 5－14　弃水流量年持续曲线

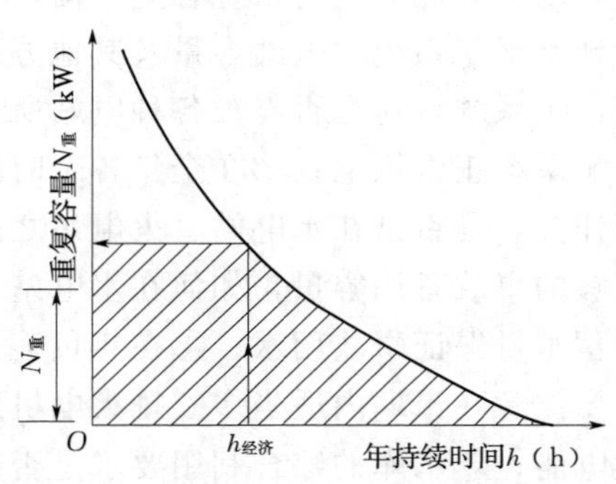

图 5－15　弃水出力年持续曲线

五、水电站装机容量的选择

水电站装机容量的选择，直接关系到水电站的规模、资金的利用与水能资源的合理开发问题。装机容量如选择得过大，资金受到积压；如选得过小，水能资源就不能得到充分合理的利用。因此，装机容量的选择是一个重要的动能经济问题。

系统中的各种电站，必须共同满足电力系统在设计水平年对容量和电量的要求。因此水电站装机容量的选择，与系统中火电站和其他电站装机容量的确定有着十分密切的关系。下面分述水电站装机容量的选择方法与步骤。

（1）收集基本资料，其中包括水库径流调节和水能计算成果，电力系统供电范围及其设计水平年的负荷资料，系统中已建与拟建的水电站、火电站资料及其动能经济指标，水工建筑物及机电设备等资料。

(2) 确定水电站的最大工作容量 $N''_{水、工}$。

(3) 确定水电站的备用容量 $N_{水备}$，其中包括负荷备用容量 $N_{负}$、事故备用容量 $N_{事}$、检修备用容量 $N_{检}$。

(4) 确定水电站的重复容量 $N_{重}$。

(5) 选择水电站装机容量。

上述水电站最大工作容量、备用容量与重复容量之和，大致等于水电站的装机容量，即水电站装机容量的初选值。最终选定的水电站装机容量应该是指电站装设的所有机组的铭牌出力之和，由单机容量和机组台数所决定。而上面求得的装机容量初选值是确定电站机组台数、单机容量的最基本依据。机组台数和单机容量的确定涉及水轮发电机组型号、台数、转速和直径的选择，这些机组参数不仅直接影响到水电站工作效率高低、容量大小，有时还影响到电站主接线方式、机电设备的布置和厂房尺寸的大小，从而影响到电站的投资和运行费用，所以其本身是一个动能经济问题，应通过多方案比较才能最终选定。一般地，在给定水电站装机容量方案的前提下，单机容量小，机组台数就多，相对而言，电站运行的灵活性较好，但往往会加大厂房尺寸，增加布置的难度，增加电站投资。相反，单机容量大，台数就少，相对而言，机组效率较高，电站的水工及电气布置较方便，造价较低，发电成本也较小，但单机容量过大，事故停机影响大，检修安排较不方便。

最终选定的水电站装机容量，必须满足设计水平年电力系统电力（容量）平衡和电量平衡的要求，为此需进行系统容量平衡，其目的主要是检查初选的装机容量及其机组能否满足设计水平年系统对电站容量及其他方面的要求。在进行系统容量平衡时，主要检查下列问题：①系统负荷是否能被各种电站所承担，在哪些时间内由于何种原因使电站容量受阻而影响系统正常供电；②在全年各个时段内，是否都留有足够的负荷备用容量担任系统的调频任务，是否已在水电站、火电站之间进行合理分配；③在全年各个时段内，是否都留有足够的事故备用容量，如何在水电站、火电站之间进行合理分配，水电站水库有无足够备用蓄水量保证事故用水；④在年负荷低落时期，是否能安排所有的机组进行一次计划检修，要注意在汛期内适当多安排火电机组检修，而使水电机组尽量多利用弃水量，增发季节性电能；⑤水库的综合利用要求是否能得到满足，例如在灌溉季节，水电站下泄流量是否能满足下游地区灌溉要求，是否能满足下游航运要求的水深等。如有矛盾，应分清主次，合理安排。

图 5-16 为电力系统在设计水平年的容量平衡图。

在电力系统容量平衡图上有三条基本控制线：

(1) 系统最大负荷年变化线①，在此控制线以下，各类电站安排的最大工作容量 $N''_{系、工}$，要能满足系统最大负荷要求。

(2) 系统要求的可用容量控制线②，在此控制线以下，各类电站安排必需容量 $N''_{系、必}$，其中包括最大工作容量 $N''_{系、工}$、负荷备用容量 $N_{负}$ 和事故备用容量 $N_{事}$，均要求能满足系统要求。

(3) 系统装机容量控制线，即图 5-16 最上面的水平线③。在此水平线以下，系统装机容量 $N_{系、装}$ 包括水电站、火电站全部装机容量，要求能达到电力系统的安全、经济、可靠的要求。在水平线③与阶梯线②之间，表示系统各月的空闲容量和处在计划检修中的容量，以及由于各种原因而无法投入运行的受阻容量。

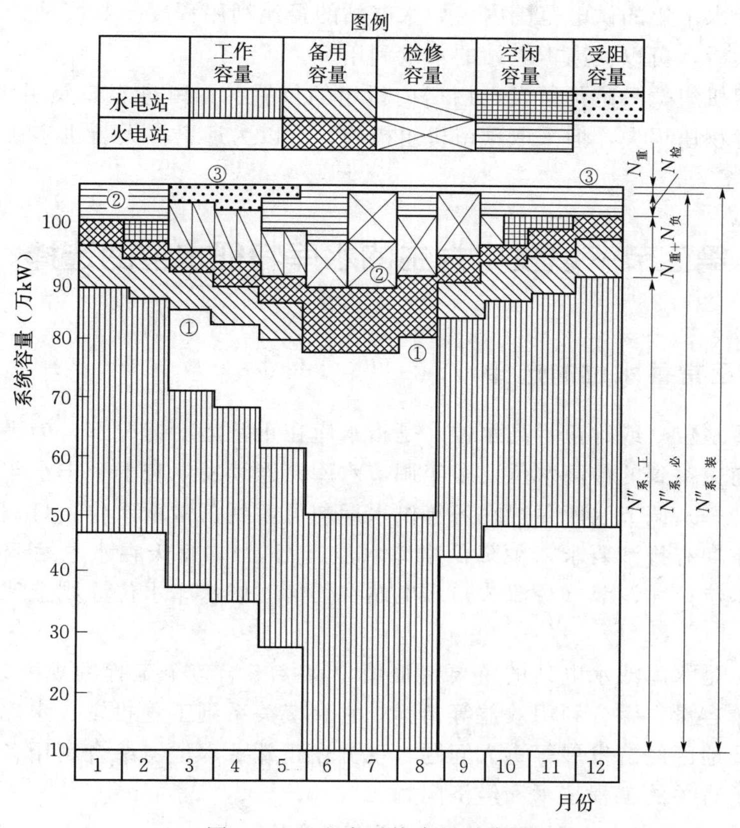

图 5-16　电力系统容量平衡图

上面多次提到的设计水平年，系指拟建水电站第一台机组投入系统运行后的第 5～10 年。由于不能超长期预报河道中的来水量，所有水电站的出力变化无法预知，因此规划阶段在绘制设计水平年的电力系统容量平衡图时，至少应研究两个典型年度，即设计枯水年和设计中（平）水年。设计枯水年反映在较不利的水文条件下，拟建水电站的装机容量与其他电站是否能保证电力系统的正常运行要求。设计中（平）水年的容量平衡图，表示水电站在一般水文条件下的运行情况，是一种比较常见的系统容量平衡状态。对低水头水电站尚须作出丰水年的容量平衡图，以检查机组在汛期由于下游水位上涨造成水头不足而发生容量受阻的情况。必要时对大型水电站尚须作出设计保证率以外的特枯年份的容量平衡图，以检查在水电站出力不足情况下电力系统正常工作遭受破坏的程度，同时研究相应补救的措施。

根据上述电力系统的容量平衡图，可以最后定出水电站的装机容量。但在下列情况下尚须进行动能经济比较，研究预留机组的合理性。

(1) 在水能资源缺乏而系统负荷增长较快的地区，要求本水电站承担远景更多的尖峰负荷。

(2) 远景在河道上游将有调节性能较好的水库投入工作，可以增加本电站保证出力等动能效益。

(3) 在设计水平年的供电范围内，如水电站的径流利用程度不高，估计远景电力系统的供电范围扩大后，可以提高本电站的水量利用率。

水电站预留机组，只是预留发电厂房内机组的位置、预留进水口及引水系统的位置，尽可能减少投资积压损失，但采取预留机组措施，可以为远景扩大装机容量创造极为有利的条件。

第二节　以发电为主的水库特征水位的选择

一、水库正常蓄水位的选择

水库正常蓄水位（或称正常高水位）是指水库在正常运用情况下，为满足设计兴利要求在开始供水前应蓄到的最高水位。多年调节水库在连续发生若干个丰水年后才能蓄到正常蓄水位；年（季）调节水库一般在每年供水期前可蓄到正常蓄水位；日调节水库除在特殊情况下（如汛期有排沙要求，须降低水库水位运行等），每天在水电站调节峰荷以前应维持在正常蓄水位；无调节（径流式）水电站在任何时候水库水位原则上保持在正常蓄水位不变。

正常蓄水位是水库或水电站的重要特征值，直接影响整个工程的规模以及有效库容、调节流量、装机容量、综合利用效益等指标，它直接关系到工程投资、水库淹没损失、移民安置规划以及地区经济发展等重大问题。现分述正常蓄水位与综合利用各水利部门效益之间的关系以及有关的工程技术和经济问题。

（一）正常蓄水位与各水利部门效益之间的关系

1. 防洪

当汛后入库来水量仍大于兴利设计用水量时，防洪库容与兴利库容是能够作到完全结合或部分结合的。在此情况下，提高正常蓄水位可直接增加水库调蓄库容，同时有利于在汛期内拦蓄洪水量，减少下泄洪峰流量，提高下游地区的防洪标准。

2. 发电

随着正常蓄水位的增高，水电站的保证出力、多年平均年发电量、装机容量等动能指标也将随着增加。在一般情况下，当由较低的正常蓄水位方案增加到较高的正常蓄水位时，开始时各动能指标增加较快，其后增加就逐渐减慢。其原因是当正常蓄水位较低时，扣除死库容后水电站调节库容不大，因而水电站保证出力较小，水量利用程度不高，年发电量也不多；但当增加正常蓄水位至能形成日调节水库后，水电站的最大工作容量及装机容量均大大增加，年发电量也相应增加；随着正常蓄水位的继续提高，水库调节性能由季调节逐渐变成年调节，弃水量越来越少，水量利用程度越来越高，随着调节流量与水头增加，各动能指标继续增加；当正常蓄水位提高到能使水库进行多年调节后，由于库区面积较大，水库蒸发及渗漏损失增加，因此如再提高正常蓄水位，往往只增加水头而调节水量增加较少，因而上述各动能指标值的增加相应逐渐减缓。

3. 灌溉和城镇供水

正常蓄水位的增高，一方面可以加大水库的兴利库容，增加调节水量，扩大下游地区的灌溉面积或城镇供水量；另一方面由于库水位的增高，有利于上游地区从水库引水自流灌溉或对水库周边高地进行扬水灌溉或进行城镇供水。

4. 航运

正常蓄水位的增高，有利于调节天然径流，加大下游航运流量，增加航运水深，提高航运能力；另一方面由于水库洄水向上游河道延伸，通航里程及水深均有较大的增加，大大改善了上游河道的航运条件。同时也考虑到，随着正常蓄水位的增高，上、下游水位差的加大，船闸结构及过坝通航设备均将复杂化。

（二）正常蓄水位与有关的经济和工程技术问题

(1) 随着正常蓄水位的增高，水利枢纽的投资和年运行费是递增的。在水利枢纽基本建设总投资中，有很大部分是大坝的投资 $K_{坝}$，它与坝高 $H_{坝}$ 的关系一般为 $K_{坝}=aH_{坝}^{b}$，其中 a、b 为系数，$b\geqslant 2$，因此随着正常蓄水位的增高，水利枢纽尤其拦河大坝的投资和年运行费是迅速递增的。

(2) 随着正常蓄水位的增高，水库淹没损失必然增加，这不仅是一个经济问题，有时甚至是影响广大群众生产和生活的政治社会问题。要尽量避免淹没大片农田，以免对农业生产造成很大影响；要尽量避免重要城镇和较大城市的淹没。对待历史文物古迹的淹没，要考虑其文化价值及其重要性，必须对重点保护对象采取迁移或防护措施。对待矿藏和铁路的淹没，一般不淹没开采价值大、质量好、储量大的矿藏；铁路工程投资大，应尽量避免淹没，但经有关部门同意也可采取改线措施。总之，水库淹没是一个重大问题，必须慎重处理。

(3) 随着正常蓄水位的增高，受坝址地质及库区岩性的制约因素愈多。要注意坝基岩石强度问题、坝肩稳定和渗漏问题、水库建成后泥沙淤积问题以及蓄水量是否发生外漏等问题。

综上所述，在选择正常蓄水位时，既要看到正常蓄水位的抬高对综合利用各水利部门的影响，也要看到它将受到投资、水库淹没、工程地质等问题的制约；既要看到抬高正常蓄水位对下游地区防洪的有利影响，也要看到水库形成后对上游地区防洪的不利影响；既要看到它对下游地区灌溉的效益，也要看到库区耕地的淹没与浸没问题；既要看到它对上下游航运的效益，也要看到河流筑坝后船筏过坝的不方便。在一般情况下，随着正常蓄水位的不断抬高，各水利部门效益的增加是逐渐减慢的，而水工建筑物的工程量和投资的增加却是加快的。因此，在方案比较中可以选出一个技术上可行、经济上合理的正常蓄水位方案。这里应强调的是，在选择正常蓄水位时，必须贯彻有关的方针政策，深入调查研究国民经济各部门的发展需要以及水库淹没损失等重大问题，反复进行技术经济比较，及时与有关部门协商讨论，选择水库正常蓄水位这个重要问题是可以解决好的。

（三）正常蓄水位比较方案的拟定

首先根据河流梯级开发规划方案及有关工程具体条件，经过初步分析，定出正常蓄水位的上限值与下限值，然后在此范围内拟定若干个比较方案，以便进行深入的分析与比较。正常蓄水位的下限方案，主要根据各水利部门的最低兴利要求拟定，例如以发电为主的水库，尽可能满足电力系统对拟建水电站所提出的最低发电容量与电量要求；以灌溉或城镇供水为主的水库，尽可能满足地区发展规划及最必需的工农业供水量。此外，对在多泥沙河流上的某些水库，还要考虑泥沙淤积的影响，保证水库有一定的使用寿命。

关于正常蓄水位的上限方案，主要考虑下列因素：

(1) 库区的淹没、浸没损失。如果库区有大片耕地、重要城镇、工矿企业和名胜古迹等将要受到淹没，则须限制正常蓄水位的抬高。例如长江某水利工程的正常蓄水位不宜超过175m，以免上游某大城市遭受掩没；黄河某水库的正常蓄水位不超过1740m，以免淹没重要的历史文物古迹等。

(2) 坝址及库区的地形地质条件。当坝高达到某一定高度后，可能由于地形突然开阔和河谷过宽，使坝身太长；或者坝肩出现垭口和单薄分水岭；坝址地质条件不良，可能使两岸及坝基处理工程量很大，且可能引起水库的大量渗漏，上述都可能限制正常蓄水位的抬高。

(3) 拟定梯级水库的正常蓄水位时，应注意河流梯级开发规划方案，不应淹没上一个梯级水库的坝址或其电站位置，尽可能使梯级水库群的上下游水位相互衔接。

(4) 蒸发、渗漏损失。当正常蓄水位达到某一高程后，调节库容已较大，因而弃水量较少，水量利用率很高，如再抬高蓄水位，可能水库蒸发损失及渗漏损失增加较多，最终得不偿失。

(5) 人力、物力、财力及工期的限制。修建大型水库及水电站，一般需要大量投资，建设期也相当长。因此，资金的筹措、建筑材料及设备的供应、施工组织和施工条件等因素，都有可能限制正常蓄水位的增高。

正常蓄水位的上下限值选定以后，就可以在此范围内选择若干个比较方案，应在地形、地质、淹没发生显著变化的高程处选择若干个中间方案。如在该范围内并无特殊变化，则各方案高程之间可取等距值。一般可拟定4～6个方案供比较选择。

(四) 选择正常蓄水位的步骤和方法

在拟定正常蓄水位的比较方案后，应该对每个方案进行下列各项计算工作。

(1) 拟定水库的消落深度。在正常蓄水位方案比较阶段，一般采用较简化的方法拟定各个方案的水库消落深度。对于以发电为主的水库，根据经验统计，可用水电站最大水头 (H'') 的某一百分比初步拟定水库的消落深度 $h_{消}$，从而定出各个方案的调节库容。

坝式年调节水电站，$h_{消}=(25\%\sim30\%)H''$；坝式多年调节水电站，$h_{消}=(30\%\sim35\%)H''$；混合式水电站，$h_{消}=40\%H''$，其中 H'' 为坝所集中的最大水头。

对于以灌溉、供水为主的水库，其消落深度可适当增加些，尽可能增加兴利库容，减少弃水，增加调节流量。

(2) 对各个方案采用较简化的方法进行径流调节和水能计算，求出各方案水电站的保证出力、多年平均年发电量、装机容量以及其他水利动能指标（例如灌溉面积、城镇供水量等）。

(3) 求出各个方案之间的水利动能指标差值。为了保证各个方案对国民经济作出同等的贡献，上述各个方案之间的差值，应以替代方案补充。例如水电站可选凝气式火电站作为替代电站，水库自流灌溉可根据当地条件选择提水灌溉或井灌作为替代方案，工业及城市供水可选择开采地下水作为替代方案等。

（4）计算各个方案的水利枢纽各部分的工程量、各种建筑材料的消耗量以及所需的机电设备。对综合利用水利枢纽而言，应该对共用工程（例如坝和溢洪建筑物等）分别计算投资和年运行费用，以便在各部门间进行投资费用的分摊。

（5）计算各个方案的淹没和浸没的实物指标和移民人数。首先根据不同防洪标准的洄水资料，估算各个方案的淹没耕地亩数、房屋间数和必须迁移的人口数以及铁路、公路改线里程等指标。根据移民安置规划方案，求出所需的开发补偿费、工矿企业和城镇的迁移费和防护费用等。为防止库区耕地浸没和盐碱化，也须逐项估算所需费用。

（6）进行水利动能经济计算。根据各水利部门的效益指标及其应分摊的投资费用，计算水电站的造价及其在施工期内各年的分配。对于以发电为主的水库，如果其他综合利用要求相对不大，或者其效益在各正常蓄水位方案之间差别不大，则在方案比较阶段可以只计算水电站本身的动能经济指标。对于各正常蓄水位方案之间的水电站必需容量与年发电量的差额，可用替代措施即用火电站来补充，为此相应计算替代火电站的造价、年运行费和燃料费。最后计算各个方案水电站的年费用 $AC_{水}$、替代火电站的补充年费用 $AC_{火}$ 和电力系统的年费用 $AC_{系}=AC_{水}+AC_{火}$。根据各个方案电力系统年费用的大小，可以选出经济上最有利的正常蓄水位。

应该说明：①在进行国民经济评价时，所有经济指标均应按影子价格计算，在进行财务评价时，所有财务指标均按现行财务价格计算；②对各个方案进行国民经济评价时，除采用上述年费用 $AC_{系}$ 为最小外，尚可采用差额投资经济内部收益率法，并进行不确定性分析；③对国民经济评价优选出来的正常蓄水位方案，尚需进行财务评价，计算财务内部收益率、财务净现值、贷款偿还年限等评价指标，以便论证本方案在财务上的可行性；④在上述国民经济评价和财务评价的基础上，最后需从政治、社会、技术以及其他方面进行综合评价，保证所选出的水库规模符合地区经济发展的要求，而且是技术上正确、经济上合理、财务上可行的方案。

（五）以发电为主的水库正常蓄水位选择举例

某大型水库的主要任务为发电，坝址以上流域面积为 10500km²，多年平均年径流量 $\overline{W}_{年}=116.7$ 亿 m³。汛期为 5—9 月，根据计算，千年一遇洪峰流量为 27000m³/s，7 日洪量为 49.4 亿 m³。此水库尚有防洪任务，要求减轻下游城市及 30 万亩农田的洪水灾害。此外，水库尚有灌溉、航运等方面的综合利用任务。

坝址位于某河段峡谷中，峡谷长约 1800m，宽 220m，河床高程在 200m 左右，两岸山顶高程约 350m，岸坡陡峻。坝址区岩层为砂岩。

水利枢纽系由拦河坝、发电厂房、升压变电站及过坝设施等建筑物组成。

现按给定的基本资料条件选择水库正常蓄水位。

1. 正常蓄水位方案的拟定

要求不淹没上游某城市，因而正常蓄水位的上限值定为 115m。根据电力系统及各水利部门对本电站的最低兴利要求，正常蓄水位不宜低于 105m。在正常蓄水位上下限范围内选定 105m、110m、115m 共 3 个比较方案。

2. 计算步骤与方法

(1) 设计保证率的选择。考虑到设计水平年本电站容量在系统中的比重将达50%，它在系统中的作用比较重要，故选择 $P_{设}=97\%$。

(2) 对所拟定的每个比较方案，拟定水库的消落深度。然后对选择的设计枯水年系列及中水年系列，分别进行径流调节与水能计算，求出各个方案的保证出力与多年平均年发电量、水电站的最大工作容量和必需容量。

(3) 根据施工进度计划及工程概算，定出水电站的施工期限 m（年）和各年投资分配。计算水电站造价原值 K'_1，定出折现至基准年（施工期末）的折算造价 K_1。

(4) 计算水电站的本利年摊还值 $R_{P1}=K_1$ $[A/P, r_0, n_1]$。根据原规范，电力工业部门规定的投资收益率 $r_0=0.10$，水电站的经济寿命 $n_1=50$ 年。

(5) 设水电站在施工期内的最后3年为初始运行期，在初始运行期的第1年末、第2年末、第3年末，水电站装机容量相应有1/3、2/3、全部机组投入系统运行，年运行费 U_t 则与该年的发电量成正比。在正常运行期内，假设各年年运行费 $U_1=0.0175K'_1$（年运行费率一般为造价原值的1.5%～2%，不包括折旧率，下同）。折算至基准年的初始运行期运行费为 $\sum_{t=m-3}^{t=m} U_t(1+r_0)^{m-t}$，其年摊还值为

$$U'_1=\frac{r_0(1+r_0)^{n_1}}{(1+r_0)^{n_1}-1}\left[\sum_{t=m-3}^{m} U_t(1+r_0)^{m-t}\right] \tag{5-18}$$

(6) 各方案的水电站年费用为

$$AC_{水}=K_1\ [A/P, r_0, n_1]+U_1+U'_1 \tag{5-19}$$

(7) 为了各方案能同等程度地满足电力系统对电力、电量的要求，正常蓄水位较低的方案，应以替代电站（凝气式火电站）的电力、电量补充，为简化计算，以方案3为准，仅计算各方案的差额，具体计算方法见表5-1，最后可求得替代电站补充年费用 $AC_{火}$。

表5-1　某水电站水库正常蓄水位3个方案比较（用系统年费用最小准则）

序号	项　目	方案1	方案2	方案3	备　注
1	项目正常蓄水位 $Z_{蓄}$（m）	105	110	115	拟定
2	水电站必需容量 N_1（万kW）	57.0	59.9	62.5	用简化方法求出
3	水电站多年平均年电能 E_1（kW·h）	18.4	19.8	20.8	用简化方法求出
4	水电站造价原值 K'_1（万元）	42721	45646	47656	未考虑时间因素
5	水电站施工期 m（年）	8	9	10	包括初始运行期
6	水电站折算造价 K_1（万元）	61070	68870	75949	折算至施工期末 T
7	水电站本利年摊还值 R_{P1}（万元）	6160	6946	7660	K_1 $[A/P, r_0, n_1]$
8	水电站初始运行期 $T-t_{初}$（年）	3	3	3	已知
9	水电站初始运行器运行费年摊还值 U'_1（万元）	120	128	134	$r_0\sum_{t=t_{初}}^{T} U_t(1+r_0)^{T-t}$
10	水电站正常年运行费 U_1（万元）	748	799	834	$K'_1\times1.75\%$

续表

序号	项　　目	方案1	方案2	方案3	备　　注
11	水电站年费用 $AC_{水}$（万元）	7028	7873	8628	(7)＋(9)＋(10)
12	替代电站补充必需容量 ΔN_2（万kW）	6.05	2.86	0	$1.1\Delta N_2$
13	替代电站补充年电量 ΔE_2（kW·h）	2.52	1.05	0	$1.05\Delta E_1$
14	替代电站补充造价原值 $\Delta K_2'$（万元）	4840	2288	0	$800\Delta N_2$
15	替代电站补充折算造价 ΔK_2（万元）	5340	2524	0	施工期3年
16	替代电站补充造价本利年摊还值 ΔR_{P2}（万元）	588	278	0	ΔK_2 [A/P，r_0，$n_2=25$]
17	替代电站补充年运行费 ΔU_2（万元）	242	114	0	(14)×5%
18	替代电站补充年燃料费 $\Delta U'_2$（万元）	504	210	0	$0.02\Delta E_2$
19	替代电站补充年费用 $AC_{火}$（万元）	1334	602	0	(16)＋(17)＋(18)
20	系统年费用 $AC_{系}$（万元）	8362	8475	8628	(11)＋(19)

(8) 计算各方案电力系统的年费用为

$$AC_{系}=AC_{水}+AC_{火} \tag{5-20}$$

3. 计算成果分析

(1) 各正常蓄水位方案在技术上都是可行的。从系统年费用看，以105m方案较为有利。

(2) 从水库淹没损失看，从正常蓄水位高程105m增加到110m，将增加淹没耕地2.26万亩，增加迁移人口2.17万人，根据当地移民安置规划是能够解决的。但正常蓄水位超过110m后，库区移民与淹没耕地数均将有显著增加。

(3) 从静态的补充千瓦造价 k_N 与补充电能成本 u_E 看（因国内其他电站的统计资料均为静态的，便于相互比较），当正常蓄水位从105m增加到110m，$k_N=1008$ 元/kW，$u_E<0.01$ 元/（kW·h），这些指标都是有利的。

(4) 从本地区国民经济发展规划看，本电站地处工农业发展较快地区，系统负荷将有大幅度增长，但本地区能源并不丰富，有利的水能开发地址不多。本电站为大型水电站，具有多年调节水库，将在系统中起调峰、调频及事故备用等作用，适当增大电站规模是很需要的。

4. 结论

考虑到本地区能源比较缺乏，故应充分开发水能资源，适当加大本电站的规模，以适应国民经济的迅速发展。根据以上综合分析，以选正常蓄水位110m方案较好。

二、设计死水位的选择

（一）选择设计死水位的意义

设计死水位（以下简称死水位）是指水库在正常运行情况下允许消落的最低水位。在一般情况下，水库水位将在正常蓄水位与死水位之间变动，其变幅即为水库消落深度。对于多年调节水库而言，当遇到设计枯水年系列时，才由正常蓄水位降至死水位。对于年调节水库而言，当遇到设计枯水年时才由正常蓄水位降至死水位；当遇到来水大于设计枯水

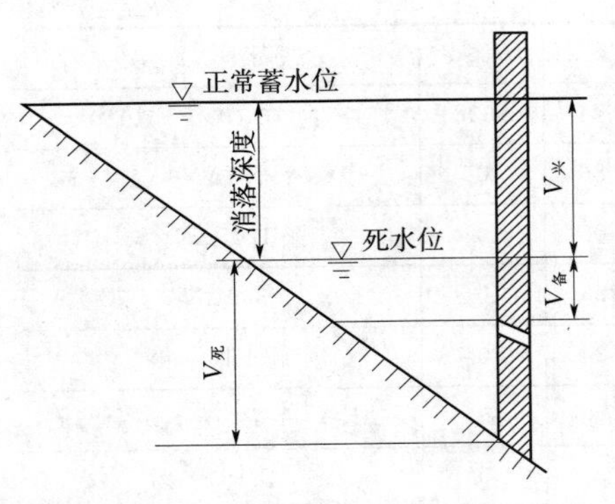

图 5-17　水库死水位与备用库容位置

年的年份时，水电站为了取得较大的平均水头和较多的电能，水库年消落深度可以小一些；当遇到特别枯水年份或者发生特殊情况（例如水库清底检修、战备、地震等）时，水库运行水位允许比设计死水位还低一些，被称为极限死水位。在确定极限死水位时，尚须考虑水库泥沙淤积高程、冲沙水位、灌溉引水高程等要求。在此水位高程，水电站部分容量受阻，但仍应能发出部分出力，这在选择水轮机时应加考虑。在正常蓄水位与设计死水位之间的库容，即为兴利调节库容。在设计死水位与极限死水位之间的库容，则可成为备用库容。如图 5-17 所示。

随着河流的不断开发，上下游梯级水库相继建成，对本水电站的死水位将有不同要求。上游各梯级水库要求本电站的死水位适当提高一些，以便上游梯级水库的调节流量获得较高的平均水头；下游梯级水库则要求本电站的死水位适当降低一些，以便下游梯级电站获得较大的调节流量。总之，随着河流梯级水电站的建成，各水库的死水位应相应作些调整，使梯级水电站群的总保证出力或总发电量最大。

（二）各水利部门对死水位的要求

1. 发电的要求

在已定的正常蓄水位下，随着水库消落深度的加大，兴利库容 $V_{兴}$ 及调节流量均随之增加；另一方面，死水位的降低，相应水电站供水期内的平均水头 $\overline{H}_{供}$ 却随之减小，因此，其中存在一个比较有利的消落深度，使水电站供水期的电能 $E''_{供}$ 最大。为便于分析，可以把水电站供水期的电能 $E_{供}$ 划分为两部分，一部分为蓄水库容电能 $E_{库}$，另一部分为来水量 $W_{供}$ 产生的不蓄电能 $E_{不蓄}$，即

$$E_{供}=E_{库}+E_{不蓄} \tag{5-21}$$

$$E_{库}=0.00272\eta V_{兴}\overline{H}_{供} \tag{5-22}$$

$$E_{不蓄}=0.00272\eta W_{供}\overline{H}_{供} \tag{5-23}$$

对于蓄水库容电能 $E_{库}$，死水位 $Z_{死}$ 愈低，$V_{兴}$ 愈大，虽供水期平均水头 $\overline{H}_{供}$ 稍小些，但其减小的影响一般小于 $V_{兴}$ 增加的影响，所以水库消落深度愈大，$E_{库}$ 亦愈大，只是增量愈来愈小，如图 5-18 上的①线。

对于不蓄水电能 $E_{不蓄}$，情况恰好相反，由于供水期天然来水量 $W_{供}$ 是一定的，因而死水位 $Z_{死}$ 愈低，$\overline{H}_{供}$ 愈小，$E_{不蓄}$ 也愈来愈小，如图 5-18 上的②线。供水期电能 $E''_{供}$ 是这两部分电能之和［式（5-21）］，当水库消落深度为某一值时，供水期电能可能出现最大值 $E''_{供}$，如图 5-18 上的③线。

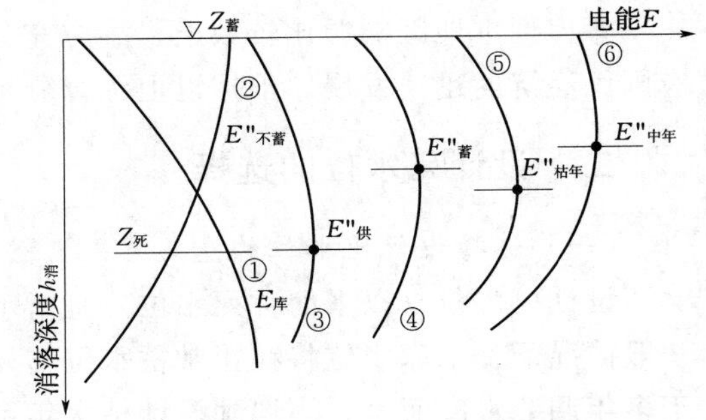

图 5-18　水库消落深度与电能关系曲线

至于蓄水期内的电能 $E''_{蓄}$，由于其中的不蓄电能一般占主要部分，因此比供水期 $E''_{供}$ 所

要求的水库消落深度高一些，如图 5-18 上的④线。

枯水年电能 $E_{枯年}=E_{枯供}+E_{枯蓄}$，将两根曲线③和④沿横坐标相加，即得枯水年电能 $E''_{枯年}$ 与水库消落深度 $h_{消}$ 的关系曲线⑤，从而求出枯水年要求的比较有利的水库消落深度及其相应的 $E''_{枯年}$，如图 5-18 上的⑤线。同理，可以求出与中水年最大电能 $E''_{中年}$ 相应的水库消落深度，如图 5-18 上的⑥线。

比较这几根曲线可以看出，中水年相应 $E''_{中年}$ 的水库消落深度比枯水年相应 $E''_{枯年}$ 的小一些，即要求的死水位高一些。同理，丰水年相应 $E''_{丰年}$（图 5-18 上未示出）的死水位更高些。只有遇到设计枯水年（年调节水库）或设计枯水年系列（多年调节水库）时，供水期末水库水位才消落至设计死水位。在水电站建成后的正常运行时期，为了获得更多的年电能，水电站各年的消落深度应该是不同的，所定的设计死水位主要是为设计水电站确定进水口的位置。在将来正常运行期内，根据入库天然来水等情况，可以适当调整死水位，即在运行期内水库死水位并不是固定不变的。

2. 其他综合利用要求

当下游地区要求水库提供一定量的工业用水或灌溉水量，或航运水深时，则应根据径流调节所需的兴利库容选择死水位，如果综合利用各用水部门所要求的死水位，比发电要求的死水位高时，则可按后者要求选择设计死水位；如果情况相反，当水库主要任务为发电，则根据主次要求，在尽量满足综合利用要求的情况下按发电要求选择设计死水位；当水库主要任务为灌溉或城市供水时，则在适当照顾发电要求的情况下按综合利用要求选择设计死水位。在一般情况下，发电与其他综合利用部门在用水量与用水时间上总有一些矛盾，尤其水电站要担任电力系统的调峰等任务时，下泄流量很不均匀，而供水与航运部门则要求水库均匀地下泄流量，此时应在水电站下游修建反调节池或用其他措施解决。

当上游地区要求从水库引水自流灌溉，在选择死水位时应考虑总干渠进水口引水高程的要求，尽可能扩大自流灌溉的控制面积。当上游河道尚有航运要求时，选择死水位时应考虑上游港口、码头、泥沙淤积以及过坝船闸等技术条件。

（三）选择死水位的步骤与方法

以发电为主的水库，选择死水位时应考虑水电站在设计枯水年供水期（年调节水库）或设计枯水年系列（多年调节水库）获得最大的保证出力，而在多年期内获得尽可能多的发电量，同时考虑各水利部门的综合利用要求以及对上下游梯级水电站的影响，然后对各方案的水利、动能、经济和技术等条件进行综合分析，选择比较有利的死水位。其步骤与计算方法大致如下。

(1) 在已定的正常蓄水位条件下，根据库容特性、综合利用要求、地形地质条件、水工、施工、机电设备等要求，确定死水位的上、下限，然后在上、下限之间，拟定若干个死水位方案进行比较。

(2) 根据对以发电为主的 28 座水库资料的统计，最有利的消落深度均在水电站最大水头的 20%～40%范围内变动，其平均值约为最大水头的 30%。对于综合利用水库，或对下游梯级水电站有较大影响的龙头水库，或完全多年调节水库，其消落深度一般为最大水头的 40%～50%。上述统计数据可供选择死水位的上、下限方案时参考。

(3) 选择水库死水位的上限，一般应考虑下列因素：①通常为获得最大多年平均年电能的死水位，比为获得最大保证出力的死水位高，因此水电站水库的上限方案，应稍高于具有最大多年平均年电能的死水位；②对于调节性能不高的水库，应尽可能保证能进行日调节所需的库容；③对于调节性能较高的水库，尽可能保持具有多年调节性能。

（4）选择水库死水位的下限，一般应考虑下列因素：①如水库具有综合利用要求，死水位的下限不应高于灌溉、城市供水及发电等引水工程所要求的高程；②考虑水库泥沙淤积对进水口高程的影响；③死水位也不能过低，要考虑进水口闸门制造及启闭机的能力或水轮机制造厂家所保证的最低水头。

（5）在水库死水位上、下限之间选择若干个死水位方案，求出相应的兴利库容和水库消落深度；然后对每个方案用设计枯水年或枯水年系列资料进行径流调节，得出各个方案的调节流量 $Q_{调}$ 及平均水头 $\overline{H}$。

（6）对各个死水位方案，计算保证出力 $N_{保}$ 和多年平均年发电量 $E_{水}$，通过系统电力电量平衡，求出各个方案水电站的最大工作容量 $N''_{水、工}$、必需容量 $N_{水、必}$ 与装机容量 $N_{装}$。

（7）计算各个方案的水工建筑物和机电设备的投资以及年运行费。死水位的降低，水电站进水口等位置必然随着降低，由于承受的水压力增加，因而闸门和引水系统的投资和年运行费均将随着增加，根据引水系统和机电设备的不同经济寿命，求出不同死水位方案的年费用 $AC_{水}$。

（8）为了各个死水位方案能同等程度地满足系统对电力、电量的要求，尚需计算各个方案替代电站补充的必需容量与补充的年电量，从而求出不同死水位方案替代电站的补充年费用 $AC_{火}$。

（9）根据系统年费用最小准则（$AC_{系}=AC_{水}+AC_{火}$ 为最小），并考虑综合利用要求以及其他因素，最终选择合理的死水位方案。

（四）以发电为主的水库死水位选择举例

已知某大型水库的正常蓄水位为110m高程，见表5-2。现拟选择该水库的设计死水位。已知水电站的最大水头 $H''=80$m，水库为不完全多年调节，现假设水库消落深度为最大水头的30%、35%及40%3个方案。有关水利、动能、经济计算成果见表5-2。

表5-2　某水电站水库死水位方案比较（正常蓄水位110m）

序号	项　目	方案1	方案2	方案3	备　注
1	死水位 $Z_{死}$（m）	78	82	86	假设
2	保证出力 $N_{保}$（万kW）	19.8	19.0	18.0	
3	多年平均年电量 $\overline{E}_{水}$（亿kW·h）	22.0	23.0	24.0	
4	水电站必需容量 $N_{水}$（万kW）	62.5	60.0	57.0	
5	水电站引水系统造价 $I_{水}$（万元）	12500	11600	10800	
6	水电站引水系统造价年摊还值 $R_{水}$（万元）	1278.5	1186.0	1104.0	$R_{水}=I_{水}$ [A/P, i_s, $n=40$]
7	水电站引水系统年运行费 $U_{水}$（万元）	312.5	290	270	$U_{水}=I_{水}\times 2.5\%$
8	水电站引水系统年费用 $AC_{水}$（万元）	1591	1476	1374	$AC_{水}=R_{水}+U_{水}$
9	替代电站补充必需容量 $\Delta N_{火}$（万kW）	0	2.75	6.05	$\Delta N_{火}=1.1\Delta N_{水}$

续表

序号	项　　目	方案1	方案2	方案3	备　注
10	替代电站补充年电量 $\Delta\overline{E}_{火}$（亿 kW·h）	2.10	1.05	0	$\Delta\overline{E}_{火}=1.05\overline{E}_{水}$
11	替代电站补充造价 $\Delta I_{火}$（万元）	0	2200	4840	$\Delta I_{火}=800\Delta N_{火}$
12	替代电站补充造价年摊还值 $\Delta R_{火}$（万元）	0	242	533	$\Delta R_{火}=I_{火}[A/P,\ i_s,\ n=25]$
13	替代电站补充年运行费 $\Delta U_{火}$（万元）	0	110	242	$\Delta U_{火}=\Delta I_{火}\times 5\%$
14	替代电站补充年燃料费 $\Delta U'_{火}$（万元）	420	210	0	$\Delta U'_{火}=0.02\overline{E}_{火}$
15	替代电站补充年费用 $AC_{火}$（万元）	420	562	775	$AC_{火}=\Delta R_{火}+\Delta U_{火}+\Delta U'_{火}$
16	系统年费用 $AC_{系}$（万元）	2011	2038	2149	$AC_{系}=AC_{水}+AC_{火}$

对计算成果的分析：

（1）各死水位方案在技术上都是可行的。从系统年费用看，以死水位 78m 方案较为有利。

（2）水库设计死水位较低，将来水库调度比较灵活。

（3）水库设计死水位较低，调节库容较大，相应调节流量也较大，便于满足综合利用用水量要求。

（4）如水库设计死水位低于 78m 高程，则灌溉引水高程不能满足扩大自流灌溉面积等要求。

综上分析，选择设计死水位 78m 高程较为有利。

三、水库防洪特征水位的选择

我国各地区河流汛期的时间与长短不同，例如长江中下游洪水发生的时间为 5～9 月，大洪水一般发生在 6～7 月中旬，黄河下游洪水发生的时间为 7～9 月，大洪水一般发生在 7 月中旬～8 月中旬。一般在整个汛期内仅有一段时间可能发生大洪水，其他时间仅发生较小洪水，因此水库在汛期内的防洪限制水位就应该不同。在可能发生大洪水的伏汛期内，其防洪限制水位应该低些，在秋汛期内，由于一般仅发生较小洪水，其防洪限制水位就可适当抬高，使防洪库容减小，相应增加兴利库容，从而使防洪库容与兴利库容尽可能多地结合起来，如图 5－19 所示，当然并不是各地区河流的洪水都有这样明显的规律性，有些河流在整个汛期内都可能发生大洪水，那么防洪限制水位就不再分期了。防洪限制水位的确定，不仅与设计洪水位、校核洪水位有十分密切的关系，而且与溢洪道的底槛高程亦密切有关。

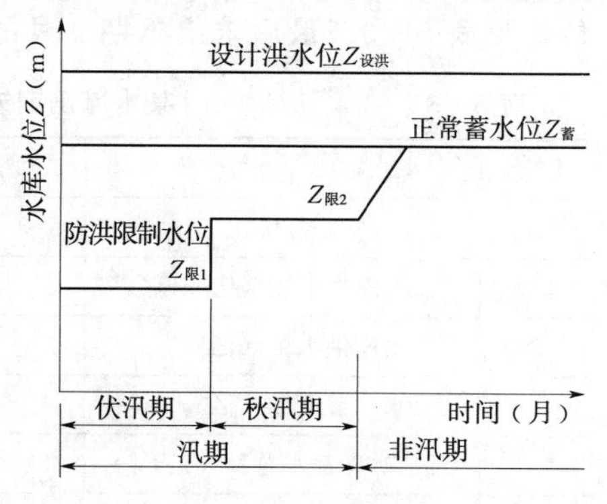

图 5－19　分期防洪限制水位位置图

（一）防洪限制水位的选择

在综合利用水库中，防洪限制水位 $Z_{限}$ 与设计洪水位 $Z_{设洪}$ 和正常蓄水位 $Z_{蓄}$ 之间的相互关系，可以归结为防洪库容的位置问题。现分三种情况进行讨论。

（1）防洪限制水位与正常蓄水位重合。这是防洪库容与兴利库容完全不结合的情况［图5-20（a）］。在整个汛期内，大洪水随时都可能出现，任何时刻都应预留一定防洪库容；汛期一过，如水库来水量又小于水库供水量，水库水位开始消落，这样汛末的防洪限制水位就是汛后的正常蓄水位。

（2）设计洪水位与正常蓄水位重合。在汛期初，水库只允许蓄到防洪限制水位，到汛末水库再继续蓄到正常蓄水位，这是最理想的情况。因为防洪库容能够与兴利库容完全结合，水库这部分容积，得到充分的综合利用［图5-20（b）］。这种情况可能产生于汛期洪水变化规律较为稳定的河流，或者洪水出现时期虽不稳定，但所需防洪库容较小。

（3）介于上述两种情况之间的情况。显然，这是防洪库容与兴利库容部分结合的情况，也是一般综合利用水库常遇到的情况［图5-20（c）］。

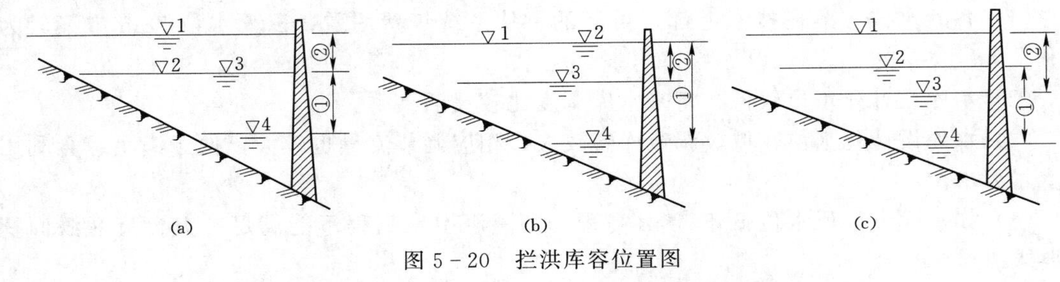

图5-20　拦洪库容位置图

1—设计洪水位；2—正常蓄水位；3—防洪限制水位

①—兴利库容；②—防洪库容

（二）防洪限制水位选择举例

设某水库的正常蓄水位已定为710m，相应库容为178亿m^3，已知该水库在设计枯水年3月份开始供水，故水库应于2月底蓄至正常蓄水位。因设计枯水年汛后蓄水的时期为10～2月，相应定出各月的入库来水量、水库供水量，然后逆时序反求汛期的防洪限制水位，见表5-3。最后求出汛期9月的防洪限制水位为708m。

表5-3　　某水库汛期末（9月底）防洪限制水位的计算

序号	项　目	汛期	汛后蓄水时期					备　注
(1)	月份	9	10	11	12	1	2	
(2)	入库来水量（亿m^3）		21.00	18.30	15.40	13.10	11.30	
(3)	出库供水量（亿m^3）		10.00	10.30	10.60	10.90	11.10	
(4)	水库蓄水量（亿m^3）		11.00	8.00	4.80	2.20	0.20	(2)～(3)
(5)	月末水库蓄水总量（亿m^3）	151.80	162.80	170.80	175.60	177.80	178.00	从2月底开始
(6)	月末水库水位高程（m）	708.00					710.00	逆时序计算

（三）防洪高水位与水库下游安全泄量的选择

选择防洪高水位时，首先应研究水库下游地区的防洪标准。例如，某水利枢纽除主要任务为发电外，尚有防洪任务，要求利用水库调洪，配合下游堤防减免下游地区3个城市及30多万亩农田的洪水灾害。根据《水利水电工程水利动能设计规范》的有关规定，防护对象的防洪标准，应根据防护对象的重要性，历次洪水灾害及政治、经济影响等条件选择，对于中等城市和农田面积，30万～100万亩的防护对象，其防洪标准可采用20～50年一遇洪水。考虑到水库下游有三个较大的县城需要防护，30多万亩农田又是土质比较肥沃的粮棉基地，因此初步选定防洪标准为50年一遇洪水。在遭遇这种洪水时，如何保证下游的安全呢？一种办法是多留些防洪库容，下游河道堤防修建得低一些；另一种办法是防洪库容少留一些，下游堤防修建得高一些。由于正常蓄水位已确定，防洪高水位的高低，不影响水电站的动能效益及其他部门的兴利效益。因此，可以简化经济计算，只需假设若干个下游安全泄流量方案，通过水库调洪计算，求出各方案所需的防洪库容$V_{防}$及相应的防洪高水位$Z_{高}$（图5-21），然后分别计算各方案由于设置防洪库容$V_{防}$所需增加的坝体和泄洪工程的投资、年运行费和年费用$AC_{库}$，再计算各方案的堤防工程的年费用$AC_{堤}$，求出总年费用，作出防洪高水位$Z_{高}$与总年费用AC的关系曲线（图5-22）。根据总年费用AC较小的原则，再征求有关部门对堤防工程等方面的意见，经分析比较后即可定出合理的防洪高水位$Z_{高}$及相应的下泄安全泄流量值$Q_{安}$。根据定出的$Q_{安}$及相应的河道水位，可以进一步确定水库下游的堤防高程。

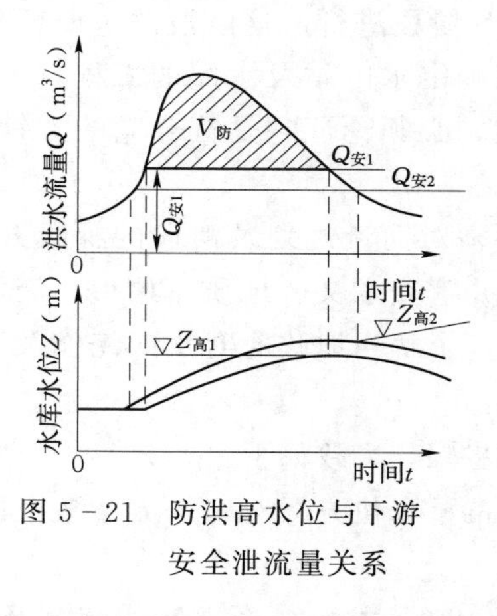

图5-21　防洪高水位与下游安全泄流量关系

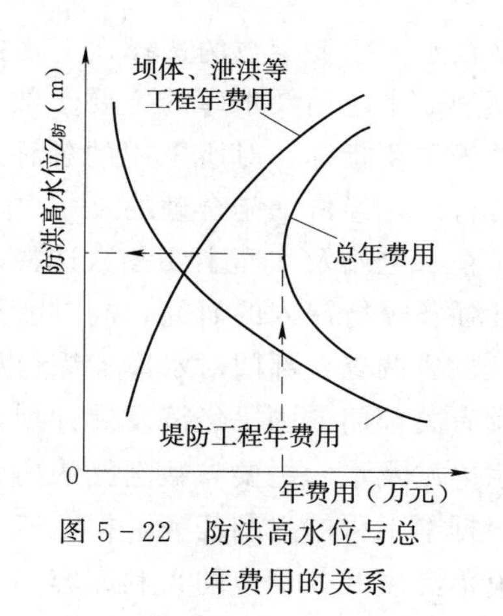

图5-22　防洪高水位与总年费用的关系

（四）设计洪水位及校核洪水位的选择

假设在水利枢纽总体布置中已确定溢洪道的型式，那么在定出水库下游的安全泄流量后，就应决定溢洪道的经济尺寸及相应的设计洪水位和校核洪水位。

仍以某水电站为例，关于设计永久性水工建筑物所采用的洪水标准，应根据工程规模及重要性和基本资料等情况而定。根据《水利水电枢纽工程等级划分及设计标准》的规定，结合本水电站的具体条件，大坝、溢洪道等主要水工建筑物应按千年一遇洪水设计，并对万年一遇洪水进行校核。

在汛期内，水库蓄水至规定的防洪限制水位后，如果入库洪水小于或等于下游地区的防洪标准（$P=2\%$）洪水，则要求来多少流量，泄多少流量，但最大下泄流量不超过规定的下游安全泄流量$Q_{安}$。水库水位超过防洪高水位后，如入库洪水仍继续上涨，除非有特殊的规定，一般不限制水库的下泄流量。当入库洪水为大坝的设计标准（$P=0.1\%$）洪水，经水库拦蓄后坝前达到设计洪水位。当入库洪水为校核洪水（$P=0.01\%$）时，经

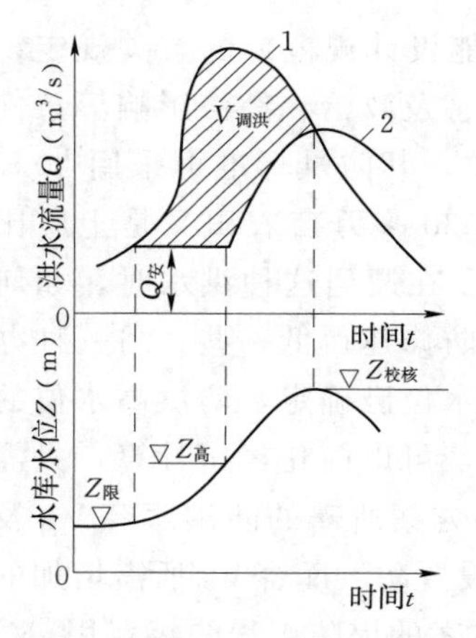

图 5-23　水库校核洪水位的推求
1—校核洪水过程线；2—水库下泄流量过程线

水库调蓄后坝前达到校核洪水位，如图 5-23 所示。

显然，对一定的防洪限制水位及下游安全泄流量而言，溢洪道尺寸较大的方案，水库最大下泄流量较大，所需的调洪库容较小，因而坝体工程的投资和年运行费用较少，但溢洪道及闸门等投资和年运行费用较大；溢洪道尺寸较小的方案，则情况相反。最后计算各个方案的坝体、溢洪道等工程的总年费用，结合工期、淹没损失等条件，选择合理的溢洪道尺寸，然后经过调洪计算出相应的设计洪水位及校核洪水位。

必须说明，防洪限制水位、下游安全泄流量、溢洪道尺寸及设计洪水位、校核洪水位之间都有着密切的关系，有时需要反复调整，反复修改，直至符合各方面要求为止。

四、水电站及水库主要参数选择的程序简介

水电站及水库主要参数的选择，主要在初步设计阶段进行。这阶段的主要任务是选定坝轴线、坝型、水电站及水库的主要参数，即要求确定水电站及水库的工程规模、投资、工期和效益等重要指标。对所采用的各种工程方案，必须论证它是符合党的方针政策的，技术上是可行的，经济上是合理的。

因此，在水电站及水库主要参数选择之前，必须对河流规划及河段的梯级开发方案，结合本设计任务进行深入的研究，同时收集、补充并审查水文、地质、地形、淹没及其他基本资料。然后调查各部门对水库的综合利用要求，了解当地政府对水库淹没及移民规划的意见以及有关部门的国民经济发展计划。

关于水电站及水库主要参数选择的内容及具体步骤，大致如下：

（1）根据本工程的兴利任务，拟定若干水库正常蓄水位方案对每一方案按经验值初步估算水库消落深度及其相应的兴利库容。

（2）根据年径流分析所定出的多年平均年水量 $\overline{W}_年$，求出各个方案的库容系数 β，从而大致定出水库的调节性能。

（3）根据初估的水电站和水库规模，确定水电站和其他兴利部门的设计保证率。

（4）根据拟定的保证率，选择设计水文年或设计水文系列，然后进行径流调节和水能计算，求出各方案的调节流量、保证出力及多年平均年发电量，并初步估算水电站的装机容量。

（5）进行经济计算，求出各方案的工程投资、年运行费以及电力系统的年费用 AC。必要时，应根据本水利枢纽综合利用任务及其主次关系，进行投资及年运行费的分摊，求出各部门应负担的投资与年运行费。

（6）进行水利、动能经济比较，并进行政治、技术、经济综合分析，选出合理的正常蓄水位方案。

（7）对选出的正常蓄水位，拟出几个死水位方案，对每一方案初步估算水电站的装机

容量，求出相应的各功能经济指标，进行综合分析，选出合理的死水位方案。

（8）对所选出的正常蓄水位及死水位方案，根据系统电力电能平衡确定水电站的最大工作容量。根据水电站在电力系统中的任务及水库弃水情况，确定水电站的备用容量和重复容量。最后结合机型、机组台数的选择和系统的容量平衡，确定水电站的装机容量。

（9）同时，根据水库的综合利用任务及径流调节计算的成果，确定工业及城市的保证供水量、灌溉面积、通航里程及最小航深等兴利指标。

（10）根据河流的水文特性及汛后来水、供水情况，并结合溢洪道的型式、尺寸比较，确定水库的汛期防洪限制水位。

（11）根据下游的防洪标准及安全泄流量要求，进行调洪计算，求出水库的防洪高水位。

（12）根据水库的设计及校核洪水标准，进行调洪计算，求出 $Z_{校洪}$ 及 $Z_{设洪}$。认真研究防洪库容与兴利库容结合的可能性与合理性。

（13）根据 $Z_{设洪}$ 和 $Z_{校洪}$，以及规范所定的坝顶安全超高值，求出水库的防洪高水位。

（14）为了探求工程最优方案经济效果的稳定程度，应在上述计算基础上，根据影响工程经济性的重要因素，例如工程造价、建设工期、电力系统负荷水平等，在其可能的变幅范围内进行必要的敏感性分析。

（15）对于所选工程的最优方案，应进行财务分析。要求计算选定方案的资金收支流程及一系列技术经济指标，进行本息偿还年限等计算，以便分析本工程在财务上的现实可行性。

必须指出，水电站及水库主要参数的选择，方针政策性很强，往往要先粗后细，反复进行，不断修改，最后才能合理确定。

思　考　题

1. 年调节水电站最大工作容量如何确定？
2. 以发电为主的水库特征水位有哪些？如何选择？

第六章　水库群的水利水能计算

第一节　概　述

一、河流综合利用规划与河流梯级开发

1. 河流综合利用规划

河流是与人类关系最为密切的水体，它与人类的关系具有兴利和致害的双重性，一方面，河川径流是人类所能利用的主要水资源，另一方面，河川水流的泛滥又给河流两岸地区的人们造成生命财产的损失。人们在与河流长期相处中积累的经验，特别是近、现代水利建设的实践经验表明，为了综合治理河流，综合利用河流的水资源，首先必须掌握河流及其水资源的特点和变化规律，并根据经济社会发展对治理和开发河流的要求，做好河流综合利用规划，提出有关治理和开发河流的工程措施和非工程措施，使河流流域内的水、土资源得到综合、高效的利用。通过编制河流综合利用规划，可以协调国民经济各部门对治理和开发河流的具体要求，妥善处理上下游、左右岸以及相邻地区间与河流治理和开发相关的利益关系，促进经济、社会、生态的协调和可持续发展。

编制河流综合利用规划，应根据经济、社会可持续发展的需要，针对流域特性、治理开发现状及存在问题，按照统一规划、全面安排、综合治理、综合利用的原则，从经济、社会、生态等方面，提出治理开发的方针、任务和规划目标，选定治理开发的总体方案及主要工程布局与实施程序。河流综合利用规划的内容主要包括防洪规划、治涝规划、灌溉规划、城乡生活及工业供水规划、水力发电规划、航运规划等。规划内容应紧密结合流域实际，突出重点，不要求涉及所有方面。

2. 河流梯级开发

河流梯级开发主要是对河流水能的开发。在河流径流量较稳定和丰富的河段，河流落差集中、水急滩多的河段，依地势高低依次建设多个水电站，充分利用当地的水能，同时兼顾防洪、航运、灌溉、水产等综合效益，这样的河流开发方式称为梯级开发。从 20 世纪 30 年代起，日本首先出现了按河流水系进行梯级开发的尝试，随后，美国政府在田纳西河流域的开发方案中正式提出多目标梯级水电开发的模式，并加以实践。之后，苏联和欧洲多国借鉴了梯级开发的理念。河流的梯级开发不仅充分利用了水能资源，而且还大大提高了河流的航行保障能力。总之，几乎所有世界各国的水资源开发实践都已经证明，对河流进行梯级开发是合理科学的开发利用方式。从 20 世纪后半叶起，包括我国在内的一些发展中国家也开始进入水利水电建设的高潮。

为什么说梯级开发是最科学的水资源利用方式呢？对于梯级开发的水库、水电站，由

于首尾已经衔接，就可以仅仅让最后一级水库来承担保证下游河流生态流量的任务，而以上的各级水库泄水流量都可以任由人们的调配，从而大大提高水库调蓄水资源的能力。也就是说，梯级开发是在同等条件下，占用土地面积最少，蓄水调节能力最高，对河流生态影响最小的一种河流开发方式。此外，利用梯级水坝保持河流一定的水量不仅具有重要的生态作用，而且还有巨大的航运、景观以及经济作用。因此，梯级开发就是人们控制、开发、利用河流的最佳方式之一，能够最大程度地发挥出河流的社会、经济和生态环境效益。

3. 水库群研究的意义

针对我国来说，水库群研究的意义主要体现在以下两个方面：

(1) 我国水利水电资源丰富，水利水电建设发展很快，一个地区、一条河流或一个电力系统中常常有许多水库、水电站共同工作。在水利水电工程中，无论供水、供电都是统一的有计划地进行安排的，各工程之间不是孤立的，而是互相配合工作的。也就是说可以把它们看做一个统一的系统来研究，使系统中各水库水电站很好的配合，取长补短，使总体效益最大。

(2) 在大、中型水库水电站规划设计中，为了更大的更好地开发利用水资源，一般很少单方面地考虑一个水利水电工程的建设，多数情况下都是考虑安排水库群的合理统一开发利用的问题。

二、水库群的布置方式

在一个电力系统中，往往有多个水电站和水库，形成一定程度的相互协作，共同调节径流，共同调节电能，满足流域整体中各部门的多种需要。这样一群联合工作的多个水电站和水库称为水电站水库群，或简称为水库群。它具有与单一水库不同的两个基本特征：一是其共同性，即共同调节径流，并共同为一些开发目标（如发电、防洪、灌溉等）服务；二是其联系性，组成水库群的各水库间，常常存在着一定的水文、水利和水力上的相互联系。例如，干支流水文情势的相似性（常称同步性），上下游水量水力因素的连续性（常称水力联系），以及为共同的水利目标服务所造成的相互协作补偿关系（称为水利联系）。正是由于这三方面联系的存在，才产生了“群”的概念。

根据流域中水库群的分布形式和有无水力联系的情况，可将水库群的布置方式分为以下三种类型，即梯级水库群、并联水库群和串并联组合的混合水库群。

1. 梯级水库群

梯级水库群又称为串联水库群。它们是位于同一条河流的上下游，以串联方式连接而成的水库群，如图 6-1 (a)所示。一般的大江大河上，都分布着梯级水库群，如黄河上有若干个梯级水库群：龙羊峡、李家峡、刘家峡、盐锅峡、三门峡和小浪底等，如图 6-2 所示。各水库之间有着直接的水量联系，当下一级水库的回水影响到上一级水库的下游水位时，它们在落差和水头上也有相互联系。

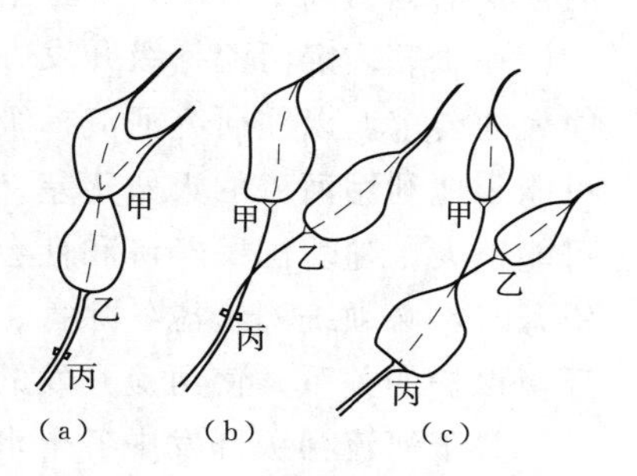

图 6-1 水库群示意图

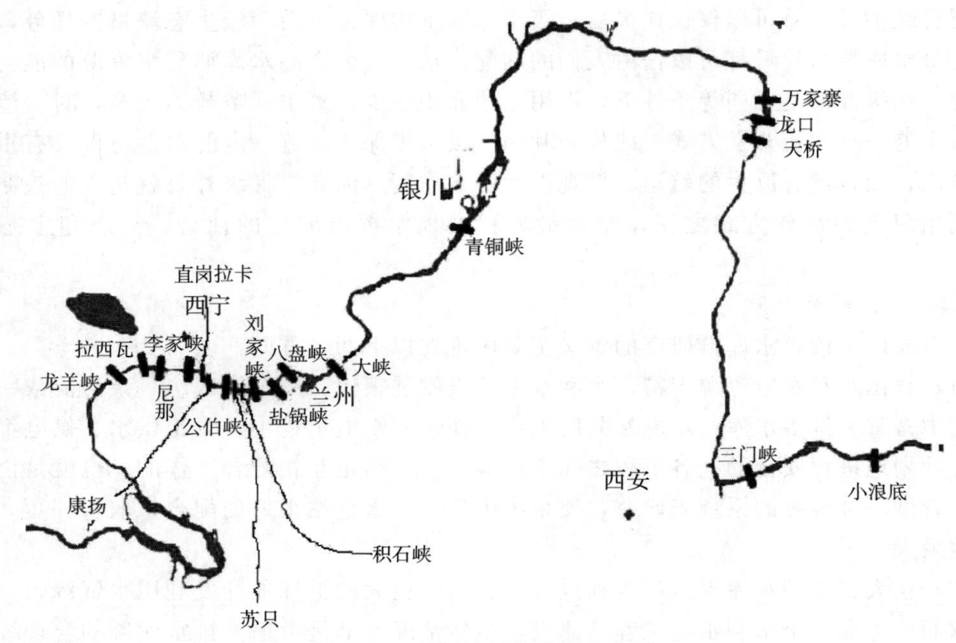

图 6-2　黄河流域水库群分布图

理想的梯级水库群开发方式为下一级回水正好衔接到上一级的底水而形成梯级，这样可以充分利用落差。在梯级水库群中，各水库的调节性能不同，有好有差，从发电的角度来说，最理想的是在最上游找到一个调节性能好的水库，它的调节可以给下游梯级带来效益；但从防洪角度来说，最好是最接近被保护地区的水库的防洪库容较大，可以调节以上流域的全部洪水，若水库离被保护地区远，则区间洪水可能造成很大危害。

梯级水库群的布局是根据河流的梯级开发方案确定的。河流梯级开发方案是指根据国民经济各部门的发展需要和流域内各种资源的自然特征，以及技术、经济和生态环境等方面的可能条件，针对整条河流所进行的一系列的水利枢纽布局。其中的关键性工程常为具有相当库容的水库，从而形成了梯级水库群。制订梯级开发方案的目的，在于通过全面规划来合理安排河流上的梯级枢纽布局，然后由近期工程和选定的开发程序，逐步实现整个流域规划中各种专业性规划所承担的任务。当然，全河流的各梯级枢纽都必须根据该河段的具体情况，综合地承担上述任务中的一部分。制订出河流梯级开发方案，不仅使全河流的开发治理明确了方向，并且给各种专业性规划及具体的工程规划提供了可靠的依据。

在研究确定河流梯级开发方案时，一定要认真贯彻综合利用原则，满足综合效益尽可能大的要求。以往研究河流梯级开发方案时，往往比较多地考虑水力发电的要求，强调尽可能多地利用河流的天然落差，尽可能充分地利用河流的天然径流，使河流的发电效益尽可能地大。随着国民经济和社会的不断发展，人们认识到，开发利用河流的水资源和水能资源时，必须统筹考虑各除害、兴利部门的要求，注意协调水资源和水能资源开发与生态环境保护的关系，使河流开发的综合效益尽可能地大。

关于河流梯级开发中各个水电站的开发方式，要根据各个河段的具体条件决定。拟定方案时，应根据大片居民区、大片良田、重要工矿区、交通干线和名胜古迹等不受淹没的条件，选择综合利用效益显著的优良坝段。建设重点控制性枢纽梯级开发方案中，应尽可能使各梯级电站首尾相连，以便充分利用落差。遇到不允许淹没的河段，尽可能插入引水式或径流式电站来利用该处落差。但对于梯级水电站的运行经验证明，上游具有较大水库的梯级开发方案比较理想，这样可以“一库建成，多站受益”。

在制定以防洪、治涝、灌溉为主要任务的河流综合利用规划方案时，往往不是采取在干流上兴建巨型水库作为骨干工程的方式，而是采取在干流上游，以及各支流上兴建水库群的布置方式。这种布置方式不但能减轻下游洪水威胁，而且能对山洪有截蓄作用，它既能解决中、下游两岸带状冲积平原的灌溉问题，又能解决上游丘陵区的灌溉问题。分散修建的水库群淹没损失小，移民安置问题容易解决，而且易于施工，投资省，收益快，可更好地满足需要。应该指出，为充分发挥大、中型水库在综合治理和开发方面的巨大作用，其位置要合理选择。

对于梯级水库群的工作特点，主要表现在下列四个方面：

(1) 库容大小和调节程度上的不同。因此，库容大、调节程度高的就常可帮助调节性能差的一些水库，发挥所谓“库容补偿”调节作用，提高总的开发效果或保证水量。

(2) 水文情况的差别。由于各库所处的河流在径流年内和年际变化的特性上可能存在的差别，在相互联合时，就可能提高总的保证供水量或保证出力，起到所谓“水文补偿”的作用。

(3) 径流和水力上的联系。在梯级水库，这种联系影响到下库的入库水量和上库的落差等，使各库无论在参数（如正常蓄水位，死水位，装机容量，溢洪道尺寸等）选择或控制运用时，均有极为密切的相互联系，往往需要统一研究来确定。

(4) 水利和经济上的联系。一个地区的水利任务，往往不是单一水库所能完全解决的。例如，河道下游防洪的要求、大面积的灌溉需水以至于大电力网的动力供应，往往需要由同一地区的各水库来共同解决，或共同解决效果更好，这就使组成梯级水库群的各库间具有了水利和经济上的一定联系。例如三峡水库以上干支流几个较大的水库共同负担长江中游一定的防洪任务。

2. 并联水库群

在同一个水利电力系统中，位于不同河流上或位于同一河流的不同支流上的水库群，称为并联水库群，如图 6-1 (b) 所示。以海河流域为例，如图 6-3 所示，密云水库和官厅水库为并联水库群。因为并联水库群在同一个电力系统中，因此有电力联系，又因为它们有各自的集水面积，而一般没有直接的水力联系。但是位于同一河流的不同支流上的水库群，当要保证下游某些水利部门的任务时，例如防洪等要求，这时，水库间常常有一定的水力联系。

图 6-3　海河流域图（部分）

3. 串并联组合的混合水库群

混合水库群是位于同一河流或不同河流上串联与并联混合的更一般的水库群形式，如图6－1（c）所示。以太子河流域为例，如图6－4所示，太子河流域主要有三座大型水库，即观音阁水库、葠窝水库和汤河水库，这三座水库组成混合水库群。这些水库群之间，有的有水力联系，又因处在同一电力系统中而有电力联系。

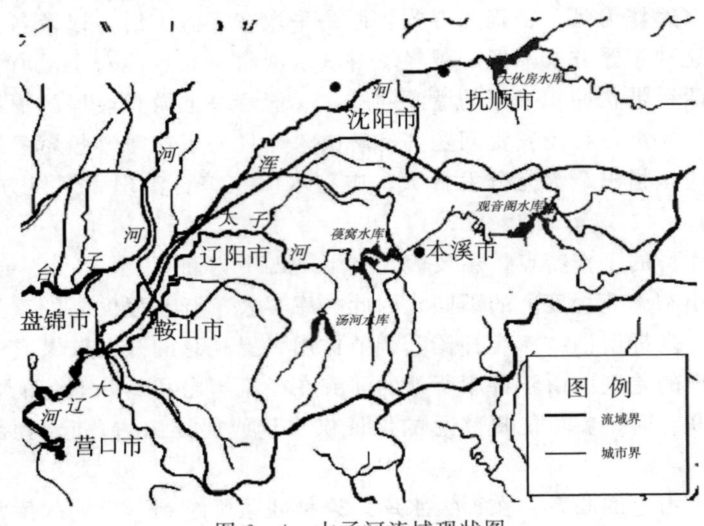

图6－4　太子河流域现状图

4. 众多水库作为水库群来研究的条件

当满足下述三个条件时，可以把许多水库作为水库群来研究。

（1）有水力联系的水库群，即上、下游水库之间有水量的连续性。

（2）无水力联系的水库群，但是具备下列两个条件时，也当作水库群来研究。

1）有联合供水任务的水库群：多座水库向同一地区供水，在同一供水系统中。例如海河流域的官厅水库和密云水库同时向京、津、冀供给生活、农业用水（图6－3）。

2）有联合供电任务的水库群：在同一水利电力系统中，如长江流域的丹江口水库和葛洲坝水库对提高华中电网安全运行保证度起了重要作用。

（3）如果不是上述两种情况，就无需把它们当做一个水库群来研究，如目前没有必要把海河流域和珠江流域作为统一系统来研究。但是当研究从黄河流域引水到海河流域时，海河和黄河就要当作统一系统。同样，考虑南水北调时，要把长江和黄河当作一个系统考虑。

三、水库群之间的补偿作用

水库群之间可以相互进行径流补偿，径流补偿有以下两种类型。

1. 水文补偿

就水文特性而言，不同河流，或同一河流的不同支流的水文情况有同步和不同步两种。利用两河或不同支流丰水期、枯水期的起迄时间不完全一致（即所谓水文不同步情况）、最枯水时间相互错开的特点，把它们联系起来，就可以相互补充水量，提高两河的保证流量，共同满足用水或用电的需要。利用水文条件的差别进行的补偿称为水文补偿，它是一种自然的补偿。

2. 库容补偿

利用各水库调节性能的差异也可以进行补偿。以年调节水库和多年调节水库联合工作为例，如果将两个水库联系在一起来研究调节方案，设年调节水库工作情况不变，则多年调节水库的工作情况要考虑年调节水库的工作情况，一般在丰水年适当多蓄水，枯水年多放水。这样，两水库联合运行就可提高总的枯水流量和水电站总的保证出力，提高系统供电的可靠性。这种利用各水库调节性能差异的补偿称为库容补偿。

在同一电力系统中的水库群，不能只研究它们作为单一水库的工作条件，而必须考虑水库群之间的联合工作，共同完成发电和其他水利任务。水库群联合工作时，可根据各水库的不同特点，利用它们在水文条件和调节性能上的差别，互相配合，统一调节径流和分配水量，并合理分担负荷，以提高水库群总的保证水量和保证出力。

水库群联合工作时，因相互补偿而获得补偿效益。如果两水库位于不同河流上，它们的来水在年内分配及年际变化上具有不同步性，例如当甲河为枯水时，乙河可能正当丰水或平水，通过高压输电的联接，互相补偿，可使两个水电站的总出力比较均匀。如果两水库的调节性能不同，在联合工作时，也可使调节性能高的水库，改变调节方式，帮助配合调节性能差的水电站工作，使它的季节性电能转变为可靠的保证电能，从而提高系统中水库群的总保证出力。总之，利用各水库之间水文和调节性能的不同，进行各电站之间径流和电力的相互补偿，使系统中水库群的出力分配更趋均匀，提高系统的供电质量和水电站群的发电效益。例如黄河上游龙羊峡水电站投入后，与下游已建成的刘家峡、盐锅峡、八盘峡、青铜峡四个梯级水库联合工作，能使这四个水库的总保证出力提高约40%。因此，在规划设计新水电站时，必须同时进行水库群联合工作时的水利水能计算，分析研究联合运行将会给电力系统带来的额外效益，并以之作为选择水库主要参数的重要依据之一。

在拟定河流综合利用规划方案时，水库群可能有若干个组合方案同时能满足规划要求，这时要对每个水库群方案进行水利水能计算，求出各特征值，以供方案比较。而对于联合运用的水库群，在决定水库群的最优蓄放水次序时，进行水库群的水利水能计算，也是一种极为重要的工作。但因水库群水利水能计算涉及的水库数目较多，影响因素比较复杂，计算还要涉及综合利用要求，所以解决实际问题比较繁杂。本章主要介绍梯级水库群和并联水库群水利水能计算的基本方法，作为进一步研究水库群水利计算的基础。

第二节　梯级水库的水利水能计算

一、梯级水库的径流调节

1. 计算要求

进行径流调节时所要解决的问题，与水库群承担的任务密切有关。首先讨论梯级水库甲、乙［图6-1 (a)］共同承担下游丙处防洪任务的问题。确定各水库防洪库容时，应考虑各水库的水文特性、水库特性以及综合利用的要求等，使各水库分担的防洪库容，既能满足下游防洪要求，又符合经济原则，获得尽可能大的综合效益。如果水库到防洪控制点丙处的区间设计洪峰流量（符合防洪标准）不大于丙处的安全泄量，则可根据丙处的设计洪水过程线，按前面章节中介绍的洪水调节计算的方法求出所需总防洪库容，它是在理想的调度情况下求出的，因而是一个下限值，实际上各水库分担的防洪库容总数常要大于此数。

由于防洪控制点以上的洪水可能有各种组合情况，因此甲、乙两库都有一个不能由其他水库代为承担的必需防洪库容。乙库以上水库的洪水能由乙库再调节，而甲丙之间的区间洪水甲库无法控制。如果甲库坝址以下至乙库坝址间河段本身无防洪要求，则乙库必需承担的防洪库容应根据甲乙及乙丙区间的同频率洪水按丙处下泄安全泄量的要求计算出。乙水库的实际防洪库容如果小于这个必需防洪库容值，则遇甲丙间出现符合防洪标准的洪水时，即使甲水库不放水也不能满足丙处的防洪要求。

在梯级水库间分担总防洪库容时，根据生产实践经验，应让防洪要求高的水库、容积较大的水库、水头较低的水库和梯级的下一级水库等多承担防洪库容。但要注意，各水库承担的防洪库容不能小于其必需防洪库容。对于有综合利用要求的水库群，要认真研究兴利库容和防洪库容的结合问题。从总防洪库容中减去共用库容，才是专用防洪库容。这时，在水库群间主要是分担专用防洪库容。

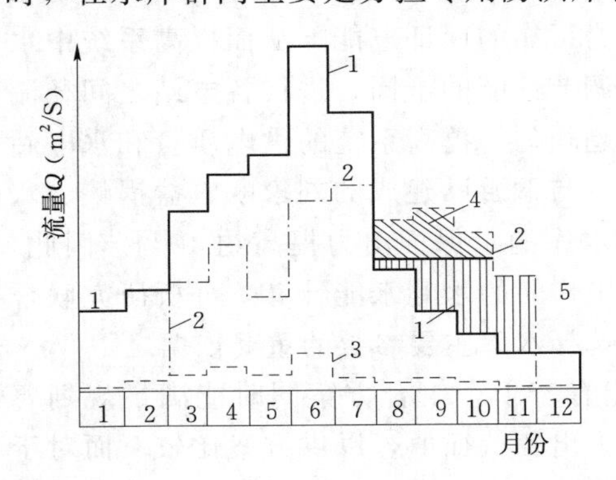

图 6-5 灌溉库容分配示意图

1—乙库坝址处天然来水过程线；2—灌区需水图；3—甲、乙坝址区间来水；4—乙库供水；5—甲库供水

如果梯级水库群主要承担下游灌溉用水任务，则进行径流调节时，首先要做出灌区需水图。将乙库处设计代表年的天然来水过程和灌区需水图绘在一起，就很容易找出所需的总灌溉库容（图 6-5 上的两块阴影面积）。接下来的工作是在甲、乙两库间分配库容。先要拟定若干分配方案，对各方案算出工程量、投资等有关指标，然后进行比较分析，选择较优的分配方案。在拟定方案时，要考虑乙库的必需灌溉库容问题。当灌区比较大，灌溉需水量多，或者在来水与需水间存在矛盾时，考虑这个问题尤为必要。因为甲、乙两坝址间的区间来水只能靠乙库调节，其必需灌溉库容就是用来蓄存设计枯水年非灌溉期的区间天然来水量的（年调节情况），或者是蓄存设计枯水段非灌溉期的区间天然来水量的（多年调节情况），具体数值要根据区间来水，灌溉需水，并考虑甲库供水情况分析计算求得。

若图 6-1（a）所示的梯级水库的主要任务是发电，且甲、乙水库处均建有水电站，现说明梯级水电站径流调节计算的特点。

梯级水库径流调节计算是从上面一级开始的。对第一级水库即甲水库，当其兴利库容 $V_{甲}$ 和水电站最大过水能力 Q_{T1} 已知时，可按单库径流调节计算方法，由甲库的天然入库流量资料，通过径流调节计算，求得甲库逐时段的下泄流量及相应的水库蓄水量和水位变化过程。

对于下一级水库的径流年调节，首先将上一级甲水库经调节后的下泄流量过程，与甲乙区间的天然流量叠加，得到乙水库的入库流量过程。当乙水库的兴利库容 $V_{乙}$ 和电站最大过水能力 Q_{T2} 为已知时，其调节计算方法亦与单库情形相同，且通过径流调节计算，可求得乙库逐时段的下泄流量及相应的水库蓄水量和水位变化过程。当有更多级的梯级水库时，可按上述方法从上到下逐级进行调节计算。

在径流调节计算的基础上，按单一电站的水能计算方法，即可计算出每一级的水电站出力过程。将各级水电站同时段出力相加，即得梯级水电站总出力过程，据此绘制梯级水电站总出力保证率曲线，在该曲线上，根据设计保证率可以方便地求出梯级水库的总保证出力值。

对于具有多种用途的综合利用水库，其水利水能计算要复杂一些，但解决问题的思路及基本原则是一致的，关键问题是在各部门间合理分配水量。解决此类比较复杂的问题，一般要采用系统分析的方法。为此，应正确选定目标函数和明确各种约束条件，从而建立起适当的数学模型，再利用合适的优化方法进行求解。

2. 计算方法（步骤）

下面以具有年调节水库的梯级水库为例，在径流差积曲线上通过图解计算来说明梯级水电站径流调节的计算方法。

图 6-6 表示梯级水电站的调节计算示意图，其中图 6-6（a）为梯级水电站布置方式，图 6-6（b）和图 6-6（c）分别为第一级和第二级水库坝址处某年的天然径流差积曲线。已知各级水库的正常蓄水位、死水位和调节库容（分别为 V_{I}、V_{II}、V_{III}、…）。欲求各梯级水库的保证出力和年发电量。

梯级水电站调节计算从第一级开始，具体步骤如下：

（1）在第一级水电站的径流差积曲线上，由已知的调节库容 V_{I} 进行等流量调节的图解计算，用公切线法求得供、蓄水期的调节流量 fg 和 de，加上按天然流量工作的 ef 段，则曲线 $defg$ 为第一级水电站的利用水量差积曲线，如图 6-6（b）所示。该线与天然水量差积曲线之间的纵距即为各时刻水库的存水量。有了各时段水电站的引用流量和水库存水量，就可用列表法进行水能计算，求得第一级水电站各月的水流出力和供水期的平均出力。

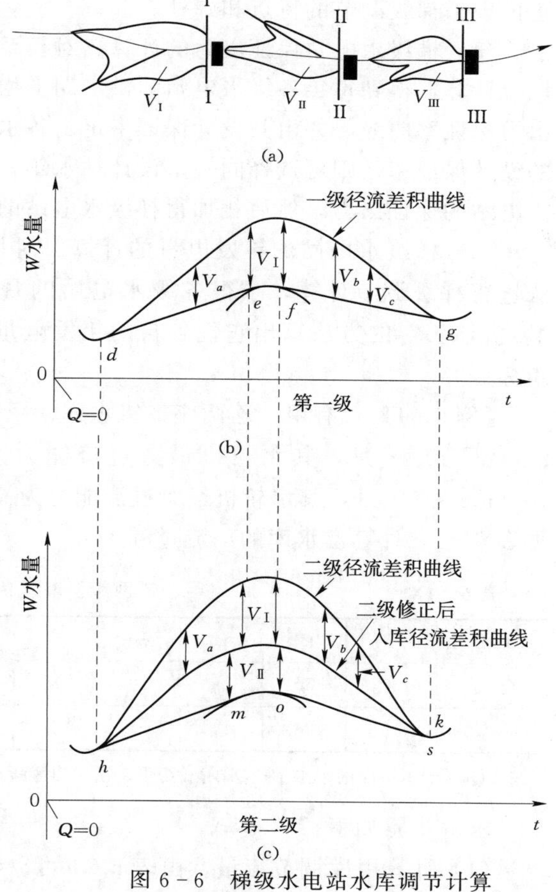

图 6-6　梯级水电站水库调节计算

（a）梯级水电站布置；（b）第一级水电站的调节计算；（c）第二级水电站的调节计算

（2）进行第二级水电站的调节计算。

首先，应对第二级水电站的天然径流差积曲线作出修正，得到考虑上级水电站调节影响后的来水差积曲线。修正的方法是从天然径流差积曲线上相应时刻的纵坐标值中减去当时蓄存在上级水库中的水量，如图 6-6（c）所示。图 6-6（c）中第二级水电站修正后的入库径流差积曲线 $hijk$，即是由第二级天然径流差积曲线各时刻向下画出表示第一级水电站存水量的 V_a、V_{I}，V_b、V_c 等之后得出的。然后，在修正后的入库径流差积曲线上，由已知的第二级水电站的调节库容 V_{II} 进行同样的调节计算，可求得第二级水电站的调节流量差积曲线 $hmos$ 和相应的水库存水量，计算二级水电站各月的水流出力和供水期平均出力。

（3）对以后各级水电站可用同样的方式进行调节计算。但要注意，在求某一级水电站修正后的入库径流差积曲线时，要从其天然来水差积曲线上扣除相应时刻上游所有梯级水电站蓄存的水量之和。

从图 6-6（c）可看出，由于上级水电站的调节作用，第二级水电站修正后的入库径流差积曲线比其天然径流差积曲线要平缓，因而同一库容 V_{II} 所得到的供水期调节流量（os 线）要比没有上级水电站调节按原天然径流差积曲线求得的供水期调节流量要大，这正体现了梯级调节的特点和好处。

（4）梯级水电站保证出力的计算。对长系列径流资料的每一年，按上述方法进行梯级调节计算，得到每年各级水电站的供水期平均出力。然后，对每级水电站做出供水期平均出力保证率曲线，并由其设计保证率定出各水电站的保证出力。如果梯级水电站采用统一的设计保证率，则可选择同一个设计枯水年，对设计枯水年进行梯级调节计算，求得各级水电站的保证出力，然后相加得梯级水电站的总保证出力。

（5）梯级水电站的年发电量的计算。对长系列或统一的代表期或代表年，按上述方法进行梯级调节计算，求得各级水电站的月平均出力变化过程，做出其持续曲线，按“装机切头”的方法算出它们各自的年发电量，然后相加得梯级水电站的年发电量总和指标。

【例 6-1】 有甲、乙两座梯级水库，甲在上游，乙在下游。甲库的兴利库容为 $V_{甲}=50\ (\text{m}^3/\text{s})\cdot$月，其水轮机最大过流能力为 $Q_{甲}=15\text{m}^3/\text{s}$；乙库的兴利库容为 $V_{乙}=20\ (\text{m}^3/\text{s})\cdot$月，其水轮机最大过流能力为 $Q_{乙}=20\text{m}^3/\text{s}$。甲库及其区间设计年各月来水见表 6-1，计算乙水库的出流过程。

表 6-1　甲、乙两库及其区间设计年各月来水量　单位：$(\text{m}^3/\text{s})\cdot$月

月份	7	8	9	10	11	12	1	2	3	4	5	6
$Q_{甲天}$	30	50	25	10	8	6	5	4	8	7	6	4
$Q_{甲乙区间}$	15	28	14	6	5	4	4	3	4	3	3	2

注　$Q_{甲天}$表示甲库的来水量；$Q_{甲乙区间}$为甲、乙库的区间来水量。

求解步骤如下：

（1）计算甲库调节流量。由表 6-1 可以看出，甲库 7～9 月的来水量均大于其水轮机最大过流能力 $Q_{甲}$，能够满负荷发电；而 10 月～次年 6 月的来水量均小于其水轮机最大过流能力 $Q_{甲}$，不能满负荷发电，计算这 9 个月的调节流量为

$$Q_{p甲}=\frac{1}{9}\left(\sum_{10}^{6}Q_{甲天}+V_{甲}\right)=\frac{1}{9}(10+8+6+5+4+8+7+6+4+50)=12(m^3/s)\cdot 月$$

（2）计算甲库出流过程。按照7～9月发电流量为$Q_{甲}$，10月～次年6月的发电流量为$Q_{p甲}$，计算甲库的库容变化过程和出流过程等，如表6-2所示。其中，$Q_{甲天}$为甲库发电流量；$Q_{p甲}$为甲库发电流量；$\Delta V_{甲}$为库容变化量，$\Delta V_{甲}=Q_{甲天}-Q_{p甲}+Q_{甲弃}$；$V_{甲}$为调节库容，$V_{甲i}=V_{甲i-1}+\Delta V_{甲i}$，$V_{甲}$的最大值为50（$m^3/s$）·月，如果大于此值，多余部分即为$Q_{甲弃}$；$Q_{甲弃}$为甲库弃水量；$Q_{甲出}$为甲库出库流量，$Q_{甲出}=Q_{p甲}+Q_{甲弃}$。

表6-2　　甲库设计年各月出流量　　单位：（m^3/s）·月

月份	7	8	9	10	11	12	1	2	3	4	5	6
$Q_{甲天}$	30	50	25	10	8	6	5	4	8	7	6	4
$Q_{p甲}$	15	15	15	12	12	12	12	12	12	12	12	12
$\Delta V_{甲}$	15	35	0	−2	−4	−6	−7	−8	−4	−5	−6	−8
$V_{甲}$	15	50	50	48	44	38	31	23	19	14	8	0
$Q_{甲弃}$	0	0	10	0	0	0	0	0	0	0	0	0
$Q_{甲出}$	15	15	25	12	12	12	12	12	12	12	12	12

（3）计算乙库入流，列入表6-3中。乙库的入库流量$Q_{乙入}$=甲库出库流量$Q_{甲出}$+甲乙两库区间流量$Q_{甲乙区间}$

表6-3　　乙库设计年各月入流量　　单位：（m^3/s）·月

月份	7	8	9	10	11	12	1	2	3	4	5	6
$Q_{甲出}$	15	15	25	12	12	12	12	12	12	12	12	12
$Q_{甲乙区间}$	15	28	14	6	5	4	4	3	4	3	3	2
$Q_{乙入}$	30	43	39	18	17	16	16	15	16	15	15	14

（4）计算乙库调节流量。由表6-3可以看出，乙库7～9月的来水量均大于其水轮机最大过流能力$Q_{乙}$，能够满负荷发电；而10月～次年6月的来水量均小于其水轮机最大过流能力$Q_{乙}$，不能满负荷发电，计算这9个月的调节流量为

$$Q_{p乙}=\frac{1}{9}\left(\sum_{10}^{6}Q_{乙入}+V_{乙}\right)=18(m^3/s)\cdot 月$$

（5）计算乙库出库流量。按照7～9月发电流量为$Q_{乙}$，10月～次年6月的发电流量为$Q_{p乙}$，计算乙库的库容变化过程和出流过程等，见表6-4。其中$Q_{p乙}$为发电流量；$\Delta V_{乙}$为库容变化量；$V_{乙}$为调节库容；$Q_{乙弃}$为乙库弃水量；$Q_{乙出}$为乙库出库流量。计算方法和甲库类似，不再赘述。

表 6-4　　乙库设计年各月出流量　　单位：(m³/s)·月

月份	7	8	9	10	11	12	1	2	3	4	5	6
$Q_{乙入}$	30	43	39	18	17	16	16	15	16	15	15	14
$Q_{p乙}$	20	20	20	18	18	18	18	18	18	18	18	18
$V_{乙}$	10	10	0	0	−1	−2	−2	−3	−2	−3	−3	−4
$V_{乙}$	10	20	20	20	19	17	15	12	10	7	4	0
$Q_{乙弃}$	0	13	19	0	0	0	0	0	0	0	0	0
$Q_{乙出}$	20	33	39	18	18	18	18	18	18	18	18	18

二、梯级水库的径流补偿

1. 径流补偿的定义

径流补偿就是利用各个水库来水过程的不一致性和水库调节性能的不一致性，互相配合工作，取长补短，以达到提高水库群总保证流量的目的，进而实现各水库联合运用比单独运用效益更大的目的。

2. 径流补偿的分类

径流补偿分为水文补偿和库容补偿，其概念参见本章第一节相关内容。在此，通过实例说明径流补偿的优势。

首先以水文补偿为例，假设在两条河流上的甲、乙两库为无调节水库，两者的来水过程丰枯不一致，来水情况如表 6-5 所示。

表 6-5　　甲、乙库流量及其联合工作流量过程　　单位：(m³/s)·月

月份	12	1	2	3	保证流量
甲	32	30	28	25	25
乙	28	24	26	28	24
联合工作	60	54	54	53	53

由表 6-5 可以看出，如果甲、乙库分别工作，其保证流量分别为 25 (m³/s)·月和 24 (m³/s)·月，之和为 49 (m³/s)·月；而如果两库联合工作，其保证流量为 53 (m³/s)·月，增加了 4 (m³/s)·月，即提高了 8.2%的流量。由此可见，水文补偿能够提高保证流量。

以库容补偿为例，水库调节性能不一样，被补偿水库按单独运行最优方式运行，补偿水库在被补偿水库放水时少放水，蓄水时多放水，以增加总保证流量。例如现有甲、乙两座水库，甲为年调节水库（被补偿水库），乙为多年调节水库（补偿水库）。甲库在一个枯水系列（6 年）中年调节流量为 25m³/s、26m³/s、29m³/s、23m³/s、35m³/s 和 30m³/s，乙库多年调节流量为 40m³/s，见表 6-6。

表 6-6　　甲、乙库流量及其联合工作流量　　单位：m³/s

甲	25	26	29	23	35	30
乙	43	42	39	45	33	38
两库补偿后	68	68	68	68	68	68

由表 6-6 可以看出，甲库单独工作能够保证的流量为 23m³/s，再加上乙库多年调节流量，甲、乙两库的保证流量为 $Q_p=23+40=63\text{m}^3/\text{s}$。如果考虑乙库对甲库的补偿调节，则补偿后的保证流量 $Q_p=40+(25+26+29+23+35+30)/6=68\text{m}^3/\text{s}$。此时，乙库每年的调节流量见表 6-6 第 2 行。可见，补偿后保证流量增加了 5m³/s，即提高了 7.9%。

3. 径流补偿的特点

对丰水期的调节计算，用水量差积曲线图解法来说明径流补偿的特点。

针对梯级水库甲、乙［图 6-1（a)］来说，先根据坝址乙处的天然水量差积曲线进行调节计算，具体方法和单库调节相同，只是库容应采用水库甲的兴利库容 $V_甲$，如图 6-7 所示。通过调节可以得出坝址乙处放水的水量差积曲线 $OAFBC$，如图 6-7（b)所示。图 6-7（b）表示的实际方案是：丰水期（OAF 段）坝址乙处的水电站尽可能以最大过水能力 Q_T发电，供水期（BC 段）的调节流量是常数，FB 段水电站以天然流量发电。$OAFBC$ 线与水电站处的天然来水水量差积曲线之间各时刻的纵坐标差，即为各时刻水库甲中的蓄水量。把这些存蓄的水量 V_a、$V_甲$、V_b、…在水库甲的天然水量差积曲线上扣除，得出曲线 $Oafbc$，见图 6-7（a)，它是水库甲进行补偿调节时放水的水量差积曲线。

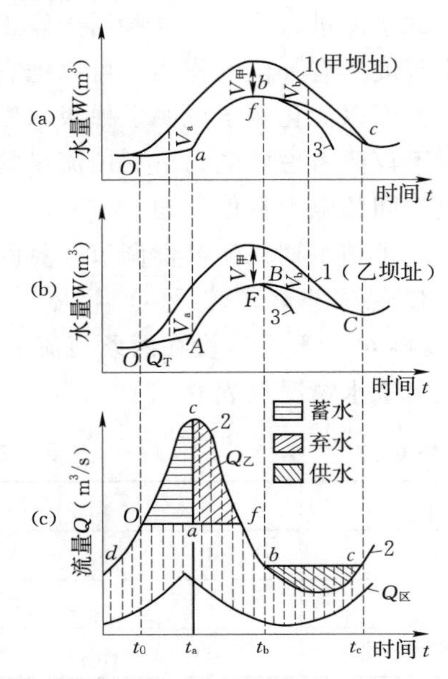

图 6-7　径流补偿调节（区间来水小时）
1—天然水量差积曲线；2—天然流量过程线；3—满库线

调节计算结果表示在坝址乙处的天然流量过程线上，见图 6-7（c)。图上 $dOafbc$ 线表示经过水电站的流量过程线，它与图 6-7（b）所示调节方案 $OAFBC$ 是一致的。其中有一部分流量是区间的天然流量（$Q_区-t$），其余流量是从上级水库放下来的，在图上用虚直线表示。上级水库放下的流量时大时小，正说明该水库担负了径流补偿任务。上游水库放下的流量与图 6-7（a）上调节方案 $Oafbc$ 是一致的。

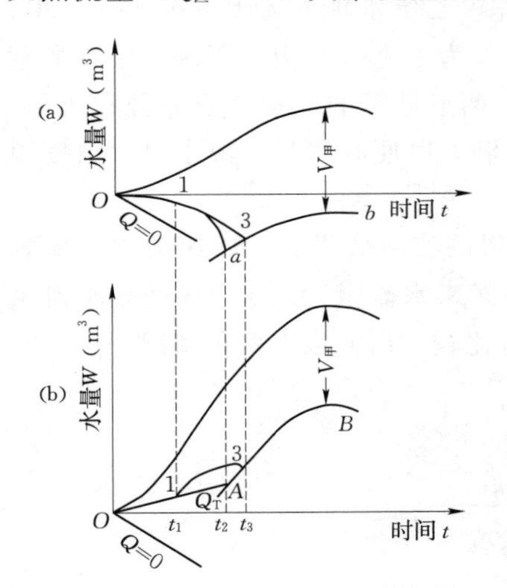

图 6-8　径流补偿调节（区间来水大时）

应该说明，区间径流大于水电站最大过水能力时，对上述调节方案中的水库蓄水段要进行必要的修正。修正的步骤如下：

（1）在图 6-8（a）上，对调节方案的 Oa 段进行检查，找出放水流量为负值的那一段，然后将该段的放水流量修正为零，即这段时间里水库甲不放水，直至它蓄满为止。图 6-8（a）上的 13 段平行于 $Q=0$ 线，它就是放水流量为零的那一段，点 3 处水库蓄满。时段 t_1t_3 内，水电站充分利用区间来水发电，而且还有无益弃水。

（2）将 t_1t_3 时段内各时刻水库甲中的实有蓄水量，从坝址乙处天然来水水量差积曲线的纵坐标中减去，就得到 t_1t_3 时段内修正的水电站放水量差积曲线，如图 6-8（b）上1～3间的曲线。这段时间内的区间来水量均大于水电站的最大过水能力。

需要说明，水库甲若距坝址乙较远，而且电站乙担负经常变化的负荷时，调节计算工作要复杂些，因为这时要计及水由水库甲流到电站所需的时间。由于水库甲放出的水量很难在数量上随时满足电站乙担负变动负荷时的要求，故这时水库甲的供水不当处需由水电站处的水库进行修正。这些属于修正性质的比较精确的调节，称为缓冲调节。这种调节在一定程度上有补偿的作用，可以把它当作补偿调节的一种辅助性调节。

上面以简化例子说明了梯级水库径流补偿的概念。如果水库甲处也修建了水电站，则这时不仅要考虑两电站所利用流量的变化，还应该考虑它们水头的不同。因此，应该考虑两电站间的电力补偿问题。

对于枯水期径流补偿调节计算的特点和径流补偿的效果参考例［6-3］。

4. 径流补偿算例

【例 6-2】　假设在两条河流上的甲、乙两库为无调节水库，两者的来水过程丰枯不一致，来水情况见表 6-7。

表 6-7　　甲、乙库流量及其联合工作流量　　单位：(m^3/s)・月

月　份	4	5	6	7	保证流量
甲	15	13	10	12	10
乙	26	30	35	32	30
联合工作	41	43	45	44	41

由表 6-7 可以看出，如果甲、乙库分别工作，其保证流量分别为 10（m^3/s）・月和 30（m^3/s）・月，之和为 40（m^3/s）・月；而如果两库联合工作，其保证流量为 41（m^3/s）・月，增加了 1（m^3/s）・月，即提高了 2.5%的流量。

【例 6-3】　如图 6-9 所示，甲水库为年调节水库，乙壅水坝处为无调节水库，甲、乙间有支流汇入。乙处建壅水坝是为了引水灌溉或发电。为了充分利用水资源，甲库的蓄放水必须考虑对乙处发电用水和灌溉用水的径流补偿。调节计算的原则是要充分利用甲、乙坝址间的支流和区间来水，并尽可能使甲库在汛末蓄满，以便利用其库容来最大限度地提高乙处的枯水期流量，更好地满足发电，灌溉要求。

对图 6-9 所示开发方案用实际资料来说明补偿所得的实际效果。水库甲的兴利库容为 180（m^3/s）・月。设计枯水年枯水期水库甲处的天然来水流量 $Q_{天\cdot甲}$ 和区间来水流量 $Q_{天\cdot区}$ 资料，见表 6-8 和图 6-10（a）、（b）。为了进行比较，研究以下两种情况：

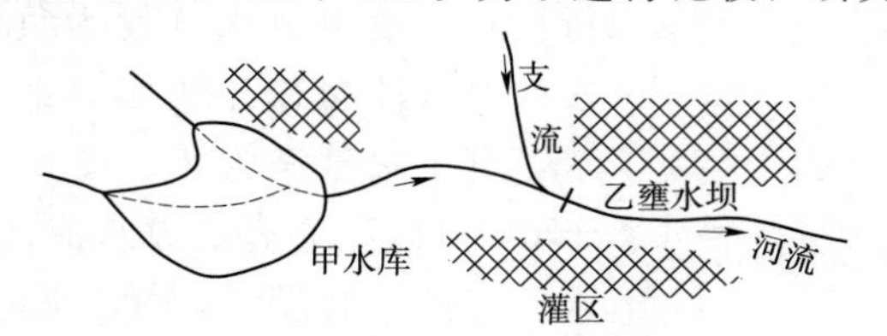

图 6-9　径流补偿调节示意图

表 6-8　　水库甲径流调节计算表　　单位：m³/s

序号	项　目	月份						备　注
		10	11	12	1	2	3	
1	水库甲处天然来水流量 $Q_{天,甲}$	160	150	140	140	150	160	原始资料，合计 900m³/s
2	水库甲处的调节流量 $Q_{调,甲}$	180	180	180	180	180	180	公式计算得出
3	水库甲供水流量 $Q_{库,甲}$	20	30	40	40	30	20	以上两项之差
4	区间天然来水流量 $Q_{天,区}$	30	20	10	10	20	30	已知资料
5	水电站乙处引用流量 $Q_{引,乙}$	210	200	190	190	200	210	第 2、第 4 两项之和

表 6-9　　水库甲径流补偿计算表　　单位：m³/s

序号	项　目	月份						备　注
		10	11	12	1	2	3	
1	水库甲处天然来水流量 $Q_{天,甲}$	160	150	140	140	150	160	原始资料
2	区间天然来水流量 $Q_{天,区}$	30	20	10	10	20	30	原始资料
3	水电站乙处天然来水流量 $Q_{天,乙}$	190	170	150	150	170	190	以上两项之和
4	水电站乙处的调节流量 $Q_{调,乙}$	200	200	200	200	200	200	公式计算得出
5	水库甲的供水流量 $Q_{库,甲}$	10	30	50	50	30	10	第 4、第 3 两项之差

（1）不考虑径流补偿的情况。水库甲按本库的有利方式调节，使枯水期调节流量尽可能均衡。计算出甲库供水期的调节流量为

$$Q_{调,甲}=\frac{160+150+140+140+150+160}{6}+\frac{180}{6}=180\ (\mathrm{m^3/s})$$

参见图 6-10（c），该图上的竖线阴影面积表示水库甲的供水量，水平直线 3 表示水库甲的放水过程（枯水期 10 月～次年 3 月），它加上支流和区间的来水过程，即为乙坝址处的引用流量过程，见表 6-8 第 5 项和图 6-10（e）上的 4 线所示。保证流量仅为190m³/s。

（2）考虑径流补偿的情况。这时，水库甲应按使乙坝址处枯水期引用流量尽可能均衡

的原则调节（水库放水时要充分考虑区间来水的不均衡情况）。为此，先求出乙坝址处的天然流量过程线，见表6-9第3项和图6-10（a）、（b）中1、2两线之和（同时刻的纵坐标相加）。然后根据来水资料进行调节，可计算出供水期的调节流量

$$Q_{调,乙}=\frac{\sum Q_{甲}+\sum Q_{区间}+V_{甲}}{T}$$

$$=\frac{160+150+140+140+150+160+30+20+10+10+20+30+180}{6}$$

$$=200\ (m^3/s)$$

如图6-10（f）所示，它减去各月份的支流和区间来水流量，即为水库甲处相应月份的放水流量，见表6-9的第5项和图6-10（d）。

从上面的例子可以看出：按通常的梯级水库调节计算，坝址乙处的保证流量仅为190m³/s，而考虑径流补偿时，保证流量可提高至200m³/s，约提高5.3%。这充分说明径流补偿是有效果的。比较图6-10的（c）和（d）以及（e）和（f），可以清楚地看出不考虑径流补偿和考虑这种补偿两种不同情况下，水库甲处和坝址乙处放水流量过程的区别。如果坝址乙处要求的放水流量不是常数，则水库甲的调节方式应充分考虑这种情况，即它的供水流量要根据被补偿对象处（如本例中的坝址乙处）的天然流量情况确定。从本例中可以看到在枯水期进行径流补偿调节计算的特点和径流补偿的效果。

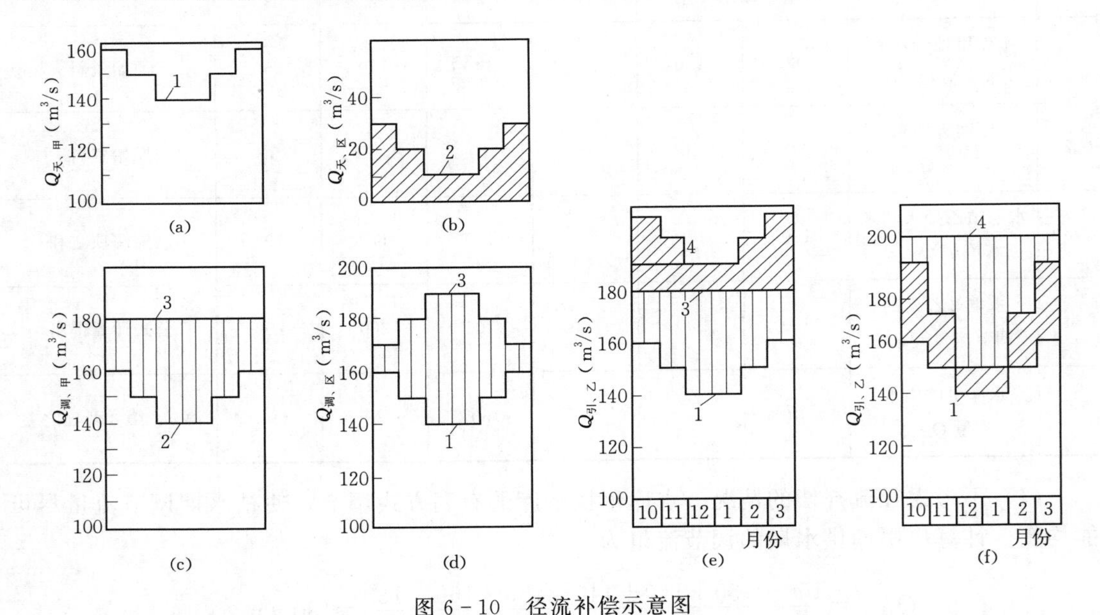

图6-10　径流补偿示意图

1—甲水库的天然来水流量；2—区间来水流量；3—甲库枯水期放水过程；4—乙坝址处的引用流量过程

三、串联水电站水库蓄放水次序

水电站群联合运行时，考虑水库群的蓄放水次序是一个很重要的问题。合理确定水电站水库群的蓄放水次序，可以使它们在联合运行中总的发电量最大。

首先，对水库群供水期放水次序问题进行讨论。对于具有年调节及多年调节性能的蓄水式水电站来说，在供水期内用来生产电能的水量由两部分组成：一部分是水库兴利库容补充的供水量，其所生产的电能称为蓄水电能 $E_{库}$；另一部分是经过水库的不蓄水量，即供水期天然径流量，它生产的电能称为不蓄电能 $E_{不蓄}$。其中 $E_{库}$ 的大小由水库兴利库容大小决定，它是一个较稳定的数值；而 $E_{不蓄}$ 的数值大小往往变化较大，在不蓄水量值一定的情况下，它还与水库调蓄过程中的水头变化情况有很密切的关系。当同一电力系统中有两个这样的电站联合运行时，就供水期内某一时段而言，在电力系统负荷需求给定的情况下，由于两电站的水库特性不同，其为生产同样数量的电能而引起的水头变化也不同，而电站在任一时段的水头变化又会进一步对其供水期内后续时期的不蓄水量所能利用的水头发生影响，从而引起后续时期出力和发电量的变化。这就需要研究解决在该时刻应由哪一个电站放水发电更为有利的问题，以使水电站的不蓄水量在尽可能大的水头下发电，从而使水电站群在联合运行中总发电量尽可能大。

设有甲乙两个梯级的年调节水电站在电力系统中联合运行，水库的特性资料、来水资料和系统负荷资料均为已知。在某一供水时段，根据该时刻内水电站的不蓄流量和水头，两电站所能生产的不蓄出力分别为 $N_{不蓄,甲i}$ 和 $N_{不蓄,乙i}$，总不蓄出力 $\sum N_{不蓄i}$ 为

$$\sum N_{不蓄i}=N_{不蓄,甲i}+N_{不蓄,乙i} \tag{6-1}$$

如果该值不能满足当时系统负荷 $N_{系i}$ 的需要，即 $\sum N_{不蓄i}<N_{系i}$，则根据系统电力电量平衡要求，需要水电站水库放水补充的出力 $N_{库i}$ 为

$$N_{库i}=N_{系i}-\sum N_{不蓄i} \tag{6-2}$$

设该补充出力由水电站甲承担，则需水库甲放出的流量 $Q_{甲i}$ 为

$$Q_{甲i}=\frac{\mathrm{d}V_{甲i}}{\mathrm{d}t}=\frac{F_{甲i}\mathrm{d}H_{甲i}}{\mathrm{d}t}=\frac{N_{库i}}{A\left(H_{甲i}+H_{乙i}\right)} \tag{6-3}$$

式中 $\mathrm{d}V_{甲i}$——某时段 $\mathrm{d}t$ 内水库甲消落的库容；

$F_{甲i}$——某时段内水库甲的平均库面积；

$H_{甲i}$、$H_{乙i}$——某时段内甲、乙水电站的平均水头，该式中计及 $H_{乙i}$ 是因为上游水库甲放出的水量还可通过下一级电站乙发电；

$\mathrm{d}H_{甲i}$——某时段内水库甲消落的深度；

A——计算出力的常数，设两电站采用的数值相同。

如果补充出力由水电站乙承担，则需水库乙放出的流量 $Q_{乙i}$ 为

$$Q_{乙i}=\frac{\mathrm{d}V_{乙i}}{\mathrm{d}t}=\frac{F_{乙i}\mathrm{d}H_{乙i}}{\mathrm{d}t}=\frac{N_{库i}}{AH_{乙i}} \tag{6-4}$$

式中 $F_{乙i}$——某时段内水库乙的平均库面积；

$\mathrm{d}H_{乙i}$——某时段内水库乙消落的深度。

根据式（6-3）和式（6-4）可得

$$\mathrm{d}H_{乙i}=\frac{F_{甲i}\left(H_{甲i}+H_{乙i}\right)}{F_{乙i}H_{乙i}}\mathrm{d}H_{甲i} \tag{6-5}$$

式（6-5）表示两水库在第 i 时段内的水库面积、水头和水库消落水层深度三者之间的关系。应该注意，该时段的水库消落水层深度不同会影响以后时段的发电水头，从而使两水库的不蓄电能损失不同。

对于水库甲来说，若其第 i 时段以后的不蓄水量为 $W_{不蓄,甲}$，则由该时段水库放水消落水深 $dH_{甲i}$ 引起的不蓄电能损失为

$$dE_{不蓄,甲}=0.00272\eta_{甲}W_{不蓄,甲}dH_{甲i} \tag{6-6}$$

式中　$\eta_{甲}$——水电站甲的发电效率。

而对水库乙来说，因其第 i 时段以后的不蓄水量由三部分组成，即上游甲水库第 i 时段末兴利库容中尚存蓄的水量 $V_{甲}$、甲水库坝址处第 i 时段以后的不蓄水量 $W_{不蓄,甲}$ 以及两电站区间第 i 时段以后的不蓄水量 $W_{不蓄,区}$，因此，乙水库放水消落水深 $dH_{乙i}$ 引起的不蓄电能损失为

$$dE_{不蓄,乙}=0.00272\eta_{乙}(W_{不蓄,甲}+V_{甲}+W_{不蓄,区})dH_{乙i} \tag{6-7}$$

式中　$\eta_{乙}$——水电站乙的发电效率。

一般情况下，对于在同一电力系统中联合运行的甲、乙水电站而言，其供水期总的不蓄电能损失越小越有利。因此，可根据式（6-6）和式（6-7）中的计算结果来判别确定甲、乙水电站水库的放水次序。设 $\eta_{甲}=\eta_{乙}$，若 $dE_{不蓄,甲}<dE_{不蓄,乙}$，则有

$$W_{不蓄,甲}dH_{甲i}<(W_{不蓄,甲}+V_{甲}+W_{不蓄,区})dH_{乙i} \tag{6-8}$$

此时，上游甲水库先供水发出补充出力以满足系统需要较为有利；反之，则应由电站乙先供水。

将式（6-5）代入式（6-8），可得甲库先供水有利的条件为

$$\frac{W_{不蓄,甲}}{F_{甲i}(H_{甲i}+H_{乙i})}<\frac{W_{不蓄,甲}+V_{甲}+W_{不蓄,区}}{F_{乙i}H_{乙i}} \tag{6-9}$$

令 $W_{不蓄,总}/F\sum H=K$，式（6-9）中分子 $W_{不蓄,总}$ 表示流经电站的总不蓄水量，分母中的 $\sum H$ 表示从该电站到最后一级水电站的各电站水头值之和，则梯级水电站水库的放水次序可据此 K 值来判别，且 K 值较小的水电站水库先供水较为有利。

在水库供水期初，可根据各库的水库面积、电站水头和供水期天然来水量计算出各库的 K 值，哪个水库的 K 值小，该水库就先供水。应该注意，由于水库供水而使库面下降，改变 F、H 值，各计算时段以后（算到供水期末）的 $W_{不蓄}$ 值也不同，所以 K 值是变化的，应该逐时段判别调整。当两水库的 K 值相等时，它们应同时供水发电。至于两电站间如何合理分配要求的年 $N_{库}$ 值，则要进行试算决定。

对于水库群蓄水期的蓄水次序问题，主要是考虑水库蓄水使水位抬高，从而可使不蓄电能增加，因此，需要研究当水电站群天然径流所能发出的总出力超出电力系统负荷需求时，哪个水库先蓄水可使水电站群总不蓄电能尽可能大的问题。按与上述决定放水次序的相同的方法进行分析，可导出蓄水期内水库先蓄水有利的判别条件。其具体判别式为 $K'=W'_{不蓄,总}/F\Sigma H$（其中，$W'_{不蓄,总}$ 为水库坝址处某时段以后蓄水期内天然来水量中的总不蓄水量，即该时段到蓄水期末的天然来水量减去水库待蓄的水量，其余符号意义同前），根据 K' 值的大小进行判别，K' 值较大的水电站水库先蓄水较为有利。但须指出，这里是按水库群蓄水期不会发生弃水的情况考虑的。当蓄水期可能出现弃水时，应根据天然来水资料，并分析水库群中各水库的调节性能及当时的蓄水状况，综合考虑水量和水头两个因素，合理安排其蓄水次序，以使水电站群蓄水期的总发电量尽量大一些，而不应机械地利用判别式来决定水库群的蓄水次序。

第三节　并联水库群的径流电力补偿调节计算

一、并联水库的径流补偿

1. 计算方法

先讨论并联水库甲、乙［图 6-1（b）］共同承担下游丙处防洪任务的问题。如果水库甲、乙到防洪控制点丙的区间设计洪峰流量（对应于防洪标准）不大于丙处的安全泄量 $q_{安,丙}$，则可根据丙处的设计洪水过程线及 $q_{安,丙}$，按单库情况考虑，通过前述方法求出所需总防洪库容 $V_{总}$。

在并联水库甲、乙间分配防洪库容时，先要确定各库必需的防洪库容。如果丙处发生符合设计标准的大洪水，乙丙区间（指丙以上流域面积减去乙坝址以上流域面积）也发生同频率洪水，设乙库相当大，可以完全拦截乙坝址以上的相应洪水，此时甲库所需要的防洪库容就是它的必需防洪库容 $V_{甲,必}$。它应根据乙丙区间同频率洪水按丙处以安全泄量泄洪的情况计算求出。同理，乙库的必需防洪库容 $V_{乙,必}$，应根据甲丙区间（指丙处以上流域面积减去甲水库以上流域面积）发生符合设计标准的洪水，按丙处以安全泄量泄洪情况计算求出。

两水库总的必需防洪库容确定后，由要求的总防洪库容 $V_{总}$ 减去该值 $V_{甲,必}+V_{乙,必}$，即为可以由两水库分担的防洪库容，同样可根据一定的原则和两库具体情况进行分配。例如，干流水库较支流水库，距防护点近的水库较距防护点远的水库，洪水比重大的水库较比重小的水库，应多分担一些共同承担的防洪库容。有时求出的总必需防洪库容超过所需的总防洪库容，这种情况往往发生在某些洪水分布情况变化较剧烈的河流，这时，甲、乙两库的必需防洪库容就是它们的防洪库容。

当上游水库群共同承担下游丙处防洪任务时，一般需考虑补偿问题，但由于洪水的地区分布、水库特性等情况不同，防洪补偿调节方式是比较复杂的，在设计阶段一般只能概略考虑。当甲、乙两库处洪水具有一定的同步性，但两水库特性不同时，一般选调洪能力大、控制洪水比重也大的水库作为防洪补偿调节水库（设为乙库），另外的水库（设为甲库）为被补偿水库。这种情况下，甲库可按其本身防洪及综合利用要求放水，求得下泄流量过程线 $q_{甲}-t$，将此过程线（计及洪水流量传播时间和河槽调蓄作用）和甲乙丙区间洪水过程线 $Q_{丙}-t$ 同时间相加，得出 $(q_{甲}+Q_{丙})-t$ 的过程线。

在乙库处符合防洪标准的洪水过程线上，先作 $q_{安\cdot丙}$（丙处安全泄量）的水平线，然后将 $(q_{甲}+Q_{丙})$ 线倒置于 $q_{安\cdot丙}$ 线下面，如图 6-11 所示，这条倒置线与乙库洪水过程线所包围的面积，即代表乙库的防洪库容值，在图上以斜阴影线表示。当乙库处的洪水流量较大时（图 6-11 上 AB 之间），为了保证丙处流量不超过安全泄量 $q_{安,丙}$，乙库下泄流量应为 $q_{安,丙}$ 与 $(q_{甲}+Q_{丙})$ 之差，即 $q_{乙}=q_{安,丙}-(q_{甲}+Q_{丙})$。$A$ 点以前和 B 点以后，乙库洪水流量较小，即使全部下泄，丙处流量也不致超过 $q_{安,丙}$ 值。实际上，A 点以前和 B 点以后的乙库泄流量值要视防洪需要而定。有时为了预先腾空水库以迎接下一次洪峰，B 点以后的泄流量要大于这时的来水流量。

在甲、乙两库处的洪水相差不大，但同步性较差的情况下，采用补偿调节方式时要持慎重态度，务必将两洪峰尽可能错开，不要使它们的组合出现更不利的情况。关于这一点，由图6-12可以理解得更深刻。图6-12上用abc和$a'b'c'$分别表示甲、乙两支流处的洪水过程线，$ab-db'c'$（双实线）表示建库前的洪水累加线；aef（虚线）表示甲水库调洪后的放水过程线，双虚线表示甲库放水过程线和乙支流洪水过程线的累加线。显然，修建水库甲后由于调节不恰当，反而使组合洪水更大了。从这里也可以看到，选择正确的调节方式的重要性。

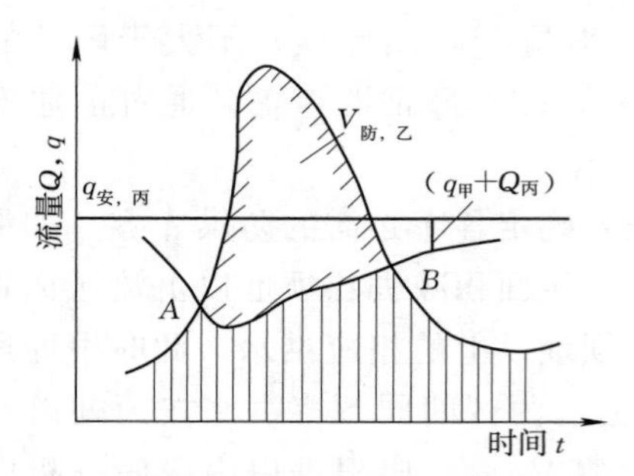

图6-11　考虑补偿作用确定水库防洪库容

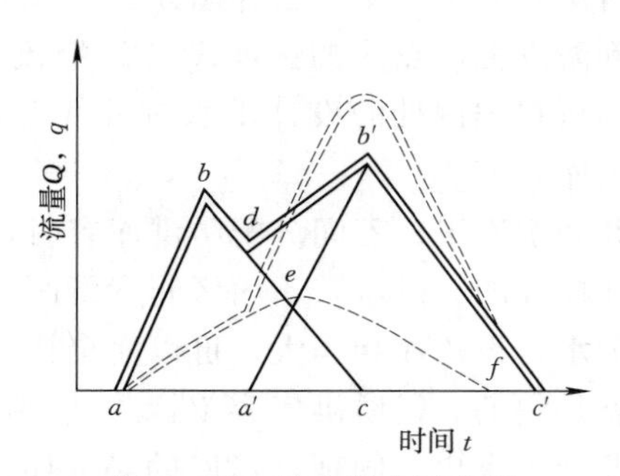

图6-12　洪水组合示意图

在并联水库甲、乙主要为保证下游丙处灌溉和其他农业用水的情况下，进行水利计算时，首先要作出丙处设计枯水年份的总需水图。从该图中逐月减去设计枯水年份的区间来水流量，就可得出甲、乙两水库的需水流量过程线，如图6-13上中的1线。其次，要确定补偿水库和被补偿水库，一般以库容较大、调节性能较好、对放水没有特殊限制的水库作为补偿水库，其余的则为被补偿水库。被补偿水库按照自身的有利方式进行调节。设甲、乙两库中的乙库是被补偿水库，按其自身的有利方式进行径流调节，设计枯水年仅有两个时期，即蓄水期和供水期，其调节流量过程线如图6-13上的2线所示。从水库甲、乙的需水流量过程线（1线）中减去水库乙的调节流量过程线（2线），即得出补偿水库甲的需放水流量过程线，如图6-13中的3线所示。

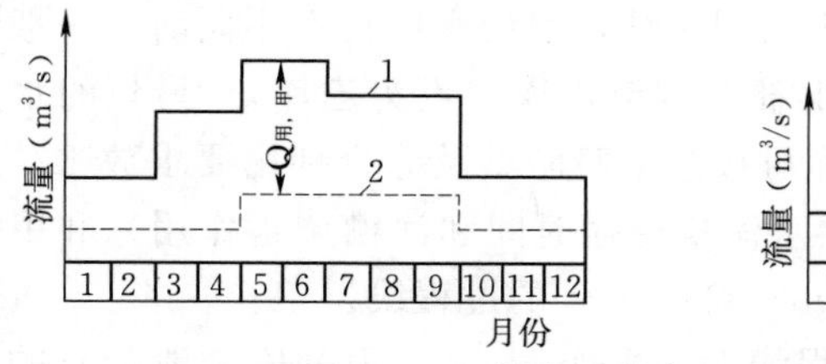

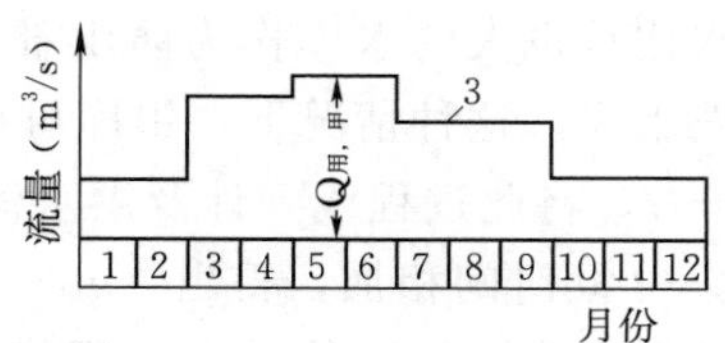

图6-13　推求甲水库的需放水流量过程线

1—需水流量过程线；2—乙库调节流量过程线；3—甲库需放水量过程线

如果甲库处的设计枯水年总来水量大于总需水量，则说明进行径流年调节即可满足用水部门的要求，否则要进行多年调节。根据甲水库来水过程线和需水流量过程线进行调节时，调节计算方法与单一水库的情况是相同的，这里不重复。应该说明，如果乙水库也是规划中的水库，则为了寻求合理的组合方案，应该对乙水库的规模拟定几个方案进行水利计算，然后通过经济计算和综合分析，统一研究决定甲、乙水库的规模和工程特征值。

2. 计算实例

【例 6－4】　甲、乙为并联水库，其中甲为年调节水库，其兴利库容为 $V_{甲}=106\ (m^3/s)\cdot 月$；乙为无调节水库。设甲、乙水库设计枯水年天然来水量见表 6－10，求甲、乙两库径流不补偿和补偿时的调节计算。

表 6－10　　**甲、乙库设计枯水年天然来水量**　　单位：$(m^3/s)\cdot 月$

月份	11	12	1	2	3	4	合计
$Q_{乙,天}$	27	19	17	14	15	18	110
$Q_{甲,天}$	35	30	26	21	23	27	162

下面分别分析甲、乙两库不补偿和补偿时的调节计算过程。

（1）不补偿调节计算。计算甲库 11 月～次年 4 月的调节流量。由于甲库为年调节水库，且调节库容 $V_{甲}=106\ (m^3/s)\cdot 月$，故甲库 6 个月的调节流量为

$$Q_{p甲}=\frac{162+106}{6}=44.7\ (m^3/s)$$

由于乙库为无调节水库，故其调节流量是这 6 个月天然来水量的最小值，即 $Q_{p乙}=14m^3/s$。

由以上计算结果可以看出，在甲、乙库不补偿情况下，两者的调节流量为

$$Q_p=Q_{p甲}+Q_{p乙}=44.7+14=58.7\ (m^3/s)$$

（2）补偿调节计算。当补偿调节时，计算甲、乙库补偿调节流量为

$$Q_p=\frac{\sum Q_{甲,天}+\sum Q_{乙,天}+V_{甲}}{T}=\frac{110+162+106}{6}=63\ (m^3/s)$$

故增加的调节流量为 $\Delta Q_p=63-58.7=4.3m^3/s$，增加率为 $\frac{4.3}{58.7}\times 100\%=7.3\%$。

二、并联水电站群的径流电力补偿调节计算

（一）电力补偿的定义

电力补偿调节与径流补偿调节相类似，指在同一电力系统中供电的水电站，通过补偿调节，达到水电站群的总保证出力的目的。

如果在图 6－1（b）所示甲、乙水库处均修建水电站，则因两电站没有直接径流联系，它们之间的关系就和其他跨流域水电站群一样。当这些电站投入电力系统共同供电时，如果水文不同步，也就自然地起到了水文补偿的作用，可以取长补短，达到提高总保证出力的目的。倘若调节性能有差异，则可通过电力系统的联系进行电力补偿。这时补偿电站可将它对被补偿电站所需补偿的出力，考虑水头因素，在本电站的径流调节过程中计算得出。由此可见，水电站群间的电力补偿还是和径流补偿密切联系着的。因此，进行水电站群规划时，应同时考虑径流、电力补偿，使电力系统电站群及其输电线路组合得更为合理，主要参数选择得更加经济。

同一电力系统中联合工作的水电站群，当它们位于不同的流域或不同的支流上时，就成为虽无水力联系但有电力联系的并联水电站群。并联水电站群可根据各水电站的径流特性和水库调节性能的差别，进行电力补偿，统一调节，使水电站群的出力过程更趋均匀，

从而使调节性能差的水电站的一部分季节电能转变为可靠电能，提高水电站群的总保证出力和水能利用率。

水电站群的径流电力补偿调节计算主要解决两个问题：一是补偿调节后水电站群的总保证出力提高多少，即增加补偿效益多大；二是各水电站通过补偿后其出力过程如何，即水电站群总出力如何合理地在各电站之间进行分配。

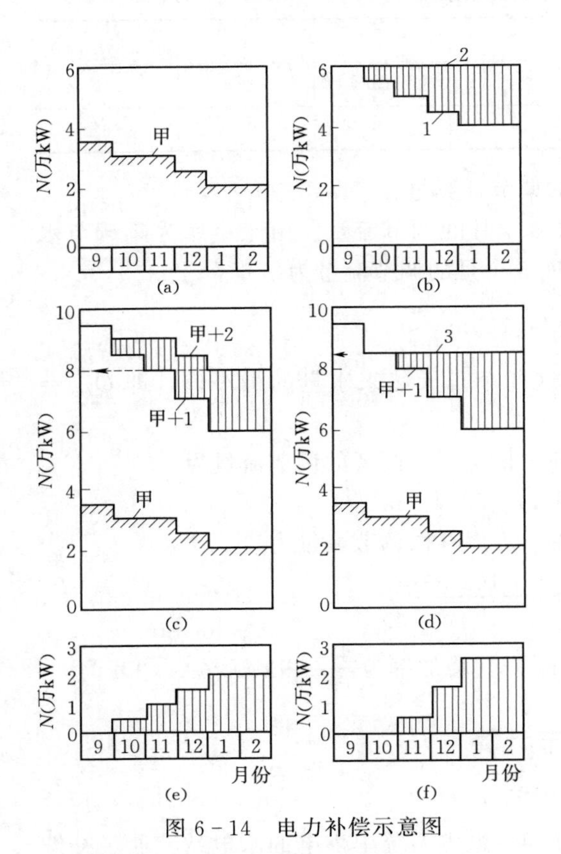

图 6-14　电力补偿示意图

下面举一个简单例子来说明电力补偿的概念、特点和效益。设甲、乙两电站在同一电力系统中进行，前者为无调节水电站，后者为年调节水电站。由水库兴利库容换算得的电库容（即电当量）为 7 万 kW·月。两电站设计枯水年枯水期的水流出力过程线分别见图6-14（a)和（b）（1 线），两电站最小出力之和为 6 万 kW。

不考虑电力补偿时，乙电站按其自身的有利方式调节，如供水期按等出力调节，则乙电站的保证出力可提高至 6 万 kW［图 6-14（b）上水平直线 2］，两电站枯水期总出力过程如图 6-14（c）所示（图上的甲+2 线）。总保证出力为 8 万 kW。

考虑电力补偿时，先求出两电站枯水期的总出力过程，如图 6-14（d）上（甲+1）线所示。然后利用水库进行补偿调节，总出力较大时水库不放水或少放水，总出力较小时水库多放水，使调节计算结果能尽可能提高枯水期出力，如图 6-14（d）上 3 线所示，将枯水期各月总出力调节成常数，结果为 8.5 万 kW。

比较以上两种情况，考虑电力补偿时，总保证出力由 8 万 kW 提高至 8.5 万 kW，即提高 6.25%。再比较不考虑补偿［图 6-14（e）］和考虑补偿［图 6-14（f）］时的水库供水方式。前者放得早，10 月就开始供水，后者乙水库迟放水，这是考虑到 10 月、11 月甲电站出力较大，到 1 月、2 月甲电站出力小时，乙水库才多放水，以提高枯水出力，从而得到了较好的效果。

（二）补偿电站的选择

补偿调节的目的在于提高水电站群的总保证出力，并使其出力过程尽量均匀。补偿的办法是依靠调节性能好的水电站（称为补偿电站）帮助条件差的水电站（称为被补偿电站），以提高和拉平水电站群的总出力。为此，先要从划分补偿和被补偿水电站入手。

水电站补偿能力的大小，首先取决于它的调节电能的多少。库容大小、来水量多少和水头高低是划分补偿与被补偿的主要依据。此外，综合利用要求和其他限制条件也影响水电站的补偿能力。划分补偿和被补偿水电站时，可将各水电站的库容系数 β、多年平均流

量 $\overline{Q}$ 和水头 H 按大小排序。一般地说，调节性能好、$\overline{Q}$ 和 β 大、综合利用要求比较简单的大容量水电站可作为第一类补偿电站，较次者作为第二类补偿电站，其余调节性能差或综合利用要求高、强制供水的水电站均可作为被补偿电站。

（三）电力补偿调节计算方法

径流电力补偿调节计算方法多用时历法。同径流调节计算类似，时历法又分为列表计算法和图解法——电当量法。

1. 时历列表法

采用时历列表法进行电力补偿调节的具体步骤如下：

（1）将系统中的水电站划分为补偿电站和被补偿电站两类。补偿调节的次序是先由第二类补偿电站对被补偿电站进行补偿，然后再由第一类电站进行再补偿，依次进行。

（2）选择统一的设计枯水段和代表期。由于水电站群中各水库的调节性能不同，可以有年和多年调节的，也可能仅能日调节或无调节，另外，水位条件各处也可能不尽相同，为了正确反映补偿调节后的总保证出力，要选择统一的设计枯水段（有多年调节时）或设计枯水年（只有年调节时）。统一的设计枯水段（或年）可根据一、二个主要补偿电站所在河流的径流特性，参照其他电站的径流特性来选择，通常选最枯最不利的枯水年组。如果由于各电站径流变化的不同难以选择合适的统一的设计枯水段或者计算精度要求较高时，可以用长系列径流资料进行计算，最后用频率分析方法来确定水电站群的总保证出力。

（3）补偿调节的具体计算。对那些被补偿的电站，根据各自已知的调节库容和天然来水过程，按单库的调节方式（自身最有利，并满足其综合利用要求），进行水能调节计算，求得各水电站的出力过程。如有综合利用部门的要求则在操作计算中，应尽量满足综合利用要求。然后将所有被补偿电站的出力过程同时刻相加，得到作为补偿对象的总出力过程，作为被补偿的对象，如图 6-15（a）所示。此后按补偿能力较小的先补，能力较强的放在最后补偿，按这样的补偿次序，分别以每一补偿电站的有效库容和天然来水，在被补偿的总出力过程线上，逐段进行补偿调节计算。由于各段来水的多少不相同，需假定各段不同的补偿后总出力来进行试算。

（4）对被补偿出力过程，按补偿次序，由先补偿水电站的调节库容和相应的天然来水，逐时段进行补偿调节计算，求得补偿后的总出力过程。

所谓补偿，就是把补偿电站的出力加到被补偿电站总出力过程线上，使总出力过程尽可能地均匀。为此，可先对补偿电站进行等流量调节计算，如图 6-15（b）所示。图 6-15（b）作出了补偿电站相应时段的径流差积曲线，由已知调节库容 V_n，进行等流量调节，便可大致确定补偿电站的供水期和蓄水期。

先进行供水期的补偿调节计算。假定补偿后水电站群的出力为 N_a，如图 6-15（a）所示，则补偿电站各月所需补偿的出力便是 N_a 与被补偿总出力之差值，即图 6-15（a）中竖影线所示。求出补偿电站各月的补偿出力值后，再根据已知出力进行列表试算。试算从供水期水库的正常蓄水位开始，一直算到供水期结束，如果供水期末调节库容中还有蓄水量，没有消落到死水位，则说明供水期的补偿电能有剩余，假定的 N_a 偏小；反之，N_a 偏大。再重新假定 N_a 值，进行试算，直到供水期末水库刚好放空，到死水位为止，这时

的 N_a 值即为所求。以同样的试算法进行蓄水期的补偿调节计算，这时所拟定的补偿出力应满足使水库从库空到期末正好蓄满。然后，照此办法，顺时序继续下一个调节周期的计算，最后得到第一补偿电站补偿后的出力过程。

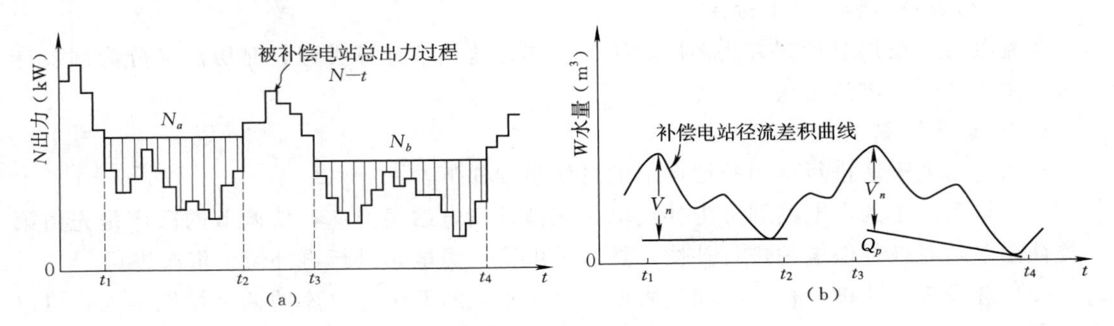

图 6－15　径流电力补偿调节

（a）出力补偿；（b）补偿电站径流差积曲线

在假定 N_a 时，为减少试算次数，可以预先作近似估计。图 6－15（a）中 N_a 以下的竖影线面积即表示补偿电站供水期调节电能。它可以根据等流量调节所得的供水期调节流量 Q_p、水库平均蓄水量（用以计算平均水头 $\overline{H}$）和供水期时间 T_d 作近似计算来估量，即供水期调节电能 $E_p=KQ_p\overline{H}T_d$。以使竖影线面积即供水期各月补偿出力之和接近于算得的 $E_p=\sum N=KQ_p\overline{H}T_d$ 来假定 N_a 值，一般试算一二次即可。

（5）当第一个补偿电站补偿调节计算完成后，再进行第二个补偿电站的计算。如此逐个电站进行补偿，最后便可求得整个电力系统中水电站群补偿后的总出力过程和各个电站的出力过程。如果选择了统一的设计枯水段，则设计枯水段内最低的总出力值即是水电站群补偿后的总保证出力。如果用长系列径流资料进行计算，则可将补偿后的各月总出力按大小排列，作出其经验频率曲线，由规定的设计保证率查出相应的保证出力。补偿后电站群的总保证出力 N_{fm}^{Σ} 与补偿前各水电站单独工作时的保证出力总和 $\sum N_{fm}$ 的差额，即 $\Delta N_{fm}^{\Sigma}=N_{fm}^{\Sigma}-\sum N_{fm}$，便是补偿效益。

用时历法进行补偿调节，对综合利用要求比较容易考虑，同时能求得比较精确的补偿后出力过程。但是时历法需要试算，工作量大。当补偿电站多时，电站的补偿位置亦很难确定，因位置不同，求得过程线就不一样，以此考虑各电站的最大工作容量会相差很大。

2. 时历图解法——电当量法

水电站群径流电力补偿调节的时历图解法，又称电当量法。径流调节时历图解法是用天然径流的差积曲线，按已知调节库容进行图解计算，求得利用流量。水电站群的径流电力补偿调节计算，则是将天然水量的差积曲线换算成天然水流能量的差积曲线，将水库的调节库容换算成电能当量，然后进行图解计算，求得出力值。这是因为水量累积曲线图上直线的斜率表示流量值，而能量累积曲线图上直线的斜率便表示出力值。

下面对电当量法用于水电站群电力补偿调节计算作扼要的说明。

（1）不蓄电量差积曲线的绘制。首先计算天然水流出力，即不蓄出力。当水电站的水头一定时，天然流量过程就可换算成天然水流出力过程。具体计算公式为 $N=KQ\overline{H}$（kW）。在计算不蓄出力 N 时，对每个水电站可用平均水头 $\overline{H}$。$\overline{H}$ 是上、下游水位差（不计损失）。

下游水位通常取不变的固定值。上游平均水位可控水库平均蓄水量 $\overline{V}=V_{LML}+\frac{V_n}{2}$，在库容曲线上查出。在计算不蓄出力时，如有上游灌溉等综合利用要求或水库考虑水量损失时，可先从天然流量中扣除掉。对每个水电站算出不蓄出力过程后，同时刻相加即得总不蓄出力过程。最后，作出不蓄电量的差积曲线，如图 6－16 所示。

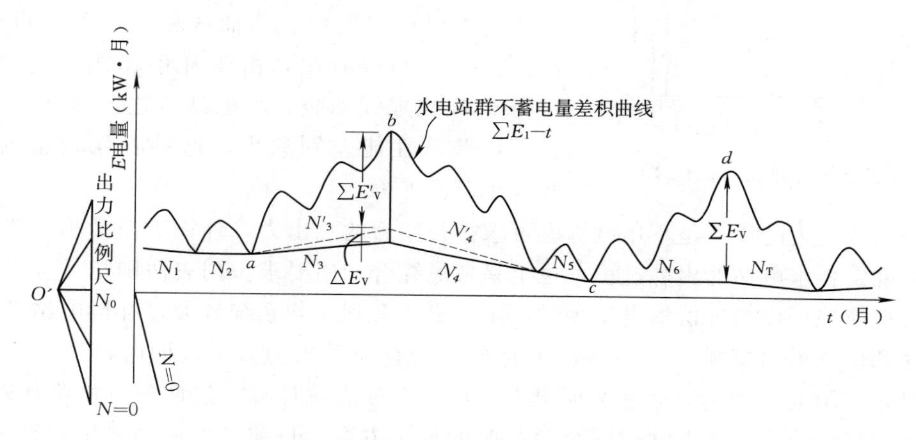

图 6－16　径流电力补偿调节图解计算（电当量法）

（2）计算库容电当量。库容电当量指与调节库容 V_n 中的水量相应的电量，库容电当量为

$$E_v=AV_n\overline{H}\ (\text{kW}\cdot\text{h}) \tag{6-10}$$

式中　A——系数，$A=9.81\eta/3600=K/3600$；

$\overline{H}$——水电站平均水头，m。

如果该水电站下游有梯级水电站，例如有 4 个梯级水电站，它们各自的水头分别为 H_1、H_2、H_3、H_4，则第一级库容电当量的计算水头 $\overline{H}=H_1+H_2+H_3+H_4$，对第二级，有 $\overline{H}=H_2+H_3+H_4$，其余类推。计算中，用自本级下游各梯级水电站水头之和，是因为自该级水电站水库中放出的水量，在下游各梯级水头下也产生电能。

（3）将各水电站的库容电当量相加即得水电站群总的库容电当量 $\sum E_v$。以此 $\sum E_v$ 在不蓄电量差积曲线上进行图解计算，求补偿调节后的出力，如图 6－16 所示。图解计算时必须注意，对那些库容大来水小的水电站，需检验一下本电站的库容在蓄水期末能否靠本电站的来水蓄满。检查办法是将该电站在蓄水期（如图 6－16 中的 ab 段和 cd 段）的不蓄出力累加起来，判断是否大于该电站的库容电当量。如果大于 E_v，表示能蓄满，如果小于 E_v，表示不能蓄满，应将不能蓄满部分即差值 ΔE_v 自 $\sum E_v$ 中减去，得修正后的 $\sum E'_v$，再重新图解计算求得修正后的补偿总出力。如图 6－16 中 ab 段有蓄不满的库容电当量，修正后调节计算所得出力如图中虚线所示。

在这种情况下，丰水期两电站以多大出力发电，也要按实际情况而定。显然，不但能在丰水期蓄满水库，而且有弃水出力的那个水电站，能以装机容量满载发电（实际运行中还要考虑是否有容量受阻情况）；虽能蓄满水库但无弃水出力的水电站，其丰水期的实际发电出力，可根据能量平衡原理计算出。

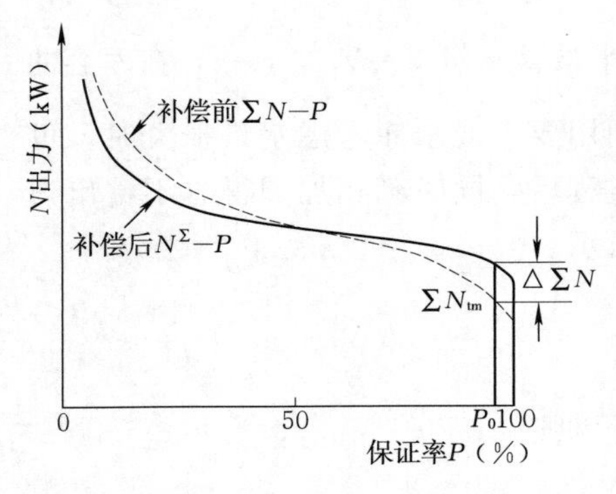

图 6-17　水电站群总出力保证率曲线

（4）将图解计算求得的各月总出力，按大小排列，作出水电站群补偿后的总出力保证率曲线，再由设计保证率求得水电站群的总保证出力，如图 6-17 所示。为计算补偿效益，可将各水电站单独工作时的出力保证率曲线同频率相加，得补偿前水电站群总出力保证率曲线。两曲线相比，可求得补偿效益$\Delta\sum N_{fm}$，可以看出，由于补偿作用，使得图 6-17 中实线比虚线平缓。水电站群之间水文差异性愈显著，调节性能差别愈大，这种补偿效益就愈高，实线也就愈平缓。

电当量法最大的优点是不用试算就可求得补偿后的总出力，计算工作量小，缺点是不易了解和确定各水电站的出力过程，也不易考虑综合利用要求。列表法则相反。当系统较小，调节性能好可作为补偿的电站少时，用列表法有利。若系统较大，补偿电站又多，则补偿次序和位置不易安排，可能得出不是最好的补偿总出力方案，同时，计算工作量又大，此时，可用电当量法估算总保证出力，再辅以列表法计算。这两种方法都比较粗略，适用于规划设计阶段。水电站群联合运行时的最优方案，目前已发展到采用"系统工程"的方法，借助于数学规划原理和方法，通过计算机计算，来寻求目标函数的最优解，如水电站群保证出力最大、水电站群发电量最大、系统总装机容量最小、火电煤耗最省、系统投资最省、供电成本最低、经济收益最大等。

（四）电力补偿调节计算题例

【例 6-5】　甲、乙为并联水电站，其中甲为日调节水库，平均水头为$\overline{H}_{甲}=20$m；乙为年调节水库，兴利库容为$V_{乙}=300(m^3/s)\cdot$月，平均水头为$\overline{H}_{乙}=150$m，电能为$E_{乙}=$36 万 kW·月。设甲、乙水库设计枯水年供水期各月来水量以及不蓄电能见表 6-11，求甲、乙两库径流不补偿和补偿时的保证出力。

表 6-11　　甲、乙水库各月来水量和不蓄电能

月　份	11	12	1	2	3
$Q_{乙}$ (m^3/s)	350	300	280	220	240
$Q_{甲}$ (m^3/s)	80	60	50	30	40
$N_{甲,不蓄}$ (万 kW)	5.6	4.8	4.5	3.5	3.8
$N_{乙,不蓄}$ (万 kW)	9.6	7.2	6.0	3.6	4.8

（1）不补偿调节计算。

乙库的保证出力

$$N_{保乙}=\frac{9.6+7.2+6.0+3.6+4.8+36}{5}=13.44\text{ 万 (kW)}$$

甲库的保证出力

$$N_{保乙}=\frac{5.6+4.8+4.5+3.5+3.8}{5}=3.5\text{ 万 (kW)}$$

故在不补偿调节的情况下，总保证出力应为甲、乙库保证出力之和，即

$$N_{总保}=13.44+3.5=16.94\ 万\ (\text{kW})$$

(2) 进行补偿调节，利用乙库容，将两水电站供水期各月出力总和调匀，以增加总保证出力，计算如下：

$$N_{保(甲乙)}=\frac{\sum N_{甲}+\sum N_{乙}+E_{乙}}{T}=\frac{22.2+31.2+36}{5}=17.88\ 万\ (\text{kW})$$

由此可以看出，补偿后提高的保证出力为 $\Delta N=17.88-16.94=0.94$ 万 (kW)，即提高了 5.5%。

三、并联水库群的蓄放水次序

生产实践证明，水电站群的联合运行，不仅要考虑径流、电力补偿，提高总的保证出力，还要考虑水库蓄放水次序，以使它们在联合运行中总的发电量最大。凡是具有相当于年调节程度的蓄水式水电站，它用来生产电能的水量由两部分组成：一部分是经过水库调蓄的水量，它生产的电能为蓄水电能，这部分电能由兴利库容决定；另一部分是经过水库的不蓄水量，它生产的电能为不蓄电能，这部分电能与水库调节过程中的水头变化有密切关系。如果同一系统中有两个这样的电站联合运行，由于水库特性不同，它们在同一供水或蓄水时段为生产同样数量电能所引起的水头变化是不同的，这样就使以后各时段中当同样数量的流量通过它们时，产生不同的出力和发电量。因此，为了使它们在联合运行中总发电量尽可能大，就需要研究蓄放水次序，以便使水电站的不蓄水量在尽可能大的水头下发电。这就是研究水库群蓄放水次序的主要目的。

设有甲乙两个并联的年调节水电站在电力系统中联合运行，它们的来水资料和系统负荷资料均为已知，水库特性资料也已具备。某一供水时段，根据该时段内水电站的不蓄流量和水头，两电站能生产的总不蓄出力 $\sum N_{不蓄i}$ 的计算见式 (6-1)。如果该值不能满足当时系统负荷 $N_{系i}$ 的需要，则还要水库放水补充出力 $N_{库i}$，其计算见式 (6-2)。

设该补充出力 $N_{库i}$ 由水电站甲承担，则需放出的流量 $Q_{甲i}$ 为

$$Q_{甲i}=\frac{\mathrm{d}V_{甲i}}{\mathrm{d}t}=\frac{F_{甲i}\mathrm{d}H_{甲i}}{\mathrm{d}t}=\frac{N_{库i}}{AH_{甲i}} \tag{6-11}$$

式中　$\mathrm{d}V_{甲i}$——某时段 $\mathrm{d}t$ 内水库甲消落的库容；

$F_{甲i}$——某时段内水库甲的库面积；

$\mathrm{d}H_{甲i}$——某时段内水库甲消落的深度；

A——计算出力的常数，设两电站相同。

如果补充出力 $N_{库i}$ 由水电站乙承担，则需水库乙放出的流量为

$$Q_{乙i}=\frac{\mathrm{d}V_{乙i}}{\mathrm{d}t}=\frac{F_{乙i}\mathrm{d}H_{乙i}}{\mathrm{d}t}=\frac{N_{库i}}{AH_{乙i}} \tag{6-12}$$

式中符号意义同前，下标乙表示水电站乙。根据式 (6-11) 和式 (6-12) 可得

$$\mathrm{d}H_{乙i}=\frac{F_{甲i}H_{甲i}}{F_{乙i}H_{乙i}}\mathrm{d}H_{甲i} \tag{6-13}$$

式 (6-13) 表示两水库在某供水时段内的水库面积、水头和水库消落深度三者之间的关系。应该注意，该时段的水库消落深度不同会影响以后时段的发电水头，从而使两水

库的不蓄电能损失不同。两水库的不蓄电能的损失值为

$$dE_{不蓄,甲}=0.00272\eta_{甲} W_{不蓄,甲} dH_{甲i} \tag{6-14}$$

$$dE_{不蓄,乙}=0.00272\eta_{乙} W_{不蓄,乙} dH_{乙i} \tag{6-15}$$

式中　$W_{不蓄,甲}$、$W_{不蓄,乙}$——甲、乙水库在 i 时段以后的供水期不蓄水量；

$\eta_{甲}$、$\eta_{乙}$——水电站甲、乙的发电效率。

对于在同一系统中联合运行的两水电站，如果希望它们的总发电量最大，就应该使总的不蓄电能损失尽可能小。为此，就需要根据式（6-14）、式（6-15）来判别确定水库的放水次序。显然，设 $\eta_{甲}=\eta_{乙}$，如果 $dE_{不蓄,甲}<dE_{不蓄,乙}$，则有

$$W_{不蓄,甲} dH_{甲i}<W_{不蓄,乙} dH_{乙i} \tag{6-16}$$

此时，水电站甲先放水发电补充出力以满足系统需要较为有利；反之，应由电站乙先放水。

将式（6-13）代入式（6-16），得水电站甲先放水为有利的条件为

$$\frac{W_{不蓄,甲}}{F_{甲i}H_{甲i}}<\frac{W_{不蓄,乙}}{F_{乙i}H_{乙i}} \tag{6-17}$$

令$\frac{W_{不蓄}}{FH}=K$，则水电站的放水次序可根据 K 值来判别。

在水库供水期初，可根据各库的水库面积、水电站水头和供水期天然来水量计算出各库的 K 值，哪个水库的 K 值小，该水库就先供水。应该注意，由于水库供水而使库面下降，F、H 值发生变化，各计算时段以后（算到供水期末）的 $W_{不蓄}$ 值也不同，所以 K 值是变化的，应该逐时段判别调整。当两水库 K 值相等时，它们同时供水发电。至于两电站间如何合理分配 $N_{库}$ 值，则要进行试算决定。

在水库蓄水期，抬高库水位可以增加不蓄电能。因此，当并联水库联合运行时，亦有一个蓄水次序问题，即要研究哪个水库先蓄可使不蓄电能尽可能大的问题。我们也可按照上述决定放水次序的原理，找出蓄水期蓄水次序的判别式：

$$K'=\overline{W}'_{不蓄}/(FH) \tag{6-18}$$

式中　$\overline{W}'_{不蓄}$——自该计算时段到汛末的天然来水量减去水库在汛期尚待蓄的库容。

该判别式的用法与供水期情况恰好相反，即应以 K' 值大的先蓄有利。应该说明，为了尽量避免弃水，在考虑并联水库的蓄水次序时，要结合水库调度进行。对库容相对较小，有较多弃水的水库，要尽早充分利用装机容量满载发电，以减少弃水数量。

对于综合利用水库，在研究蓄放水次序过程中，一定要认真考虑各水利部门的要求，不能仅凭一个系数（K 或 K'）来决定各水电站的蓄水、放水次序。

思　考　题

1. 什么是水库群？水库群的三种布置方式是什么？
2. 水库群之间的径流补偿有哪两种类型？
3. 梯级水库的径流补偿调节计算的步骤。
4. 并联水库的径流补偿调节计算的步骤。

第七章　水　库　调　度

第一节　水库调度的意义及调度图

一、水库调度的意义

前面讨论的都是水利计算方面的问题，核心内容是论证工程方案的经济可行性，并选定水电站及水库的主要参数，待工程建成以后，领导部门和管理单位最关心的问题是如何将工程的设计效益充分发挥出来。但是，生产实践中水利工程尤其是水库工程在管理上存在一定的困难。主要原因是水库工程的工作情况与所在河流的水文情况密切有关，而天然的水文情况是多变的，即使有较长的水文资料也不可能完全相同于未来的水文变化。目前水文和气象预报科学的发展水平还不能做出足够精确的长期预报，对河川径流的未来变化只能作一般性的预测。因此，如果管理不当常可能造成损失，这种损失或者是因洪水调度不当带来的，或者是因不能保证水利部门的正常供水而引起的，也可能是因不能充分利用水资源或水能资源而造成的。

在难以确切掌握天然来水的情况下，管理上常可能出现各种问题。例如，在担负有防洪任务的综合利用水利枢纽上，若仅从防洪安全的角度出发，在整个汛期内都要留出全部防洪库容等待洪水的来临，这样在一般的水文年份中，水库到汛期后可能蓄不到正常蓄水位，因此减少了充分利用兴利库容来获利的可能性，得不到最大的综合效益。反之，若单纯从提高兴利效益的角度出发，过早将防洪库容蓄满，则汛末再出现较大洪水时，就会措手不及，甚至造成损失严重的洪灾。从供水期水电站的工作来看，也可能出现类似的问题。在洪水期初如水电站过分地增大了出力，则水库很早放空，当后来的天然水量不能满足要求水电站保证的出力时，则系统的正常工作将遭受破坏；反之，如供水期初水电站发的出力过小，到枯水期末还不能腾空水库，而后来的天然来水流量又可能很快蓄满水库并开始弃水，这样就不能充分利用水能资源，白白浪费了大量能源。显然，也是很不经济的。

为了避免上述因管理不当而造成损失，或将这种损失减少到最低限度，我们应当对水库的运行进行合理的控制。换句话说，要提出合理的水库调节方法进行水库调度。为此，应根据已有水文资料，分析和掌握径流变化的一般规律，作为水库调度的依据。

二、水库调度图

1. 水库调度图定义

水库调度常根据水库调度图来实现。水库调度图是根据实测径流时历特性资料和枢纽的综合利用任务绘制而成的，由一些具有控制性意义的水库蓄水量（或水位）变化过程线

（称为基本调度线）组成。有了这种图后，我们即可根据水利枢纽在某一时刻的水库蓄水情况及其在调度图中相应的工作区域，决定该时刻的水库操作方法，根据兴利要求编制水库运行方案就是兴利调度；同理，根据防洪要求编制防洪库容的运行方案就是防洪调度，水库基本调度图如图7－1、图7－2所示。

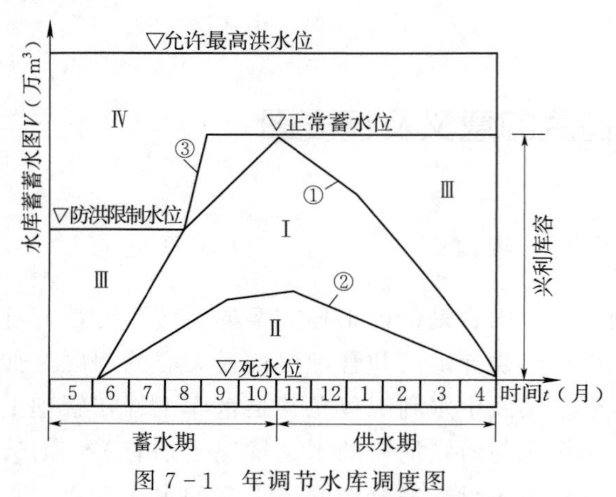

图7－1　年调节水库调度图

1—防破坏线；2—限制供水线；3—防洪调度线；Ⅰ—正常供水区；Ⅱ—减小供水区；Ⅲ—加大供水区；Ⅳ—调洪区

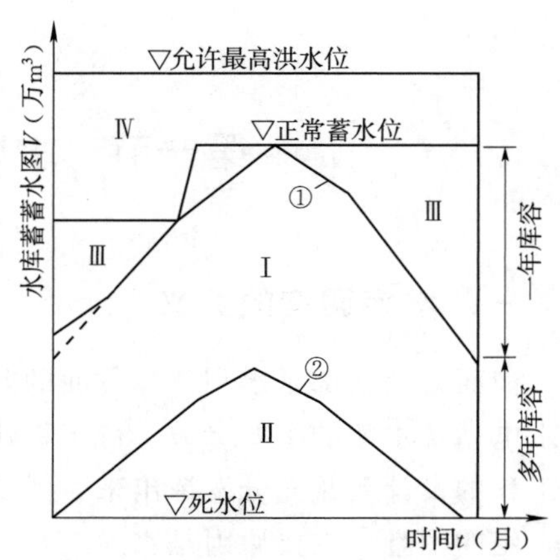

图7－2　多年调节灌溉水库调度图

1—加大供水线；2—限制供水线

应该指出，水库调度图不仅可用以指导水库的运行调度，增加编制各部门生产任务的预见性和计划性，提高各水利部门的工作可靠性和水量利用率，更好地发挥水库的综合利用作用，同时也可用来合理决定和校核水库的主要参数（正常蓄水位、死水位及水电站装机容量等）。大型水利枢纽在规划设计阶段常用调度图来全面反映综合利用要求，以及它们内在的矛盾，以便寻求解决矛盾的途径。

绘制水库调度图的基本依据主要有：

（1）来水径流资料，包括时历特性资料（如历年逐月或旬的平均来水流量资料）和统计特性资料（如年或月的频率特性曲线）。

（2）水库特性资料和下游水位、流量关系资料。

（3）水库的各种兴利特征水位和防洪特征水位等。

（4）灌溉用水过程线。

（5）水电站保证出力图。

（6）其他综合利用要求，如航运、给水、旅游等部门的要求。

2．水库调度分类

（1）按调度目标分类。根据水库调度的主要目标，可将水库调度分为防洪调度、兴利调度、综合利用调度等。防洪调度是指根据河流上、下游及水库自身的防洪要求、自然条件、洪水特性、工程情况等，拟定合理的运行方式，控制水库蓄泄洪水的过程；兴利调度是指为满足发电、灌溉、供水、航运等兴利部门的需要，拟定合理的水库运行方式，一般包括发电调度、灌溉调度、供水调度和航运对水库调度的要求等；综合利用调度则是指对综合利用水库，根据综合利用原则，拟定合理的水库运行方式，使国民经济各部门的要求得到较好的协调，获得较好的综合利用效益。

（2）按调度周期分类。根据水库调度的周期，水库调度包括长期调度、短期调度及厂内经济运行。其中，长期调度是指对于具有年调节以上性能的水库，制定合理的运行方式和蓄水、供水方案，将较长时期（季、年、多年）内的水量（能量）合理分配到较短的时段（月、旬、周、日）；短期调度则是将水库长期调度分配给当前时段的水量（能量）在更短的时段间进行合理分配；厂内经济运行是指根据水电站设备的动力特性和动力指标，将水电站的总负荷在机组间进行合理分配，并合理确定运行机组台数、组合和启动、停用计划。

（3）按水库数目分类。根据进行调度的水库数目，水库调度又可分为单一水库调度和水库群（梯级、并联、混联）的联合调度。

（4）按调度方法分类。根据水库调度的方法，水库调度可分为常规调度和优化调度。常规调度是指根据已有的实测水文资料，计算和编制水库调度图，并以此为依据进行水库控制运用的调度方法；优化调度是指遵循优化调度准则，运用最优化技术，寻求较理想的调度方案，使发电、防洪、灌溉、供水等各部门在整个分析期内总体效益最大的调度方法。根据水库数目，水库优化调度可分为单一水库优化调度和水库群优化调度。根据对入库径流的描述和处理方法，水库优化调度又分为确定型优化调度和随机型优化调度。

3. 应用调度图注意事项

由于水库调度图是根据过去的水文资料绘制出来的，因此它只是反映了以往资料中几个带有控制性的典型情况，而未能包括将来可能出现的各种径流特性。实际来水量变化情况与编制调度图时所依据的资料是不尽相同的，如果机械地按调度图操作水库，就可能出现不合理的结果，如发生大量弃水或者汛末水库蓄不满等情况。因此，为了能够使水库做到有计划地蓄水、泄水和利用水，充分发挥水库的调度作用，获得尽可能大的综合利用效益，必须把调度图和水文预报结合起来考虑，根据水文预报成果和各部门的实际需要进行合理地水库调度。

应该强调指出，在防洪与兴利结合的水库调度中，必须把水库的安全放在首位，要保证设计标准条件下的安全运用。水库在防洪保障方面的作用是要保护国家和人民群众的最根本的利益，尤其当工程还存在一定隐患和其他不安全因素时，水库调度中更要全面考虑工程安全，特别是大坝安全对洪水调度的要求，兴利效益务必要服从防洪调度统一安排，通过优化调度，把可能出现的最高洪水位控制在水库安全允许的范围内，在此大前提下，再统筹安排满足下游防洪和各兴利部门的要求。

第二节　水电站水库调度

本节介绍以发电为主要任务的水电站水库调度问题，主要讨论兴利基本调度线的绘制和兴利调度图的组成。

一、年调节水电站水库基本调度线

（一）供水期基本调度线的绘制

在水电站水库正常蓄水位和死水位已定的情况下，年调节水电站供水期水库调度的任务是：对于保证率等于及小于设计保证率的来水年份，应在满足保证出力的前提下，尽量利用水库的有效蓄水（包括水量及水头的利用）加大出力，使水库在供水期末泄放至死水位；对于设计保证率以外的特枯年份，应在充分利用水库有效蓄水的前提下，尽量减少水电站正常工作的破坏程度。供水期水库基本调度线就是为完成上述调度任务而绘制的。

根据水电站保证出力图与各年流量资料以及水库特性等，用列表法或图解法由死水位逆时序进行水能计算，可以得到各种年份指导水库调度的蓄水指示线，如图7-3（a）所示。图7-3（a）上的ab线系根据设计枯水年资料做出的。它的意义是：天然来水情况一定时，使水电站在供水期按照保证出力图工作各时刻水库应有的水位。设计枯水年供水期初，如水库水位在b处（$Z_{蓄}$），则按保证出力图工作到供水期末时，水库水位恰好消落至a（$Z_{死}$）。由于各种水文年天然来水量及其分配过程不同，如按照同样的保证出力图工作，则可以发现天然来水愈丰的年份，其蓄水指示线的位置愈低［图7-3（a）上②线］，即对来水较丰的年份即使水库蓄水量少一些，仍可按保证出力图工作，满足电力系统电力电量平衡的要求；反之，来水愈枯的年份其指示线位置愈高［图7-3（a）上③线］。

在实际运行中，由于事先不知道来水属于何种年份，只好绘出典型水文年的供水期水库蓄水指示线，然后在这些曲线的右上边作一条上包线AB［图7-3（b）］作为供水期的上基本调度线。同样，在这些曲线的左下边作下包线CD，作为下基本调度线。两基本调度线间的这个区域称为水电站保证出力工作区。只要供水期水库水位一直处在该范围内，则不论天然来水情况如何，水电站均能按保证出力图工作。

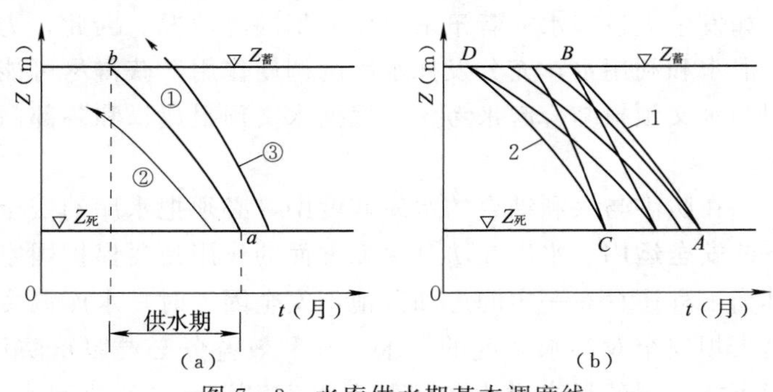

图7-3　水库供水期基本调度线

1—上调度线；2—下调度线

实际上，只要设计枯水年供水期的水电站正常工作能得到保证，丰水年、中水年供水期的正常工作得到保证是不会有问题的。因此，在水库调度中可取各种不同典型的设计枯水年供水期蓄水指示线的上、下包线作为供水期基本调度线，来指导水库的运用。

基本调度线的绘制步骤可归纳如下：

（1）选择符合设计保证率的若干典型年，并对之进行必要的修正，使它满足两个条件，一是典型年供水期平均出力应等于或接近保证出力，二是供水期终止时刻应与设计保证率范围内多数年份一致。为此，可根据供水期平均出力保证率曲线，选择4～5个等于或接近保证出力的年份作为典型年。将各典型年的逐时段流量分别乘以各年的修正系数，以得出计算用的各年流量过程（具体方法参见《工程水文学》）。

（2）对各典型年修正后的来水过程，按保证出力图自供水期末死水位开始进行逐时段

（月）的水能计算，逆时序倒算至供水期初，求得各年供水期按保证出力图工作所需的水库蓄水指示线。

（3）取各典型年指示线的上、下包线，即得供水期上、下基本调度线。上基本调度线表示水电站按保证出力图工作时，各时刻所需的最高库水位，利用它就使水库管理人员在任何年供水期中（特枯年例外）有可能知道水库中何时有多余水量，可以使水电站加大出力工作，以充分利用水资源。下基本调度线表示水电站按保证出力图工作所需的最低库水位。当某时刻库水位低于该线所表示的库水位时，水电站就要降低出力工作。

运行中为了防止由于汛期开始较迟，较长时间在低水位运行引起水电站出力的剧烈下降而带来正常工作的集中破坏，可将两条基本调度线结束于同一时刻，即结束于洪水最迟的开始时间。处理方法是：将下调度线（图 7－4 上的虚线）水平移动至通过 A 点[图 7－4（a）]，或将下调度线的上端与上调度线的下端连起来，得出修正后的下基本调度线［图 7－4（b）］。

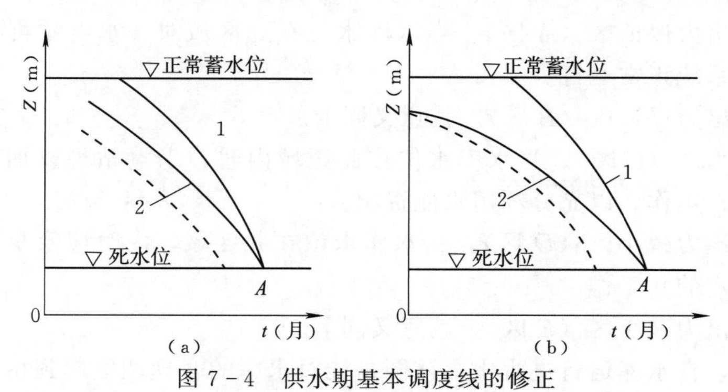

图 7－4　供水期基本调度线的修正

1—上调度线；2—修正后的下调度线

（二）蓄水期基本调度线的绘制

一般地说，水电站在丰水期除按保证出力图工作外，还有多余水量可供利用。水电站蓄水期水库调度的任务是：在保证水电站工作可靠性和水库蓄满的前提下，尽量利用多余水量加大出力，以提高水电站和电力系统的经济效益。蓄水期基本调度线就是为完成上述重要任务而绘制的。水库蓄水期上、下基本调度线的绘制，也是先求出许多水文年的蓄水期水库水位指示线，然后作它们的上、下包线求得。这些基本调度线的绘制，也可以和供水期一样采用典型年的方法，即根据前面选出的若干设计典型年修正后的来水过程，对各年蓄水期从正常蓄水位开始，按保证出力图进行出力为已知情况的水能计算，逆时序倒算求得保证水库蓄满的水库蓄水指示线。为了防止由于汛期开始较迟而过早降低库水位引起正常工作的破坏，常常将下调度线的起点 h' 向后移至洪水开始最迟的时刻 h 点，并作 gh 光滑曲线，如图 7－5 所示。

上面介绍了采用供、蓄水期分别绘制基本调度线的方法，但有时也用各典型年的供、蓄水期的水库蓄水指示线连续绘出的方法，即自死水位开始逆时序倒算至供水期初，又接着算至蓄水期初再回到死水位为止，然后取整个调节期的上、下包线作为基本调度线。

（三）水库基本调度图

将上面求得的供、蓄水期基本调度线绘在同一张图上，就可得到基本调度图，如

图 7－6 所示。该图上由基本调度线划分为五个主要区域：

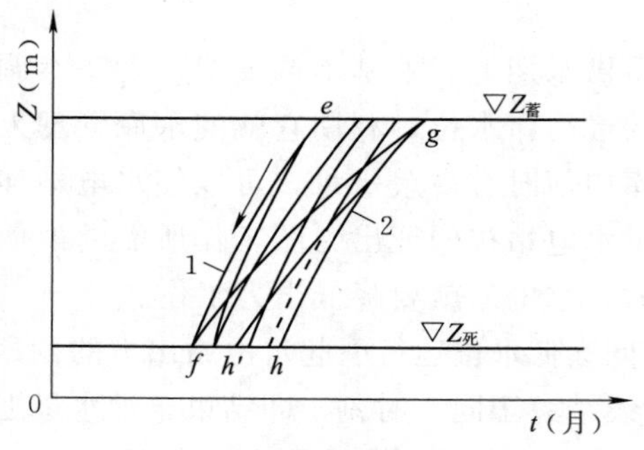

图 7－5 蓄水期水库调度线

1—上基本调度线；2—下基本调度线

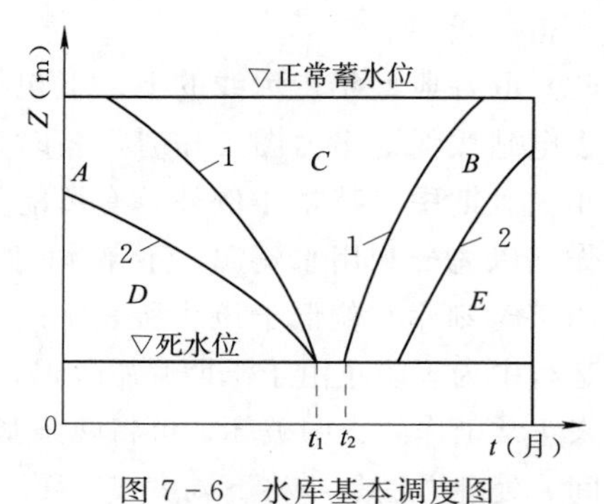

图 7－6 水库基本调度图

1—上基本调度线；2—下基本调度线

(1) 供水期出力保证区（*A* 区）。当水库水位在此区域时，水电站可按保证出力图工作，以保证电力系统正常运行。

(2) 蓄水期出力保证区（*B* 区）。其意义同上。

(3) 加大出力区（*C* 区）。当水库水位在此区域内时，水电站可以加大出力（大于保证出力图规定的）工作，以充分利用水能资源。

(4) 供水期出力减小区（*D* 区）。当水库水位在此区域，内时应及早减小出力（小于保证出力图所规定的）工作。

(5) 蓄水期出力减小区（*E* 区）。其意义同上。

由上述可见，在水库运行过程中，该图是能对水库的合理调度起到指导作用的。

（四）加大出力和降低出力调度线

在水库运行过程中，当实际库水位落于上基本调度线之上时，说明水库可有多余水量，为充分利用水能资源，应加大出力予以利用；而当实际库水位落于下基本调度线以下时，说明水库存水不足以保证后期按保证出力图工作，为防止正常工作被集中破坏，应及早适当降低出力运行。

1. 加大出力调度线

在水电站实际运行过程中，供水期初总是先按保证出力图工作。但运行至 t_i 时，发现水库实际水位比该时刻水库上调度线相应的水位高出 ΔZ_i（图 7－7）。相应于 ΔZ_i 的这部分水库蓄水，称为可调余水量。可用它来加大水电站出力，但如何合理利用，必须根据具体情况来分析。一般来讲，有以下三种运用方式：

(1) 立即加大出力。使水库水位时段末 t_i+i 就落在上调度线上（图 7－7 上①线）。这种方式对水量利用比较充分，但出力不够均匀。

(2) 后期集中加大出力（图 7－7 上②线）。这种方式可使水电站较长时间处于较高水头下运行，对发电有利，但出力也不够均匀。如汛期提前来临，还可能发生弃水。

(3) 均匀加大出力（图 7－7 上③线）。这种方式使水电站出力均匀，也能充分利用水能资源。

当分析确定余水量利用方式后，可用图解法或列表法求算加大出力调度线。

2. 降低出力调度线

如水电站按保证出力图工作，经过一段时间至 t_i 时，由于出现特枯水情况，水库供水的结果使水库水位处于下调度线以下，出现不足水量。这时，系统正常工作难免要遭受破坏。对这种情况，水库调度有以下三种方式：

（1）立即降低出力。使水库蓄水在 t_{i+1} 时就回到下调度线上（图 7-7 上④线）。这种方式一般引起的破坏强度较小，破坏时间也比较短。

（2）后期集中降低出力（图 7-7 上⑤线）。水电站一直按保证出力图工作，水库有效蓄水放空后按天然流量工作。如果此时不蓄水量很小，将引起水电站出力的剧烈降低。这种调度方式比较简单，且系统正常工作破坏的持续时间较短，但破坏强度大是其最大缺点。采用这种方式时应持慎重态度。

（3）均匀降低出力（图 7-7 上⑥线）。这种方式使破坏时间长一些，但破坏强度最小。

一般情况下，常按上述第三种方式绘制降低出力线。

（五）调度全图

将上、下基本调度线及加大出力和降低出力调度线同绘于一张图上就构成了以发电为主要目的的调度全图，如图 7-8 所示。根据图 7-8 可以比较有效地指导水电站的运行，各时刻电站按水库水位所处的工作区域规定的出力工作即可。需要指出的是：调度图是根据过去实测径流资料按设计保证出力计算的区域，实际运行中还需根据当时的来水情况进行修正，使之接近实际，并与电力系统其他电站统一调度，充分利用水能使系统增加供电可靠性并获得更大的经济效益。

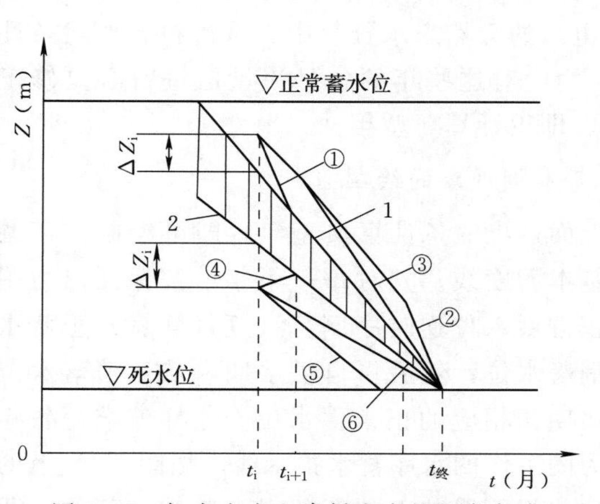

图 7-7 加大出力和降低出力的调度方式

1—上基本调度线；2—下基本调度线

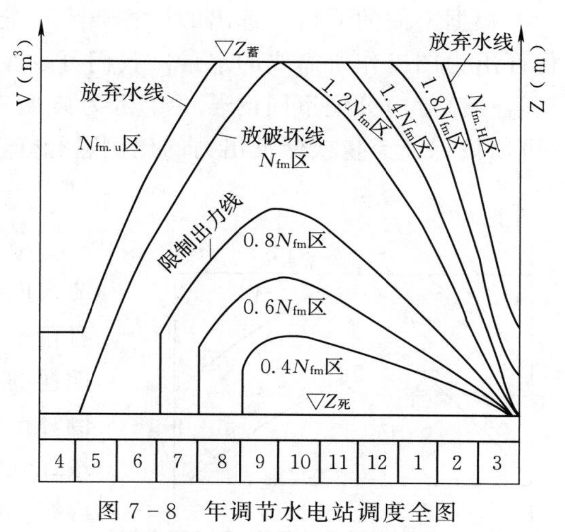

图 7-8 年调节水电站调度全图

二、多年调节水电站水库基本调度线

（一）绘制方法及其特点

如果调节周期历时比较稳定，多年调节水电站水库基本调度线的绘制，原则上可用和年调节水库相同的原理及方法。所不同的是要以连续的枯水年系列和连续的丰水年系列来绘制基本调度线。但是，往往由于水文资料不足，包括的水库供水周期和蓄水周期数目较少，不可能将各种丰水年与枯水年的组合情况全包括进去，因而做出的这样曲线是不可靠的。同时，方法比较繁杂，使用也不方便。因此，实际上常采用较为简化的方法，即计算典型年法。其特点是不研究多年调节的全周期，而只研究连续枯水系列的第一年和最后一年的水库工作情况。

（二）计算典型年及其选择

为了保证连续枯水年系列内都能按水电站保证出力图工作，只有当多年调节水库的多年库容蓄满后还有多余水量时，才能允许水电站加大出力运行；在多年库容放空而来水又不足发保证出力时，才允许降低出力运行。根据这样的基本要求，我们来分析枯水年系列第一年和最后一年的工作情况。

对于枯水年系列的第一年，如果该年末多年库容仍能够蓄满，也就是该年供水期不足水量可由其蓄水期多余水量补充，而且该年来水正好满足按保证出力图工作所需要的水量，那么根据这样的来水情况绘出的水库蓄水指示线即为上基本调度线。显然，当遇到来水情况丰于按保证出力图工作所需要的水量时，可以允许水电站加大出力运行。

对于枯水年系列的最后一年，如果该年年初水库多年库容虽已经放空，但该年来水正好满足按保证出力图工作的需要，因此，到年末水库水位虽达到死水位，但仍没有影响电力系统的正常工作，则根据这种来水情况绘制的水库蓄水指示线，即可以作为水库下基本调度线。只有遇到水库多年库容已经放空且来水小于按保证出力图工作所需要的水量时，水电站才不得不限制出力运行。

根据上面的分析，选出的计算典型年最好应具备这样的条件：该年的来水正好等于按保证出力图工作所需要的水量。我们可以在水电站的天然来水资料中，选出符合所述条件而且径流年内分配不同的若干年份为典型年，然后对这些年的各月流量值进行必要修正（可以按保证流量或保证出力的比例进行修正），即得计算典型年。

（三）基本调度线的绘制

根据上面选出的各计算典型年，即可绘制多年调节水库的基本调度线。先对每一个年份按保证出力图自蓄水期正常蓄水位逆时序倒算（逐月计算）至蓄水期初的年消落水位，然后再自供水期末从年消落水位倒算至供水期初相应的正常蓄水位。这样就求得各年按保证出力图工作的水库蓄水指示线，如图 7-9 上的虚线。取这些指示线的上包线即得上基本调度线（图 7-9 上的 1 线）。

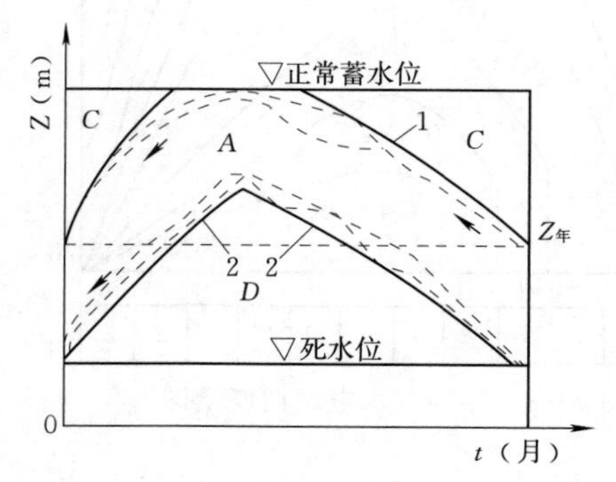

图 7-9 多年调节水库基本调度图
1—上基本调度线；2—下基本调度线

对枯水年系列最后一年的各计算典型年，供水期末自死水位开始按保证出力图逆时序计算至蓄水期初又回到死水位为止，求得各年逐月按保证出力图工作时的水库蓄水指示线。取这些线的下包线作为下基本调度线。将上、下基本调度线同绘于一张图上，即构成多年调节水库基本调度图，如图 7-9 所示。图上 A、C、D 区的意义同年调节水库基本调度图，这里的 A 区就等同于图 7-6 上的 A、B 两区。

第三节　水库灌溉调度

一、年调节水库灌溉调度图的绘制

为满足农作物生长需要，合理安排水库灌溉供水过程，称为水库灌溉调度。每年河流的天然来水有丰有枯，农作物的缺水量也不一样，灌溉期开始时水库的蓄水量有多有少。所以，需要在保证水库工程安全的前提下，通过水库灌溉调度，适当地处理来水、用水、蓄水三者之间的关系，以达到合理、充分、科学地利用水资源的目的。

灌溉用水涉及面广，如天然来水、农作物种类及其耕作方式、水库可能提供的水量以及管理水平等。因此，要结合水库灌区的具体情况，认真调查研究，在灌溉用水前，根据长期气象预报，估算当年来水量，拟定用水方案，在水库已蓄水量的情况下，通过调节计算编制水库预报调度线，作为水库当年灌溉调度的依据之一。

水库灌溉调度，就是为了合理解决河流天然来水与灌溉用水之间的矛盾。同时，也只有在水库安全的条件下，才能发挥其兴利效益，解决这些问题，是通过编制调度图来具体实施的。

在水库灌溉调度过程中，调度图起着重要的指导作用。关于绘制调度图的方法叙述如下。

（一）选择代表年

绘制年调节水库的灌溉调度图，采用实际代表年法或设计代表年法。

1. 实际代表年法

从实测的年来水量和年用水量系列中，选择年来水量和年用水量都接近灌溉设计保证率的年份 3～5 年。其中应包括不同年内分配的来水和用水典型，如灌溉期来水量较少、偏前、偏后等各种情况。

兴利调节计算，若原设计用长系列法求得兴利库容 $V_{兴设}$，与现在求得的 $V_{兴}$ 可能不同。则编制调度图时，如果调度线的最高蓄水位低于正常蓄水位，可选取所需最大蓄水量高于 $V_{兴设}$ 的某一个年份作代表年之一。

2. 设计代表年法

将上述所选择的实际代表年来水量、用水量都分别缩放，转换为与设计保证率相应的设计年来水量、用水量。所求得的各种设计代表年的年来水量、用水量都是相等的，只是其年内分布各不相同而已。

若兴利调节计算原设计代表年法求得兴利库容为 $V_{兴设}$。绘制调度图时，所选取的代表年应包括原设计时的代表年。

（二）计算与绘制兴利调度图

上述两种方法选出代表年后，对所选择的代表年来水量、用水量作年调节计算。方法与兴利计算相同，从死水位开始，逆时序逐月进行水量平衡，遇亏水相加，遇余水相减。一直计算到水库开始达到蓄水位的时刻为止，即可得出各月末应蓄水量及其相应的库水位。之所以从死水位开始逆时序调节，是因为年调节水库每年供水期末都可降至死水位，只要求供水期开始时水库所蓄水量能满足用水就可以了。

分别对每个代表年都以同样的方法进行调节计算，得到若干条水库水位与时间的关系线（即调度线），绘于同一图上（图7-10）。连结各月水位的最高点得外（上）包线；连结各月水位的最低点得内（下）包线。外包线与内包线之间，作为正常供水区。外包线以上为加大供水区，因为按保证率供水，水库蓄水量不必再多于外包线。如果外包线以上再有多余的水，就可加大供水，故外包线称加大供水线；否则，在外包线以下加大供水，就可能引起正常灌溉供水的破坏，故外包线又称为防破坏线。内包线以下为减少供水区，因为水库蓄水若低于内包线水位，按保证率供水就没有保证，故应限制供水，尽可能使库水位保持在正常供水区内，故内包线称限制供水线。

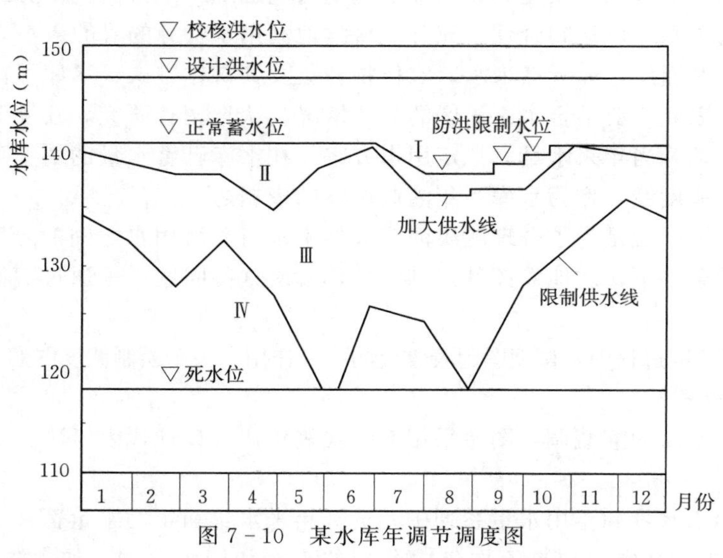

图7-10 某水库年调节调度图

Ⅰ—调洪区；Ⅱ—加大供水区；Ⅲ—正常供水区；Ⅳ—减少供水区

【例7-1】 已知某水库工程以灌溉为主，兼有防洪、发电、养殖、航运等综合利用效益。灌溉设计保证率$P=80\%$，若采用年调节，试编制水库调度图。

解：(1) 整理有关水库设计资料。

1) 设计年径流特征值：多年平均年径流量$\overline{W}=3.59\times10^3\text{m}^3$，$C_v=0.38$，$C_s=2C_v$，$W_{80\%}=2.41\times10^8\text{m}^3$。

2) 水库正常蓄水位141.2m。

3) 设计洪水位、校核洪水位、防洪限制水位，如图7-9所示。

4) 死库容155万m^3，死水位118.0m。

(2) 选择代表年。在水库实测年来水量、供水量系列中，分别选择几个接近设计保证率的代表年，其逐月来水量、供水量统计于表7-1中。

(3) 各代表年分别用逆时序调节计算。表7-2为$P=78\%$的调节计算，由供水期末死水位开始起调，作逆时序计算，遇亏水量相加，余水量相减，一直计算到下年6月，6月份只需蓄水858m^3就可以了，而来水为1130m^3，则可按来水量与供水量的比例，求出6月蓄水的天数为（858/1130）×30=23天，故从6月8日开始蓄水即可。

以Σ②－Σ③＝Σ④－Σ⑤＝272m^3（弃水量）作校核。

表 7-1　　代表年来水、供水量统计表　　单位：万 m³

分类	实测代表年	经验频率	1	2	3	4	5	6	7	8	9	10	11	12	全年
来水	1977	72	354	34	771	4728	5933	443	8965	2014	1536	2481	1495	597	29660
	1978	78	474	423	1360	1074	2516	5369	5950	1603	619	787	972	456	21603
	1972	83	540	480	2815	1788	3950	3016	1008	302	2061	2153	2818	549	21480
	1976	89	859	940	1446	1050	3651	1881	2798	1054	1169	2116	1163	653	18780
供水	1977	72	208	185	515	954	2731	3747	2558	3445	1938	1980	1580	337	20178
	1972	78	1177	1138	1340	3216	3486	4238	3540	1638	621	520	111	305	21331
	1989	83	1276	1457	1670	1328	2184	2270	3190	3136	1368	999	1440	1432	21750
	1976	89	1330	1347	1591	2076	3301	4117	2947	1785	1008	519	1385	712	22118

注　来水量为水库净水量，已扣除蒸发、渗漏及上游用水；供水量为水库灌溉毛供水量，系按年调节估算。

表 7-2　　$P=78\%$的实测代表年逆时序调节计算表

月份	来水量（万 m³）	供水量（万/m³）	来水量－供水量 +	来水量－供水量 －	月末蓄水量（万 m³）	月末库容（万 m³）	月末水位（m）	弃水量（万 m³）	缺水量（万 m³）
①	②	③	④	⑤	⑥	⑦	⑧	⑨	
6	5369	4239	1130		858	1013	126.6	272	
7	5950	3540	2410		3268	3423	136.4		
8	1603	1638		35	3233	3388	136.3		
9	619	621		2	3231	3386	136.2		
10	787	520	267		3498	3653	136.8		
11	972	111	861		4359	4514	139.3		
12	456	305	151		4510	4665	139.6		
1	474	1177		703	3807	3962	137.6		
2	423	1138		715	3092	3247	135.4		
3	1360	1340	20		3112	3267	135.6		
4	1074	3216		2142	970	1125	127.3		
5	2516	3486		970	0	155	118.0		
Σ									

各代表年逆时序调节计算成果汇总于表 7-3。

表 7-3　　各种频率实测代表年逆时序调节计算成果汇总表

频率（%）	各月末蓄水位（m） 1	2	3	4	5	6	7	8	9	10	11	12	弃水量（万 m³）	缺水量（万 m³）
72	118.0	118.0	118.0	119.6	136.4	118.0	131.2	123.6	118.0	119.4	118.0	118.0		
78	137.6	135.4	135.6	127.3	118.0	126.6	136.4	136.3	136.2	136.8	139.3	139.6	272	
83	131.4	127.1	132.1	133.8	139.0	140.8	134.8	118.0	127.4	132.4	136.8	134.2	9482	
89	139.2	138.1	137.9	134.6	135.4	126.9	125.8	118.0	137.0	141.1	140.6	140.1		270
上	139.2	138.1	137.9	134.6	139.0	140.8	136.4	136.3	137.0	141.1	140.6	140.1		3338
下	131.4	127.1	132.1	127.3	118.0	126.6	125.8	118.0	127.4	132.4	136.8	134.2		

（4）绘制年调节水库调度图。根据表7－3中频率78%、83%、89%三个代表年中各月蓄水位最大值为上包线（加大供水线）的月末水位，各月蓄水位最小值为下包线（限制供水位）的月末水位。点绘在图中，如图7－10所示，并在图中绘出死水位、正常蓄水位、防洪限制水位、设计洪水位和校核洪水位，即得年调节水库调度图。

还需说明一点，当水库水位超过灌溉调度图中的加大供水线时，并不是指加大单位面积上的灌溉水量，而是指可以扩大灌溉面积或增加发电、工业、航运等部门的供水量。

二、多年调节水库灌溉调度图的绘制

多年调节水库灌溉调度图绘制的基本原理与年调节水库灌溉调度图相同，都是通过水量平衡调节计算，求出加大供水线和限制供水线。所不同的地方在于多年调节的灌溉供水量超过了完全年调节的供水量，需要将丰水年的水量蓄在水库里供枯水年使用。故多年调节水库一方面调节年内来水量；另一方面调节年际之间的来水量。为此，多年调节水库调度图与年调节比较，不仅反映出供水量增多，而且正常供水区的范围也较大。

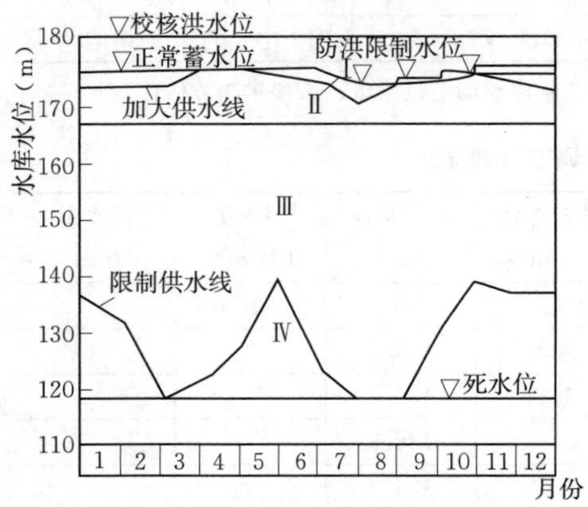

图7－11　多年调节水库灌溉调度图

多年调节水库灌溉调度线，仍为加大供水线和限制供水线，如图7－11所示，其绘制方法也采用代表年法。

（一）多年调节水库加大供水和限制供水的条件

1. 判断多年调节水库加大供水的两个条件

（1）多年库容已经蓄满。

（2）年来水量大于年供水量，有多余水量。

为保证枯水年用水，在不动用多年库容$V_{多年}$蓄水量的条件下，有余水才能加大供水。

2. 判断多年调节水库限制供水的条件

（1）多年库容已经放空。

（2）年来水量小于供水量，须限制供水。在第一个条件的情况下，年来水量又不能满足年供水要求，则只好限制供水量。

根据上述分析，必须先知道多年库容$V_{多年}$是多少，为此须要按年来水量和年供水量相当的年份进行调节计算，求出年库容$V_{年}$和一年的库水位变化过程，才能将兴利库容$V_{兴}$划分为多年库容$V_{多年}$与年库容$V_{年}$。

（二）$V_{多年}$和$V_{年}$的确定

确定$V_{多年}$和$V_{年}$有两种情况：

（1）用数理统计法求得$V_{兴}$，则$V_{多年}$与$V_{年}$的推求方法已在第二章中讲述。

（2）用长系列时历法求$V_{兴}$。由于$V_{多年}$与$V_{年}$没有分开，在编制调度图时，需要先确定$V_{多年}$与$V_{年}$。其方法是：先计算出$V_{年}$，则$V_{多年}=V_{兴}-V_{年}$。选择几个来水量等于用水量的年份，分别进行调节计算，所求得的几个$V_{年}$，可能相差较大。为了使水库在运行过程中不动用多年库容，可初步选取较大的$V_{年}$，$V_{年}$取的较大，则$V_{多年}$较小，所求得的加大供水线是否合理，应通过长系列操作检验，必要时适当调整$V_{年}$与$V_{多年}$。

（三）灌溉调度线的调节计算与绘制

1. 推求加大供水线

推求加大供水线可采用代表年法。该法选择代表年的方法有两种：一种是选择几个年来水量略等于年供水量的年份，其中应包括确定$V_{年}$的那一年；另一种方法是所谓“虚拟代表年法”，它确定代表年的来水、用水过程，是根据历年净来水量$W_{净}$和毛供水量$W_{毛}$，分别计算出两条经验频率曲线，其交点处$W_{净}=W_{毛}$，将第一种方法的各代表年都缩放为交点处的水量，得出来水、供水相等的不同年内分配的代表年。对上述所选择的代表年，分别从供水期末开始逆时序调节计算，得出各年各月所需的蓄水量，取各月所需蓄水量的同期最大值，再加上$V_{多年}$，换算为库水位，得外包线，即加大供水线。要注意所绘的加大供水线年初、年末要相衔接，否则需作适当修改。

2. 推求限制供水线

限制供水线的推求是根据限制供水的条件，对各代表年从供水期末逆时序调节计算，求得各年各月末所需的蓄水量，取同期最小值，再加上死库容，换算为库水位，得内包线，即为限制供水线。

【例 7-2】 据例 7-1 中水库近期规划，综合灌溉面积 70 万亩，综合毛灌溉定额为 441m^3/亩，则水库毛灌水量为 441×70=30800 万（m^3）＞设计来水量（$W_{80\%}$）24100 万 m^3，故需要多年调节。试编制调度图。

表 7-4　　某水库年来水量、供水量经验频率计算表

序号	经验频率	来　水		供　水		
	P（%）	年份	年径流（亿 m^3）	年份	50 万亩供水量（亿 m^3）	70 万亩供水量（亿 m^3）
1	5.6	1983	5.666	1983	1.117	1.342
2	11.1	1975	5.423	1979	1.382	1.660
3	16.7	1971	4.835	1975	1.815	2.180
4	22.2	1979	4.440	1982	1.892	2.272
5	27.8	1982	4.425	1980	2.228	2.676
6	33.3	1973	4.206	1971	2.420	2.906
7	38.9	1967	4.065	1973	2.561	3.076
8	44.4	1980	3.705	1967	2.725	3.273
9	50.0	1968	3.454	1974	2.809	3.374
10	55.6	1974	3.430	1968	2.812	3.377
11	61.1	1970	3.247	1970	2.858	3.432
12	66.7	1969	3.165	1978	2.880	3.432
13	72.2	1977	2.966	1977	2.941	3.532
14	77.8	1978	2.160	1972	3.110	3.735
15	83.3	1972	2.148	1969	3.171	3.808
16	88.9	1976	1.878	1976	3.225	3.873
17	94.4	1981	1.754	1981	3.649	4.383
Σ			60.967		43.587	52.358
$\overline{W}$			3.590		2.564	3.080

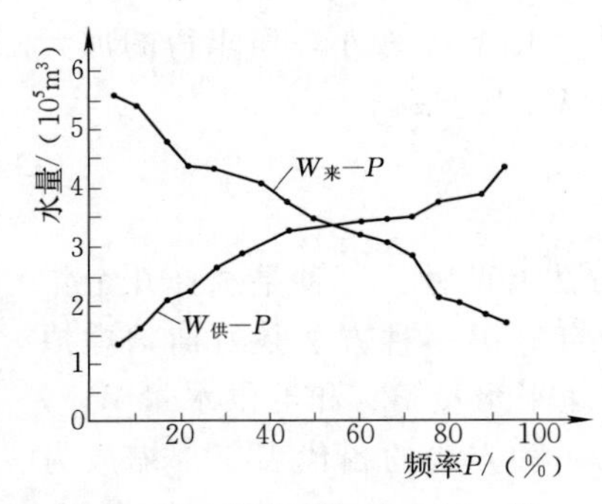

图 7-12　某水库年来水量、供水量经验频率曲线

解：(1) 按灌溉面积比例放大各年水库供水量并统计年来水、供水经验频率，见表 7-4；绘制经验频率曲线如图 7-12 所示，得交点的年来水、供水量为 34000 万 m^3。

(2) 选择来水、供水经验频率曲线交点附近的 3 个典型年，现分别缩放为 34000 万 m^3 的年来水、供水过程线，并分别对各典型年从供水期末作逆时序调节计算。下面仅以 $P=56\%$ 代表年为例说明，见表 7-5。

(3) 绘制水库灌溉调度线取各代表年调节计算结果中，同期月末蓄水量的最大值加上 $V_{多年}$ 和 $V_{死}$；同期月末蓄水量的最小值加上 $V_{死}$，见表 7-6，分别查库容曲线，得加大供水线和限制供水线，如图 7-11 所示［由兴利调节计算得 $V_{死}=155$ 万 m^3，$V_{多年}=22800$ 万 m^3，$V_{年}=7828$ 万 m^3，$V_{兴}=22800+7828=30628$ 万（m^3）］。

表 7-5　$P=56\%$代表年缩放年来、供水量均为 34000 万 m^3，逆时序调节计算表

月份	代表年来水量（万 m^3）	代表年供水量（万 m^3）	虚拟代表年来水量（万 m^3）	虚拟代表年供水量（万 m^3）	来水量－供水量		月末蓄水量（万 m^3）	月末库容（万 m^3）
					+	－		
(1)	(2)	(3)	(4)	(5)	(6)	(7)	(8)	(9)
3	2072	1843	2054	1856			198	
4	4301	3412	4264	3435			1027	
5	7126	3739	7064	3765	198		4326	
6	2548	4788	2526	4821	829	2295	2031	
7	2893	1843	2868	1856	3299		3043	
8	5951	3411	5899	3434			5508	
9	2687	2533	2664	2549	1012		5623	
10	3862	3309	3828	2325	2465		7126	
11	1069	1903	1060	1916	115	856	6270	
12	629	1430	624	1440	1503	816	5454	
1	301	3698	298	3723		3425	2029	
2	858	2861	851	2880		2029	0	
Σ	34297	33770	34000	34000	9421	9421		

表 7-6　多年调节水库调度线计算表

月份		1	2	3	4	5	6	7	8	9	10	11	12
月末蓄水量	$P=50\%$	4923	5574	7693	7828	7156	286	0	20	1544	4258	4507	4516
	$P=56\%$	2029	0	198	1027	4326	2031	3043	5508	5623	7126	6270	5454
	$P=61\%$	3382	1831	2312	4887	5434	6258	1507	0	4404	4871	3299	3381
月末最大蓄水量 $W_{最大}$（万 m^3）		4923	5574	7693	7828	7156	6258	3043	5508	5623	7126	6270	5454

续表

月份	1	2	3	4	5	6	7	8	9	10	11	12
$W_{最大}+V_{多年}+V_{年}$（万 m³）	27878	28529	30648	30783	30111	29213	25998	28463	28578	30081	29225	28409
加大供水线水位（m）	173.2	174.0	176.2	176.4	176.0	174.8	170.8	174.0	174.1	175.9	174.8	173.8
月末最小蓄水量 $W_{最小}$（万 m³）	2209	0	198	1027	4326	286	0	0	1544	4258	3299	3381
$W_{最小}+V_{死}$（万 m³）	2184	155	353	1182	4481	441	155	155	1699	4413	3454	3536
限制供水线水位（m）	132.1	118.0	121.6	127.4	139.2	122.4	118.0	118.0	130.2	138.8	136.4	136.5

三、当年水库灌溉计划调度图的绘制

（一）当年水库灌溉计划调度线的绘制

无论年调节水库还是多年调节水库，当年的灌溉计划调度线的绘制方法步骤都是相同的。调节计算的原理与前面所述一样。不同之处在于要从当年的实际情况出发，主要有三点：①当年各月来水量采用中长期水文预报值；②用水量是根据当年灌溉计划求出来的；③调节计算从当年年初水库的实际蓄水位开始，顺时序计算。调节计算与绘制调度线都要注意，水库蓄水位在汛期一般不能高于防洪限制水位，如果库水位超过防洪限制水位，没有特殊措施，则应弃水。

经过调节计算，绘出水库水位过程线，即为当年灌溉计划调度线。

（二）灌溉调度图的应用

前述的调度图，系根据历史水文资料统计分析绘制的，故称为统计调度图，如图 7－10、图 7－11 所示。当年灌溉计划调度线与统计调度图绘在一起，作为指导水库调度运行的依据。

由于年初编制计划调度线的根据是长期水文预报，可能误差较大。所以在水库灌溉供水调度中，使用计划调度线要结合中、短期水文预报和统计调度图，使供水期调度更加合理。

如图 7－13 所示，若当时库水位在加大供水区（Ⅱ区），按统计调度图和计划调度线应该加大供水，如果短期预报近期干旱，则应控制加大供水或正常供水，以防今后缺水。若当时库水位在正常供水区（Ⅲ区），短期预报有大水，则可适当加大供水，以防止或减少弃水。若当时库水位高出限制供水线不多，短期预报来水少，则应节约用水，及早采取措施。

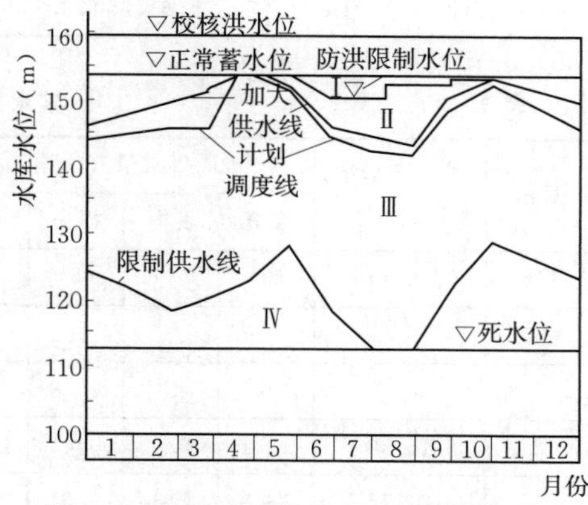

图 7－13　某水库统计调度与计划调度线

总之，在水库运用过程中，要根据水库当时水位、统计调度图、计划调度图以及中短期水文预报，认真分析，灵活掌握，以确定调度方案是正常供水、加大供水或减少供水。

还需指出水库经过几年运行之后，增加了水文资料，应该重新调节计算，修正统计调度图。

【例 7-3】　编制某水库某年计划调度线

(1) 统计分析当年灌溉用水计划。

(2) 推算年来水量。根据省、地、县气象台预报，相当于1985年、1988年降雨情况。经验频率 $P=50\%$（中水年），选择1988年为代表年，并参考原设计资料，预报年降水量944.4mm，推算各月径流量见表7-7。表中径流系数采用经验值：流域面积770km^2，地面径流量＝径流深×流域面积，总径流量＝地面径流量－基流（基流为 3.22×10^6m^3）。

表 7-7　　　　某水库预报某年来水量计算表

月份	1	2	3	4	5	6	7	8	9	10	11	12	合计
预报降雨量（mm）	9.1	46.5	70.8	130	110	80	130	70	130	100	60	8	944.4
径流系数 α	0.019	0.34	0.34	0.588	0.46	0.12	0.39	0.247	0.501	0.493	0.287	0.047	
径流深 R（mm）	0.173	15.81	24.07	76.44	50.60	9.60	50.7	17.29	65.13	49.30	17.22	0.376	376.7
地面径流量（10^6m^3）	0.13	12.17	18.54	58.86	38.96	7.39	39.04	13.31	50.15	37.96	13.26	0.29	290.06
总径流量（10^6m^3）	3.35	15.39	21.76	62.08	42.18	10.61	42.26	16.53	53.37	41.18	16.48	3.51	328.70

(3) 水库蒸发渗漏损失计算。以（$V_{兴/2}+V_{死}$）相应的水库水面面积4750m^{2}乘蒸发量，得蒸发损失水量。渗漏水量按（70mm/月×4750m^2）计算，其结果见表7-8。

(4) 水库计划调度线的计算。见表7-9，①、②栏抄自表7-7。该水库以灌溉为主，灌溉用水可先发电，除灌溉用水发电外，还需将另增加的发电水量列入④栏，⑤栏抄自表7-8。

表 7-8　　　　某水库水量损失估算表

月份	1	2	3	4	5	6	7	8	9	10	11	12	合计
蒸发量（mm）	10.5	15.7	59.1	84.4	135.6	135.4	147.6	125.1	105.2	56.1	24.6	13.7	913
蒸发损失量（万 m^3）	4.99	7.46	28.1	40.1	64.4	64.3	70.1	59.4	50.0	26.6	11.7	6.5	433.7
渗漏量（万 m^3）	33.25	33.25	33.25	33.25	33.25	33.25	33.25	33.25	33.25	33.25	33.25	33.25	399
合计	38.24	40.71	61.35	73.35	97.65	97.55	103.35	92.65	83.25	59.85	44.95	39.75.	832.7

表 7-9　　　　某水库计划调度线计算表

月份	月报来水量（10^6m^3）	水库供水量（10^6m^3）				来水量－供水量		月末蓄水量（10^6m^3）	弃水量（10^6m^3）	月末水位（m）
		灌溉	发电	损失	合计	+	−			
(1)	(2)	(3)	(4)	(5)	(6)	(7)	(8)	(9)	(10)	(11)
12								65.75	144.1	
1	3.35	0	0	0.38	0.38	2.97		68.72		
2	15.39	10.1	0.8	0.41	11.31	4.08		72.80	145.6	141.6
3	21.76	18.8	2.3	0.61	21.71	0.05		72.85		145.7

续表

月份	月报来水量 (10^6m^3)	水库供水量 (10^6m^3)				来水量-供水量		月末蓄水量 (10^6m^3)	弃水量 (10^6m^3)	月末水位 (m)
		灌溉	发电	损失	合计	+	-			
4	62.08	1.3		0.73	2.03			128.19		154.0
5	42.18	64.2		0.98	65.18	60.05	23.00	105.19	4.71	150.9
6	10.61	47.5		0.98	48.48		37.87	67.32		144.4
7	42.26	49.4		1.03	50.43		8.17	59.15		142.5
8	16.53	22.1		0.93	23.03		6.50	52.65		141.1
9	53.37	2.9	9.0	0.83	12.73	40.64		93.29		148.9
10	41.18	15.6		0.6	16.20			118.27		152.5
11	16.48	15.0	33.0	0.45	48.45	24.98	31.97	86.3		147.9
12	3.51	0	15.0	0.40	15.40		11.89	74.43		145.8
合计	328.7	246.9	60.1	8.33	315.33	132.7	119.38			

调节计算第（9）栏，第一个数 $65.75\times10^6m^3$ 为实测水库蓄水量，顺时序调节至 4 月末，为 $132.90\times10^6m^3$，超过了正常蓄水位 154.0m 的相应蓄水量 $129.19\times10^6m^3$，超过值 $4.71\times10^6m^3$ 则为弃水，填入（10）栏，由（9）栏查库容曲线得 11 栏。然后，由（1）栏与（11）栏绘制水库当年的计划调度线。还需说明，汛期 7～9 月的蓄水量均未超过防洪限制水位，故无弃水，否则，应弃水使水库蓄水位等于防洪限制水位。调节计算至 10 月末，水库蓄水量虽然超过了防洪限制水位 152.0m，相应蓄水量 $113.59\times10^6m^3$，但已是汛后，对防洪没有影响，故可多蓄水以增加兴利。

四、有综合利用任务的水库调度概述

编制兴利综合利用水库的调度图时，首先遇到的一个重要问题是各用水部门的设计保证率不同，例如发电和供水的设计保证率一般较高，而灌溉和航运的一般较低。在绘制调度线时，应根据综合利用原则，使国民经济各部门要求得到较好的协调，使水库获得较好的综合利用效益。

灌溉、航运等部门从水库上游侧取水时，一般可先从天然来水中扣去引取的水量，再根据剩下来的天然来水用前述方法绘出水库调度线。但是，应注意到各部门用水在要求保证程度上的差异。例如发电与灌溉的用水保证率是不同的，目前一般是从水库不同频率的天然来水中或相应的总调节水量中，扣除不同保证率的灌溉用水，再以此进行水库调节计算。对等于和小于灌溉设计保证率相应的来水年份，一般按正常灌溉用水扣除，对保证率大于灌溉设计保证率但小于发电设计保证率的来水年份，按折减后的灌溉用水扣除（例如折减二至三成等）。对与发电设计保证率相应的来水年份，原则上也应扣除折减后的灌溉用水，但如计算时段的库水位消落到相应时段的灌溉引水控制水位以下时，则可不扣除。总之，在从天然来水中扣除某些需水部门的用水量时，应充分考虑到各部门的用水特点。

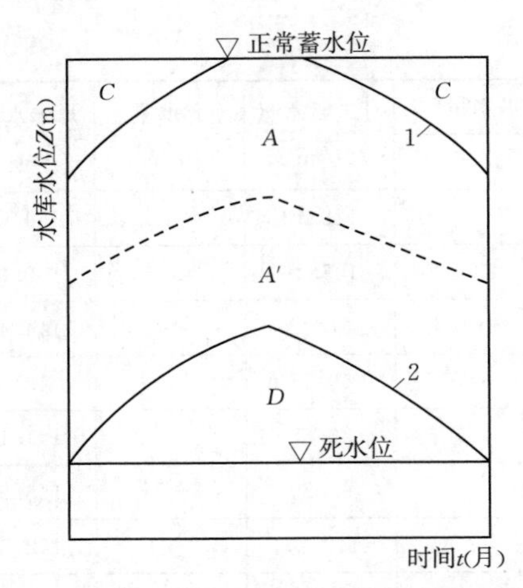

图 7-14　某多年调节综合利用水库调度图
1—上调度线；2—下调度线

当综合利用用水部门从水库下游取水（对航运来说是要求保持一定流量），而又未用再调节水库等办法解决各用水部门间及与发电的矛盾，那么应将各用水部门的要求都反映在调度线中。这时调度图上的保证供水区要分为上、下两个区域。在上保证供水区中各用水部门的正常供水均应得到保证，而在下保证供水区中保证率高的用水部门应得到正常供水，对保证率低的部门要实行折减供水。上、下两个保证供水区的分界线姑且称它为中基本调度线。如图 7-14 所示是某多年调节综合利用水库的调度图，图中 A 区是发电和灌溉的保证供水区，A' 区是发电的保证供水区和灌溉的折减供水区，D 和 C 区代表的意义同前。

对于综合利用水库，其上基本调度线是根据设计保证率较低（例如灌溉要求的 80%）的代表年和正常供水的综合需水图经调节计算后作成，中基本调度线是根据保证率较高（例如发电要求的 95%）的设计代表年和降低供水的综合需水图经调节计算后作出，具体做法与前面介绍的相同。

这里要补充一下综合需水图的作法。作综合需水图时，要特别重视各部门的引水地点、时间和用水特点。例如同一体积的水量同时给若干部门使用时，综合需水图上只要表示出各部门需水量中的控制数字，不要把各部门的需水量全部加在一起。举一简单的例子来说明其作法。某水库的基本用户为灌溉、航运（保证率均为 80%）和发电（保证率为 95%），发电后的水量可给航运和灌溉用，灌溉水要从水电站下游引走。各部门各月要求保证的流量列入表 7-10 中。综合需水图的纵坐标值也列入同一表中。

表 7-10　　各部门总需水量推求表

序号	项目		月份												说明
			1	2	3	4	5	6	7	8	9	10	11	12	
1	下游用水	灌溉	0	0	30	70	60	63	115	115	63	14	21	16	已知
2		航运	0	0	150	150	150	150	150	150	150	150	150	0	已知
3		总需水量	0	0	180	220	210	213	265	265	213	164	171	16	1、2 两项之和
4	发电要求		176	176	176	176	176	176	176	176	176	176	176	176	已知
5	各部门总需水量		176	176	180	220	210	213	265	265	213	176	176	176	3、4 两项取大值

作降低供水的综合需水图时，是根据以下原则：①保证率高的部门的用水量仍要保证；②保证率低的部门的用水量可以适当缩减，本例中采取灌溉和航运用水均打八折。其具体数值列入表 7-11 中。

表 7-11　降低供水情况各部门总需水量推求表

序号	项目		1	2	3	4	5	6	7	8	9	10	11	12	说明
1	下游用水	灌溉	0	0	24	56	48	50	92	92	50	11	17	13	正常供水
2		航运	0	0	120	120	120	120	120	120	120	120	120	0	数打八折
3		总需水量	0	0	144	176	168	170	212	212	170	131	131	13	1、2两项之和
4	发电要求		176	176	176	176	176	176	176	176	176	176	176	176	已知
5	各部门总需水量		176	176	176	176	176	176	212	212	176	176	176	176	3、4两项取大值

（表头中 1～12 为月份）

第四节　水库的防洪调度

对于以防洪为主的水库，在水库调度中当然应首先考虑防洪的需要，对于以兴利为主结合防洪的水库，要考虑防洪的特殊性，《中华人民共和国水法》中明确规定，“开发利用水资源应当服从防洪的总体安排”，故对这类水库，所划定的防洪库容在汛期调度运用时应严格服从防洪的要求，决不能因水库是兴利为主而任意侵占防洪库容。

应该承认，防洪和兴利在库容利用上的矛盾是客观存在的。就防洪来讲，要求水库在汛期预留充足的库容，以备拦蓄可能发生的某种设计频率的洪水，保证下游防洪及大坝的安全。就兴利来讲，总希望汛初就能开始蓄水，保证汛末能蓄满兴利库容，以补充枯水期的不足水量。但是，只要认真掌握径流的变化规律，通过合理的水库调度是可以消除或缓和矛盾的。

一、防洪库容和兴利库容可能结合的情况

对位于雨型河流上的水库，如历年洪水涨落过程平稳，洪水起止日期稳定，丰枯季节界限分明，河川径流变化规律易于掌握，那么防洪库容和兴利库容就有可能部分结合甚至完全结合。

根据水库的调节能力及洪水特性，防洪调度线的绘制可分为以下三种情况。

（一）防洪库容与兴利库容完全结合，汛期防洪库容为常数

对于这种情况，可根据设计洪水可能出现的最迟日期 t_k，在兴利调度图的上基本调度线上定出 b 点［图 7-15（a）］，该点相应水位即为汛期防洪限制水位。由它与设计洪水位（与正常蓄水位重合）即可确定拦洪库容值。根据这个库容值和设计洪水过程线，经调洪演算得出水库蓄水量变化过程线（对一定的溢洪道方案）。然后将该线移到水库兴利调度图上，使其起点与上基本调度线上的 b 点相合，由此得出的 abc 线以上的区域 F 即为防洪限制区，C 点相应的时间为汛期开始时间。在整个汛期内，水库蓄水量一超过此线，水库即应以安全下泄量或闸门全开进行泄洪。为便于掌握，可对下游防洪标准相应的洪水过程线和下游安全泄量，从汛期防洪限制水位开始进行调洪演算，推算出防洪高水位。在实际运行中遇到洪峰，先以下游安全泄量放水，到水库中水位超过防洪高水位时，则将闸门全开进行泄洪，以确保大坝安全。

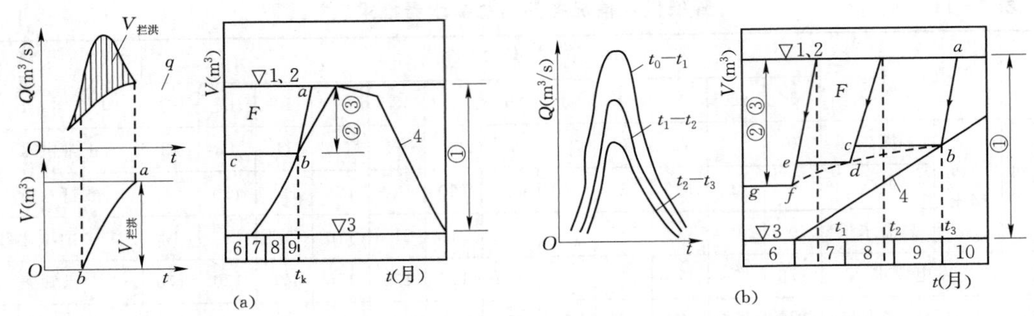

图 7-15　防洪库容与兴利库容完全结合情况下防洪调度线的绘制

1—正常蓄水位；2—设计洪水位；3—死水位；4—上基本调度线；

①—兴利库容；②—拦洪库容；③—共用库容

（二）防洪库容与兴利库容完全结合，但汛期防洪库容随时间变化

这种情况就是分期洪水防洪调度问题。如果河流的洪水规律性较强，汛期越到后期洪量越小，则为了汛末能蓄存更多的水来兴利，可以采取分段抬高汛期防洪限制水位的方法来绘制防洪调度线。到底应将整个汛期划分为怎样的几个时段？首先应从气象上找到根据，从分析本流域形成大洪水的天气系统的运行规律入手，找出一般的、普遍的大致时限，从偏于安全的角度划分为几期，分期不宜过多，时段划分不宜过短。另外，还可以从统计上了解洪水在汛期出现的规律，如点绘洪峰出现时间分布图，统计各个时段洪峰出现次数、洪峰平均流量、平均洪水总量等，以探求其变化规律。

本文选用了一个分三段的实例，三段的洪水过程线如图 7-15（b）所示。作防洪调度线时，先对最后一段［图 7-15（b）中的 t_2-t_3 段］进行计算，调度线的具体作法同前，然后决定第二段（t_1-t_2）的拦洪库容，这时要在 t_2 时刻从设计洪水位逆时序进行计算，推算出该段的防洪限制水位。用同法对第一段（t_0-t_1）进行计算，推求出该段的 $Z_{汛限}$。连接 $abdfg$ 线，即为防洪调度线。

应该说明，影响洪水的因素甚多，即使在洪水特性相当稳定的河流上，用任何一种设计洪水过程线都很难在时间上和形式上包括未来洪水可能发生的各种情况。因此，为可靠起见，应按同样方法求出若干条防洪蓄水限制线，然后取其下包线作为防洪调度线。

（三）防洪库容与兴利库容部分结合的情况

在这种情况下，防洪调度线 bc 的绘法与情况（一）相同。如果情况（一）中的设计洪水过程线变大或者它保持不变而下泄流量值减小（图 7-16），则水库蓄水量变化过程线变为 ba'。将其移到水库调度图上的 b 点处时，a' 点超出 $Z_{蓄}$ 而到 $Z_{设洪}$ 的位置。这时只有部分库容是共用库容（如图 7-16 中的③所示），专用拦洪库容（如图 7-16 中④所示）就是因比情况（一）降低下泄流量而增加的拦洪库容 $\Delta V_{拦洪}$。

上面讨论的情况，防洪库容与兴利库容都有某种程度的结合。在生产实践中两者能不能结合以及能结合多少，不是人们主观愿望决定的，而应该根据实际情况，拟定若干比较方案，经技术经济评价和综合分析后确定。这些情况下的调度图都是以 $Z_{汛限}$（一个或几个）和 $Z_{蓄}$ 的连线组成整个汛期限洪调度的下限边界控制线，以 $Z_{校洪}$ 作为其上限边界控制线（左右范围由汛期的时间控制），上、下控制线之间为防洪调度区。

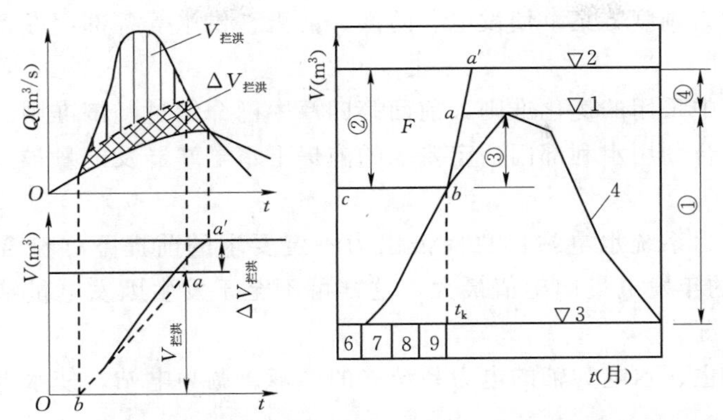

图 7-16　防洪库容与兴利库容部分结合情况下防洪调度线的绘制

1—正常蓄水位；2—设计洪水位；3—死水位；4—上基本调度线；
①—兴利库容；②—拦洪库容；③—共用库容；④—专用拦洪库容

通常，防洪与兴利的调度图是绘制在一起的，称为水库调度全图。当汛期库水位高于或等于 $Z_{汛限}$ 时，水库按防洪调度规则运用，否则按兴利调度规则运用。

二、防洪库容和兴利库容完全不结合的情况

如果汛期洪水猛涨猛落，洪水起讫日期变化无常，没有明显规律可循，则不得不采用防洪库容和兴利库容完全分开的办法。从防洪安全要求出发，应按洪水最迟来临情况预留防洪库容。这时，水库正常蓄水位即是防洪限制水位，作为防洪下限边界控制线。

对设计洪水过程线根据拟定的调度规则进行调洪演算，就可以得出设计洪水位（对应于一定的溢洪道方案）。

应该说明，即使从洪水特性来看，防洪库容与兴利库容难以结合，但如做好水库调度工作，仍可实现部分结合。例如，兴利部门在汛前加大用水就可腾出部分库容，或者在大洪水来临前加大泄水量就可预留出部分库容。由此可见实现防洪预报调度就可促使防洪与兴利的结合。这种措施的效果是显著的，但如使用不当也可能带来危害。因此，使用时必须十分慎重。最好由水库管理单位与科研单位、高等院校合作进行专门研究，提出从实际出发、切实可行的水库调度方案，并经上级主管部门审查批准后付诸实施。我国有些水库管理单位已有这方面的经验可供借鉴。应该指出，这里常遇到复杂的风险决策问题。

第五节　水库优化调度简介

上面介绍用时历法绘制的水电站水库调度图，概念清楚，使用方便，得到比较广泛的应用。但是，在任何年份，不管来水丰枯，只要在某一时刻的库水位相同，就采取完全相同的水库调度方式是存在缺陷的。实际上各年来水变化很大，如不能针对面临时段变化的来水流量进行水库调度，则很难充分利用水能资源，达到最优调度以获得最大的效益。所以，水库优化调度，必须考虑当时来水流量变化的特点，即在某一具体时刻 t，要确定面临时段的最优出力，不仅需要当时的水库水位，还要根据当时水库来水流量。因此，水库优化调度的基本内容是：根据水库的入流过程，遵照优化调度准则，运用最优化方法，

寻求比较理想的水库调度方案，使发电、防洪、灌溉、供水等各部门在整个分析期内的总效益最大。

关于水库调度中采用的优化准则，前面第四章中已介绍过经济准则。目前较为广泛采用的是在满足各综合利用水利部门一定要求的前提下水电站群发电量最大的准则。常见的表示方法如下：

(1) 在满足电力系统水电站群总保证出力一定要求的前提下（符合规定的设计保证率），使水电站群的年发电量期望值最大，这样可不至于发生因发电量绝对值最大而引起保证出力降低的情况。

(2) 对火电为主、水电为辅的电力系统中的调峰、调频电站，使水电站供水期的保证电能值最大。

(3) 对水电为主、火电为辅的电力系统中的水电站，使水电站群的总发电量最大，或者使系统总燃料消耗量最小，也有用电能损失最小来表示的。

根据实际情况选定优化准则后，表示该准则的数学式，就是进行以发电为主水库的水库优化调度工作时所用的目标函数，而其他条件如工程规模、设备能力以及各种限制条件（包括政策性限制）和调度时必须考虑的边界条件，统称为约束条件，也可以用数学式来表示。

根据前面介绍的兴利调度，可知编制水库调度方案中蓄水期、供水期的上、下基本调度线问题，均是多阶段决策过程的最优化问题。每一计算时段（例如1个月）就是一个阶段，水库蓄水位就是状态变量，各综合利用部门的用水量和水电站的出力、发电量均为决策变量。

多阶段决策过程是指这样的过程，如将它划分为若干互相有联系的阶段，则在它的每一个阶段都需要作出决策，并且某一阶段的决策确定以后，常常不仅影响下一阶段的决策，而且影响整个过程的综合效果。各个阶段所确定的决策构成一个决策序列，通常称它为一个策略。由于各阶段可供选择的决策往往不止一个，因而就组合成许多策略供选择。因为不同的策略，其效果也不同，多阶段决策过程的优化问题，就是要在提供选择的那些策略中，选出效果最佳的最优策略。

动态规划是解决多阶段决策过程最优化的一种方法。所以国内许多单位都在用动态规划的原理研究水库优化调度问题。当然，动态规划在一定条件下也可以解决一些与时间无关的静态规划中的最优化问题，这时只要人为地引进“时段”因素，就可变为一个多阶段决策问题。例如，最短路线问题的求解，也可利用动态规划。

动态规划的概念和基本原理比较直观，容易理解，方法比较灵活，常为人们所喜用，所以在工程技术、经济、工业生产及军事等部门都有广泛的应用。许多问题利用动态规划去解决，常比线性规划或非线性规划更为有效。不过当维数（或者状态变量）超过三个以上时，解题时需要计算机的贮存量相当大，或者必须研究采用新的解算方法。这是动态规划的主要弱点，在采用时必须留意。

可以这么说，动态规划是靠递推关系从终点逐时段向始头方向寻取最优解的一种方法。然而，单纯的递推关系是不能保证获得最优解的，一定要通过最优化原理的应用才能实现。关于最优化原理，结合水库优化调度的情况来讲，就是若将水电站某一运行时间

（例如水库供水期）按时间顺序划分为 t_0 至 t_n 个时刻，划分成 n 个相等的时段（例如月）。设以某时刻 t_i 为基准，则称 t_0 至 t_i 为以往时期，t_i 至 t_{i+1} 为面临时段，t_{i+1} 至 t_n 为余留时期。水电站在这些时期中的运行方式可由各时段的决策函数——出力及水库蓄水情况组成的序列来描述。如果水电站在 t_i 至 t_n 内的运行方式是最优的，那么包括在其中的 t_{i+1} 至 t_n 内的运行方式也必定是最优的。如果已对余留时期 t_{i+1} 至 t_n 按最优调度准则进行了计算，那么面临时段 t_i 至 t_{i+1} 的最优调度方式可以这样选择：使面临时段和余留时期所获得的综合效益符合选定的最优调度准则。

根据上面的叙述，启发我们得出寻找最优运行方式的方法，就是从最后一个时段（时刻 t_{n-l} 至 t_n）开始（这时的库水位常是已知的，例如水库期末的水库水位是死水位），逆时序逐时段进行递推计算，推求前一阶段（面临时段）的合适决策，以求出水电站在整个 t_0 至 t_n 时期的最优调度方式。很明显，对每次递推计算来说，余留时期的效益是已知的（例如发电量值已知），而且是最优策略，只有面临时段的决策变量是未知数，所以是不难解决的，可以根据规定的调度准则来求解。

对于一般决策过程，假设有 n 个阶段，每阶段可供选择的决策变量有 m 个，则有这种过程的最优策略实际上就需要求解 mn 维函数方程。显然，求解维数众多的方程，既需要花费很多时间，而且也不是一件容易的事情。上述最优化原理利用递推关系将这样一个复杂的问题化为 n 个 m 维问题求解，因而使求解过程大为简化。

如果最优化目标是使目标函数（例如取得的效益）极大化，则根据最优化原理，可将全周期的目标函数用面临时段和余留时期两部分之和表示。对于第一个时段，目标函数 f_1^* 为

$$f_1^*(s_0, x_1)=\max[f_1(s_1, x_1)+f_2^*(s_1, x_2)] \tag{7-1}$$

式中　s——状态变量，下标数字表示时刻；

x_i——决策变量，下标数字表示时段；

$f_1(s_0, x_1)$——第一时段状态处于 s_0 作出决策 x_1 所得的效益；

$f_2^*(s_1, x_2)$——从第二时段开始一直到最后时段（即余留时期）的效益。

对于第二时段至第 n 时段及第 i 时段至第 n 时段的效益，按最优化原理同样可以写为

$$f_2^*(s_1, x_2)=\max[f_2(s_1, x_2)+f_3^*(s_2, x_3)] \tag{7-2}$$

$$f_i^*(s_{i-1}, x_i)=\max[f_i(s_{i-1}, x_i)+f_{i+1}^*(s_i, x_{i+1})] \tag{7-3}$$

对于第 n 时段，f_n^* 可写为

$$f_n^*(s_{n-1}, x_n)=\max[f_n(s_{n-1}, x_n)] \tag{7-4}$$

以上就是动态规划递推公式的一般形式。如果我们从第 n 时段开始，假定不同的时段初状态 s_{n-1}，只需确定该时段的决策变量 x_n（在 x_{n1}、x_{n2}、…、x_{mn} 中选择）。对于第 $n-1$ 时段，只要优选决策变量 x_{n-1}，一直到第一时段，只需优选 x_1。前面已说过，动态规划根据最优化原理，将本来是 mn 维的最优化问题，变成了 n 个 m 维问题求解，以上递推公式便是最好的说明。

在介绍了动态规划基本原理和基本方法的基础上，要补充说明以下几点：

（1）对于输入具有随机因素的过程，在应用动态规划求解时，各阶段的状态往往需要用概率分布表示，目标函数则用数学期望反映。为了与前面介绍的确定性动态规划区别，一般将这种情况下所用的最优化技术称为随机动态规划。其求解步骤与确定性的基本相

同，不同之处是要增加一个转移概率矩阵。

（2）为了克服系统变量维数过多带来的困难，可以采用增量动态规划。求解递推方程的过程是首先选择一个满足诸约束条件的可行策略作为初始策略，其次在该策略的规定范围内求解递推方程，以求得比原策略更优的新的可行策略。然后重复上述步骤，直至策略不再增优或者满足某一收敛准则为止。

（3）当动态规划应用于水库群情况时，每阶段需要决策的变量不只是一个，而是若干个（等于水库数）。因此，计算工作量将大大增加。在递推求最优解时，需要考虑的不只是面临时段一个水库 S 种（S 为库容区划分的区段数）可能放水中的最优值，而是 M 个水库各种可能放水组合，即 SM 个方案中的最优值。

为加深对该方法的理解，下面举一个经简化过的水库调度例子。某年调节水库 11 月初开始供水，来年 4 月末放空至死水位，供水期共 6 个月，如每个月作为一个阶段，则共有 6 个阶段。为了简化，假定已经过初选，每阶段只留 3 个状态（以圆圈表示出）和 5 个决策（以线条表示），由它们组成 S_0 至 S_6 的许多种方案，如图 7－17 所示。图 7－17 中线段上面的数字代表各月根据入库径流采取不同决策可获得的效益。

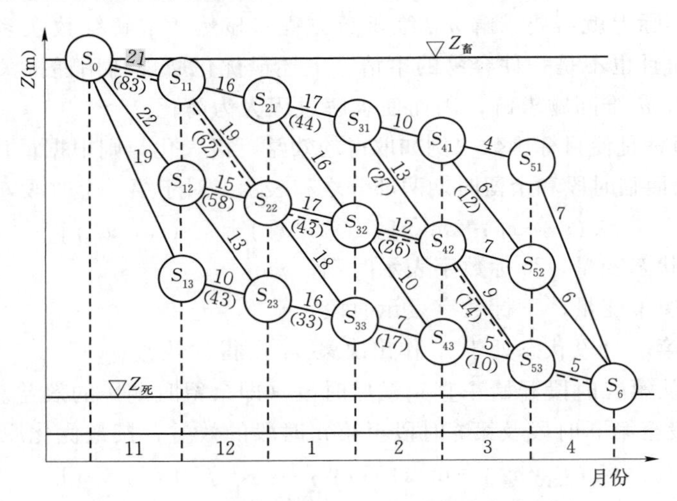

图 7－17　动态规划进行水库调度的简化例子

用动态规划优选方案时，从 4 月末死水位处开始逆时序递推计算。对于 4 月初，3 种状态各有一种决策，孤立地看以 S_{51} 至 S_6 的方案较佳，但从全局来看不一定是这样，暂时不能做决定，要再看前面的情况。将 3、4 月的供水情况一起研究，看 3 月初情况，先研究状态 S_{41}，显然是 $S_{41}S_{52}S_6$ 较 $S_{41}S_{51}S_6$ 为好，因前者两个月的总效益为 12，较后者的为大，应选前者为最优方案。将各状态选定方案的总效益写在线段下面的括号中，没有写明总效益的均为淘汰方案。同理，可得另外两种状态的最优决策。$S_{42}S_{53}S_6$ 优于 $S_{42}S_{52}S_6$ 方案，总效益为 14；$S_{43}S_{53}S_6$ 的总效益为 10。对 3、4 月来说，在 S_{41}、S_{42}、S_{43} 三种状态中，以 $S_{42}S_{53}S_6$ 这个方案较佳，它的总效益为 14（其他两方案的分别为 12 和 10）。

再看 2 月初的情况，2 月是其面临时段，3 月、4 月是余留时期。余留时期的总效益就是写在括号中的最优决策的总效益。这时的任务是选定面临时段的最优决策，以使该时段和余留时期的总效益最大。以状态 S_{31} 为例，面临时段的两种决策中以第 2 种决策较佳，总效益为 13+14=27；对状态 S_{32}，则以第 1 种决策较佳，总效益为 26；同理可得 S_{33} 的总效益为 17（唯一决策）。

继续对 1 月初、12 月初、11 月初的情况进行研究，可由递推的办法选出最优决策。最后决定的方案是 $S_0S_{11}S_{22}S_{32}S_{42}S_{53}S_6$，总效益为 83，用双线表示在图 7-17 上。

应该说明，如果时段增多，状态数目增加，决策数目增加，而且决策过程中还要进行试算，则整个计算是比较繁杂的，一定要用电子计算机来进行计算。

最近几年来，国内已有数本水库调度的专著出版，书中对优化调度有比较全面的论述，可供参考。

思　考　题

1. 简述年调节水电站水库基本调度线的绘制方法及调度图的组成。
2. 加大和降低出力调度各有哪几种运用方式？

第八章 水资源评价及规划

第一节 水资源评价

按照《水资源评价导则》(SL/T 238—1999)，水资源评价内容包括水资源数量评价、水资源质量评价和水资源利用评价及综合评价。

水资源评价工作要求客观、科学、系统、实用，并遵循以下技术原则：

(1) 地表水与地下水统一评价。

(2) 水量水质并重。

(3) 水资源可持续利用与社会经济发展和生态环境保护相协调。

(4) 全面评价与重点区域评价相结合。

一、水资源评价的一般要求

进行水资源基础评价时需要制定评价工作大纲，包括明确评价目的、评价范围、需进行的项目、各类资料的收集和评价方法、预期成果等。水资源基础评价的各有关方面及其关系见图 8-1。

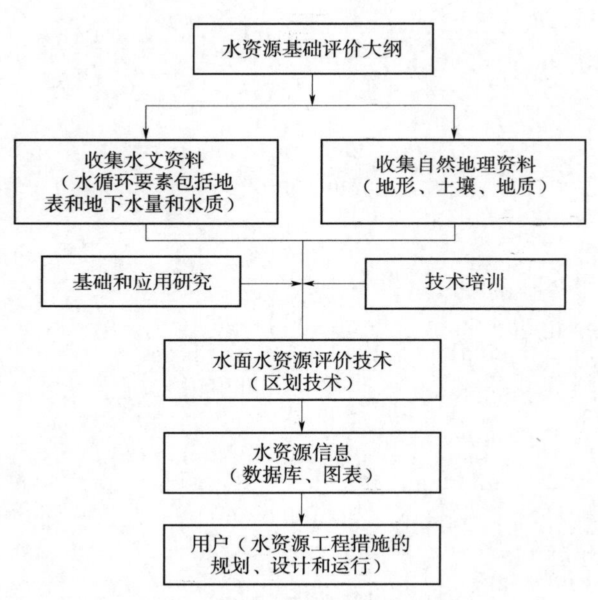

图 8-1 水资源基础大纲框图

(1) 水资源评价是水资源规划的一项基础工作。首先应该调查、收集、整理、分析利用已有资料，在必要时再辅以观测和试验工作。水资源评价使用的各项基础资料应具有可靠性、合理性与一致性。

（2）水资源评价应分区进行。各单项评价工作在统一分区的基础上，可根据该项评价的特点与具体要求，再划分计算区域评价单元。首先，水资源评价应按江河水系的地域分布进行流域分区。全国性水资源评价要求进行一级流域分区和二级流域分区；区域性水资源评价可在二级流域分区的基础上，进一步分出三级流域分区和四级流域分区。另外，水资源评价还应按行政区划进行行政分区。全国性水资源评价的行政分区要求按省（自治区、直辖市）和地区（市、自治州、盟）两级划分；区域性水资源评价的行政分区可按省（自治区、直辖市）、地区（市、自治州、盟）和县（市、自治县、旗、区）三级划分。

（3）全国及区域水资源评价应采用日历年，专项工作中的水资源评价可根据需要采用水文年。计算时段应根据评价目的和要求选取。

（4）应根据社会经济发展需要及环境变化情况，每间隔一定时期对前次水资源评价成果进行一次全面补充修订或再评价。

二、水资源数量评价

水资源数量评价，实际上主要包括地表水资源量计算、地下水资源量计算以及水资源总量计算。在进行水资源量计算时，在有条件的地区，还要进行相关数据的收集与计算，包括水汽输送量、降水量、蒸发量。这里将对这些内容作简单介绍。

（一）水汽输送量计算

一个区域的水汽输送量多少，用水汽通量和水汽通量散度描述。全国和有条件的地区，可进行水汽输送分析计算，其内容应符合下列要求：

（1）将评价区概化为经向和纬向直角多边形，采用边界附近气象站的风向、风速和温度资料，计算各边界的水汽输入量或输出量，统计评价区水汽的总输入量、总输出量和净输入量，分析其年内、年际变化。

（2）根据评价区内气象站的湿度资料，估算评价区上空大气中的水汽含量。

（二）降水量计算

降水是区域水资源的重要补给来源。分析降水时空分布及其未来不同水平年变化趋势，对区域水资源评价至关重要。区域降水量计算的具体内容参见《工程水文学》。

（三）蒸发量计算

蒸发是影响水资源数量的重要水文要素，评价内容应包括水面蒸发、陆面蒸发和干旱指数。

水面蒸发的分析计算应符合下列要求：

（1）选取资料质量较好、面上分布均匀且观测年数较长的蒸发站作为统计分析的依据，选取的测站应尽量与降水选用站相同，不同型号蒸发器观测的水面蒸发量，应统一换算为 E—601 型蒸发器的蒸发量。其折算关系为

$$E=\varphi E' \tag{8-1}$$

式中　E——水面实际蒸发量；

E'——蒸发器观测值；

φ——折算系数。

(2) 计算单站同步期年平均水面蒸发量，绘制等值线图，并分析年内分配、年际变化及地区分布特征。

陆面蒸发量，常采用闭合流域同步期的平均年降水量与年径流量的差值来计算。亦即水量平衡法，对任意时段的区域水量平衡方程有如下基本形式：

$$E_i = P_i - R_i \pm \Delta W \tag{8-2}$$

式中 E_i——时段内区域陆面蒸发量；

P_i——时段内区域平均降水量；

R_i——时段内区域平均径流量；

ΔW——时段内区域蓄水变化量。

干旱指数，是指年水面蒸发量与年降水量的比值。

(四) 地表水资源量

地表水资源量是指河流、湖泊、冰川等地表水体中由当地降雨形成、可以逐年更新的动态水量，用天然河川径流量表示。要求通过实测径流还原计算和天然径流量系列一致性分析处理，提出系列一致性较好、反映近期下垫面条件的天然年径流量系列，作为评价地表水资源量的基本依据。

按照《水资源评价导则》(SL/T238—1999) 的要求，地表水资源数量评价应包括下列内容：

(1) 单站径流资料统计分析。

(2) 主要河流 (一般指流域面积大于 $5000km^2$ 的大河) 年径流量计算。

(3) 分区地表水资源数量计算。

(4) 地表水资源时空分布特征分析。

(5) 入海、出境、入境水量计算。

(6) 地表水资源可利用量估算。

(7) 人类活动对河川径流的影响分析。

1. 单站径流资料统计分析

(1) 单站径流资料统计分析应在以往工作的基础上进行补充分析。

(2) 凡资料质量较好、观测系列较长的水文站均可作为选用站，包括国家基本站、专用站和委托观测站。各河流控制性测站为必须选用站。

(3) 受水利工程、用水消耗、分洪决口影响而改变径流情势的测站，应进行还原计算，将实测径流系列修正为天然径流系列。

(4) 统计大河控制站、区域代表站历年逐月天然径流量，分别计算长系列和同步系列年径流量的统计参数；统计其他选用站的同步期天然年径流量系列，并计算其统计参数。

(5) 主要河流年径流量计算。选择河流出口控制站的长系列径流量资料，分别计算长系列和同步系列的平均值及不同频率的年径流量。

2. 分区地表水资源数量计算

(1) 针对不同情况，采用不同方法计算分区年径流量系列；当区内河流有水文站控制时，根据控制站天然年径流量系列，按面积比修正为该地区年径流系列；在没有测站控制的地区，可利用水文模型或自然地理特征相似地区的降雨径流关系，由降水系列推求径流系列；还可通过绘制年径流深等值线图，从图上量算分区年径流量系列，经合理性分析后采用。

（2）计算各分区和全评价区1956～2000年同步系列的统计参数和不同频率（P＝20％、50％、75％、95％）的年径流量。

（3）应在求得年径流系列的基础上进行分区地表水资源数量的计算。

入海、出境、入境水量计算应选取河流入海口或评价区边界附近的水文站，根据实测径流资料采用不同方法换算为入海断面或出、入境断面的逐年水量，并分析其年际变化趋势。

3．地表水资源时空分布特征分析

（1）选择集水面积为300～5000km^{2}的水文站（在测站稀少地区可适当放宽要求），根据还原后的天然年径流系列，绘制同步期平均年径流深等值线图，以此反映地表水资源的地区分布特征。

（2）按不同类型自然地理区选取受人类活动影响较小的代表站，分析天然径流量的年内分配情况。

（3）选择具有长系列年径流资料的大河控制站和区域代表站，分析天然径流的多年变化。

4．地表水资源可利用量估算

（1）地表水资源可利用量是指在经济合理、技术可行及满足河道内用水并顾及下游用水的前提下，通过蓄、引、提等地表水工程措施可能控制利用的河道外一次性最大水量（不包括回归水的重复利用）。

（2）某一分区的地表水资源可利用量，不应大于当地河川径流量与入境水量之和再扣除相邻地区分水协议规定的出境水量。

5．人类活动对河川径流量的影响分析

（1）查清水文站以上控制区内水土保持、水资源开发利用及农作物耕作方式等各项人类活动状况。

（2）综合分析人类活动对当地河川径流量及其时程分配的影响程度，对当地实测河川径流量及其时程分配作出修正。

（五）地下水资源量

地下水是指赋存于饱水岩土空隙中的重力水。地下水资源量是指地下水体中参与水循环且可以逐年更新的动态水量。要求对浅层地下水资源量及其时空分布特征进行全面评价。地下水资源数量评价内容包括：补给量、排泄量、可开采量的计算和时空分布特征分析，以及人类活动对地下水资源的影响分析。

在地下水资源数量评价之前，应获取评价区以下资料：

（1）地形地貌、区域地质、地质构造及水文地质条件。

（2）降水量、蒸发量、河川径流量。

（3）灌溉引水量、灌溉定额、灌溉面积、开采井数、单井出水量、地下水实际开采量、地下水动态、地下水水质。

(4) 包气带及含水层的岩性、层位、厚度及水文地质参数，对岩溶地下水分布区还应搞清楚岩溶分布范围、岩溶发育程度。

1．地下水资源数量评价

(1) 根据水文气象条件、地下水埋深、含水层和隔水层的岩性、灌溉定额等资料的综合分析，正确确定地下水资源数量评价中所必需的水文地质参数，主要包括：给水度、降水入渗补给系数、潜水蒸发系数、河道渗漏补给系数、渠系渗漏补给系数、渠灌入渗补给系数、井灌回归系数、渗透系数、导水系数、越流补给系数。

(2) 地下水资源数量评价的计算系列尽可能与地表水资源数量评价的计算系列同步，应进行多年平均地下水资源数量评价。

(3) 地下水的补给、径流、排泄情势受地形地貌、地质构造及水文地质条件制约，要求按地形地貌及水文地质条件划分为下列3级类型区。

1) Ⅰ级类型区。将评价区划分为平原区和山丘区2个Ⅰ级类型区。

2) Ⅱ级类型区。将平原区划分为一般、内陆盆地、山间平原区和沙漠区4个Ⅱ级类型区；将山丘区划分为一般和岩溶山区2个Ⅱ级类型区（各地可根据实际需要将一般山丘区进一步划分为一般山区和一般丘陵区）。

3) Ⅲ级类型区。根据水文地质条件，将各Ⅱ级类型区分别划分为若干均衡计算区，称Ⅲ级类型区。

(4) 根据水文气象、地下水动态、包气带及含水层与隔水层岩性和厚度、灌溉定额以及抽水试验等资料，考虑降水、地表水与地下水间的转化关系，采用多种方法进行综合分析，确定相应的水文地质参数选用值。

(5) 要求评价反映近期下垫面条件下的地下水资源量（1980～2000年），并要求计算1956～2000年与水资源总量有关项目的系列成果。平原区地下水资源量采用补给量法计算，同时计算各项排泄量；山丘区地下水资源量采用排泄量法计算。

(6) 根据地下水矿化度（M）分区成果，对平原区$M\leqslant 1$g/L、1g/L$<M\leqslant 2$g/L、2g/L$<M\leqslant 3$g/L（称“微咸水”）、3g/L$<M\leqslant 5$g/L和$M>5$g/L等矿化度的地下水资源量分别进行评价和统计。其中，$M\leqslant 1$g/L、1g/L$<M\leqslant 2$g/L两个矿化度范围，要求计算地下水蓄变量和进行水均衡分析，评价的地下水资源量参与水资源总量评价；$M>2$g/L的各矿化度范围，可根据1991～2000年期间接近平水年年份的有关资料，计算平均地下水资源量，但不参与水资源总量评价。

(7) 根据水资源分区中平原区多年平均地下水资源量与山丘区的地下水资源量年均值相加，再扣除两者之间的重复计算量（重复计算量为平原区中多年平均山前侧向补给量与由河川基流量形成的地表水体补给量之和），即为该水资源分区多年平均地下水资源量。

(8) 南方四区（长江、东南诸河、珠江及西南诸河）中尚未开发利用浅层地下水的地区，地下水资源量评价可适当简化。

(9) 要求对大型、特大型地下水水源地逐一进行多年平均地下水资源量核算，并调查统计各大型、特大型地下水水源地1991～2000年期间年均地下水实际开采量并核定超采区面积、超采量以及引发的主要生态环境灾害状况。

（10）平原区中深层承压水开发利用程度较高的地区，要求进行多年平均深层承压水资源量计算，评价成果单列，技术要求和方法另行确定。

2. 平原区地下水资源数量评价

（1）地下水补给量包括降水入渗补给量、河道渗漏补给量、水库（湖泊、塘坝）渗漏补给量、渠系渗漏补给量、侧向补给量、渠灌入渗补给量、越流补给量、人工回灌补给量及井灌回归量，沙漠区还应包括凝结水补给量。各项补给量之和为总补给量，总补给量扣除井灌回归补给量为地下水资源量。

（2）地下水排泄量包括潜水蒸发量、河道排泄量、侧向流出量、越流排泄量、地下水实际开采量，各项排泄量之和为总排泄量。

（3）计算的总补给量与总排泄量应满足水量平衡原理。

（4）地下水可开采量是指在经济合理、技术可行且不发生因开采地下水而造成水位持续下降、水质恶化、海水入侵、地面沉降等水环境问题和不对生态环境造成不良影响的情况下，允许从含水层中取出的最大水量，地下水可开采量应小于相应地区地下水总补给量。

平原区深层承压地下水补给、径流、排泄条件一般很差，不具有持续开发利用意义。需要开发利用深层地下水的地区，应查明开采含水层的岩性、厚度、层位、单位出水量等水文地质特征，确定出限定水头下降值条件下的允许开采量。

3. 山丘区地下水资源数量评价

山丘区地下水资源数量评价可只进行排泄量计算。山丘区地下水排泄量包括河川基流量、山前泉水出流量、山前侧向流出量、河床潜流量、潜水蒸发量和地下水实际开采净消耗量，各项排泄量之和为总排泄量，即为地下水资源量。

（六）水资源总量

一定区域内的水资源总量是指当地降水形成的地表和地下产水量，即地表产流量与降水入渗补给地下水量之和。水资源总数量评价，是在地表水和地下水资源数量评价的基础上进行的，主要内容包括："三水"（降水、地表水、地下水）关系分析、总水资源数量计算、可利用总量估算。

"三水"转化和平衡关系的分析内容应符合下列要求：

（1）分析不同类型区"三水"转化机理，建立降水量与地表径流、地下径流、潜水蒸发、地表蒸散发等分量的平衡关系，提出各种类型区的总水资源数量表达式。

（2）分析相邻类型区（主要指山丘区和平原区）之间地表水和地下水的转化关系。

（3）分析人类活动改变产流、入渗、蒸发等下垫面条件后对"三水"关系的影响，预测总水资源数量的变化趋势。

总水资源量分析计算如下：

（1）分区总水资源数量的计算途径有两种，一是在计算地表水资源数量和地下水补给量的基础上，将两者相加再扣除重复水量；二是划分类型区，用区域总水资源数量表达式直接计算。

分区水资源总量一般可用下列公式计算：

$$W=R_s+P_r=R+P_r-R_g \tag{8-3}$$

式中 W——水资源总量；

R_s——地表径流量（不包括河川基流）；

R——河川径流量；

P_r——降水入渗补给量（山丘区用地下水排泄总量代替）；

R_g——河川基流量（平原区只计降水入渗补给量形成的河道排泄量）。

上述各分量均应在近期下垫面条件下进行计算，可直接采用地表水和地下水资源量评价的系列成果。在某些特殊地区如南方水网区、岩溶山区等，难以计算降水入渗补给量和分割基流量的，可根据当地情况采用其他方法估算。

（2）应计算各分区和全评价区同步期的年总水资源数量系列、统计分析三级区和地级行政区不同长度系列的统计参数和不同频率的水资源总量。在资料不足地区，组成总水资源数量的某些分量难以逐年求得，则只计算多年平均值。

（3）利用多年均衡情况下的区域水量平衡方程式，分析计算各分区水文要素如降水量（P）、地表径流量（R_s）、降水入渗补给量（P_r）、水资源总量（W）和计算面积（F），分区计算地表产流系数（R_s/P）、降水入渗补给系数（P_r/P）、产水系数（W/P）和产水模数（W/F）的定量关系，揭示产流系数、降水入渗补给系数、蒸散发系数和产水模数的地区分布情况，并结合降水量和下垫面因素的地带性规律，分析其地区分布情况，检查水资源总量计算成果的合理性。

分析地表水与地下水利用过程中的水量转化关系，用扣除地下可开采量本身的重复利用量以及地表水可利用量与地下水可开采量之间的重复利用量的方法，估算水资源利用总量。

（七）水资源可利用量

水资源可利用量是指在区域水资源量中，在不影响生态与环境状态情况下，采用合理的技术经济手段可以用于人类生活、生产、生态目的的那部分水量。水资源可利用量的评价对确定未来不同水平年可供水量具有重要意义。水资源可利用量由地表水资源可利用量和地下水资源可开采量构成。

1. 地表水资源可利用量

（1）地表水资源可利用量，是指在可预见的时期内，在统筹考虑生活、生产和生态环境用水，协调河道内与河道外用水的基础上，通过经济合理、技术可行的措施可供河道外一次性利用的最大水量（不包括回归水重复利用量）。

（2）地表水资源可利用量应按流域水系进行分析计算，以反映流域上下游、干支流、左右岸之间的联系以及整体性。省（自治区、直辖市）按独立流域或控制节点进行计算，流域机构按一级区协调汇总。

（3）根据各流域水系的特点以及水资源条件，可采用适宜的方法估算地表水资源可利用量。如在水资源紧缺及生态环境脆弱的地区，应优先满足河道内最小生态环境需水要求，并扣除由于不能控制利用而下泄的水量；在水资源较丰沛的地区，其上游及支流重点考虑技术经济条件确定的供水能力，下游及干流主要考虑满足最小生态环境要求的河道内用水；沿海地区独流入海的河流，可在考虑工程调蓄能力及河口生态环境保护要求的基础上，估算可利用量；国际河流应根据有关国际协议参照国际通用的规则，结合现状水资源利用的实际情况进行估算。具体计算方法另行确定。

2. 地下水资源可开采量

(1) 地下水资源可开采量是指在可预见的时期内，通过经济合理、技术可行的措施，在不引起生态环境恶化条件下允许从含水层中获取的最大水量。

(2) 地下水资源可开采量评价的地域范围为目前已经开采和有开采前景的地区。其中，北方六区（松花江区、辽河区、海河区、黄河区、淮河区及西北诸河区）平原区的多年平均浅层地下水资源可开采量是评价的重点；一般山丘区和岩溶山区（包括小型河谷平原）中，以凿井取水形式开发利用地下水程度较高的区域以及在不具备蓄引提等地表水开发利用方式、具有凿井取水形式开发利用地下水的条件且当地水资源供需矛盾突出的区域，宜计算多年平均地下水资源可开采量；大型及特大型地下水水源地要求逐一进行多年平均地下水资源可开采量计算。

(3) 分析确定一般山丘区和岩溶山区地下水资源可开采量时，应区分出与当地地表水资源可利用量间的重复计算量。

(4) 要求根据近期条件下的多年平均地下水资源量，计算多年平均浅层地下水资源可开采量。北方六区应绘制平原区多年平均浅层地下水资源可开采量模数分区图，并填制各地下水Ⅱ级类型区多年平均地下水资源可开采量成果表。

(5) 在深层承压水开发利用程度较高的平原区，要求计算多年平均深层承压水可开采量。深层承压水可开采量计算的技术要求和方法另行确定。

3. 水资源可利用总量

水资源可利用总量是指在可预见的时期内，在统筹生活、生产和生态环境用水要求的基础上，通过经济合理、技术可行的措施可资一次性利用的最大水量。

规则中水资源可利用总量的计算，可采取地表水资源可利用量与浅层地下水资源可开采量相加，再扣除地表水资源可利用量与地下水资源可开采量两者之间重复计算水量的方法估算。重复水量主要是指平原区浅层地下水的渠系渗漏和渠灌田间入渗补给量的开采利用部分与地表水资源可利用量之间的重复计算量，其估算公式为：

$$Q_{总}=Q_{地表}+Q_{地下}-Q_{重} \tag{8-4}$$

$$Q_{重}=\tilde{n}(Q_{渠}+Q_{田}) \tag{8-5}$$

式中 $Q_{总}$——水资源可利用总量；

$Q_{地表}$——地表水资源可利用量；

$Q_{地下}$——浅层地下水资源可开采量；

$Q_{重}$——地表水资源可利用量与地下水资源可开采量之间的重复计算量；

$Q_{渠}$——渠系漏补给量；

$Q_{田}$——田间地表水灌溉入渗补给量；

$\tilde{n}$——可开采系数，是可开采量与地下水资源量的比值。

三、水资源质量评价

水资源质量的评价，应根据评价目的、水体用途、水质特性，选用相关参数和相应的国家、行业或地方水质标准进行。内容包括：河流泥沙分析、天然水化学特征分析、水资源污染状况评价。

河流泥沙，是反映河川径流质量的重要指标，主要评价河川径流中的悬移质泥沙。天然水化学特征，是指未受人类活动影响的各类水体在自然界水循环过程中形成的水质特征，是水资源质量的本底值。水资源污染状况评价，是指地表水、地下水资源质量的现状及预测，其内容包括污染源调查与评价，地表水资源质量现状评价，地表水污染负荷总量控制分析，地下水资源质量现状评价，水资源质量变化趋势分析及预测，水资源污染危害及经济损失分析，不同质量的可供水量估算及适用性分析。

（一）地表水水质评价

地表水水质是指地表水体的物理、化学和生物学的特征和性质。评价内容包括各水资源分区地表水体的水化学类型、水质现状（含污染状况）、水质变化趋势、供水水源地水质以及水功能区水质达标情况等。

1. 地表水资源质量评价要求

（1）在评价区内，应根据河道地理特征、污染源分布、水质监测站网，划分成不同河段（湖、库区）作为评价单元。

（2）在评价大江、大河水资源质量时，应划分成中泓水域与岸边水域，分别进行评价。

（3）应描述地表水资源质量的时空变化及地区分布特征。

（4）在人口稠密、工业集中、污染物排放量大的水域，应进行水体污染负荷总量控制分析。

2. 地表水资源质量评价内容

（1）水化学类型分析。要求在第一次全国水资源评价相关成果的基础上进行必要的补充。选用钾、钠、钙、镁、重碳酸根、氯根、硫酸根、碳酸根等项目，采用阿廖金分类法划分地表水水化学类型，并调查分析总硬度及矿化度。

（2）现状水质评价。统一采用2000年为基准；若2000年数据不全可进行补测或以2000年前后1～2年内的数据代替。要求按河流、湖泊（水库）分别进行评价。河流水质评价项目为pH值、硫酸根、氯离子、溶解性铁、溶解氧、高锰酸盐指数、五日生化需氧量、氨氮、硝酸盐氮、亚硝酸盐氮、氟化物、挥发酚、总氰化物、总砷、总汞、总铜、总铅、总锌、总镉、六价铬、总磷、石油类、水温、总硬度等24项。统一要求的必评项目为溶解氧、高锰酸盐指数、氨氮、挥发酚和总砷等5项。标准采用《地面水环境质量标准》（GB 3838—2002）。

（3）底质污染评价。对污染较重的河流、湖泊（水库），要求进行底质污染现状调查评价。评价项目选用pH值、总铬、总砷、总铜、总锌、总铅、总镉、总汞、有机质9项，标准采用《土地环境质量标准》（GB 15618—1995）。

（4）水质变化趋势分析。选择具有代表性的水质监测控制站，包括大江大河大湖及重要水库的控制站、独流入海河流的出口控制站，以及人口50万以上重要城市的下游控制站等，进行水质变化趋势分析。

（5）水资源分区水质评价。在河流、湖泊（水库）等地表水体水质现状评价的基础上，以水资源三级区为单元进行分析。

(6) 水功能区水质达标分析。水功能区水质达标分析范围应包括已进行水功能区划的全部范围，各地可在水利部颁布试行的《中国水功能区划》的基础上，适当扩充、调整。要求将分析成果归并到水资源三级区。

(7) 供水水源地水质评价。重点是集中式饮用水水源地，包括水功能区划所确定的保护区中的集中供水水源区、开发利用区中的饮用水水源区，以及20万人口以上城市的日供水量在5万t以上的饮用水水源地等。评价标准采用（GB 3838—2002)，对标准所列的全部水质项目进行水质级别和达标评价。对缺少有毒有机物评价数据的集中式饮用水水源地，要进行补充监测，对主要超标物，要统计超标率。

(二) 地下水水质评价

地下水水质是指地下水体的物理、化学和生物学特征和性质，主要评价对象是平原区浅层地下水以及进行了地下水可开采量评价的岩溶水和基岩裂隙水。评价内容包括地下水化学分类、地下水现状水质评价，以及近期地下水水质动态变化趋势和地下水污染分析等。

1. 地下水资源质量评价要求

(1) 选用的监测井（孔）应具有代表性。

(2) 应将地表水、地下水作为一个整体，分析地表水污染、污水库、污水灌溉和固体废弃物的堆放、填埋等对地下水资源质量的影响。

(3) 应描述地下水资源质量的时空变化及地区分布特征。

2. 地表水资源质量评价内容

(1) 充分利用以往及近期地下水水质监测资料，采用舒卡列夫分类法确定地下水化学类型。

(2) 地下水现状水质评价。评价基准年为2000年，在缺少2000年地下水水质监测资料的地区，可以2000年前后1～2年的资料替代；必要时，可以2002年补测资料替代。

统一要求必评的水质监测项目为pH值、矿化度（M)、总硬度（以$CaCO_3$计)、氨氮、挥发性酚类（以苯酚计)、高锰酸盐指数、总大肠菌群等共7项。各地可根据实际需要，选用评价氟化物（以F表示)、氯化物、氰化物、碘化物、砷、硝酸盐、亚硝酸盐、铬（六价)、汞、铅、锰、铁、镉、化学需氧量，以及其他有毒有机物或重金属等水质监测项目。

按照《地下水质量标准》(GB/T 14848—93）对各计算分区的地下水水质进行分类，并以Ⅲ类水标准的上限值作为控制标准，记录达到Ⅳ类、Ⅴ类标准的各水质监测项目的名称、监测值、超标指数和超标率。

(3) 要求广泛收集各有关部门地下水水质监测资料，选用质量较好且具有代表性，尽可能多年份的地下水水质监测井进行地下水水质变化趋势分析。

综合分析计算分区内地下水水质监测井各监测项目的变化趋势，作为相应分区的地下水水质变化趋势。

(4) 地下水污染分析。要求调查有可能造成地下水污染的污染源。污染源包括水质低劣的地表水体（如排污河道、渗井、纳污湖库塘坝等)、污灌区和农药化肥施用量较高的农田、废弃物堆放场等。地下水污染分析的重点区域是污染源附近，尤其是存在污染源的地下水水源地。

在充分利用已有资料的基础上，分别调查分析海水入侵、地下咸水侵入淡水含水层的情况，分析其变化趋势，绘出现状条件下咸淡水界线。

充分利用地下水水质现状评价和变化趋势分析成果，密切结合污染源种类、物质组成和地理分布特征，通过综合分析，确定地下水现状污染区域界线、主要污染项目和污染程度。

（5）大型及特大型地下水水源地水质评价。要求对大型及特大型地下水水源地逐一进行水质评价。未形成超采区的，以生产井布井区为评价区；已形成超采区的，以相应超采区为评价区。评价内容包括地下水水质现状、变化趋势和地下水污染分析，选用监测井并应适当加密，并要求充分收集“三致”物质的检出情况，必要时进行补充监测。

（6）根据评价区地下水水质现状、变化趋势分析和地下水污染分析成果，以及各大型及特大型地下水水源地水质评价成果，提出保护和改善地下水水质的保障措施。

（三）水资源质量综合评价方法

水资源质量评价是水资源评价的一个重要方面，是对水资源质量等级的一种客观评价。无论是地表水还是地下水，水资源质量评价都是以水质调查分析资料为基础的，可以分为单项组分评价和综合评价。单项组分评价是将水质指标直接与水质标准比较，判断水质是否合适。综合评价是根据一定的评价方法和评价标准，综合考虑多因素进行的评价。

水资源质量评价因子的选择是评价的基础，一般应按国家标准和当地的实际情况来确定评价因子。

评价标准的选择，一般应依据国家标准和行业或地方标准来确定。同时还应参照该地区污染起始值或背景值。

水资源质量单项组分评价，就是按照水质标准［如《地下水质量标准》（GB/T 14848—93）、《地面水环境质量标准》（GB 3838—2002）］所列分类指标，划分类别，代号与类别代号相同，不同类别标准值相同时从优不从劣。例如，地下水挥发性酚类Ⅰ、Ⅱ类标准值均为 0.001mg/L，若水质分析结果为 0.001mg/L 时，应定为Ⅰ类，不定为Ⅱ类。

对水资源质量综合评价，有多种方法，现分别介绍如下。

1. 评分法

这是水资源质量综合评价的常用方法。具体要求与步骤如下：

（1）首先进行各单项组分评价，划分组分所属质量类别。

（2）对各类别分别确定单项组分评价分值 F_i（表 8-1）。

表 8-1　各类别分值 F_i

类别	Ⅰ	Ⅱ	Ⅲ	Ⅳ	Ⅴ
F_i	0	1	2	5	10

（3）按下式计算综合评价分值 F：

$$F=\sqrt{\frac{\overline{F}^2+F_{\max}^2}{2}} \tag{8-6}$$

$$\overline{F}=\frac{1}{n}\sum_{i=1}^{n}F_i \tag{8-7}$$

式中　$\overline{F}$——各单项组分评分值 F_i 的平均值；

F_{max}——单项组分评分值 F_i 的最大值；

n——项数。

（4）根据 F 值，按表 8－2 的规定划分水资源质量级别，如“优良（Ⅰ类）”、“较好（Ⅲ类）”等。

表 8－2　　水资源质量划分标准

级别	优良	良好	较好	较差	极差
F	＜0.80	0.8～＜2.50	2.50～＜4.25	4.25～＜7.20	＞7.20

2．污染指数法

污染指数法是以某一污染要素为基础，计算污染指数，以此为判断依据进行评价，其计算公式为

$$I=\frac{C_i}{C_0} \tag{8-8}$$

式中　C_i——水中某组分的实测浓度；

I——单要素污染指数；

C_0——背景值或对照值。

当背景值为一区间值时，采用下式计算 I 值：

$$I=|C_i-C_0|/(C_{0max}-\overline{C_0}) \tag{8-9}$$

或

$$I=|C_i-C_0|/(\overline{C_0}-C_{0min}) \tag{8-10}$$

式中　C_{0max}、C_{0min}——背景值或对照值的区间最大、最小值；

$\overline{C_0}$——背景值或对照值的区间中值；

其他符号意义同前。

这种方法，可以对各种污染组分、不同时段（如枯、丰水期）分别进行评价。当 $I\leqslant 1$ 时为未污染；当 $I>1$ 时为污染，并可根据 I 值进行污染程度分级。此法的优点是直观、简便，被广泛应用。

3．一般统计法

这种方法是以检测点的检出值与背景值或水质标准作比较，统计其检出数、检出率、超标率等，一般以表格法来反映，最后根据统计结果来评价水资源质量。

其中，检出率是指污染组成占全部检测数的百分数。超标率是指检出污染浓度超过水质标准的数量占全部检测数的百分数。对于受污染的水体，可以根据检出率确定其污染程度，比如单项检出率超过50％，即为严重污染。

4．多级关联评价方法

多级关联评价是一种复杂系统综合评价方法。它的特点是：①评价的对象可以是一个多层结构的动态系统，即同时包括多个子系统；②评价标准的级别可以用连续函数表达，也可以采用在标准区间内做更细致分级的方法；③方法简单可操作，易与现行方法对比。

(1) 多级关联评价的概念。依据监测样本与质量标准序列间的几何相似分析与关联测度，来度量监测样本中多个序列相对某一级别质量序列的关联性。关联度愈高，就说明该样本序列愈贴近参照级别，这就是多级关联综合评价的信息和依据。图 8-2 为多级关联分析示意图。

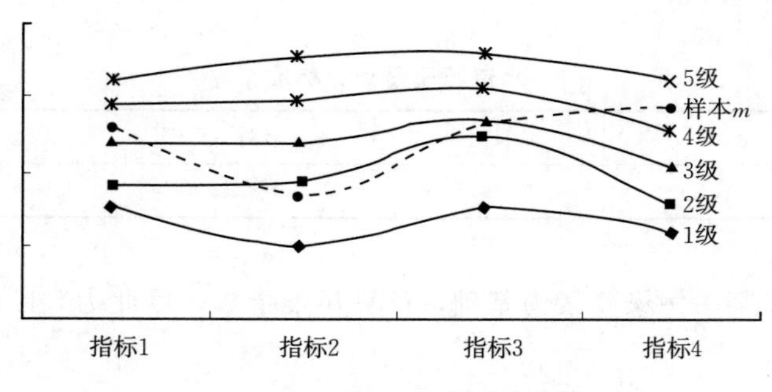

图 8-2 多级关联分析示意图

(2) 多级关联评价的计算。

1) 先将样本矩阵和质量标准矩阵进行归一化处理（可参阅指标标准化处理方法），转变为［0，1］内取值。

归一化后的实测样本矩阵为

$$A_{m\times n}(I)=\begin{array}{c} \begin{array}{cccc} \text{index1} & \text{index2} & \cdots & \text{index}n \end{array} \\ \begin{bmatrix} a_1(1) & a_1(2) & \cdots & a_1(n) \\ a_2(1) & a_2(2) & \cdots & a_2(n) \\ \vdots & \vdots & \ddots & \vdots \\ a_m(1) & a_m(2) & \cdots & a_m(n) \end{bmatrix} \end{array} \begin{array}{l} \\ \text{sample } 1 \\ \text{sample } 2 \\ \vdots \\ \text{sample } m \end{array} \tag{8-11}$$

归一化后的质量样本矩阵为

$$B_{l\times n}(I)=\begin{array}{c} \begin{array}{cccc} \text{index1} & \text{index2} & \cdots & \text{index}n \end{array} \\ \begin{bmatrix} b_1(1) & b_1(2) & \cdots & b_1(n) \\ b_2(1) & b_2(2) & \cdots & b_2(n) \\ \vdots & \vdots & \ddots & \vdots \\ b_l(1) & b_l(2) & \cdots & b_l(n) \end{bmatrix} \end{array} \begin{array}{l} \\ \text{grade } 1 \\ \text{grade } 2 \\ \vdots \\ \text{grade } l \end{array} \tag{8-12}$$

2) 计算关联离散函数 $\xi_{ij}(k)$。从实测样本矩阵 $A_{m\times n}(I)$ 中取第 j 个监测样本向量 $\{\overrightarrow{a_j}=[a_j(1),a_j(2),\cdots,a_j(n)],j=1,2,\cdots,m\}$ 作为参考序列（母序列）。把质量标准矩阵 $B_{l\times n}(I)$ 中的每一个行向量 $\{\overrightarrow{b_i}=[b_i(1),b_i(2),\cdots,b_i(n)],i=1,2,\cdots,n\}$ 作为比较序列（子序列）。对于固定的 j（如 $j=1$），令 i 从 1 到 l，分别计算对应每个 k 指标的关联离散函数 $\xi_{ij}(k)$（$k=1,2,\cdots,n$）。

关联离散函数计算公式如下：

$$\xi_{ij}(k)=\frac{1-\Delta_{ij}(k)}{1+\Delta_{ij}(k)}\quad(i=1,2,\cdots,l;\ j=1,2,\cdots,m;\ k=1,2,\cdots,n) \tag{8-13}$$

其中

$$\Delta_{ij}(k)=|a_j(k)-b_i(k)| \tag{8-14}$$

3）关联度 r_{ij} 的计算。关联度 r_{ij} 是子序列向量与母序列的关联程度，定义为 $\{\xi_{ij}(k)\}$ 面积测度，一种加权平均的计算方法如下：

$$r_{ij}=\sum_{k=1}^{n}\bar{\omega}(k)\xi_{ij}(k)(i=1,2,\cdots,l;j=1,2,\cdots,m;k=1,2,\cdots,n) \tag{8-15}$$

式（8-15）中 $r_{ij}\in[0,1]$；$\bar{\omega}(k)$ 为第 k 个指标的权重值；$\bar{\omega}(k)$ 用主成分—因子分析赋权方法计算。

分别令 $i=1,2,\cdots,l$；$j=1,2,\cdots,m$，计算出每一个关联度 r_{ij}，最后形成综合评价关联矩阵，记为

$$\begin{array}{cc} & \begin{array}{cccc}\text{index1} & \text{index2} & \cdots & \text{index}n\end{array} \\ R_{l\times n}(I)= & \begin{bmatrix} r_{11} & r_{12} & \cdots & r_{1m} \\ r_{21} & r_{22} & \cdots & r_{2m} \\ \vdots & \vdots & \ddots & \vdots \\ r_{l1} & r_{l2} & \cdots & r_{lm} \end{bmatrix} \begin{array}{c}\text{grade } 1 \\ \text{grade } 2 \\ \vdots \\ \text{grade } l\end{array} \end{array} \tag{8-16}$$

基于多级关联分析原理，便可确定第 i 个监测样本的评价级别，即取 $R_{l\times m}(I)$ 矩阵第 i 列向量中关联度最大者对应的 k^* 级别，即 $r_{ij}^*=\max(r_{ij})$。不难看到，$R_{l\times m}(I)$ 矩阵从整体上描述了每个点 n 项指标相对于各级标准的关联度。它是一种实测序列与标准序列（分级）间距离的一种量度。两者愈接近，隶属性就愈大，反之亦然。为了提高评价的精度，下面将介绍关联差异度的概念。

4）关联差异度 d_{ij} 的计算。根据多级关联空间分析理论，关联度是衡量指标序列间相似程度的测度，其变化区间为（0，1）。关联度越接近于1，序列间相似程度越大；关联度越接近于0，相似程度就越小。为了衡量序列间的差异程度，改进后提出关联差异度作为序列间差异程度的度量标准。

关联差异度的物理意义与关联度正好相反，它们的计算关系如下：

$$d_{ij}=\bar{\omega}_{ij}(1-r_{ij})=\mu_{ij}[1-\sum_{k=1}^{n}\bar{\omega}(k)\xi_{ij}(k)] \tag{8-17}$$

式中 $\bar{\omega}_{ij}$——第 i 个质量样本从属于第 j 级质量等级标准的从属度。

为了从理论上解出最优的 μ_{ij}，构造如下目标函数：全体监测样本与各级质量标准模式之间的加权关联差异度平方和最小，即

$$\min\{F(\mu_{ij})\}=\min\{\sum_{i=1}^{l}\sum_{j}^{m}[\mu_{ij}(1-\sum_{k=1}^{n}\bar{\omega}(k)\xi(k))]^2\} \tag{8-18}$$

求解可得

$$\mu_{ij}=\frac{1}{\sum_{t=1}^{l}\left[\frac{1-\sum\bar{\omega}(k)\xi_{ij}(k)}{1-\sum_{k=1}^{n}\bar{\omega}(k)\xi_{tj}(k)}\right]^2} \tag{8-19}$$

$(i=1,2,\cdots,l;j=1,2,\cdots,m;k=1,2,\cdots,n;t=1,2,\cdots,l)$

5）综合评价指数 GC 的计算公式为

$$GC=(\mu_{ij})\ S=US \tag{8-20}$$

式中　GC——多级关联评价的综合指数，$GC\in[1,\ l]$

S——质量标准级别向量，$S^{T}=(1,\ 2,\ \cdots,\ l)$。

GC 值四舍五入就是评价样本所对应的类型。如 $GC=2.7\approx3$，就属于Ⅲ类。

四、水资源未来变化趋势分析

对于新中国成立以来特别是近20年来水资源情势变化较大的流域或区域，要利用已有资料分析成因和主要影响因素。重点分析人类活动改变下垫面条件对水资源情势的影响，包括土地和水资源开发利用对地表产水量的影响，地表水开发利用方式及农业节水措施等对平原区地下水资源量和可开采量的影响，以及山丘区地下水资源开采对河川基流量的影响等。

未来人类活动对水资源形成及转化的影响仍将持续，未来水资源的开发利用情况也将与现状有所不同，如节约用水水平的提高、水污染防治力度加大以及水资源配置等工程措施的实施等，也将会对未来的水资源情势产生一定的影响。要求结合水资源综合规划的有关成果，以现状水资源评价的成果为基础，对水资源的形成和转化起主要作用的一些关键因素的未来可能变化趋势，进行定性和定量相结合的分析；对未来地表水与地下水相互转化关系的有关参数和水资源形成与转化边界条件的可能变化，进行趋势分析和情景预测；按照规划推荐方案实施前后两种情况的对比，预测未来水资源量、水质和可利用量的可能变化趋势。

五、水资源开发利用及其影响评价

水资源的利用评价是对如何合理进行水资源的综合开发利用和保护规划的基础性前期工作，其目的是增强在进行具体的流域或区域水资源规划时的全局观念和宏观指导思想，是水资源评价工作中的重要组成部分。

（一）供水基础设施及供水能力调查统计分析

以现状水平年为基准年，分别调查统计地表水源、地下水源和其他水源供水工程的数量和供水能力，以反映供水基础设施的现状情况。供水能力是指现状条件下相应供水保证率的可供水量。

地表水源工程分蓄水、引水、提水和调水工程，按供水系统统计，注意避免重复计算。蓄水工程指水库和塘坝，调水工程指跨水资源一级区之间的调水工程。

地下水源工程指水井工程，按浅层地下水和深层承压水分别统计。

其他水源工程包括集雨工程、污水处理回用和海水利用等供水工程。

在统计工作的基础上，应分类分析它们的现状情况、主要作用及存在的主要问题。

（二）供水量调查统计分析

供水量是指各种水源工程为用水户提供的包括输水损失在内的毛供水水量。对跨流域跨省区的长距离地表水调水工程，以省（自治区、直辖市）收水口作为毛供水量的计算点。

在受水区内，按取水水源对地表水源供水量、地下水源供水量分别进行统计。地表水源供水量以实测引水量或提水量作为统计依据，无实测水量资料时可根据灌溉面积、工业产值、实际毛用水定额等资料进行估算。地下水源供水量是指水井工程的开采量，按浅层淡水、深层承压水和微咸水分别统计。

另外，其他水源供水量的统计，包括污水处理回用、集雨工程、海水淡化等。供水量统计工作，是分析水资源开发利用的关键环节，也是水资源供需平衡分析计算的基础。

（三）供水水质调查统计分析

供水水量评价计算仅仅是其中的一方面，还应该对供水的水质进行评价。原则上，地表水供水水质按《地面水环境质量标准》（GB 3838—2002）评价，地下水水质按《地下水质量标准》（GB/T 14848—93）评价。具体评价内容在第一节水资源质量评价中已做介绍。

（四）水资源开发程度调查分析

水资源开发程度的调查分析是指对评价区域内已有的各类水利工程及措施情况进行调查了解，包括各种类型及功能的水库、塘坝、引水渠首及渠系、水泵站、水厂、水井等，包括其数量和分布。对水库要调查其设立的防洪库容、兴利库容、泄洪能力、设计年供水能力及正常或不能正常运转情况，对各类供水工程措施要了解其设计供水能力和有效供水能力，对于有调节能力的蓄水工程，应调查其对天然河川径流经调节后的改变情况。有效供水能力是指当天然来水条件不能适应工程设计要求时实际供水量比设计条件有所降低的实际运行情况，也包括因地下水位下降而导致井出水能力降低的情况。

各种工程的开发程度常指其现有的供水能力与其可能提供能力的比值。如供水开发程度是指当地通过各种取水引水措施可能提供的水量和当地天然水资源总量的比值，水力发电的开发程度是指区域内已建的各种类型水电站的总装机容量和年发电量，与这个区域内的可能开发的水电装机容量和可能的水电年发电量之比，等等。

通过水资源开发情况的现状调查，可以对评价区域范围内未来可能安排的工程布局中重要工程的位置大致心中有数，以为进一步开发利用水资源准备条件。

（五）用水量调查统计及用水效率分析

用水量，是指分配给用水户包括输水损失在内的毛用水量。按照农业、工业、生活三大类进行统计，并把城（镇）乡分开。

在用水调查统计的基础上，计算农业用水指标、工业用水指标、生活用水指标以及综合用水指标，以评价用水效率。

农业用水指标包括净灌溉定额、综合毛灌溉定额、灌溉水利用系数等。工业用水指标包括水的重复利用率、万元产值用水量、单位产品用水量。生活用水指标包括城镇生活和农村生活用水指标，城镇生活用水指标用“人均日用水量”表示，农村生活用水指标分别按农村居民“人均日用水量”和牲畜“标准头日用水量”计算。

（六）实际消耗水量计算

实际消耗水量，是指毛用水量在输水、用水过程中，通过蒸腾蒸发、土壤吸收、产品带走、居民和牲畜饮用等多种途径消耗掉而不能回归到地表水体或地下水体的水量。

农业灌溉耗水量包括作物蒸腾、棵间蒸散发、渠系水面蒸发和浸润损失等水量。可以通过灌区水量平衡分析方法进行推求，也可以采用耗水机理建立水量模型进行计算。

工业耗水量包括输水和生产过程中的蒸发损失量、产品带走水量、厂区生活耗水量等。可以用工业取水量减去废污水排放量来计算，也可以用万元产值耗水量来估算。

生活耗水量包括城镇、农村生活用水消耗量，牲畜饮水量以及输水过程中的消耗量。可以采用引水量减去污水排放量来计算，也可以采用人均或牲畜标准头日用水量来推求。

（七）水的供需分析

通过供需现状分析以了解在现实情况下水资源是富余或是短缺，以及水资源的供水潜力如何。在分析水的供需现状时，应注意水的重复利用，包括在同一用户内部的循环用水及不同用户间的重复使用，如上游用水户的排水经过处理或不需处理，又供下游用水户使用。

在用水和供水情况调查中，应当对现有各类用水方式是否合理，有无节水潜力以及各类用水定额作出评价，以作为进行供需形势展望的基础。

对水资源供需情况的展望分析，应当包括用水增长预测和可能增加的供水能力预估。

用水增长的预测方法通常有趋势法外延，以及参照国民经济和社会发展的长远预计目标进行估计的两种途径。前一种是以已经出现的用水增长趋势进行外延，特别应注意最近几年的增长速度进行外延。这种方法比较简便易行，适用于经济增长比较平稳地发展，不受政策性变化影响的情况。后一种途径是以人口的增长及城市和农村人口比例的变化、国民经济的增长速度进行用水量预估，并参照可能的政策性措施分项进行的方法。在用水增长预测中，人口的增长是一些国家中最主要的因素。

用水预测是基于各行各业的需水预计的要求。在供需平衡分析中，必须对各行业提出的需水预计要求进行分析，使其能建立在节约用水、合理用水的基础上。在用水预测中，考虑节水措施是必要的，但节水措施是需要一定的投入才能实现的。此外，用水的增长是否会按预期的设想实现，还取决于在这个预测期中各种工程供水能力的增加的可能性，这又是受经济发展情况所制约的。因此，对未来水资源供需关系的展望需要在可能的经济发展条件下，不断调整供水能力的增加与用水需求增长间的关系后，才能最后确定。对于有些地区，如果水资源已成为经济发展的制约因素，则有必要进一步采取特殊措施，包括调整经济发展速度，以求得水的供求关系的平衡。关于这个问题的具体解决，还要在水资源规划阶段统筹全局来寻求解决办法，在水资源评价阶段，只能提出轮廓性的意见。

（八）水资源开发利用引起不良后果的调查与分析

天然状态的水资源系统，是未经污染和人类破坏影响的天然系统。而在人类活动影响后，或多或少对水资源系统产生一定影响。这种影响可能是负面的，也可能是正面的，影响的程度也有大有小。如果人类对水资源的开发不当或过度开发，必然导致一定的不良后果。例如，废污水的排放导致水体污染，地下水过度开发导致水位下降、地面沉降、海水入侵，生产生活用水挤占生态用水导致生态破坏等。

因此，在水资源开发利用现状分析过程中，要对水资源开发利用导致的不良后果进行全面的调查与分析。

（九）水资源开发利用程度综合评价

在上述调查分析的基础上，需要对区域水资源的开发利用程度作一个综合评价。具体计算指标包括：地表水资源开发率、平原区浅层地下水开采率、水资源利用消耗率。其中，地表水资源开发率是指地表水源供水量占地表水资源量的百分比；平原区浅层地下水开采率是指地下水开采量占地下水资源量的百分比；水资源利用消耗率是指用水消耗量占水资源总量的百分比。

在这些指标计算的基础上，综合水资源利用现状，分析评价水资源开发利用程度，说明水资源开发利用程度是高等、中等还是低等。

第二节　水资源评价实例*

一、地形地貌

迁安市由低山、丘陵及平原组成。地势西北高、东南低，自西北向东南倾斜，并以阶梯状自中间平原区向四周分四级升高。滦河两岸地势最低，最低海拔36m，地处五重安乡的大嘴子山是本市的最高峰，海拔为695.7m。迁安市总面积为1208km^2。其中，低山区面积264km^2，占总面积的21.9%；丘陵区面积409km^2，占总面积的33.8%；平原区面积535km^2，占总面积的44.3%。全市山丘区总面积为673km^2，占全市总面积的55.7%。

二、水资源开发利用现状

迁安市2003年水资源利用量为20262万m^3，其中地表水为3160万m^3，占总利用量的15.60%，地下水为17102万m^3，占总利用量的84.40%。

地表水开发利用率为13.9%。其中，马兰庄镇地表水资源开发利用程度最高，是本地地表水资源量的3倍多，其主要是利用滦河过境水量。蔡园镇、大崔庄镇地表水开发利用率超过10%，杨各庄镇、赵店子镇、建昌营镇、木厂口镇、五重安乡地表水开发利用率在5%～10%之间，其他乡镇地表水开发利用率很低，在5%以下。

地下水开发利用程度为105.0%，地下水供需基本持平。但不同乡镇开发利用率变化较大，地下水开发利用程度最高的乡镇是杨店子镇，因迁钢是用水大户，其开发利用率达到251.2%，属于严重超采地区，而五重安乡地下水开发利用程度最低，开发利用率为44.1%。

三、地表水资源量

根据1956～2003年年径流分析结果，迁安市多年平均自产地表水资源量为1.8291亿m^3，其中山区1.2002亿m^3，平原0.6289亿m^3。保证率20%、50%、75%、95%的径流量分别为2.7252亿m^3、1.5366亿m^3、0.8963亿m^3、0.3298亿m^3。

迁安市多年平均地表水资源可利用量为1.1302亿m^3/a，保证率50%、75%的地表水资源可利用量分别为0.9142亿m^3/a、0.4279亿m^3/a。其中，本地多年平均地表水可利用量为0.5154亿m^3/a，保证率50%、75%的本地地表水资源可利用量分别为0.4035亿m^3/a和

* 水利部综合事业局，水利部水资源管理中心．水资源评价方法及实例与建设项目水资源论证．北京：中国水利水电出版社，2009。

0.2513 亿 m^3/a，滦河大黑汀—桑园区间入境水量多年平均可利用量为 0.6148 亿 m^3/a，保证率 50%、75%的可利用量分别为 0.5107 亿 m^3/a 和 0.1766 亿 m^3/a。

四、地下水资源量

现状条件下山丘区的地下水资源量为 6738 万 m^3/a，平均地下水资源模数为 10.01 万 $m^3/(a \cdot km^2)$，平原区的地下水资源量为 13529 万 m^3/a，平均地下水资源模数为 25.29 万 $m^3/(a \cdot km^2)$；全市地下水资源量为 18952 万 m^3/a，平均地下水资源模数为 15.69 万 $m^3/(a \cdot km^2)$。全市地下水可开采量为 16280 万 m^3/a。

平原区的地下水资源模数明显大于山丘区，表明平原区地下水资源较山丘区丰富。从平原区各分区的地下水资源模数分析，滦河平原区的地下水资源模数明显大于其他平原区，表明滦河平原区的地下水资源较其他平原区丰富。

从各乡镇地下水资源量占全市地下水资源量的比例分析，迁安镇所占比例最大，达 0.316，太平庄乡和大五里乡所占比例最小，均为 0.015，最大与最小相差 20 倍；从各乡镇的地下水资源模数分析，迁安镇地下水资源模数最大，为 43.47 万 $m^3/(a \cdot km^2)$，太平庄乡地下水资源模数最小，仅 5.07 万 $m^3/(a \cdot km^2)$，最大与最小相差 7 倍多。

五、水资源总量

山丘区地表水资源量为 1.2002 亿 m^3/a，地下水资源量为 0.6057 万 m^3/a，扣除两者之间的重复量（基流量）0.3792 亿 m^3/a，山丘区水资源总量为 1.4267 亿 m^3/a。平原区地表水资源量为 0.6289 亿 m^3/a，降水入渗补给量为 0.6564 亿 m^3/a，扣除两者之间的重复量（降水入渗形成的溢出量）0.0705 亿 m^3/a，平原区水资源总量为 1.2148 亿 m^3/a。全市水资源总量为 2.6415 万 m^3/a。山丘区的水资源总量大于平原区的水资源总量。

迁安市全市多年平均本地地表水可利用量为 0.5154 亿 m^3/a。地下水可开采量为 1.6280 亿 m^3/a. 两者之间的重复量为 0.3846 亿 m^3/a，入境地表水可利用量为 0.6149 亿 m^3/a，水资源可利用总量为 2.3737 亿 m^3/a。迁安市保证率 50%的水资源可利用总量为 2.2299 亿 m^3/a，保证率 75%的水资源可利用总量为 1.8753 亿 m^3/a。

从各乡镇的多年平均水资源总量分析，迁安镇的水资源可利用总量最大，达 0.8464 万 m^3/a，占全市水资源总量的 35.7%，大大超过其他乡镇。太平庄乡水资源可利用总量最小，仅 0.0127 万 m^3/a，占全市水资源可利用总量的 0.5%，最大与最小相差 60 多倍。

可见，水资源可利用量的空间分布是不均匀的。

六、水资源质量评价

1. 地表水质量评价

本次迁安市地表水资源质量评价的范围主要包括滦河水系沙河迁安段、滦河迁安段和冀东沿海水系西沙河迁安段。对迁安市地表水控制站水质评价结果显示，滦河水系沙河段、冀东沿海沙河滨河村段水质状况较好，年均值评价属地表水环境质量标准Ⅱ类水。滦河爪村段水质年均值评价属地表水环境质量标准Ⅴ类水，主要超标物质为氨氮，超标倍数 4.1。主要污染源为生活污水和工业废水。

2. 地下水质量评价

地下水综合评价结果显示，张官营、扣庄和麻官营一带的地下水质量较差，主要是亚硝酸盐氮、氨氮、铁和锰含量偏高，其他地区地下水质量良好。污染地区的主要污染源为生活污水和工业废水，应加大污水处理力度。

生活饮用水水质评价结果显示，迁安市地下水一般均符合生活饮用水国家卫生标准，只是在张官营和麻官营一带铁、锰超标，其中，张官营地下水中铁超标0.57倍，锰超标13.7倍，麻官营地下水中锰超标0.20倍。

依据《农田灌溉水质标准》（GB 5084—92）对迁安市地下水进行农田灌溉用水水质评价，评价因子共14项。经评价，迁安市地下水均符合农田灌溉用水的国家标准。

根据《水文地质手册》中的《一般锅炉用水水质评价指标》进行评价，评价内容包括：成垢作用、起泡作用和腐蚀作用。评价结果显示，迁安市地下水属锅垢少或锅垢多、具中等沉淀物或硬沉淀物、不起泡、半腐蚀性水。

七、水资源供需态势分析

保证率50%时：2005年迁安市水资源可供水总量为2.3878亿m^3/a，总需水量为2.2807亿m^3/a，供需比为1.05，余水量为0.1071亿m^3/a；2010年水资源可供水总量为2.9124亿m^3/a，总需水量为2.6066亿m^3/a，供需比为1.12，余水量为0.3058亿m^3/a；2015年水资源可供水总量为3.1512亿m^3/a，总需水量为2.8072亿m^3/a，供需比为1.12，余水量为0.3441亿m^3/a；2020年水资源可供水总量为3.1899亿m^3/a，总需水量为3.0138亿m^3/a，供需比为1.06，余水量为0.1761亿m^3/a。

保证率75%时：2005年迁安市水资源可供水总量为2.3754亿m^3/a，总需水量为2.7962亿m^3/a，供需比为0.85，余缺水量为−0.4208亿m^3/a；2010年水资源可供水总量为2.9124亿m^3/a，总需水量为3.1983亿m^3/a，供需比为0.91，余缺水量为−0.2903m^3/a；2015年水资源可供水总量为3.1455亿m^3/a，总需水量为3.4444亿m^3/a，供需比0.91，余缺水量为−0.2989亿m^3/a；2020年水资源可供水总量为3.1835亿m^3/a，总需水量为3.6965亿m^3/a，供需比为0.86，余缺水量为−0.5130亿m^3/a。

八、水资源开发利用对策与措施

1. 调整水资源的开发利用布局

（1）调整地表水开发布局。现状地表水开发利用程度较低，小型水库、塘坝规模较小，引水工程年久失修，不能充分发挥效益。今后迁安市应加强地表水的开发利用，在适宜的地段增建小型水库、塘坝，增加引水工程，并对现有的地表水工程加强管理和日常维护。

（2）入境水开发。在适宜地段加大入境地表水的开发力度，并争取自上游水库取得地表水用水指标。

（3）调整地下水开采布局。今后迁安市的地下水开采布局调整的重点应放在滦河平原，并将增采量主要布置于张官营－麻官营段滦河Ⅰ级阶地、河漫滩，以获得最大的河道渗漏补给量。

2. 节水措施

农业方面应积极推广喷微灌、管道输水灌溉，改大水漫灌为小畦灌溉，并加强地表水与地下水联合调度，高效利用水资源；工业方面应通过各种经济、行政手段加强用水管理，确保实现计划用水和节约用水，并严格控制和逐步减少废污水排放量，努力实现达标排放；生活方面应减少城镇供水管网和用水器跑冒滴漏现象，进一步普及节水型器具，提高用水效率。

3. 进一步建设治污工程及中水回用工程

迁安市已建成城市污水处理厂，使市区的水环境得到初步改善，中水回用工程刚刚起步。但在其他乡镇，污水处理的力度较弱，对水环境的不利影响越来越大。因此，今后应加强治污工程的建设力度，做好处理水的再利用规划，促使污水资源化。同时要加强污水的治理和监管工作，保护水资源。

4. 开源措施

由于滦河多年来接受大量尾矿沉积及迁安化肥厂悬浮物沉积，河床渗漏条件变差。现状河床底泥淤积条件下的垂向渗透系数仅为0.2485m/d，未淤积处的垂向渗透系数达1～2m/d。如清淤后垂向渗透系数能增加一倍，则清淤形成的渗漏补给增量可达3000万m^3/a。

5. 管理措施

管理措施包括建立健全统一的水管理机构、制定经济奖惩制度、实行用水的计划分配、开展水功能区划等措施。

6. 政策法规措施

完善城市水资源管理的政策法规体系对保护城市水资源至关重要。《中华人民共和国水法》、《中华人民共和国环境保护法》、《取水许可制度实施办法》、《建设项目水资源论证管理办法》等法律法规的颁布实施，对管理和保护水资源起到了重要的作用，在实际操作中，应严格按法律、法规办事。

第三节　水资源规划概述

在我国水资源规划是综合水利规划的重要组成部分，在江河流域或区域水利综合规划中占有基础与核心的地位，用于协调各类用水需要的水量科学分配、水的供需分析及解决途径、水污染的防治规划等方面的总体安排。

一、水资源规划的概念

水资源规划概念的形成由来已久，它是人类与水作斗争的产物，是人类在漫长的防洪、抗旱、供水等水利生产实践中形成的，随着社会经济和科学技术的不断发展而发展，其内容也不断得到充实和提高。概括来讲，“水资源规划”是以水资源利用、调配为对象，在一定流域或区域内为开发水资源、防治水患、保护生态环境、提高水资源综合利用效益而制定的在更高系统层次上的定量分析和综合集成。

水资源规划是根据国家或地区的经济发展计划、保护生态系统要求，以及各行业对水资源的需求，结合水资源条件、特点，拟定开发治理方案，提出工程规模和开发方案，达到水资源开发、经济社会发展、自然生态系统保护相互协调的目标。

二、水资源规划的类型

根据水资源规划的不同范围和要求，大致分成以下几种类型。

1. 流域水资源规划

流域水资源规划是以整个江河流域为对象的水资源规划，也常称为流域规划，包括大型江河流域的水资源规划和中小型河流流域的水资源规划。其研究的区域一般是按照地表水系空间地理位置划分的，以流域分水岭为研究水资源的系统边界。内容涉及国民经济发展、地区开发、自然资源与环境保护、社会福利与人民生活提高，以及其他与水资源有关的问题，研究的对策一般包括防洪、灌溉、排涝、发电、航运、供水、养殖、旅游、水环境保护、水土保持等内容。针对不同的流域规划，其规划的侧重点也有所不同。比如，黄河流域规划的重点之一是水土保持；淮河流域规划的重点之一是水资源保护规划；塔里木河流域规划的重点之一是生态环境保护规划。关于江河流域规划，水利部出台了《江河流域规划编制规范》(SL 201—97)，可供参考。

2. 跨流域水资源规划

跨流域水资源规划是以一个以上的流域为对象、以跨流域调水为目的的水资源规划。如为“南水北调”工程实施进行的水资源规划，为“引黄济青”、“引青济秦”工程实施进行的水资源规划。跨流域调水涉及到多个流域的社会经济发展、水资源利用和生态环境保护等问题。因此，其规划考虑的问题要比单个流域规划更广泛、更深入，需要探讨由于水资源的再分配可能对各个流域带来的社会经济影响、生态环境影响，也要探讨水资源利用的可持续性以及对子孙后代的影响及相应对策。

3. 地区水资源规划

地区水资源规划是以行政区或经济区、工程影响区为对象的水资源规划。其研究的内容基本与流域水资源规划相近，其规划的重点视具体的区域和水资源功能的不同而有所侧重。比如，有些地区是洪灾多发区，水资源规划应以防洪排水为重点；有些地区是缺水的干旱区，则水资源规划应以水资源合理配置、节水与水资源科学管理具体途径为重点。在做地区水资源规划时，既要把重点放在本地区，同时又要兼顾更大范围或流域的水资源总体规划，不能只顾当地局部利益而不顾整体利益。

4. 专项水资源规划

专项水资源规划是以流域或地区某一专门任务为对象或某一行业所做的水资源规划。比如，防洪规划、水力发电规划、灌溉规划、城市供水规划、水资源保护规划、航运规划以及某一重大水利工程规划（如三峡工程规划、小浪底工程规划）等。这类规划针对性比较强，就是针对某一专门问题；但在规划时，不能仅盯住该专门问题，还要考虑对区域或流域的影响以及区域或流域水资源利用总体战略。

5. 水资源综合规划

以流域或地区水资源综合开发利用和保护为对象的水资源规划，是在查清水资源及其开发利用现状基础上，根据经济发展、生态保护对水资源的要求，提出的合理开发、高效利用的方案，促进人口、资源、环境、经济的协调发展。

三、水资源规划的指导思想与基本原则

（一）指导思想

规划的制定要全面贯彻党中央水利工作方针和水利部党组治水新思路，以水资源可持续利用保障经济社会可持续发展作为编制规划的主线，坚持兴利除害结合、开源节流治污并重，通过水资源的合理开发、高效利用、优化配置、全面节约、有效保护、综合治理和科学管理，促进人口、资源、环境和经济的协调发展。

在制定水资源规划工作中，应当坚持按自然规律办事，处理好人与自然、人与水、水与环境和生态、水与社会发展的关系。为此，要在水资源规划中体现以下的基本平衡关系：

（1）水量平衡。除为适应各类用水要求要做到水的供需平衡以外，还应包括不同行业间用水的平衡，例如工业、城镇生活和农业用水间的平衡、水力发电用水和河道外用水的平衡，包括水量的合理分配和互相照顾，防止近水楼台先得月以至侵犯下游利益；社会和经济发展用水与环境和生态用水的平衡，社会和经济发展用水一般带来直接的经济效益，可有偿使用，而环境和生态用水一般只带来间接效益，很难有偿使用，但却涉及长远利益，其重要性越来越为人们所认识。由于社会和经济是不断前进的，并在前进过程中其数量、结构和分布不断进行调整，科学技术水平也不断提高，从而用水效率和供水能力也不断提高，因此，水量平衡是一种动态平衡，某个阶段的平衡只能是相对的，随时间的进程需要不断进行调整。

（2）水土平衡。水土平衡主要指农业有关的水问题，即水土资源的匹配效率，要通过水资源规划对水土资源的匹配率进行调整。在水少地多地区要以水定农业土地开发规模，一方面注意防止水资源不足情况下土地过度开发而导致出现土地的荒漠化，另一方面也要注意水资源的过度开发造成不可逆转的生态环境恶化和破坏水资源的天然恢复能力，最终会导致荒漠化的出现。

（3）水盐平衡。防止盐分在流域中不断积累，对农业灌溉要合理用水，灌排结合；防止因灌溉用水不当，只灌不排，引起地下水位上升，产生次生盐碱化。有条件的要坚持地表—地下水联合运用，加强水盐联调。

（4）水沙平衡。在多沙河流上要注意因上游河道外引水过多，导致输沙水流动力不足，使径流情势发生变化，引起下游河道淤积以致萎缩，以及利用水库加强水沙联调，保持库内冲淤平衡的水库调度方式。在水资源规划中应包括上游水土保持措施以增进减沙效果，使向河道外引水的增淤与水土保持的减沙效益保持协调。

（5）水污染与治理平衡。因水资源的开发利用而增加供水能力，带来废污水排放量的增加。水资源规划中应考虑水污染的治理并和供水工程同步实施。在社会和经济的发展过程中，排向河流及其他地表、地下水体的污染物数量不断增加，从而对污水的处理能力也要相应配套。因此，水污染与治理的平衡也是动态的，必须随时间的前进而不断调整。

（6）水投资来源与分配的平衡。水投资指在水资源开发、利用、治理、保护、节水措

施等包括前期工作费、建设资金和运行管理费用。水资源来源于总投资，因此与总投资额的大小和水投资在总投资中所占的份额有关。在水投资使用中，则有在水资源的开发、利用、治理、保护、节水等各方面的建设投资和运行管理费用间的分配问题，以及开发项目间的投资分配问题。由于社会和经济的发展，水投资来源和分配都有所变化，因而其平衡也是动态的。

（二）基本原则

水资源规划是根据国家的社会、经济、资源、环境的发展计划、战略目标和任务，依据研究区的水文水资源状况来进行工作的。它是关系国计民生、社会经济发展、生态环境保护的一件大事，在制定水资源规划时，要给予很高的重视。在力所能及的范围内，尽可能充分考虑社会经济发展、水资源充分利用、生态环境保护的协调；尽可能满足各方面的需水，以最小的投入获取最满意的社会效益、经济效益和环境效益。一般应遵守以下原则。

1. 遵守国家有关法律、规范的原则

水资源规划是对未来水利开发利用的一个指导性文件，具有重要的意义。首先应该贯彻执行有关法律、法规，如《中华人民共和国水法》、《中华人民共和国水污染防治法》、《中华人民共和国水土保持法》、《中华人民共和国环境保护法》以及《江河流域规划编制规范》等。

2. 坚持全面规划和统筹兼顾的原则

坚持全面规划、统筹兼顾、防洪抗旱并举，给水与排水协调，标本兼治、综合治理，除害兴利结合，开源、节流、治污并重。妥善处理上下游、左右岸、干支流、城市与农村、开发与保护、建设与管理、近期与远期等各方面的关系。

3. 坚持水资源开发利用与经济社会协调发展的原则

水资源开发利用要与全市经济社会发展的目标、规模、水平和速度相适应，并适当超前。经济社会的发展要与水资源的承载能力相适应，城市发展、生产力布局、产业结构调整以及生态环境建设，都要充分考虑水资源条件。

4. 坚持水资源可持续利用的原则

统筹协调全市生活、生产和生态用水，合理配置地表水与地下水、当地水与外流域调水、传统水源与非传统水源等多种水源，对需水要求与供水可能进行合理安排。在重视水资源开发利用的同时，强化水资源的节约与保护，把节约用水放在首位，积极防治水污染，实现水资源可持续利用。

5. 坚持按社会主义市场经济规律治水的原则

要适应社会主义市场经济的要求，认真研究产权、水权、水价、水市场等问题，研究体制、机制、法律法规问题。科学制定水资源开发、利用、配置、节约、保护、治理的有关经济政策，利用经济手段调节水务活动，发挥政府宏观调控和市场机制的作用。

6. 坚持科学治水，努力实现水利现代化的原则

广泛应用先进的科学技术，努力提高规划的科技含量和创新能力。要运用现代化的技术手段、技术方法和规划思想，科学配置水资源，并用先进的信息技术和手段管理水资源，制定出具有高科技水平的现代化水务规划。

7. 坚持因地制宜、突出重点的原则

根据各地水资源状况和经济社会条件，确定适合某一个城市实际的水资源开发利用模式。同时，要充分考虑财力状况，界定各类水务工作的优先次序，确定水务工作的重点。

四、水资源规划的总体目标、基本任务及主要内容

（一）规划的总体目标

通过制定水资源规划，进一步查清水资源的现状，在分析评价水资源承载能力的基础上，根据经济社会可持续发展和生态环境保护对水资源的要求，提出水资源合理开发、高效利用、优化配置、全面节约、有效保护、综合治理、科学管理的总体布局和实施方案，作为一定时期内水资源开发利用与管理活动的重要依据，促进和保障城市人口、资源、环境和经济的协调发展，以水资源的可持续利用支撑经济社会的可持续发展。

（二）规划的基本任务

1. 水资源及开发利用现状评价

在以往工作的基础上，根据近年来水资源条件的变化，准确地评价水资源条件和特点，全面系统地调查评价水资源的数量、质量，可利用量的时空分布特点和演变趋势，分析现状水资源开发利用水平。

2. 提出节水、水污染防治和水资源保护的措施

在对现状水资源利用效率和水污染状况分析的基础上，评估提高水资源利用效率和节水、污水处理再利用的开发潜力，确定节水、水污染防治及污水处理再利用的目标，提出实现这些目标的节水、水污染防治及水资源保护的具体措施。

3. 水资源开发利用潜力和水资源承载能力分析

在水资源评价及开发利用现状分析的基础上，根据节水、水污染防治和水资源保护规划，综合考虑各种水源和经济结构调整的可能性，分析水资源的综合开发利用潜力，综合评估水资源承载能力。在水资源供需动态平衡中，充分发挥节约和挖潜等作用，寻求开发与保护、开源与节流、供水与治污、需要与可能之间的协调，制定经济合理、技术可行、环境安全的水资源可持续利用方式。

4. 制定水资源合理配置方案

根据经济社会发展和环境改善对水资源的要求及水资源的实际条件，进行各规划水平年水资源供需分析，在水资源节约和保护的基础上，建立水资源配置的宏观指标体系，提出协调上、中、下游，生活、生产和生态用水，流域和区域之间的水资源合理配置方案，制定提高水资源利用效率的对策措施，包括调整全市产业结构与生产力布局的建议，建立合理的水价形成机制和节约用水措施等，使经济社会发展与水资源条件相适应。

5. 提出水资源开发、利用、治理、配置、节约和保护的总体布局与实施方案

在水资源合理配置和节约、保护的基础上，统筹规划全市水资源的开发利用和综合治理等措施，提出与生态建设和环境保护相协调，与经济社会发展相适应的水资源布局和实施方案。

6. 建立适应社会主义市场经济体制的管理制度与管理体制

以健全的法制和法规手段规范水务活动，以行政手段界定水务行为，以经济手段调节

水务活动和用科学技术手段开发利用和管理水资源；合理确定政府、市场、用户三者在水资源开发、利用、治理、配置、节约、保护中的责任、义务和权利。逐步建立以政府宏观调控、用户民主协商、水市场调节三者有机结合的体制为基础的有效的水务管理模式和高效利用的运行模式。

（三）规划的主要内容

水资源规划的主要内容包括：水资源量与质的计算与评估、水资源功能的划分与协调、水资源的供需平衡分析与水量科学分配、水资源保护与灾害防治规划以及相应的水利工程规划方案设计及论证等。

水资源规划的目的是合理评价、分配和调度水资源，支持社会经济发展，改善自然生态环境，以做到有计划地开发利用水资源，并达到水资源开发、社会经济发展及自然生态环境保护相互协调的目标。

水资源规划涉及的内容包括水文学、水资源学、社会学、经济学、环境学、管理学以及水利工程经济学等多门科学，涉及到国家或地区范围内一切与水有关的行政管理部门。

五、水资源规划的流程及成果要求

（一）水资源规划的工作流程

水资源规划的步骤，也因研究区域的不同、水资源功能侧重点的不同、所属行业的不同以及规划目标的高低不同，有所差异，但基本程序类似（图 8-3）。

1. 现场查勘、收集资料

现场查勘、收集基础资料，是最重要的基础工作，也是非常复杂而繁重的工作。掌握的情况越详细越具体、掌握的资料越多越细越全面，越有利于规划工作的顺利进行。

通过查勘，对研究区有一个全面的、初步的认识，对水资源规划的目标、任务和存在的问题有一个全面了解。

水资源规划需要收集的基础资料，包括有关的社会经济发展资料、水文气象资料、地质资料、水资源开发利用资料以及地形地貌资料等。资料的精度和详细程度要根据规划工作所采用的方法和规划目标要求而定。

2. 整理资料、分析问题、确定规划目标

在收集资料的同时和之后，要及时对资料进行整理，包括资料的归并、分类、可靠性检查以及资料的合理插补等。由于收集的资料数据量很大，涉及的内容较多，所以这一步工作量也很大。

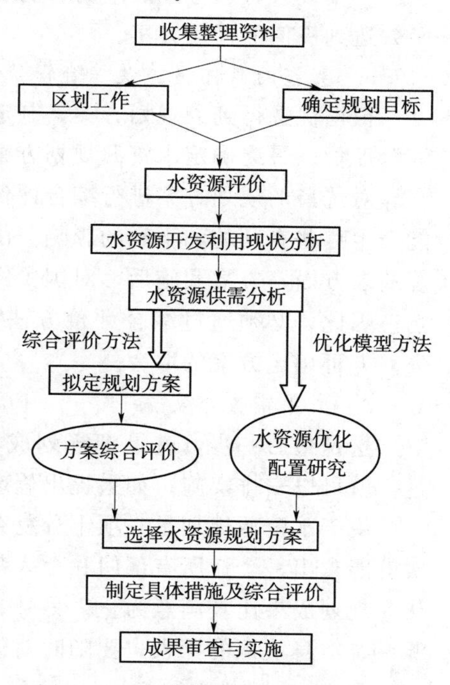

图 8-3　水资源规划工作流程图

另外，通过整理资料、分析资料，明确规划区内的问题和开发要求，选定规划目标，作为制定规划方案或措施的依据。

3. 水资源评价及供需分析

水资源评价的内容包括规划区水文要素的规律研究和降水量、地表水资源量、地下水资源量以及水资源总量的计算。合理的水资源评价，对正确了解规划区水资源系统状况、科学制定规划方案有十分重要的作用。

在进行水资源评价之后，需要进一步对水资源开发利用现状进行分析。了解现状条件下流域用水结构、用水状况，分析目前的需水水平、存在的问题及今后的发展变化趋势，对水资源规划有指导意义。

另外，需要进一步对水资源供需关系进行分析。其实质是针对不同时期的需水量，计算相应的水源工程可供水量；进而分析需水的供应满足程度。其目的是：摸清现状、预测未来、发现问题、指明方向，为今后规划的制定提供依据，从而实现水的长期稳定供给。

4. 拟定和选定规划方案

根据规划问题和目标，拟定若干规划方案，进行系统分析。在这一步，可以采用数学模型方法，优选得到规划方案。

拟定方案，是在前面三步的基础上，根据规划目标、要求和资料的情况，拟定规划方案。方案的数量取决于规划性质、要求以及规划目标、决策变量等。拟定的方案尽可能反映各方面的意见和需求。

优选方案，是通过建立数学模型，采用计算机模拟技术，对拟选方案进行检验评价，并进一步改善可选方案的结构、功能、状态、效益，直至得到满足一切约束条件下的目标函数达到极值的优化方案。

5. 实施的具体措施及综合评价

根据优选得到的规划方案，制定相应的具体措施，并进行社会、经济和环境等多准则综合评价，最终确定水资源规划方案。

对选择的规划方案进行综合评价，实际上是把它实施后与实施前进行比较，来确定可能产生哪些有利的和不利的影响。由于水资源系统的开发利用涉及到社会、经济和生态环境的多方面，方案实施后，对国民经济、社会发展、生态环境保护均会产生不同程度的影响。因此，必须通过综合评价方法，对多方面、多指标进行综合分析，全面权衡利弊得失，方可确定方案的取舍。

6. 成果审查与实施

这是最后一步，就是把规划成果按程序上报，通过一定程序进行审查。如果审查通过，就可以安排实施；如果提出修改意见，就要进一步修改或重做。

由于水资源规划是一项十分复杂、涉及面较广的系统工程，在做实际规划时，很难一次就能拿出一个让所有部门和个人都十分满意的规划。经常需要多次的反馈、协调，直至认为规划成果比较满意为止。另外，我们还要看到，随着外部条件的改变以及人们对水资源系统本身认识的深入，要随时对规划方案进行适当的修改、补充、完善。

（二）规划成果要求

水资源规划是一项复杂的工作，涉及面比较广。特别是，面向可持续发展的水资源规划要密切联系社会经济发展、生态环境问题等内容，需要把它们结合在一起来研究。一方面，增加了研究工作的难度；另一方面，增加了研究工作的内容，并对水资源规划成果提出了更高的要求。本节以可持续发展的思想为指导，依据现有的水资源规划条例和经验，对水资源规划的工作内容及成果要求加以介绍。

1. 区划工作

区域划分，又常称为“区划工作”，是水资源规划的前期准备工作，也是十分重要的一项工作，同时也是水资源规划的成果之一。由于区域或流域水资源规划往往涉及的范围较广，如果笼统地来研究全区的水资源规划问题，常感到无从下手。再者，研究区内各个局部的社会经济发展状况、水资源丰富程度、开发利用水平、供需矛盾有无等许多情况不尽相同。所以，要进行适当的分区，对不同区域进行合理的规划。否则，将掩盖局部矛盾，而不能解决许多具体的问题。

因此，区划工作应放在规划工作的首位。区划工作的目的，是将繁杂的规划问题化整为零，逐块研究，避免由于规划区过大而掩盖水资源分布不均、利用程度差异的矛盾，影响规划成果。

在区划时，一般考虑以下因素：

(1) 地形地貌。一方面，不同地形地貌单元，其经济发展水平有差异，比如山区与平原的差距；另一方面，不同地形地貌单元水资源条件也不相同。

(2) 考虑行政区的划分，尽量与行政区划分相一致。由于各个行政区有自己的发展目标和发展战略，而且水的管理也常是按照行政区进行的，因此，在进行区划时，把同一行政区放在一起有利于规划。

(3) 按照水系进行分区，并考虑区域内供水系统的完整性。

(4) 总体来看，区划应以流域、水系为主，同时兼顾供需水系统与行政区划。对水资源贫乏、需水量大、供需矛盾突出的区域，分区宜小些。

2. 水资源评价

水资源评价是水资源规划的一个重要的基础工作。其内容包括研究区内水文要素的规律、降雨量、地表水资源量、地下水资源量以及水资源总量评价。

首先，应收集研究区水文观测资料，调查研究区水文变化特征，通过水文要素分析，掌握研究区水文特征，得到相应的水文要素参数，如均值、变幅、离散程度（C_v）等。

人类活动对径流量影响显著的，应估算其影响程度，并对径流量进行还原计算，得到天然河川径流量。

水资源总量包括地表水和地下水，可根据实测和调查资料分析推算。地表水和地下水计算中的重复部分应予扣除。

3. 水资源开发利用现状分析

水资源开发利用现状分析主要包括两方面的内容：一是开发现状分析，二是利用现状分析。

水资源开发现状分析，是分析现状水平年情况下，水源工程在流域开发中的作用。这一工作需要调查分析这些工程的建设发展过程、使用情况和存在的问题；分析其供水能力、供水对象和工程之间的相互影响。重点分析流域水资源的开发程度和进一步开发的潜力。

水资源利用现状分析，是分析现状水平年情况下，流域用水结构、用水部门的发展过程和目前的需水水平、存在问题及今后的发展变化趋势。重点分析现状情况下的水资源利用效率。

4. 水资源供需分析

水资源供需分析，是水资源规划的一项重要工作。其目的是：摸清现状、预测未来、发现问题、指明方向，为今后流域规划工作、实现水资源可持续利用提供依据。

具体地讲，就是在水资源规划中，应在分析流域水资源特性的基础上，结合流域社会经济发展计划，预测不同水平年流域水资源供、需水量，并进行供需分析，提出缓解主要缺水地区和城市水资源供需矛盾的途径。

5. 水资源优化配置研究

水资源优化配置研究工作，是水资源合理配置的基础，是流域规划的重要内容，也是新形势下研究面向可持续发展的流域水资源规划的重要方面。

基于可持续发展的水资源优化配置，就是以可持续发展为基本指导思想，运用系统分析理论与优化技术，将流域有限的水资源在各子区、各用水部门、各行业进行最优化分配，以获得社会、经济、水资源与生态环境相协调的最佳综合效益。

6. 水资源规划实施对策

依据水资源优化配置提出的推荐方案，统筹考虑水资源的开发、利用、治理、配置、节约和保护，研究提出水资源开发利用总体布局、实施方案与管理模式。

制定总体布局要根据不同地区自然特点和社会经济发展目标要求，努力提高用水效率，合理利用水资源，有效保护水资源，积极治理利用废污水、微咸水和海水等其他水源，统筹考虑开源、节流、治污的工程措施。在充分发挥现有工程效益的基础上，兴建综合利用的骨干水利枢纽，增强和提高水资源开发利用程度与调控能力。

实施方案要统筹考虑投资规模、资金来源与发展机制等，做到协调可行。在制定实施方案时，要做到总体目标、任务与措施相协调，建设规模与发展机制和生产力相协调。在制定总体实施方案的基础上，可根据实际情况，按节水、水资源保护和供水三个体系制定实施方案。

第四节　流域水资源综合利用规划及专项规划

流域是水资源自然形成的基本单元，在流域范围内对水资源实行统一规划和管理已成为目前国际公认的科学原则；多目标的综合规划几乎涉及水资源开发、利用、治理、配置、节约、保护等各个方面，能够比较全面、系统地反映水资源规划管理所面对的问题和所包含的内容，具有较强的代表性。

一、制定规划目标阶段

制定规划目标是水资源规划管理的两大核心任务之一，是开展后续工作的基础和依据。这一阶段还包括搜集整理资料和水资源区划等前期工作。

1. 搜集整理资料

搜集整理资料是进行水资源规划管理必不可少的、重要的前期工作，基本资料的质量对规划成果的可靠程度影响很大。

(1) 流域水资源综合规划所需基础资料。流域水资源综合规划需要搜集三大类基础资料，即流域自然环境资料、社会经济资料和水资源水环境资料。

1) 流域自然环境资料。主要包括流域地理位置、地形地貌、气候与气象、土壤特征与水土流失状况、植被情况、野生动植物、水生生物、自然保护区、流域水系状况等。

2) 社会经济资料。主要包括流域行政区划、人口、经济总体发展情况、产业结构及各产业发展状况、城镇发展规模和速度、各部门用水定额和用水量、农药化肥施用情况、工业生活污水排放情况、流域景观和文物、人体健康等方面的基础资料。

3) 水资源和水环境资料。主要包括水文资料、水资源量及其分布、重要水利水电工程及其运行方式、取水口、城市饮用水水源地、污染源、入河排污口、流域水质、河流底质状况、水污染事故和纠纷等。

基础资料可以通过实地勘查和查阅文献两种途径获得。文献资料主要有相关法律法规、各级政府发布的有关文件、已有的各种规划、统计年鉴和有关数据库资料等。多数资料需要有一个时间序列，以便对流域的历史演变、现状和未来发展有一个较好的把握。时间序列的长度和具体的数据精度、详细程度要根据规划工作所采用的方法和规划目标要求而定。

(2) 整理资料。流域综合规划涉及面广，所需资料多样且来源不一，因此需要对搜集到的资料进行系统整理。整理资料的过程实际上就是一个资料辨析的过程，主要是对资料进行分类归类，了解资料的数量和质量情况，即对资料的适用性、全面性和真实性进行辨析。

适用性是指资料能够完整、深刻、正确地反映描述对象的特征、状态和问题。

全面性是指搜集到的资料是否覆盖了与流域规划有关的各个方面，是否有所遗漏。资料越全面，越有助于规划的深入进行。在规划过程中，若发现资料不足，应及时做补充调研和搜集；对缺失的数据应通过统计方法、替代方法等进行合理插补。

真实性是指资料要客观、准确，资料来源可靠。对失实、存疑的资料要进行复查核实，不真实的资料不宜作为规划依据。

2. 水资源区划

流域规划往往涉及较大范围，如海河流域总面积 $31.8\times10^{6}\,km^{2}$，地跨 8 个省（自治区、直辖市），各局部地区的水资源条件、社会经济发展水平、主要问题和矛盾等不尽相同，需要在流域范围内再做进一步的区域划分，以避免规划区域过大而掩盖一些重要细节。因此，区划工作在流域水资源综合规划中也是一项很重要的前期工作，便于制定规划目标和方案时更具体，更有针对性。

在进行水资源区划时，一般考虑以下因素：

(1) 地形地貌。地形地貌的差异会带来水资源条件的差异，也会影响经济结构和发展模式。如山区和平原之间就有明显差别，山区的特点是产流多，而平原的特点是利用多。

(2) 现有行政区划框架。水资源区划应具有实用性，并能够得到普遍接受，因此在分区中应适当兼顾现有行政区的完整性；各个行政区有自己的发展目标和发展战略，而且流域内许多具体的水资源管理事务仍是按行政区进行，将行政区作为一个整体有利于规划的顺利展开。

(3) 河流水系。不同的河流水系应该分开，同时要参照供水系统，尽可能不要把完整的供水系统一分为二。

(4) 水体功能。水资源具有多功能性，在进行水资源区划时应尽量保证同一区域内水资源主导功能的一致，使区划工作能够对水资源不同功能的发挥、不同地区间的用水关系的协调起到指导作用。

3. 制定规划目标

流域水资源综合规划的最终目标是以水资源的可持续利用支撑社会经济的可持续发展。但这种目标描述方式太过笼统，不利于操作，需要进一步细化和分解，形成一个多层次、多指标的目标体系。通常流域水资源综合规划的目标体系应从三个方面构建：一是经济目标，通过水资源的开发利用促进和支持流域经济的发展和物质财富的增加；二是社会目标，水资源的分配和使用不能仅追求经济效益的最大化，还应考虑到社会公平与稳定，包括保障基本生活用水需要、帮助落后地区发展、减少和防止自然灾害等；三是生态环境目标，即在开发利用水资源的同时还要注意节约和保护，包括水污染的防治、流域生态环境的改善、景观的维护等。三大目标还应进一步细化为具体的能够进行评价的指标，并根据规划期制定长远目标、近期目标乃至年度目标，根据水资源区划的结果制定流域整体目标和分区域的目标。所制定的目标应具备若干条件，即目标应能根据一定的价值准则进行定性或定量的评价、目标在相应约束条件下是合理的且在规划期内可以实现、能够确定实现各目标的责任范围等。

不同流域面对的问题和矛盾各不相同，规划环境也有差异。因此在进行具体的流域综合规划时，需要对各种目标进行辨析和筛选，分清主次。以美国特拉华流域规划为例，其规划目标包括五个方面：一是保护特拉华流域的现有资源，并为后代保护栖息地和生态系统；二是减少、控制点源和非点源污染，尤其是有毒物污染和富营养化问题，以使水资源能够维持特拉华流域内资源的数量和多样性；三是进行水量分配管理，使流域水资源不但能满足公众用水需要，而且能维持流域内资源赖以生存的生态环境；四是促进流域经济发展和资源保护的协调；五是促进公众加强对流域的了解，最大限度地鼓励公众参与到有关流域的各种计划和决策中来。可以看到，在特拉华流域规划中社会目标和生态环境目标占有十分重要的地位。

二、分析差距、找出问题阶段

本阶段的主要任务和内容是评价规划流域的水资源条件、水资源开发利用现状，预测流域未来的水资源供需状况，对无规划状态下系统发展变化的趋势与规划希望达到的目标之间进行比较，找出差距和需要解决的主要问题，进而分析目标的可行性，看是否需要进行修改，并为下一步制定规划方案奠定基础。

1. 水资源评价

进行水资源评价是为了较详细地掌握规划流域水资源基础条件，评价工作要求客观、科学、系统、实用，并遵循四项技术原则：地表水与地下水统一评价；水量水质并重；水资源可持续利用与社会经济发展和生态环境保护相协调；全面评价与重点区域评价相结合。

水资源评价分为水资源数量评价和质量评价两方面。水资源数量评价的内容主要是水汽输送量、降水量、蒸发量、地表水资源量、地下水资源量和总水资源量的计算、分析和评价。进行水资源水量评价需要系列较长的观测资料，如有缺测和不足的年、月降水量，应根据具体情况采用多种方法插补延长，经合理性分析后确定采用值。水资源质量评价内容则包括河流泥沙分析、天然水化学特征分析和水资源污染状况评价等。无论是数量评价还是质量评价，都应将地表水和地下水作为一个整体进行分析。

1999年水利部颁发了《水资源评价导则》（SL/T 238—1999），其中对水资源数量和质量评价的内容、要求等都做了详细的规定，可作为参考。

2．水资源开发利用现状分析

分析水资源开发利用现状，是为了掌握规划流域人类活动对水资源系统的影响方式和影响程度。

水资源开发利用现状分析包括以下内容：

（1）供水基础设施及供水能力调查统计分析。分别按照地表水源、地下水源和其他水源调查统计供水工程的数量和供水能力。地表水源工程分蓄水、引水、提水和调水工程；地下水源工程指水井工程，按浅层地下水和深层承压水分别统计；其他水源工程包括集雨工程、污水处理回用和海水利用等供水工程。在调查统计基础上，应分类分析其现状情况、主要作用及存在的主要问题。

（2）供用水现状调查统计分析。统计各种水源工程为用水户提供的包括输水损失在内的毛供水水量，以掌握供水现状。用水现状分河道外用水和河道内用水两大部分。河道外用水按农业、工业、生活三大类用水户分别统计各年毛用水总量、用水定额和人均用水量，分析年用水量增减变化及用水结构调整状况。其中，农业用水可分为农田灌溉和林、牧、副、渔用水等亚类；工业用水可分为电力工业、一般工业、乡镇工业等亚类；生活用水可分为城镇生活（居民生活和公共用水）、农村生活（人、畜用水）等亚类。河道内用水指水力发电、航运、冲沙、防凌和维持生态环境等方面的用水。

（3）现状供用水效率分析。包括分析各项供用水的消耗系数和回归系数，估算耗水量、排污量和灌溉回归量，对供用水有效利用率做出评价；分析近几年万元工业产值用水定额和重复利用率的变化，并通过对比分析，对工业节水潜力做出评价；分析近几年的城镇生活用水定额，并通过对比分析，对生活用水节水潜力做出评价；分析各项农业节水措施的发展情况及其节水量，并通过对比分析，对农业节水潜力做出评价；分析城镇工业废水量、生活污水量和可处理废污水量的处理、回用状况，对近几年发展趋势进行评价；分析海水和微咸水利用及其替代淡水量，对近几年发展趋势进行评价。

（4）现状供用水存在的问题分析。计算分析水资源供需平衡现状，在此基础上评价现状水平年条件下的缺水量、缺水时空分布、缺水程度、缺水性质和缺水原因等，同时对缺水造成的直接或间接损失进行估算。

（5）分析水资源开发利用现状对环境造成的不利影响。调查规划流域是否出现水环境问题，如水体污染，河道退化、断流，湖泊、水库萎缩，次生盐碱化、沼泽化，地面沉降、岩溶塌陷、海水入侵、咸水入侵以及沙漠化等。若已出现某些水环境问题，调查分析其性质、程度、成因、形成过程、空间分布特征及发展趋势等。

3. 水资源供求预测和评价

在掌握了水资源数量、质量和开发利用现状后，还需要结合流域社会经济发展规划，预测未来水资源供求状况。

(1) 供水预测。预计不同规划水平年地表、地下和其他水源工程状况的变化，既包括现有工程更新改造、续建配套和规划工程实施后新增的供水量，又要估计工程老化、水库淤积等对工程供水能力的影响。

(2) 需水预测。需水预测分生活、生产和生态环境三大类。生活和生产需水统称为经济社会需水，其中生活需水按城镇居民和农村居民生活需水分别进行预测，生产需水按第一产业、第二产业和第三产业需水分别预测。经济社会需水预测需要以经济社会发展预测为基础，经济社会发展的指标，如人口与城镇化、收入水平、国民经济发展速度、科技进步、土地利用方式等，可以从各级政府制定的国民经济发展战略和规划、各部门规划、产业政策与布局、经济结构调整方案等成果中综合分析获得。生态环境需水是指为生态环境美化、修复与建设或维持现状生态环境质量不至于下降所需要的最小需水量，如城镇绿化用水、防护林草用水、维持河道和河口稳定需水以及湖泊、湿地、城镇河湖补水等。以往预测需水量时往往忽视生态环境需水，随着可持续理念的深入人心，对生态需水的重视日益提高，并根据不同生态需水类型发展了相应的预测方法。

4. 水资源承载力研究

水资源承载力是指在一定区域或流域范围内，在一定的发展模式和生产条件下，当地水资源在满足既定生态环境目标的前提下，能够持续供养的具有一定生活质量的人口数量，或能够支持的社会经济发展规模。水资源承载力的主体是水资源，客体是人口数量和社会经济发展规模，同时维持生态系统良性循环是基本前提。因此，水资源承载力是联系水资源系统、生态环境系统和社会经济系统的一个重要概念，对流域水资源承载力进行计算和评估是流域水资源综合规划中必要的基础性工作。通过计算和评估流域水资源承载力，可以对无规划状态下流域社会经济系统与生态环境系统、水资源系统的协调程度进行判别，进一步明确流域可持续发展面临的主要问题和障碍，从而为调整规划目标、制定规划方案和措施提供理论支持。

国际上水资源承载力研究的单项成果较少，大多将其纳入可持续发展理论框架中。由于我国水资源短缺、水环境恶化问题的严重性，对水资源承载力进行专门研究成为了国内研究的一个新热点。目前我国对水资源承载力的研究集中在两个方面：一是水资源承载力的理论基础，包括水资源承载力的定义表述、内涵界定、影响因素分析等；二是水资源承载力量化模型的构建，这方面取得了较好的进展，在计算机技术的支持下，各种数理方法进入承载力研究领域，如系统动力学法、动态模拟递推法、主成分分析法等，且量化模型逐渐向综合性、动态性方向转变，极大地提高了水资源承载力研究的精确程度。

三、制定和选择规划方案阶段

制定和选择规划方案是水资源规划的又一核心任务，是寻找解决问题的具体措施以实现目标的关键环节，具体包括方案制定、方案综合评价和最终方案选择等工作。在这一阶段的工作中，会普遍用到一些数学方法和技术，使规划目标、约束条件和措施得以量化，水资源规划的技术方法在第三节做了详细介绍。

1. 方案制定

所谓规划方案就是在既定条件下能够解决问题、实现规划目标的一系列措施的组合。流域水资源综合规划中可选择的措施多种多样，如修建水利工程、控制人口增长和经济发展规模、制定水质标准、更新改造工艺设备、制度创新等。同时，流域水资源综合规划的目标也不是单一的，涉及经济、社会和生态环境三个方面，并能进一步细分为多个具体目标，这些目标间常常不一定能共存，或彼此存在一定的矛盾，甚至有的目标不能量化。同一目标可以对应不同的实现措施，但各种措施的实施成本、作用效果有所不同；同一措施也会对不同目标的实现均有所贡献，但贡献率各不相同，这就使得措施组合与目标组合之间作用关系十分复杂。因此，在流域水资源规划中常常需要制定多个可能的规划方案，通过综合分析和比较来确定最终方案。但规划方案并不是越多越好，方案数量取决于规划性质、要求和掌握的资料等因素。通常，流域综合规划中应包括水资源合理配置方案、重要工程布局与实施方案、水质保护方案、节水方案等内容。

2. 方案综合评价

对已制定的不同方案，要采用一定的技术方法进行计算和综合评价，全面衡量各方案的利弊，为选择最终方案提供参考。评价内容主要包括以下各项。

(1) 目标满足程度。根据规划开始时制定的规划目标，对每一非劣方案进行目标改善性判断。由于流域综合规划的多目标性，期望某一方案在实现所有目标方面都达到最优是不现实的。因此，首先要对各方案产生的各种单项效益标准化，并对有利的和不利的程度做出估量，然后加以综合判断。各规划方案的净效益由该方案对所有规划目标的满足情况综合确定。综合评价时应区分“潜在效益”(可能达到的效益) 与“实际效益”，这些效益在规划方案的反复筛选和逼近过程中，可能使某些“潜在效益”变成“实际效益”或变成无效益。

(2) 效益指标评价。对各规划方案的所有重要影响都应进行评价，以便确定各方案在促进国家经济发展，改善环境质量，加速地区发展与提高社会福利方面所起的作用。比较分析应包括对各规划方案的货币指标、其他定量指标和定性资料的分析对比。分析对比应逐个方案进行，并将分析结果加以汇总，以便清楚地反映出入选方案与其他方案之间的利弊。

(3) 合理性检验。规划作为宏观决策的一种，必须接受决策合理性检验。虽然实践才是检验真理的唯一标准，但对宏观决策而言必须有一定标准可对决策方案的正确性进行预评估，这个标准一般包括方案的可接受性、可靠性、完备性、有效性、经济性、适应性、可调性、可逆程度和应变能力等。

3. 确定最终方案

经过综合分析和评价，在充分比较各待选方案利弊的基础上确定最终规划方案。由于流域综合规划的多目标性，各方案之间的优劣不能简单判别，比如A方案在满足经济目标方面优于其他方案，但在满足社会目标或生态环境目标方面可能劣于其他某些方案，这就使得该方案的取舍十分困难。因此，确定最终方案的过程是一个带有一定主观性的综合决策过程，定量化计算评价的结果只能作为筛选方案的依据之一，决策者的价值取向、对问题的特定看法、政治上的权衡等都会对结果产生很大的影响。值得一提的是，在水资源日益紧缺、生态环境受到的干扰日益加大的形势下，选择一个对生态环境不利影响最小的方案是明智的。

四、成果审查与实施阶段

这是水资源规划管理的最后一个阶段，直接关系到整个规划管理工作的实际成效，包括规划成果审查、安排详细的实施计划、提供保障条件以及跟踪检验等工作。

编制完成的规划，应按照一定的程序递交管理部门进行审查。经过审查批准的规划才具备法律效力，能够真正指导实际工作；如果审查中发现了问题，提出了意见，就要做进一步的修改。规划的顺利实施需要一定的外部保障条件，包括健全相关的法规和配套规章制度、加强政府的组织指导和协调工作、明晰各部门的责任、保证资金投入、加强宣传教育、鼓励公众参与等。在实施过程中，还应进行跟踪检验，其目的一是检验原规划目标的实现情况，识别障碍因素；二是评估规划实施对各方面产生的影响，掌握系统和环境的变化情况，发现新的问题，及时对原规划进行修改和完善。

五、工程规划实例*

以海口市水资源配置工程规划为例。

海口市水资源配置的基本任务是：从水资源合理配置入手，遵循“节水为先，防污为本”的原则，根据海口市水资源条件、开发利用现状及存在的问题，在充分考虑水资源供需趋势的基础上，分析给出水资源合理的配置格局及工程布局、规模；按照基本建设程序和“统筹规划、分期实施、技术可行、经济合理”的原则，提出海口市供水安全保障体系分期实施方案等。

（一）蓄引提工程

根据《海口市水务发展“十一五”规划》和有关前期工作成果，海口市未来规划的主要蓄水工程有3座：富教水库、吕旺水库和南渡江司马坡橡胶坝；引提工程包括南波江龙塘提水工程和南渡江东山提水工程。

（1）富教水库。位于五源河上游，坝址在秀英区长流镇富教村，集雨面积15.01km^2，总库容1000万m^3，死库容20万m^3，主要解决长流镇、海秀镇工农业用水。

（2）昌旺水库。位于秀英区永兴镇的昌旺村、昌旺溪的上游，集雨面积43.35km^2，总库容2210万m^3，兴利库容1860万m^3，死库容100万m^3，设计灌溉面积6.5万亩，其中水田4.4万亩，坡地2.1万亩，主要解决遵谭、新坡、东山和永兴镇的农业用水。

（3）南渡江司马坡橡胶坝。位于司马坡岛下游，琼州大桥附近，设计坝高1.5～2.5m，总宽600～700m，总库容约1000万m^3，主要供米铺水厂、城市生态及景观用水。

（二）灌区节水及配套工程

根据《海口市水务发展“十一五”规划》建立安全可靠的水资源供给与高效利用保障体系和建立较为完善的农田灌排保障体系的发展目标，以及根据海口市未来25年工农业

* 谢新民，符传君，王彤，等．水系规划理论与实践［M］．北京：中国水利水电出版社，2007。

快速发展与对水资源的需求量急剧增长的实际情况，并结合《海口市小型农田水利建设规划》、《海南省海口市火山岩地区农业用水规划报告》和《海口市南渡江引水枢纽工程灌区农业综合开发节水配套改造项目可行性研究报告》制定的海口市节水及配套工程发展规划，按照取水的方式不同，海口市灌区配套工程可分为松涛灌区配套工程、南渡江引水枢纽灌区配套工程、南渡江提水工程以及水库灌区配套工程。

1. 松涛灌区配套工程

海口市境内的松涛灌区主要包括黄竹分干渠和白莲分干渠。现状供水灌溉区域包括长流镇、西秀镇、石山镇、东山镇、遵谭镇和新坡镇，同时给永庄水库与岭北水库补水，用于城镇供水和水库灌区灌溉。其中黄竹分干长 26.5km，设计流量 14.4m^3/s，支、斗渠 13 条，共长 41.4km；白莲分干长 28.56km，设计流量 6.22m^3/s，支、斗渠 27 条，共长 52.23km。由于工程防渗设计标准偏低，工程施工质量差，经过多年运用，工程自然老化、人为破坏严重，黄竹分干除了上游段 3km 补水给岭北水库外，其余地段没有通水。

本次规划对全部干渠和支渠以及部分斗渠全面防渗配套，对已遭到破坏的渠道进行全面的衬砌防渗，确保其达到设计输水能力，并且在提高渠系水有效利用系数的基础上改善田间灌溉方式，提高田间水有效利用系数。根据《海南省水资源综合规划》的成果，松涛水库分配给海口市的水量比较充足（不同水平年均大于 1 亿 m^3/a）。因此，松涛灌区配套工程水量配置格局为：①松涛水库通过白莲分干在满足永庄水库补水要求的基础上对长流、西秀和石山镇供水，满足该地区国民经济增长对水的增长需求，剩余水量作为补给水源存入玉凤水库；②松涛水库通过黄竹分干渠向遵谭、龙泉镇的工农业供水，并通过对岭北水库补水来满足东山镇与新坡镇的用水需求，剩余水量存入昌旺水库（规划）向永兴镇南部地区供水。

2. 南渡江引水枢纽灌区配套工程

南渡江引水枢纽工程于 1970 年兴建，1971 年发挥效益，是一座集农业灌溉、城市供水、水力发电等为一体的综合性枢纽工程，其设计灌溉面积 10.05 万亩，实际灌溉面积 6.19 万亩。由于渠道已运行 30 多年，其崩塌、阻塞、渗漏比较严重，特别是灵山总干，主要沿南渡江岸开挖，防洪标准低，每遇洪水袭击均有不同程度破坏。所以水的利用率较低，远不能发挥工程应有的效益。因此提高渠系水利用系数、改善灌溉方式是该灌区节水改造的方向。主要干渠规划布局如下：

（1）灵山总干渠。对现有干渠进行防渗衬砌处理，提高输水能力，自渠首引水，沿南渡江右岸北行 11.28km，到灵山铺仔水闸分出灵东和桂林洋两条分干渠，分别向灵山镇和桂林洋农场供水。

（2）演丰总干渠。由提灌站扬水至总干渠，扬程 25m，全长 18.84km，包括 8 条支渠，主要向云龙镇和演丰镇的农业生产供水。

（3）龙塘干渠。由提灌站扬水灌溉龙塘镇 0.54 万亩农田。

（4）三桥干渠。自新旧沟排灌站电提至水闸，渠道沿南而行，总长 3.5km，向新旧沟 0.8 万亩农田供水。

3. 南渡江提水工程

南渡江提水工程主要包括南渡江高扬程提水东山站（简称东山提水工程）、南渡江高扬程提水龙塘站（简称龙塘提水工程）和沿江一些小扬程提水工程。其中东山提水工程主要灌溉高程 70～80m 和 80m 以上灌区，该灌区新增灌溉面积以喷灌、微喷灌和滴灌方式为主，包括永兴镇的东部和北部灌区、龙桥镇西部灌区；龙塘提水工程主要灌溉高程 50m 以下的灌区，包括龙泉镇大部分灌区、龙桥和龙泉镇的部分灌区；小扬程提水工程主要包括南渡江沿岸一些抽水扬程较小的抽水泵站，灌区分布于两岸高程较低的一些区域，主要为高程 10～20m 以下的分散灌区。

4. 水库灌区配套工程

由于海口市境内水库大多兴建于 20 世纪 70 年代，并多为中小型水库，且绝大多数为土坝，水库渗漏现象较严重，库水位不能达到设计标准，相应的灌区配套差、渠系渗漏严重，有效灌溉面积远没有达到设计规模。因此，未来 10～20 年水库灌区配套工程改造要以水库的除险加固以及渠道的衬砌防渗为主，使水库灌区全部达到设计灌溉规模。

（三）城镇给排水工程

1. 城镇供水工程

根据《海口市水务发展“十一五”规划》与《海口市城区供水管网改造规划修编》以及本次研究关于海口市社会经济发展分析及需水预测的成果，分析和给出海口市城镇供水工程规划成果。

（1）南渡江龙塘水源厂。南渡江龙塘水源厂位于南渡江引水枢纽左岸，1994 年开始筹建，1998 年建成，主要作为米铺水厂和儒俊水厂的地表水取水水源，目前设计供水能力为 36 万 m^3/d，现实际供水量小于 30 万 m^3/d。未来通过扩容抽水泵站可增大龙塘水源厂供水能力，达到 50 万 m^3/d。

（2）司马坡橡胶坝及取水工程。南渡江每年入海水量近 60 亿 m^3，大量的优质水量没有得到有效利用。由于缺乏控制性工程，南渡江龙塘枢纽以下到入海口处每遇枯季或涨潮时，咸潮沿南渡江倒灌至铁桥以上，沿江两岸工农业用水受到很大影响。为此，本次规划在司马坡岛下游、琼州大桥附近修建一座橡胶坝，不但可拦截咸潮、改善海口市南渡江段的水景观，而且可拦蓄一部分优质淡水，作为米铺水厂的替代水源，降低龙塘水源厂和输水管道扩建的成本，同时还可大大降低运行费用。

取水工程可利用米铺水厂老取水口——中丹取水口供水系统，但由于长时间闲置，中丹取水口（或称海口老取水口）泵房、泵站和输变电等设备需要加以维修和更新，可以很快实现供水能力，未来将置换一部分龙塘水源厂给米铺水厂供应的原水，将置换出来的龙塘水源厂原水供水量供给儒俊水厂（扩建）。

（3）海口自来水公司及其管网规划。目前，海口市自来水公司设计日供水规模为 52 万 m^3（包括米铺水厂设计供水规模 24 万 t/d、地下水井供水能力 28 万 t/d），供水管网口径在 100mm 以上总长 330km，口径在 80mm 以下的管道 1000km，供水覆盖面积达 53.9km^2，用水人口 75 万人，供水范围包括美兰区、龙华区、城西镇、秀英区和海秀镇等中心城区（镇）。米铺水厂由于受到地理位置和供水水源的限制，扩建难度较大，因此规划该水厂供水规模仍将保持现有设计规模 52 万 m^3/d，只是原水供应则由龙塘水源厂和司马坡橡胶坝水源（中丹取水口供水系统）共同承担，供水覆盖区域包括新埠岛、海甸岛、美兰街道、龙华街道等中心城区，并逐步退出对秀英城区的供水、新增管网主要集中在新埠岛，并更新原有老化渗漏严重的管道，使供水损失降到10%左右。

（4）琼山自来水公司及其管网规划。琼山自来水公司主要拥有儒俊水厂，设计供水能力为20万m^3/d，实际供水量3.5万～5万m^3/d，远没有达到设计供水规模。供水区域主要包括府城及周边地区。考虑到儒俊水厂供水潜力和未来扩建的可能性较大，建设用地以及供水水源都很充足，因此本次规划到2010年供水规模将达到10万m^3/d，供水范围包括琼山城区及灵山镇；2020年水厂将达到设计供水规模，即20万m^3/d，供水范围为府城镇、灵山镇、美兰机场、桂林洋经济开发区、江东开发区等地区及周边地区，供水管网覆盖面积达42km^2，供水人口将达30万人；2030年供水规模将达到35万～40万m^3/d，供水人口达40万～50万人，供水范围在原有基础上增加对城西镇及龙华城区南部地区。

（5）松海联合供水公司及其管网规划。松海联合供水公司是一家股份制供水企业，1994年筹建永庄水厂，取水水源为永庄水库。永庄水厂设计生产总规模为20万m^3/d，一期工程生产规模为5万m^3/d。由于受供水人口不足和供水区域狭窄等因素的限制，目前永庄水厂实际供水量在3.0万m^3/d左右，供水区域包括秀英区西部、长流镇、海口火车站等地区，供水人口15万人。考虑到永庄水库水源不足和水库补水沿途渗漏损失严重等因素，未来规划水厂供水规模控制在7.0万m^3/d，供水区域包括秀英城区、海秀镇、长流镇及狮子岭工业区等。

（6）江东和长流地下水厂及其管网规划。根据《海口市城市总体规划》，未来30年江东片区（包括灵山镇与桂林洋工业区）和长流片区（包括长流镇、西秀镇）是海口市发展的重点，两区内工业、服务业及城市建设将快速发展，相应地对水资源的需求也将迅猛增长。考虑到海口市现有的三个水厂供水能力及供水范围等限制，将来拟新建两个日供水规模为3万m^3的地下水厂来满足江东片区和长流片区的用水需求。同时，考虑到澄迈老城水厂（或称西区水厂）供水的不确定性等因素，长流地下水厂的设计供水规模应按照5万m^3/d设计，一期按3万m^3/d规模供水。

（7）老城水厂及其管网规划。老城水厂位于澄迈县老城镇——海口市过渡开发区，供水水源为福山水库，按照《海南省澄迈老城开发区供水工程可行性研究报告》，老城水厂的设计供水工程规模为20万m^3/d，水厂设计漏损率为10%，设计净水供水能力为10万m^3/d。根据海口市需水量预测结果，为了满足海口市长流片区经济社会发展需水量，预计老城水厂向长流片区供水规模8万m^3/d（远景2030年），预计2010年供水2万m^3/d，2020年供水5万m^3/d。

（8）长流地下水厂与老城水厂之间的关系。根据澄迈老城区现状需水量为10万m^3/d，全部依赖于开采地下水，根据该区地下水可开采量5万m^3/d考虑，新建的老城水厂仍有5万m^3/d的供水富余，再考虑到该水厂到2030年供水规模将达到20万m^3/d，因此，到2030年老城水厂向海口市长流片区供水5万～8万m^3/d是可行的；但考虑到其地表水源取自福山水库（松涛水库补水），随着经济社会的快速发展，松涛水库的长距离供水将存在一定风险，因此为了保障海口市供水安全，长流地下水厂的供水规模应按照5万m^3/d设计，一期按3万m^3/d规模供水。

（9）各乡镇自来水厂及其管网规划。根据海口市各乡镇经济社会发展对水资源的需求，对于经济发展较快、集中供水需求大的乡镇修建集中供水水厂。规划2010年新建大致坡供水工程、三门坡供水工程、东山镇供水工程、永兴镇供水工程、新坡镇供水工程、红旗镇供水工程，供水总规模达到3.4万m^3/d；2020年扩建大致坡供水工程、三门坡供水工程、东山镇供水工程、永兴镇供水工程、新坡镇供水工程、红旗镇供水工程，供水总规模达到5.6万m^3/d，新增供水规模2.2万m^3/d。另外，其他乡镇供水水源主要为优质的地下水，供水规模均小于0.5万m^3/d，故在此不作详细论述。

2. 城镇排水工程

城镇排水工程主要包括污水处理厂以及相应的污水管网配套工程。根据《海口市水务发展"十一五"规划》与《海口市主城区污水处理工程项目建议书》，并结合海口市经济社会发展需水预测结果，对海口市污水处理厂以及主要管网配套工程规划如下：

（1）白沙门污水处理厂及其配套管网规划。白沙门污水处理厂是海口市唯一一座污水处理厂，现有处理能力为30万m^3/d，2010年以前拟扩建白沙门污水处理厂，扩建规模10万m^3/d，并完善中心区和府城区污水二级管网30km，总规模达到40万m^3/d，其中包括1万m^3/d的深度处理能力（处理后的中水主要用于市区绿地灌溉及道路喷洒，主要方式是集中处理，分散利用，用流动的环保车运送，不设固定中水管网），2020年扩建到50万m^3/d，2030年再扩建10万m^3/d，总处理规模达到60万m^3/d。污水管网主要覆盖美兰城区、府城、龙华城区和秀英城区。

（2）江东污水处理厂及其配套管网规划。新建江东污水处理厂，近期设计规模5万m^3/d，并新建其配套污水管网36km；2020年扩建到10万m^3/d。污水管网覆盖灵山镇及江东开发区及周边地区。

（3）长流污水处理厂及其配套管网规划。新建长流污水处理厂，近期设计规模5万m^3/d，并新建其配套污水管网35km；远期扩建到10万m^3/d，污水管网覆盖长流开发区、海口火车站、港口地区。

（4）狮子岭污水处理厂及其配套管网规划。新建狮子岭工业区污水处理厂，近期设计规模1万m^3/d，井新建其配套污水管网8km；远期扩建到5万m^3/d，其中包括1万m^3/d的深度处理能力，污水管网主要覆盖狮子岭工业园区。

（5）桂林洋污水处理厂及其配套管网规划。新建桂林洋工业区污水处理厂，近期设计规模1万m^3/d；远期扩建到5万m^3/d，并新建配套污水管网10km，污水管网主要覆盖桂林洋工业区及大学城。

（6）龙塘污水处理厂及其配套管网规划。为保护南渡江引水枢纽的供水水质，新建龙塘镇污水处理厂，近期设计规模0.5万m^3/d。

（7）其他污水处理厂及其配套管网规划。为了缓解海口市主城区供水紧张和提高米铺水厂供水效率，规划"十一五"期间新建米铺水厂废水处理工程，设计规模为1万m^3/d。

根据海口市各乡镇的具体情况，拟建演丰和三江污水处理厂，近期设计规模0.5万m^3/d，拟建东山污水处理厂，设计规模为1万m^3/d。

（四）景观与河道疏浚工程

根据以人为本和全面、协调、可持续的科学发展观，逐步改善城市人居环境，"十一五"期间海口市将重点实施人水和谐的生态工程、水景观与河道疏浚工程，主要包括秀英沟整治工程、美舍河上游段整治工程、五源河整治工程、五孔涵（海关沟）整治工程、鸭尾溪整治工程和疏港 30m 排洪沟整治工程以及东西湖、龙昆河清淤工程等，共疏浚和整治河道 27.6km。

第五节 水资源规划的科学基础和基本理论

从规划的方法论角度，水资源规划涉及三个层次的权衡：在哲学层次，规划要解决基本价值观的问题，即如何看待生态环境的价值，如何看待自然状态下水资源价值的问题，在需要和可能之间如何权衡的问题等。在经济学层次，要识别各类规划活动的边际成本，率定水利活动的社会效益、经济效益和环境效益；在工程学层次，要深入认识自然规律、工程规律和管理规律，通过工程和非工程措施保证规划的预期功能得到实现。通过上述三个层次的权衡，水资源规划能够协调相关的用水竞争和投资竞争，长期指导工程与管理的实践。

一、水资源规划的科学基础

1. 水文学基础

水文学致力于水资源的自然属性研究。在各种自然力的综合作用下，形成了不同尺度的天然水循环。水资源在流域尺度水循环过程中形成，并伴随流域水循环的变化而演变。水文学研究流域水循环的降水与蒸发特性，地表水的产流与汇流特性，以及地下水的补给与排泄特性，通过对上述特性的研究，对流域大气水—地表水—土壤水—地下水的四水转化关系形成了整体认识，同时对伴随水循环的洪水—干旱过程、水—沙过程、水—化学过程、水—生态过程也有了不同程度的认识。

在水文学研究的基础上，水资源规划还要研究流域下垫面条件改变对水资源演变的影响，主要包括地表植被变化、土地利用格局变化、城市化进程带来的产流、汇流与蒸发条件变化，地下水水位下降引起的补给排泄条件变化，以及河道外用水过程引起的水循环路径改变等。

2. 经济学基础

水资源规划的经济学基础中最为重要的是各项水利建设边际成本的识别、率定和比较。边际成本可以从过去的投资记录中来，可以从项目的后评估中来，也可以通过投入产出分析得到。

市场条件下的水资源供需分析模式，既不是以供定需，也不是以需定供，而是根据社会净福利最大和边际成本替代两个准则确定合理的供需平衡水平。在宏观经济层次，抑制水资源需求需要付出代价，增加水资源供给也要付出代价，两者间的平衡水平应以更大范围内的全社会总代价最小为准则（即社会净福利最大）。在微观经济层次，不同水平上抑制需求的边际成本在变化，不同水平上增加供给的边际成本也在变化，两者的平衡应以边际成本相等为准则。

供需分析模式要以边际成本替代性作为抑制需求或增加供给的基本判据，进行供需综合平衡。当转移大耗水产业至水资源丰富地区的边际成本更低时，则进行生产力布局调整；当实施跨流域调水至本地区的边际成本更低时，则进行跨流域调水。实际工作中，若由于投资约束而暂时不能实施具有最小边际成本的供水项目时，近期内按以供定需模式进行规划方案的编制，同时说明以供定需模式对区域发展制约所引起的当地社会、经济、环境损失。

3．工程学基础

水资源规划中的工程学基础就是在水利科学领域中的各有关工程学科，包括水工结构学、河工学、水能利用学、港工学、给排水工程学、水利经济学等，也包括有关的应用基础科学如水文学、水力学、工程力学、土力学、岩石力学、河流动力学、工程地质学等，也涉及到气象学、地质学、地理学、测绘学、通讯网络学、农学、林学、生态学、机械学、电机学、史学、管理学等学科。

4．环境学基础

从自然规律看，在各种自然地理要素作用下形成的流域水循环，是流域复合生态系统的主要控制性因素，对人为产生的物理与化学干扰极为敏感。上游地区人类活动对水循环的影响，会迅速传递到下游的社会经济和生态系统，流域内任何地点的水土开发利用，都将影响到全流域生态系统平衡状态。流域的水循环规律改变可能引起在资源、环境、生态方面的一系列不利效应：流域产流机制改变，在同等降水条件下，水资源总量会呈逐步递减趋势；径流减少则导致河床泥沙淤积规律改变；在多沙河流上泥沙淤积又使河床抬高、河势重塑；径流减少还导致水环境容量减少而水质等级降低；水盐关系失衡引起灌区盐渍化等。

5．运筹学基础

水资源规划是对流域水循环在某种程度上的调控。这种调控具有多阶段、多层次的特点，同时又具有风险和不确定性。应用控制论方法对影响流域水循环演化的自然和人文因素作用效应进行综合集成，统筹考虑防治洪患和缓解河川径流减少甚至断流以及生态脆弱带水土流失的各个层次问题，突出重点，点、线、面耦合，充分应用现代技术，延伸和拓展研究视野空间。由于流域水资源规划的复杂性，需采用多层次、多目标、群决策方法作为二元水循环演化概念模型的求解工具。多层次适合流域特点，多目标能够反映经济、环境、生态、资源之间的权衡，便于多维临界整体调控，多目标决策主体以二元模式为支撑，分别决策与监控，以子系统不同层次的关键阈值作为约束条件，实现流域整体临界调控。

明确流域或区域复杂系统的内部结构与外部关系，提出调控目标、调控手段和调控对象。调控的支撑基础是流域生态环境系统，调控的服务对象是社会经济系统，调控对象是流域水循环系统及其相关过程。调控的手段是防洪、水资源利用保护、生态环境建设三大工程体系和非工程管理体系。调控方式是在流域承载阈值的容许范围内进行多进程临界调控。调控的决策方法工具是多层次、多目标、多过程、群决策理论与数学模型。

二、水资源规划的基本理论

流域或区域水资源规划的本质，是在水资源承载能力和区域发展需求之间找到某种平衡，以实现区域可持续发展和水资源的可持续利用。

（一）宏观经济水资源系统

人类社会存在于一定的空间，因而需要一定的资源为其服务。从系统的角度来看，人类社会作为一个大系统可以划分为相互联系着的子系统，如社会、经济、环境、生态、人口资源、土地资源、水资源、矿藏资源、生物资源等系统，这些子系统的运动发展构成了人类社会的进步。根据这些子系统的特点，可以将它们分为两类：第一类为社会子系统类，它包括社会、经济、环境、生态子系统，只有保持第一类子系统之间的协调发展，才能真正维持人类社会的协调、健康的发展；第二类为资源子系统类，它包括人口资源、土地资源、水资源、矿藏资源、生物资源、能源等。随着科学技术的进步，人们已经认识到资源是有限的，资源的更新也是有周期的，对资源进行掠夺性的开采会破坏自然平衡，产生严重的后果，因此可持续发展的资源开发计划已成了一个热门话题。

严格地说，水资源承载能力必须从上述大系统着手研究水资源在整个大系统中的作用，研究水资源与其他资源、水资源与社会发展之间的影响关系。但是，在现阶段受人力、物力、财力，尤其是科学技术手段的限制，还难以综合分析研究如此庞大复杂的大系统的运动发展规律，目前比较切实可行的办法是将对水资源系统影响不强烈的其他资源系统略掉或简化处理，突出水资源与社会、经济、生态、环境之间的影响关系。

社会、经济、生态、环境（狭义地指水环境）和水资源系统可以看作是既相互联系、相互依赖，又相互影响、相互制约的一些子系统，这些子系统组成一个有机整体——宏观经济水资源系统，这个大系统的各子系统内部有各自独特的运作规律，外部又有广泛的联系和影响，涉及的问题和因素比较多。各子系统内部主要约束机制概述如下：

（1）经济子系统是由投资到固定资产到产出再到投入这样一个复杂的循环过程，主要包含有积累与消费、投入与产出、进口与出口的关系以及经济内部的发展结构等问题。

（2）环境子系统包含污染物的组成、污水处理的级别以及污水处理厂的规模和投资等问题。

（3）生态子系统要处理天然生态与人工生态，人工生态与农、林、牧、副、渔之间的关系。

（4）社会子系统涉及的范围更广泛，包括人口、劳动力、法律、政策、道德、传统、商品价格等诸多因素。

（5）水资源子系统则由水源、供水、用水和排水等因素组成，涉及水源的时空分配、水源的质量、供水的组成、供水的保证率、用水的性质及排水的方式等问题。

在各子系统外部主要存在着：

（1）经济发展所带来的环境污染与环境治理约束关系。

（2）经济发展所带来的供水发展与需水发展之间的约束关系。

（3）环境恶化所造成的生态破坏、资源浪费等问题。

（4）生态保护和生态破坏的约束关系。

（5）水资源、环境、生态条件的改善对经济发展、社会进步的促进作用。

从这些关系和因素中，我们可以发现资金和水资源是两个最有活力、影响面最广泛的因素，在各子系统中起着桥梁和纽带的作用，它们在子系统的发展程度，即大系统的发展模式。由于子系统之间的联系，各子系统又往往对有限的资金和资源存在竞争，使整个宏观经济水资源系统朝着有利于自己利益的方向发展。为了长久地保持系统协调、均衡的发展，资金和资源在子系统中的分配比例必须随着系统的发展，作某些合理适当的调整，这也就决定了我们的水资源承载能力模型需要采取一种动态的约束机制，来描述资金和资源的分配结构。

(二) 水资源规划中的基本关系

宏观经济水资源系统庞大复杂，而其内部所包含的因素以及因素与因素之间的约束依赖关系更是多种多样，为了使承载能力研究更符合实际，有必要从这些纷乱的关系中找出那些对系统有决定性影响的约束关系，组成承载能力分析模型。

1. 扩大再生产机制、积累与消费关系

任何一个社会的发展都离不开扩大再生产，都需要扩大投入、扩大生产。因此扩大再生产机制是水资源承载能力分析模型的一个主要约束机制。

考虑水资源的制约条件，如何安排积累与消费的关系，使扩大再生产过程顺利进行，是水资源承载能力研究必须面对的问题之一。

2. 调入调出关系

区域间物资的调入调出在某种意义上相当于区域间资源的调入调出，解决水资源供求矛盾的途径除了开辟新水源之外，就只有调整产业结构，发展节水型经济这一措施，而调整产业结构的一个重要含义是调整调入调出结构，对于本地区需要而由于水资源供给不足所限制发展的产业产品，可以通过区域外调入来解决；对水资源供需已经紧张的地区则可大力发展区域内具有资源优势而耗水量小的产业，以平衡调入调出。当然受市场因素的影响，地区间的调入调出预测将是水资源承载能力研究的难点之一。处理调入调出关系的原则是基本维持调入调出的平衡，因为一个国家或地区长期保持贸易顺差或贸易逆差都是不正常的。

3. 投入产出约束关系

国民经济结构对水资源的开发利用有重要的影响，尤其是在缺水地区，经济结构的调整是提高水资源承载能力的有效途径，但是经济结构的调整，必须遵循一定的经济规律，即投入产出关系。

利用投入产出关系可以研究一个地区各经济部门产出及需求之间的平衡关系，描述经济结构和生产条件之间的关系，揭示生产过程中各部门的变化过程以及部门与部门之间的相互依存、相互制约的关系，这种方法比经验方法更精确、更系统，在资源规划及合理配置研究领域中的应用更具有指导意义。

4. 水污染与治理的关系

经济要发展，就不可避免地有污水排放，工业规模越大，污水排放量越大。工业废污水不经治理，直接排入河道，不仅造成环境污染问题，而且还导致新鲜水源不能被利用，加剧水资源危机。为了控制这种恶性循环，就要将工业废污水在排入河道之前进行治理，治理的好处是不仅控制了污染问题，还可以为工业和农业提供水源，提高水的重复利用效率，既有环境效益，又有经济效益。当然这就需要治理投资，而投资的唯一来源是国民经济收入，因此它对于扩大再生产来说是一项限制因素。在进行水资源承载能力研究时，必须分析污水治理的投入与效益之间的关系，确定合理的治理水平。

5. 农业生产结构的合理调整

农业是第一用水大户，农业生产结构的合理调整对于提高用水效率、维护良好的生态环境，进而提高水资源承载能力具有决定性作用。农业生产结构包括两个层次，第一层为农、林、牧、副、渔的结构，第二层为种植业内部各种作物的种植结构，包括粮食、油料、棉花、蔬菜、瓜果等作物的种植比例。作物的种植结构调整必须在系统目标的诱导下，在供水条件的约束下，进行优化调整，同时，在现状基础上进行逐步调整。

6. 绿洲生态维护

自然界生物圈内的一切生物活动都属于生态范围，然而，在干旱地区没有绿洲就没有人类，绿洲生态是干旱地区人类社会赖以生存与发展的基础，而保护绿洲生态就离不开水，因此绿洲生态需水是总需水不可或缺的组成部分之一。绿洲生态需水可以分为两部分，第一部分为天然生态需水，包括维持河道水流长度用水、保持湖泊水面面积用水、天然林草用水等；第二部分为人工生态需水，包括农、林、牧、渔业的灌溉用水及城市绿化用水等。

（三）区域水资源承载能力

水资源规划中所必须回答的一个问题，是从水资源供需平衡的角度分析区域发展的极限。这一问题可以归结为区域水资源的承载能力。其概念可以表述为：在某一具体的历史发展阶段下，以可预见的技术、经济和社会发展水平为依据，以可持续发展为原则，以维护生态环境良性发展为条件，经过合理的优化配置，水资源对该地区社会经济发展的最大支撑能力。其具体内容可分解为六个层次，每一层次都规定了其研究范畴与内容：

（1）水资源与其他资源之间的平衡关系，即在国民经济发展过程中，水资源与国土资源、矿藏资源、森林资源、人口资源、生物资源、能源等之间的平衡匹配关系。

（2）水资源的组成与开发利用方式，包括水资源的数量与质量、来源与组成，水资源的开发利用方式及开发利用潜力，水利工程可控制的面积、水量，水利工程的可供水量、供水保证率。

（3）国民经济发展规模及内部结构，国民经济内部结构包括工农业发展比例、农林牧副渔发展比例、轻工重工发展比例、基础产业与服务业的发展比例等。

（4）水资源的开发利用与国民经济发展之间的平衡关系，使有限的水资源在国民经济各部门中达到合理配置，充分发挥水资源的配置效率，使国民经济发展趋于和谐。

（5）人口发展与社会经济发展的平衡关系，通过分析人口的增长变化趋势、消费水平的变化趋势，研究预期人口对工农业产品的需求与未来工农业生产能力之间的平衡关系。

（6）通过上述五个层次内容的研究，寻求进一步开发水资源的潜力、提高水资源承载能力的有效途径和措施，探讨人口适度增长、资源有效利用、生态环境逐步改善、经济协调发展的战略和对策。

水资源承载能力在概念上具有动态性、相对极限性、模糊性以及被承载模式的多样性。动态性是指水资源承载能力与具体的历史发展阶段有直接的关系，不同的发展阶段有不同的承载能力。相对极限性是指在某一具体历史发展阶段水资源承载能力具有最大的特性，即可能的最大承载指标。模糊性是指由于系统的复杂性和不确定因素的客观存在，以及人类认识的局限性，决定了水资源承载能力在具体的承载指标上存在着一定的模糊性。承载模式的多样性也就是社会发展模式的多样性。

（四）与国土规划的关系

水资源规划与国土规划的关系，主要是作为承载主体的水，与作为被承载客体的区域发展之间在控制性发展指标上进行衔接。

在国家可持续发展层次，从保持人与自然和谐关系的观念出发，协调发展进程中的人一地关系和人一水关系。兼顾除害与兴利、当前与长远、局部与全局，在社会经济发展与生态环境保护两方面进行权衡，合理分配社会经济用水与生态环境用水。

在区域经济层次，根据社会净福利最大的准则，对水资源的需求端与供给端同时进行调整，使社会经济发展模式与资源环境承载能力相互适应。依据边际成本替代准则，在需求端采取生产力转移、产业结构调整、水价格调整、行业器具型节水等措施，抑制需求的过度增长并提高资源的利用效率；在供给端统筹考虑降水和海水直接利用、洪水和污水资源化、地表水和地下水联合利用等措施，辅之以跨流域调水，增加水资源对区域发展的综合保障功能。在工程与管理层次，以系统工程和科学管理为手段，改善水资源时空分布和水环境质量，并将开发利用过程中的各种经济外部性内部化。在发展进程中力求开发与保护、节流与开源、污染与治理、需要与可能之间的动态平衡，寻求经济合理、技术可行、环境无害的开发利用方式。

（五）与江河流域规划的关系

江河流域规划重在处理流域整体与各个局部的关系，上下游、左右岸、各地区、各部门之间的关系，近期与远景的关系，干支流治理与面上治理、主体工程与配套工程的关系，工程措施与非工程措施的关系，水利措施与农林牧措施的关系，江河治理开发与生态、环境保护的关系等。

跨流域水资源调剂，应进行调入和调出流域水资源平衡分析。调入流域需调水量应考虑当地水资源的充分利用。调出流域应充分考虑流域社会、经济长远发展和维护生态与环境对水资源的需求。跨流域洪水调配，应在相关流域洪水特性、遭遇和防洪能力分析的基础上研究。调出流域应充分考虑在本流域内安排解决洪水的工程措施。承泄流域应对本流域洪水与调入洪水做出统筹安排。

（六）与其他专业规划的关系

水资源规划是流域与水有关的各类专业规划的基础。各种专业规划包括：由于水资源规划涉及到河道内与河道外用水的科学分配，所以各类河道内专业规划均以水资源规划为基础，如水力发电规划、航运规划、河道整治规划等。对于灌溉发展规划、城镇供水规划和水土保持规划，由于均涉及到河道外用水，因此要通过水资源规划来明确河道外用水的上限。对防洪规划、农业节水规划、水环境保护规划等也要与水资源规划相互协调。

1. 与防洪规划的关系

流域防洪规划论证选定防护对象的防洪标准，研究蓄、滞、泄的关系，选定整体防洪方案，并阐明工程效益。有凌汛灾害的河流，应研究冰凌特性，选定防凌方案。沿海地区应研究天文大潮、风暴潮等产生的灾害及其与当地洪水的关系，研究相应的防护措施。防洪标准确定后，根据堤防的防洪标准确定洪水资源化的可能性和经济性。在调度方面要结合设计洪水位或允许泄量，并根据防洪体系和防洪保护区的要求，分析研究确定主要工程的运用方式。对重要的防洪水库、控制性枢纽、重要的分（蓄、滞）洪区，应初步制定调度方案与规则。

2. 与治涝规划的关系

流域治涝规划在研究涝区自然特点、历史受涝成灾情况的基础上，分析现有河道、湖泊和排水系统的滞蓄和排水能力以及致涝成因和规律，合理选定涝区治涝标准，研究分区治理方式，选定整体治理方案，阐明工程效益。在水资源规划中，应结合治涝标准，与综合农业区划、区域开发及农田基本建设密切结合，根据不同分区的治理要求，对排水河道的设计排涝流量、设计排涝水位、排涝效益、缓排面积、降低地下水位的要求等进行论证。

3. 与灌溉规划的关系

流域灌溉规划应在调查规划区内的灌溉现状和农业生产对灌溉要求的基础上，结合水源条件，拟定灌区范围及整体开发方式，选定灌溉设计标准、灌溉制度、引水规模和骨干灌排渠系建设方案，拟定典型区田间工程布局，阐明工程效益。水资源规划应结合区域水循环过程，区别灌溉工程系统的节水和可能减少的无效蒸发，从区域农业生产的特点、种植布局和发展要求，进行分区水土资源平衡，研究不同水源配合运用的合理方式，并据以拟定可能的灌区总面积和总体布置方案。根据灌区的水源、土壤、地形、降雨等条件，以及作物组成、农业技术措施和先进的灌水技术等因素，参照本地高产、节水的灌溉经验及有关试验资料，分析选择引水地点、取水方式、引水数量以及必要的蓄水、引水、提水等主要工程措施。

4. 与城乡生活及工业供水规划的关系

流域城乡生活及工业供水规划，应在调查规划区内城乡生活、工业供水现状和城乡发展对供水要求的基础上，分析预测不同水平年，不同供水对象对水量、水质和供水保证程度的要求，结合水源条件拟定供水方案并阐明供水效益。水资源规划应合理安排经济用水与生态用水、城市用水与农村用水的关系。

不同供水对象的单位用水量和需水量，应根据规划区内水资源条件和社会经济发展指标，考虑其经济增长速度、产业结构变化、都市化程度、人民生活水平提高以及现状用水和不同水平年可能达到的供水能力、节水水平等因素，参照相似地区的经验进行分析与预测。

流域供水规划方案应在分区水资源开发利用与供需平衡分析的基础上，合理拟定方案内容应包括供水范围、供水水源、取水方式、供水数量、供水过程、供水保证率以及水源工程、输水线路与调蓄措施等。

5. 与水力发电规划的关系

流域水力发电规划应根据开发流域水能资源的要求，或结合流域其他治理开发任务拟定河流梯级开发方案，初步拟定枢纽特征水位与水电站装机规模，提出供电方向，并阐明发电效益。水资源规划应明确河道内用水与河道外用水的关系，上中游发电与中下游用水的关系，根据水力发电在治理开发任务中的主次地位，在流域总体规划指导下，综合考虑社会经济发展对电力的需求、水能资源分布特点、综合利用要求、地形地质条件、水库淹没、动能经济指标和环境影响等因素，经方案比较选定。引水式开发或跨流域引水开发，应充分考虑引水地点以下河段水量减少对供水、灌溉、航运、漂木以及生态与环境可能产生的影响，并采取相应对策。

6. 与航运规划的关系

在水资源规划中，需要考虑航运规划中关于航道等级、通航标准、客货运量要求和河流（河段）通航条件，保证干支流、上下游的通航条件协调，通航标准能够落实。河道径流量应结合考虑防洪、排涝、发电、灌溉、供水等要求和通航要求的竞争性。

7. 与水土保持规划的关系

水资源规划中应当考虑流域中水土保持措施对减沙减水（或增水）的作用。水土保持规划包括封山育林、植树种草、退耕还林，治坡措施如鱼鳞坑、水平沟等和拦沙工程、改坡地为梯田等。要考虑这些措施在不同时期的拦沙效果和森林在不同气候带的增加或减少径流作用，以及这类措施对不同降雨包括雨强和雨量的减沙和削减洪水的作用，并根据水土保持规划的实施和生效期在水资源规划中予以考虑。

8. 与水质保护规划的关系

在水资源规划中应对规划水平年的水质状况有足够的估计。这一方面是在实施规划前一般情况下水体水质就已受到不同程度的污染，另一方面在实施规划后由于用水的增加也导致污染源的增加。为此在水资源规划中应当考虑水质保护规划的问题，且两者应相互配合。由于地表水体中河流、湖泊、水库各具有不同的自净能力，在水质保护规划中对其各自的纳污容量的考虑应有所不同，并应特别注意采取防止地下水体受到污染的现象。

流域水质保护规划应以保护水源地的地表水、地下水水体和防治主要城镇河段岸边污染带为重点，研究水体功能，区分重点保护区与重点治理区，拟定相应的水质保护目标，根据规划水平年的规划供水量及污染预测，结合水体环境容量和稀释自净特性，实行污染物排放总量控制，拟定综合防治措施意见，并对主要污染源提出治理要求。

（七）与可持续发展原则的关系

可持续发展概念引入于水资源规划到20世纪末基本处于起步阶段，各国还都在不断探索，我国在这方面的经验也非常少，尚需通过实践的检验不断丰富其内容，逐步建立起比较完整的理论与方法。但是，从保证水资源的可持续发展开发利用这一点来说，在水资源规划中应当注意以下几个问题：

（1）做好水资源合理配置，要在现实的科学技术条件下，对区域水资源的开发利用留一定余地，不要满打满算。由于我们对水资源变化的客观规律的认识还只是相对的，仍有相当多未被揭示的及大量不确定性因素的存在，为此留有一定余地，可以少犯错误或把因错误而导致的损失降到最小。

（2）水资源的可持续开发在现阶段有继续兴建一批工程措施以增加新的可利用水源或能源的内容，也有保护并利用好已有工程措施，不断发挥其供水或供能作用的内容。但对有些地区现在就应加强对水资源开发限度的研究，注意将开发规模限制在限度以内，以保护水资源的可持续开发利用。

（3）经济和社会的发展对水不断提出更高的要求，在现阶段可通过对水的开源与节流两个方面来适应这些要求，但当水资源开发逐渐接近其开发限度以后，开源就很困难，只有通过各类节水措施，节省出余水来供新的需水要求使用。从现在起在水资源规划中就应尽量采用已经成功的用水先进指标作为规划的依据，并鼓励各行各业积极开展节水活动，加强需水管理，使用水定额进一步合理化。

（4）提倡各类用水的高效清洁利用模式，改进供水设施和工艺流程，尽量减少污水排放量以利于在水资源规划中采取更先进的指标以保护水资源。

（八）与全球变化影响的关系

在水资源规划中如何考虑全球变化特别是全球气候变化对水资源的影响，在现阶段认识尚不够一致。这主要是由于虽然自20世纪末期提出这个问题后，许多国家开展了协作研究，但仍未能取得在定量估计上比较一致的意见。这项研究比较精确的结果尚有待于遥感技术和计算机技术的提高。出现这种原因是在当前科学技术条件下对区域尺度上未来气候变化的预测尚存在很大的不确定性，现有的大气环流模型（GCMS）对给出全球平均的气温变化还有一定的可信度，但对于区域的研究精度就显得不够，气温尤其是降水的地区分布以及气候的异常变化，往往不同模型可能给出相反的模拟结果，很难让人信服，因而在规划设计中较难采用。但气候变化的影响在客观上是存在的，因此政府间气候变化工作委员会（IPCC）在1997年提出，在工作中对待这种虽还不能很确定、但气候总是要有变化的现实，最好是采用无悔策略，并对无悔策略解释为采取在现有标准下能够正常地进行调整的所有措施，其核心就是从已发生的气候变化现象中的极端事件入手，从不利处着眼研究适应的对策，以将可能发生的灾害损失减至最小。有关学者指出响应气候变化的对策，在于减少水资源系统包括防洪系统、抗旱系统和供水系统对气候强迫的脆弱性。所谓脆弱性就是指气候变化对某一流域地区的水资源系统可能造成损害的程度，它依赖于水资源系统对气候变化的敏感性和适应性。敏感性反映了气候变化通过水文循环现象对自然的水文系统如降水、径流、蒸发、入渗等的影响程度，而适应性则反映水资源系统对气候强迫的可能适应程度。

第六节　水资源规划的技术方法

在20世纪以前，人类对水资源的开发利用还处于非常初级的阶段，常为某种特定目的的需要，在河流上兴建数量有限、规模不大的且多数是单一目标的水工程，很少考虑流域或区域的水资源规划问题。进入20世纪后，随着水资源开发科学技术的进步，以及水资源治理和各种功能的开发，一些国家开始考虑大河流域的开发规划问题。较早地有美国于1928年提出的密西西比河开发治理规划；20世纪40年代以来，美国、苏联分别进行了田纳西河、密苏里河、伏尔加河等的流域规划。但在当时的情况下，这些规划重点多是针对某几项水资源功能如航运、发电、供水的需求，以及为防治洪灾、控制洪水等要求，或虽以水资源的综合利用为目的，但较少将流域水资源的情况作为研究问题的核心进行考虑，目标多集中于防洪、治涝、灌溉、发电、工业及城镇供水、水运和木材漂运等的单项或多项，也涉及水土保持、土壤改良、水资源保护和水上旅游等。

对水资源功能的多目标规划问题，直到20世纪50年代电子计算机技术应用于水资源领域后，才有了实质性的进展。在60年代由美国陆军工程兵团等单位进行的哈佛水计划，在多目标分析技术上有较大进步，但直到70年代以后这种用于水资源规划的多目标分析技术才比较完善。80年代后期提出可持续发展的概念，90年代起又注意到水资源开发应和社会的宏观经济发展及能力保持协调，从而使水资源规划理论又前进了一大步。

水资源本质上具有多种功能和多种用途。随着社会经济的发展和人们认识的深入，水资源规划的目标、任务逐渐由单一性向多样化和系统性转变。相应地，对规划技术方法也提出了更高的要求，客观上促进了系统科学在水资源研究领域的应用；而水资源系统分析的发展和完善，又反过来推动了水资源多目标规划的发展，为其提供了良好的技术支持。因此，这一节将主要介绍水资源系统分析的基础理论、模型及在水资源规划中的应用。

一、水资源系统分析的基础理论

水资源系统是一个涉及多发展目标、多构成和影响因素、多约束条件的复杂巨系统。从系统结构上看，水资源系统是由多种要素、多层次子系统构成的。组成水资源系统的子系统既有自然系统又有人工系统，因此水资源系统同时具有自然和社会的双重属性。流域或区域水资源系统通常都包含了许多更小的流域（或区域）水资源子系统，在更大的范围内又是国民经济大系统中资源系统的一个分系统。水资源是这个系统中最主要的组成要素，水资源内部可以分为地表水、地下水、大气水等不同形式，存在水量与水质两大问题。此外，水资源系统还包括与水资源紧密相关的土地资源和其他自然资源、各种人工设施、众多的用水户和管理部门等。各层次、各要素之间的联系方式十分复杂，具有非线性、不确定性、模糊性、动态性等特点。水资源本质上的多用途特性和复杂的系统结构使得水资源系统的功能也呈现出多样性，可以概括为兴利和除害两大功能，其中兴利功能包括供水、灌溉、发电、旅游、航运、养殖等多种形式；除害功能也包括防洪、除涝、改良盐碱地、改善环境、保护生态等多种形式。水资源规划管理正是通过调整、改变水资源系统的结构，使系统整体功能得以优化。

二、水资源系统分析的数学模型

数学模型的建立和求解是水资源系统分析中最重要的技术环节，属于系统科学体系中技术科学层次的运筹学范畴，是采用数学语言来抽象描述真实的水资源系统，以便对系统的目标、结构、功能等特征量进行定量分析。按照不同的分类标准，数学模型可以分为多种类型：如按所用的方法可分为模拟模型和最优化模型；按时间因素是否作为变量考虑可分为静态模型和动态模型；按未来水文情况是已知或作为未知随机因素可分为确定性模型和随机模型等。最常用的还是分为模拟模型和最优化模型两大类。

（一）模拟模型和最优化模型

模拟模型就是模仿系统的真实情况而建立的模型，主要帮助解决“如果这样，将会怎样”一类的问题。在水资源系统分析研究中可以仿造水资源系统的实际情况，利用计算机模型（或称模拟程序）模仿水资源系统的各种活动，如水文循环过程、洪水过程、水资源分配、利用途径等，为决策提供依据。

尽管模拟模型适应性广，但对于方案寻优决策而言，要靠枚举进行方案比选，效率较低。因此，对于给定规划目标，寻找实现目标的最优途径的水资源规划管理更常用最优化模型，最优化模型是用来解决“期望这样，应该怎样”一类问题的有效方法。在水资源规划管理中，最优化模型可以帮助人们定量选择或确定水资源系统的开发方案、管理策略。

（二）常用最优化模型简介

水资源规划中常用的最优化模型有线性规划模型、非线性规划模型、动态规划模型、多目标规划模型等。这里将对这几种模型做简单介绍，至于详细的建模方法和计算方法可查阅有关“运筹学”的书籍。

1. 线性规划模型

线性规划模型包括目标函数和约束条件两大部分，作用是在满足给定的约束条件下使决策目标达到最优。其一般形式如下：

目标函数

$$\max\ (\min)\ Z=\sum_{i=1}^{n}c_ix_i \tag{8-21}$$

约束条件

$$a_{ij}x_i=b_j\ (i=1,\ 2,\ \cdots,\ n;\ j=1,\ 2,\ \cdots,\ m)$$

$$x_i\geqslant 0$$

式中 x_i 为决策变量，表示规划中需要控制的主要因素，决策变量的多少取决于研究问题的精度；目标函数是所制定规划目标的数学表达式，其中 c_i 为目标函数的系数，是已知常数；约束条件是实现目标的限制条件，如水资源数量、质量、技术水平、政策法规等，其中 a_{ij} 和 b_j 也是已知常数。

线性规划模型最重要的特点就是目标函数和约束条件的方程必须是线性的，如果其中任何一个方程不是线性的，则该模型就不是线性规划模型，而属于运筹学的另一分支，即非线性规划。线性规划的理论已十分成熟，具有统一且简单的求解方法，即单纯形法，使线性规划模型易于推广和使用。但线性规划模型的目标函数是单一的，只能解决简单的单目标问题，如果实际问题过于复杂，存在多目标甚至目标间相互矛盾，则运用线性规划模型存在一定的局限。

2. 非线性规划模型

非线性规划模型也是由目标函数和约束条件两大部分组成，但其目标函数和（或）约束条件的方程中含有非线性函数。与线性规划相比，非线性规划模型的优势在于能够更准确地反映真实系统的性质和特点。如前所述，水资源系统是多要素、多层次的复杂巨系统，要素间、层次间的关系通常都不是简单的线性关系，而是非线性的，甚至模糊的、不确定的。因此，非线性规划模型在水资源系统分析中得到了越来越广泛的应用。但非线性规划模型比线性规划模型要复杂得多，既没有统一的数学形式，也没有通用的求解方法。一般来说，对于简单一些的非线性规划模型，如二次规划模型，可以采用与单纯形法相类似的方法求解。对于更复杂的非线性规划模型，目前已发展了一些求解方法，但各方法都有特定的适用范围，都有一定的局限性。对非线性规划模型，还需要进行更深入的理论研究。

3. 动态规划模型

动态规划模型是解决多阶段决策过程最优化问题的一种方法。其基本思路是将一个复杂的系统分析问题分解为一个多阶段的决策过程，并按一定顺序或时序从第一阶段开始，逐次求出每阶段的最优决策，经历各阶段而求得整个系统的最优策略。动态规划模型的基本原理是 R. Bellman 于 20 世纪 50 年代提出的最优化原理。作为整个过程的最优策略具有这样的性质：不管该最优策略上某状态以前的状态和决策如何，对该状态而言，余下的诸决策必定构成最优子策略。即最优策略的任一后部子策略都是最优的。

在此需要了解动态规划模型中几个十分重要的概念。

（1）阶段。在动态规划模型中，需要将问题的全过程恰当地分为若干个相互联系的阶段，以便按一定的次序求解。描述阶段的变量称为阶段变量，通常用 k 表示。阶段一般是根据时间和空间的自然特征来划分，阶段的划分要便于把问题转化为多阶段决策的过程。从起点到终点的整个过程称为全过程，从第 k 阶段开始到终点的过程称为后部子过程，或称为是 k 子过程。

（2）状态。表示每个阶段开始时所处的自然状况或客观条件，描述了过程的状况，其变量称为状态变量，可以是一个数、一组数或一向量，通常用 x_k 表示第 k 阶段的状态变量。

（3）决策。当过程处于某个阶段的某个状态时，从该状态演变到下一阶段某状态的选择，称为决策。描述决策的变量称为决策变量，通常用 $u_k(x_k)$ 表示第 k 阶段处于 x_k 状态时的决策变量。在实际问题中，决策变量的取值往往限制在一定范围内，此范围称允许决策集合。

通常用 $U_k(x_k)$ 表示第 k 阶段 x_k 状态下的允许决策集合。显然有 $u_k(x_k) \in U_k(x_k)$。状态间的转移方程为 $x_{k+1}=T_k(x_k, u_k)$，这里的函数关系 T_k 因问题的不同而不同。可见，未来状态 x_{k+1} 仅由 x_k、u_k 来决定，而与 x_k 以前的各状态、决策无关。

（4）策略。由所有各阶段的决策组成的决策函数序列称为全过程策略，简称策略，记为 $p_{1,n}(x_1)$。相应的，策略的取值范围也会受到限制，可供选择的所有全过程策略构成允许策略集合，用 $p_{1,n}(x_1)$ 表示。能够达到总体最优的全过程策略称为最优策略。相应于后部子过程的决策函数序列，称为子策略，记作 $p_{k,n}(x_k)$。

（5）指标函数。指标函数是用来衡量决策过程优劣的一种数量指标，是定义在全过程或后部子过程上的一种数量函数，记做 $V_{1,n}(x_1; p_{1,n})$ 或 $V_{k,n}(x_k; p_{k,n})$，也简写为 $V_{1,n}$ 或 $V_{k,n}$。定义在全过程上的指标函数相当于静态规划中的目标函数。指标函数的最优值称为最优指标函数，记做 $f_1(x_1)$ 或 $f_k(x_k)$。指标函数在第 k 阶段一个阶段内的数值，称为第 k 阶段的指标函数，记做 $v_k(x_k, u_k)$。指标函数应满足递推关系：

$$V_{k,n} = V_{k,n}(x_k;p_{k,n}) = \sum_{j=k}^{n} v_j(x_j,u_j) = v_k(x_k,v_k) + V_{k+1}(x_{k+1};p_{k+1,n}) \quad (8-22)$$

在这些基本概念和关系的基础上，可以构建动态规划模型的一般方程形式（建设问题为求 min），分逆序递推和顺序递推两类。

逆序递推是根据终端条件，从 $k=n$ 开始，由终点向起点逐阶段逆序递推，当最后求出 $f_1(x_1)$ 时得到整个问题的最优解。其一般方程形式为

$$f_k(x_k) = \min_{U_k}[v_k(x_k,u_k) + f_{k+1}(x_{k+1})](k = n,n-1,\cdots,2,1) \quad (8-23)$$

终端条件为

$$f_{n+1}(x_{n+1}) = 0$$

顺序递推则是从 $k=1$ 开始，由前向后顺序递推，最后求出 $f_k(x_{k+1})$ 时得到整个问题的最优解。其一般方程形式为

$$f_k(x_{k+1}) = \min_{U_k}[v_k(x_{k+1}, u_k) + f_{k-1}(x_k)] (k=1, 2, \cdots, n) \quad (8-24)$$

起始条件为

$$f_0(x_1)=0$$

动态规划模型对目标函数和约束条件的函数形式限制较宽，并且能够通过分级处理使一个多变量复杂的高维问题化为求解多个单变量问题或较简单的低维问题，因而在水资源系统分析中应用十分广泛。但动态规划模型也存在一定的局限性，它只是解决问题的一种方法，不像线性规划那样有一套标准的算法，对于不同的问题，需要建立不同的递推方程和算法，在使用中存在很多不便。

4. 多目标规划模型

前面介绍的几种模型基本上都是针对单目标问题的。随着水资源规划尤其是流域综合规划内容的不断丰富，规划目标逐渐多样化，形成了一个涉及经济目标、社会目标和生态环境目标三方面、多层次、多指标的目标体系。在技术方法上，多目标规划模型应运而生。多目标规划模型也由决策变量、目标函数和约束条件构成，最大的特点是其目标函数包含两个或两个以上相互独立的目标。多目标规划模型的一般数学形式如下：

目标函数

$$\max Z(X)=[Z_1(X), Z_2(X), \cdots, Z_p(X)] \tag{8-25}$$

约束条件

$$g_1(X)\leqslant G_i \qquad (i=1, 2, \cdots, m)$$
$$X_j\geqslant 0 \qquad (j=1, 2, \cdots, n)$$

这种形式可以称为向量最优化形式，其中 X 是 n 维的决策向量，代表 n 个决策变量，即 $X=[x_1, x_2, \cdots, x_n]$；$Z(X)$ 为 p 维目标函数，代表 p 个独立的目标，这些目标函数的形式可以是线性的、非线性的、整数的等各种形式；$g_x(X)$ 是 m 个约束条件。

在水资源规划中，不同的规划目标可能不可共存，或有的目标难以量化，甚至目标间可能存在矛盾。因此，多目标规划模型不能得到传统模型中的明确的最优解，而只能求得若干“非劣解”，组成非劣解集。所谓非劣解是指没有一个目标能够变得更好，除非使其他目标已达到的水平降低，也就是实现经济学上所说的“帕累托最优”状态。关于多目标规划模型的求解方法的研究，近 20 多年来发展很快，迄今为止已有 30 种不同的求解方法，可以归纳为三大类：一类是 TC 曲线（转换曲线）生成技术，包括权重法、约束法、多准则（或多目标）单纯形法及理论生成法、自适应寻查法、协调规划法；第二类是依赖于事先排定优先顺序的方法，包括目标规划、效用函数估价和最优权重法、消转法、替换价值交换法；第三类是优先性逐步排定的方法，有分步法、序贯多目标问题解法及其他各种对话式方法。各种方法的特点、具体运用等请参阅相关文献。

尽管多目标规划模型还处于发展阶段，远未成熟，但由于其能将众多独立目标纳入规划决策中，具有不确定的最优解以及广泛的可能求解途径，与水资源规划实际问题的复杂多样性十分吻合，因而在水资源规划领域取得了飞速的发展和广泛的应用。

三、多目标规划法在水资源优化配置中的应用

水资源优化配置方案，是在分析规划流域（或区域）水资源条件、了解经济发展现状、预测未来发展趋势的基础上，通过建立水资源优化配置模型而制定的。水资源优化配置具有多种目标和多个约束条件，因此可以采用多目标规划法来建立模型。

1. 划分区域、确定水源和用水部门

设研究区包含 K 个子区，$k=1, 2, \cdots, K$；k 子区有 I（k）个独立水源、J（k）个用水部门，研究区内有 M 个公共水源，$c=1, 2, \cdots, M$。以 x_{ij}^k 和 x_{cj}^k 为决策变量，分别表示独立水源 i 和公共水源 c 分配给 k 子区 j 用户的水量，万 m^3。

2. 建立目标函数

对水资源优化配置的三大目标，即经济目标、社会目标和生态环境目标，在模型中分别建立目标函数，最后加以集成。

（1）经济目标。经济目标通常容易量化，可以直接用各用水部门创造的经济效益表示，目标函数如下：

$$\max f_1(X) = \max\left\{\sum_{k=1}^{K}\sum_{j=1}^{J(K)}\left[\sum_{i=1}^{I(K)}(b_{ij}^k - c_{ij}^k)x_{ij}^k a_{ij}^k + \sum_{c}^{M}(b_{cj}^k - c_{cj}^k)x_{cj}^k a_{cj}^k\right]\right\} \quad (8-26)$$

式中　b_{ij}^k、b_{cj}^k——独立水源 i、公共水源 c 向 k 子区 j 用户的单位供水量效益系数，元/m^3；

c_{ij}^k、c_{cj}^k——独立水源 i、公共水源 c 向 k 子区 j 用户的单位供水量费用系数，元/m^3；

a_{ij}^k、a_{cj}^k——独立水源 i、公共水源 c 向 k 子区 j 用户供水效益修正系数，与供水次序、用户类型及子区影响程度有关。

（2）社会目标。社会目标的量化不像经济目标那样明确和统一。笼统地说社会目标不太好操作，在实际中常常是建立一些更具体的指标来表示。指标的选取与决策者有关，如有人用区域就业率最大化来作为社会目标，也有人用粮食产量来衡量社会效益。这里采用区域总缺水量最小作为社会目标，因为它能很好地体现水资源配置中的公平原则，有助于维持社会安定。建立目标函数如下：

$$\max f_2(X) = -\min\left\{\sum_{k=1}^{K}\sum_{j=1}^{J(K)}\left[D_j^k - \left(\sum_{i=1}^{I(K)}x_{ij}^k + \sum_{c}^{M}x_{cj}^k\right)\right]\right\} \quad (8-27)$$

式中　D_j^k——k 子区 j 用户需水量，万 m^3。

（3）生态环境目标。关于生态环境目标，可以用保证生态需水和尽量减少污染物排放来表示。生态需水可以作为约束条件之一进入模型，在目标函数中则建立废污水排放量最小方程：

$$\max f_3(X) = -\min\left\{\sum_{k=1}^{K}\sum_{j=1}^{J(K)}0.01 d_j^k p_j^k\left(\sum_{i=1}^{I(K)}x_{ij}^k + \sum_{c}^{M}x_{cj}^k\right)\right]\right\} \quad (8-28)$$

式中　d_j^k——k 子区 j 用户单位废污水排放量中重要污染物的含量，mg/L，一般可用化学需氧量（COD）、生化需氧量（BOD）等水质指标表示；

p_j^k——k 子区 j 用户污水排放系数。

（4）目标集成。集成的目标函数如下：

$$\max Z(X) = [f_1(X), f_2(X), f_3(X)] \quad (8-29)$$

3. 建立约束条件

（1）供水能力约束

$$\sum_{j=1}^{J(K)}x_{cj}^k \leqslant W(c,k)$$

公共水源为

$$\sum_{k=1}^{K} W(c,k) \leqslant W_c$$

式中　$W(c,k)$——公共水源 c 分配给 k 子区的水量；

W_c——公共水源 c 的可供水量上限。

独立水源为

$$\sum_{j=1}^{J(K)} x_{kj}^{k} \leqslant W_i^k$$

式中　W_i^k——k 子区独立水源 i 的可供水量上限。

公共水源接点水量平衡约束为

$$L^u(c,k) + Q(c,k) = W(c,k) + L^d(c,k)$$

式中　$L^u(c,k)$、$L^d(c,k)$、$Q(c,k)$——k 子区公共水源 c 的上游来水量、旁侧入流量和下泄流量。

（2）输水能力约束。

公共水源为

$$W(c,k) \leqslant P_c^k$$

式中　P_c^k——公共水源 c 向 k 子区供水的输水能力上限。

独立水源为

$$x_{ij}^k \leqslant P_{ij}^k$$

式中　P_{ij}^k——k 子区独立水源 i 向用户 j 供水的输水能力上限。

（3）用水系统供需变化约束

$$L_j^k \leqslant \sum_{i=1}^{I(K)} x_{ij}^k + \sum_{c=1}^{M} x_{cj}^k \leqslant H_j^k$$

式中　L_j^k、H_j^k——k 子区 j 用户需水量变化的上、下限。

（4）排水系统的水质约束。

达标排放为

$$c_{ij}^r \leqslant c_{i0}^r$$

式中　c_{ij}^r——k 子区 j 用户排放的污染物 r 的浓度；

c_{i0}^r——污染物 r 达标排放的规定浓度。

总量控制为

$$\sum_{k=1}^{K} \sum_{j=1}^{J(K)} 0.01 d_j^k p_j^k \left(\sum_{i=1}^{I(K)} x_{ij}^k + \sum_{c}^{M} x_{cj}^k \right) \leqslant W_0$$

式中　W_0——允许的污染物排放总量。

（5）非负约束

$$x_{ij}^k，x_{cj}^k \geqslant 0$$

（6）其他约束。针对具体情况，增加相应的约束条件。

以上目标函数和约束条件构成了一个基本的水资源优化配置多目标模型，求解方法有权重法、约束法、目标规划法等多种，更详细的介绍可参阅运筹学的相关书籍。

多目标规划法只是构建水资源优化配置模型的一种形式，也可以采用其他优化技术或模拟技术进行水资源配置的研究。我国开展水资源优化配置研究已有相当长时间了，研究者以系统分析技术方法为基础，在实践中发展了多种实用的水资源优化配置模型。

思考题

1. 水资源规划的原则？主要步骤？
2. 水资源评价的主要内容？
3. 水资源规划的类型有哪些？
4. 什么是水资源规划？有什么意义？

参 考 文 献

[1] 周之豪，沈曾源，等．水利水能规划（第二版）[M]．北京：中国水利水电出版社，1997.

[2] 左其亭，陈曦．面向可持续发展的水资源规划与管理 [M]．北京：中国水利水电出版社，2003.

[3] 王国新，陈昭君，杨小柳，等．水资源学基础知识 [M]．北京：中国水利水电出版社，2003.

[4] 水利部人事劳动教育司．水利概论 [M]．南京：河海大学出版社，2002.

[5] 郭元裕．农田水利学 [M]．北京：中国水利水电出版社，1997.

[6] 吴季松，石玉波，李砚阁．水务知识读本 [M]．北京：中国水利水电出版社，2003.

[7] 翁文斌，王忠静，赵建世．现代水资源规划——理论、方法和技术 [M]．北京：清华大学出版社，2004.

[8] 陈家琦，王浩，杨小柳．水资源学 [M]．北京：科学出版社，2002.

[9] 叶守泽．水文水能计算 [M]．北京：中国水利水电出版社，1992.

[10] 颜竹秋．水能利用 [M]．北京：水利电力出版社，1986.

[11] 叶秉如．水利计算 [M]．北京：水利电力出版社，1985.

[12] 叶秉如．水利计算及水资源规划 [M]．北京：水利电力出版社，1995.

[13] 袁作新．水利计算 [M]．北京：水利电力出版社，1987.

[14] 鲁子林．水利计算 [M]．南京：河海大学出版社，1989.

[15] 武汉水利电力学院，西北农学院，华中工学院．水能利用 [M]．北京：电力工业出版社，1981.

[16] 钱正英，张光斗．中国可持续发展水资源战略研究综合报告及各专题报告 [M]．北京：中国水利水电出版社，2004.

[17] 沈大军．水管理学概论 [M]．北京：科学出版社，2004.

[18] 刘昌明，何希吾．中国21世纪水问题方略 [M]．北京：中国水利水电出版社，1996.

[19] 施嘉炀．水资源综合利用 [M]．北京：中国水利水电出版社，1995.

[20] 水利部综合事业局，水利部水资源管理中心．水资源评价方法及实例与建设项目水资源论证 [M]．北京：中国水利水电出版社，2009.

[21] 谢新民，符传君，王彤，等．水系规划理论与实践 [M]．北京：中国水利水电出版社，2007.

[22] 顾圣平，田富强，徐得潜，等．水资源规划及利用 [M]．北京：中国水利水电出版社，2009.

[23] 中华人民共和国水利部．中国水资源公报：2008 [R]．北京：中国水利水电出版社，2009.

[24] 中华人民共和国水利部．中国水资源公报：2006 [R]．北京：中国水利水电出版社，2007.

[25] 中华人民共和国水利部．中国水资源公报：2011 [R]．北京：中国水利水电出版社，2012.